Michael Olaf Winter

Handbuch für die kaufmännische Praxis

Das kaufmännische Grundwissen

Erfolgreich im Berufsalltag

Kernbereiche der Unternehmensführung

Cornelsen

Es wird ausdrücklich darauf hingewiesen, dass die in diesem Buch genannten Firmennamen, Markennamen, Wort- und Bildmarken, Soft- und Hardwarebezeichnungen im Allgemeinen durch Bestimmungen des gewerblichen Rechtsschutzes geschützt sind. Dies gilt unabhängig davon, ob sie in diesem Buch als solche gekennzeichnet sind.

Die in diesem Buch angegebenen Internet-Adressen und -Dateien wurden vor Drucklegung geprüft (Stand: Januar 07). Der Verlag übernimmt keine Gewähr für die Aktualität und den Inhalt dieser Adressen und Dateien und solcher, die mit ihnen verlinkt sind.

Verlagsredaktion: Annette Preuß, Christine Schlagmann (Teil F)
Technische Umsetzung: Typeart, Grevenbroich
Umschlaggestaltung: Gabriele Matzenauer, Berlin
Titelfoto: © Getty Images

Informationen über Cornelsen Fachbücher und Zusatzangebote:
www.cornelsen-berufskompetenz.de

1. Auflage

© 2007 Cornelsen Verlag Scriptor GmbH & Co. KG, Berlin

Druck: CS-Druck CornelsenStürtz, Berlin

ISBN 978-3-589-23650-3

 Inhalt gedruckt auf säurefreiem Papier aus nachhaltiger Forstwirtschaft.

Inhalt

Vorwort

Hinein ins Kaufmännische!

Kein Unternehmen lässt sich ohne kaufmännisches Wissen und Können erfolgreich führen. In den folgenden Kapiteln werden ausgewählte wesentliche Themenbereiche des kaufmännischen Wissens herausgestellt und besprochen. Dieses Buch soll kein Lehrbuch für kaufmännisches Detailwissen ersetzen, sondern vielmehr die wesentlichen **praxisorientierten Bereiche** herausgreifen, welche zum Verständnis kaufmännischer Zusammenhänge beitragen und die zur Bewältigung kaufmännischer Aufgaben erforderlich sind.

Führungskräfte, Existenzgründer, Bürokräfte aus nicht-kaufmännischen Berufsgruppen werden nach der Bearbeitung dieses Buches die kaufmännischen Regeln besser verstehen und Aufgaben sachgerecht beurteilen und bewältigen können.

„Jeder Anfang ist ein Akt der Freiheit." (Novalis)

Der Erfolg eines Unternehmens hängt von vielen Faktoren und Einflüssen ab. Auch wenn der Spruch *„Das Geld wird am Schreibtisch verdient, nicht in der Werkstatt"* etwas einseitig erscheint, so bewahrheitet sich doch, dass sich alle unternehmerischen Entscheidungen und Aktivitäten in betriebswirtschaftlichen Daten wiederfinden und den Erfolg bestimmen.

Kaufmännisches Arbeiten und Handeln heißt jedoch keineswegs nur, Daten am Schreibtisch zu organisieren, sondern vielmehr, die **Betriebsabläufe** in ihrer Gesamtheit zu **verstehen**, zu **organisieren**, **Daten** zu erfassen und zu kontrollieren, **Entscheidungen vorzubereiten**, **Chancen und Risiken** zu erkennen, Steuerungsfunktionen wahrzunehmen und damit wesentliche Aufgaben der **Unternehmensführung** zu leisten.

„Aller Anfang ist schwer", sagt ein deutsches Sprichwort

Kaufmännische Aufgaben sind ganzheitliche Aufgaben.

Schauen wir uns wichtige Teile dieser faszinierenden Vielfalt genauer an. Hinein ins Kaufmännische, fangen wir an!

Der Autor

Michael Olaf Winter sammelte Erfahrung als Industriekaufmann in Mischkonzernen und studierte berufsbegleitend Betriebswirtschaft, Immobilienwirtschaft und Erwachsenendidaktik.

Nach leitenden Positionen in Vertrieb und Geschäftsführung im Maschinenbau, Industrie- und Gewerbebau im In- und Ausland, übernahm Winter den Bereich der Unternehmerschulung bei der Handwerkskammer Konstanz. Von da an hat er sich ganz der Führungskräfte-Aus- und Fortbildung verschrieben.

Er begründete und entwickelte das Management-Zentrum Villingen, das heute jährlich mehr als 3.000 erwachsene Studienteilnehmer unterrichtet. Er ist Vorsitzender zahlreicher öffentlich-rechtlicher Prüfungskommissionen, ist für die BBA-Hochschulausbildung Vorsitzender des Beirates bei der Steinbeis-Hochschule Berlin, engagierte sich im Landesarbeitskreis Weiterbildung und leitete mehrere Landesarbeitsgruppen der kaufmännisch-betriebswirtschaftlichen Weiterbildung.

Er ist seit über zwanzig Jahren Dozent in Studiengängen und Seminaren für allgemeine Betriebswirtschaftslehre, Management und Marketing. Er modifizierte und entwickelte zahlreiche Weiterbildungsgänge mit Abschlussprüfung nach den aktuellen Anforderungen der Wirtschaft, insbesondere von klein- und mittelständischen Betrieben (KMU).

TEIL A

Die Welt des Unternehmens

1   Das Unternehmen: Zweck und Ziele

1.1   Ein lebendiger Organismus

Man kann ein Unternehmen als einen lebendigen Organismus verstehen, als einen Körper, den es gesund zu erhalten gilt. Erwarten wir Leistung, ja **Höchstleistung** eines Unternehmens, dann setzt das eine in allen unternehmerischen Organen **gesunde Konstitution** voraus.

Was sind die lebenswichtigen Organe eines Unternehmens? Man kann sich das an einem einfachen Modell vorstellen:

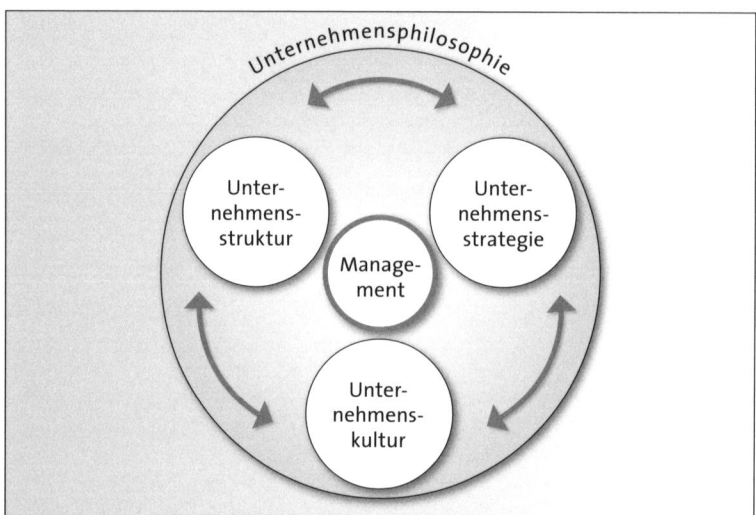

Abb. 1: Kybernetisches Modell eines Unternehmens: Interdependente Beziehungen prägen nach außen und innen und rufen Reaktionen hervor

Betrachten wir die **Organe** dieses Modells:
- die Unternehmensphilosophie und das Leitbild
- der Unternehmer, das Management
- die Unternehmensstruktur
- die Unternehmensstrategie
- die Unternehmenskultur

„Und wenn ein Glied leidet, so leiden alle Glieder mit, und wenn ein Glied geehrt wird, so freuen sich alle Glieder mit."
(1. Korinther 12, 26)

Diese „lebenswichtigen Organe" gilt es sorgfältig miteinander abzustimmen, zu verweben und stets aktiv zu halten. Ist nur ein Teil innerhalb dieses komplexen Gebildes vernachlässigt, unausgewogen oder unangepasst, so ist das Unternehmen nicht voll leistungsfähig, es ist krank – vergleichbar einem menschlichen Organismus.

Wir haben es mit **Gesetzmäßigkeiten in einem Unternehmen** zu tun. Sehen wir uns die Organe einmal näher an.

1.2 Die Unternehmensphilosophie und das Unternehmensleitbild

Unternehmensphilosophie und -leitbild bilden den Rahmen. Sie geben die **Ziele** vor und damit die **Orientierung** für das ganze Unternehmen, für das Management, alle Mitarbeiter und die Geschäftspartner. Sie bestimmen den Platz in der Gesellschaft und sind **Richtschnur für das unternehmerische Verhalten** nach innen und nach außen.

Unternehmensphilosophie ist keine Utopie, keine unrealistische Träumerei, sondern eine konkrete Vorstellung davon, was das Unternehmen will, welchen Beitrag es leisten will.

> *„Imagination ist wichtiger als Wissen."*
> *(Albert Einstein)*

Diese Vorstellungen des Unternehmers werden zu dauerhaften Zielen formuliert. Diese Ziele sind die Grundausrichtung, das **Fundament**. Sie bilden zugleich eine Orientierung für alle Beteiligten. Ohne Zielvorstellung und die formulierten Wege zum Ziel könnte beispielsweise kein Erfinder etwas erfinden. Er muss sich seine Erfindung als geistigen Prozess vorstellen können, um dann die Realisierung des Erdachten umzusetzen.

Die Unternehmensphilosophie beschreibt beispielsweise:

> *Am Anfang steht die Vision!*

- das Selbstverständnis des Unternehmens
- die Existenzberechtigung
- den gesellschaftlichen Nutzen
- die technologische Position
- die soziale Einstellung
- die Verwendung der Gewinne

Es sind stets **gesellschafts- und wettbewerbspolitische Themen** und Grundausrichtungen der **sozialen Verantwortung**, der Führung und des Führungsstils. Diese Grundausrichtung prägt wesentlich die Unternehmenskultur.

Es nützt nichts, eine Unternehmensphilosophie irgendwo abzuschreiben oder extern erstellen zu lassen. Die Grundziele können nur vom Unternehmer selbst festgelegt und formuliert werden, sie bilden quasi die **Gedanken und die Persönlichkeit des Unternehmers** ab.

> *„Erstens nicht planlos und nicht ohne Ziel. Zweitens sich auf nichts anderes als auf das Gemeinschaftsziel beziehen." (Marc Aurel)*

Damit wird die Unternehmensphilosophie einzigartig, unverwechselbar, sie ist das Rückgrat des Unternehmens oder – um bei dem Modell zu bleiben – sie bildet das Organ, das alles zusammenhält, die Haut.

Die **Unternehmensphilosophie** wird **auf Dauer beschrieben**. Es müssen mithin Formulierungen gefunden werden, welche aus heutiger Sicht entstehen, aber gleichzeitig den Raum für die ferne Zukunft offen lassen. Gleichzeitig muss sie **verständlich** formuliert sein und ein **höheres Ziel** enthalten, ohne die unmittelbare Umsetzungsmöglichkeit zu vernachläs-

> *Ziele ziehen Energien an!*

sigen. Sie darf also nicht nur ferne Ziele enthalten, sondern auch den **unmittelbar gangbaren Weg** dorthin.

Das ist anspruchsvoll, aber eine fundamentale Grundlage unternehmerischen Handelns. Die Unternehmensphilosophie gibt Ziele vor, um Orientierung zu bieten. Ziele der Unternehmensphilosophie kann man als Unternehmensverfassung verstehen, als Unternehmensgesetz.

„Man entdeckt keine neuen Erdteile, ohne den Mut zu haben, alle Küsten aus den Augen zu verlieren."
(Andre Gide)

Aus dem Text der Unternehmensphilosophie wird das **Unternehmensleitbild** beschrieben. Auch das Leitbild ist eine grundsätzliche **Richtlinie des Verhaltens**, es gibt aber **konkretere Anweisungen** vor. Obwohl auch das Leitbild auf Dauer ausgerichtet ist, können marginale Anpassungen, welche im Laufe der Zeit vielleicht erforderlich werden, leichter eingearbeitet werden.

Die Grundausrichtung der Philosophie darf jedoch – bis auf wenige Ausnahmemöglichkeiten – nicht verändert werden, diese ist eine unverrückbare Vorgabe.

Die Persönlichkeit des Unternehmens, die Einzigartigkeit wird „sichtbar"

Im Unternehmensleitbild werden beispielsweise grundsätzliche Vorgaben für bestimmte Bereiche gemacht:
- Kundenorientierung
- Stil der Mitarbeiterführung
- Investitionsanteil
- Stellenwert und Engagement bei Forschung, Entwicklung, Innovation
- vorgesehenes Wachstum

Unternehmensphilosophie und Unternehmensleitbild geben keine konkreten Zahlen vor. Das ist gar nicht möglich. Aber es ist möglich, **Anteile** zu **benennen**.

BEISPIELE

- „Einen Teil des Gewinns werden wir sozialen Projekten zuwenden."
- „In der Entwicklung sind wir dem Wettbewerb immer ein kleines Stück voraus."
- „Nichts in unserem Unternehmen ist wichtiger als der Kunde. Der Kunde und Kundenwünsche haben absolute Priorität."
- „Das Wachstum unseres Unternehmens soll sich am Wachstum der Volkswirtschaft orientieren."
- „Die Umsatzerlöse bilden den Rahmen der Neuinvestitionen."

„Wer nicht weiß, wo er hin will, wird sich wundern, dass er ganz woanders ankommt." (Marc Twain)

Zahlreiche Beispiele lassen sich in den Philosophien und Leitbildern insbesondere großer Firmen finden. Die Veröffentlichungen kleiner Firmen sind seltener, was aber nicht heißt, dass es sie nicht gibt. Wenn aber nicht, dann handelt dieses Unternehmen ziellos.

Unternehmensphilosophie und Leitbild sind Ziele. Ziele geben Orientierung und Richtung – für alle.

1.3 Die lebenswichtigen Organe des Unternehmens: der Unternehmer, das Management

Im Mittelpunkt unseres Modells steht der Unternehmer, das oberste Management. Er ist **Motor, Herz und Hirn des Unternehmens** zugleich. Seine Persönlichkeit, sein Engagement, sein Auftreten, seine Integrität prägen das gesamte Unternehmen. Wenn der Unternehmer schwach ist, dann ist auch das Unternehmen schwach; wenn der Unternehmer ein Vorbild ist, ist auch das Unternehmen vorbildhaft.

„Wer den Hafen nicht kennt, für den ist kein Wind der Richtige."
(Koran)

1.3.1 Die Unternehmensstruktur

Hiermit bezeichnet man alle formalen **Regeln** und die **Abläufe** in einer Organisation, von der Entwicklung über die Produktionsprozesse, die Verwaltung, den Vertrieb bis zum Reklamationsmanagement. Alles, was geordnet, geregelt, organisiert und geführt werden muss, alles, was beschrieben und erfasst werden soll, kann diesem Bereich zugeordnet werden (Einzelheiten in den folgenden Kapiteln).

1.3.2 Die Unternehmensstrategie

In der strategischen Ausrichtung des Unternehmens wird beschrieben, **wie, mit welchen Mitteln und auf welchen Wegen** die vorgegebenen Ziele erreicht werden sollen (Einzelheiten in folgenden Kapiteln).

1.3.3 Die Unternehmenskultur

Vorherrschende Werte, Normen, Grundeinstellungen und Wissensbestände im Unternehmen, die mit emotionalem Engagement gehalten werden, bilden das Image, die „Atmosphäre".

Die Vision wird zur Mission

Die Unternehmenskultur ist ein kollektives Verständnis und Verhalten der Belegschaft nach außen – im Markt und der Gesellschaft – und im Innenverhältnis. Sie begründet sich häufig auf Traditionen. Sie bildet einen **Orientierungsrahmen im Denken und Handeln** und prägt wesentlich das Erscheinungsbild des Unternehmens.

Die Unternehmenskultur wird stark durch die Unternehmensphilosophie und das Leitbild beeinflusst.

1.3.4 Kybernetisches Modell

Die lebenswichtigen Organe des Unternehmens bilden zu- und miteinander interdependente Gesetzmäßigkeiten. Alles ist von allem abhängig und beeinflusst. Das bedeutet, dass alle Details des Unternehmens sorgfältig aufeinander abgestimmt sein müssen.

Alle Handlungen müssen in allen Bereichen passend sein, sie dürfen sich nicht widersprechen oder einen eigenständigen Rahmen bilden. Das heißt allerdings nicht, dass individuelle Leistungen oder Lösungen unmöglich sind oder gar starre bürokratische Regeln den Fortschritt behindern.

Es ist eine Kernaufgabe ganzheitlich orientierter Unternehmensführung, Regeln und Vorgaben so zu gestalten, dass eine motivierende, innovative und wachstumsorientierte Führung den Handlungsrahmen bildet.

1.4   Der Begriff des Unternehmens

Was ist der Unterschied zwischen einem Unternehmen und einem Betrieb? Auf den ersten Blick scheint dies eine überflüssige Frage zu sein, da beide Begriffe im Sprachgebrauch häufig gleichgesetzt werden. Da wir in diesem Buch das Unternehmen in den Mittelpunkt stellen, unterscheiden wir die übrigen Wirtschaftseinheiten wie folgt: Private Haushalte und Betriebe bilden die beiden grundsätzlichen Wirtschaftseinheiten. Betriebe werden nochmals unterschieden in Unternehmungen und öffentliche Formen.

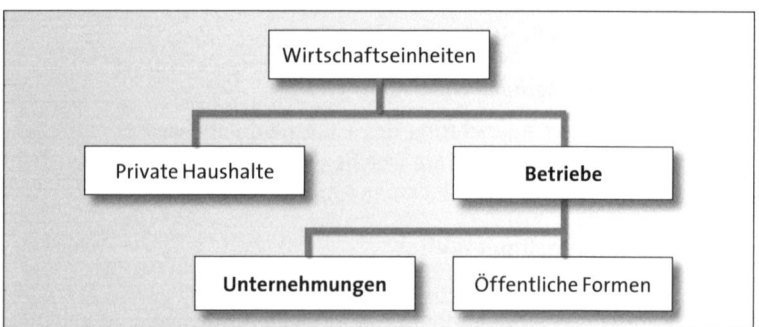

Abb. 2: Wirtschaftseinheiten

Unternehmungen sind also grundsätzlich auch Betriebe, aber Betriebe sind nicht zwangsläufig auch Unternehmungen.

In einem Unternehmen gibt es immer mindestens einen, der etwas unternimmt ...

Als Unterscheidungsmerkmal dienen die Ziele: Ein **Unternehmen ist grundsätzlich gewinnorientiert** und in einem Unternehmen ist immer mindestens eine (natürliche oder juristische) Person, die das Marktrisiko bzw. das persönliche Risiko trägt. Daher kommt auch der Begriff des Unternehmers.

Betriebe, beispielsweise soziale Organisationen, Hilfseinrichtungen, Forschungsinstitute etc., verfolgen primär andere oberste Ziele, z.B. Gesundheitsziele, ökologische oder biologische oder kulturelle Ziele oder das Ziel, Menschen in Notsituationen zu helfen usw.

Damit Betriebe ihre Ziele erreichen können, benötigen auch sie finanzielle Mittel, doch im Vordergrund steht nicht „Geld verdienen", wenngleich es eine wesentliche Rolle spielt, um die betrieblichen Ziele zu erreichen. Betriebe werden oft wie gewinnorientierte Unternehmen geführt, da die Prinzipien erfolgreicher Unternehmensführung durchaus auch den eigenen Absichten entsprechen. Persönliche Risiken der Führungskräfte sind im Gegensatz zum Unternehmer jedoch in der Regel unbekannt (ausgenommen rechtliches Fehlverhalten).

Unternehmen – nicht unterlassen

Die Grenzen zwischen Betrieb und Unternehmen sind häufig fließend. So kann ein Krankenhaus ein Betrieb sein; ist es hingegen in privatem Besitz, kann man durchaus Gewinnabsichten vermuten, dann ist es eher ein Unternehmen.

Staatliche Einrichtungen sind weder das eine noch das andere. Es sind Behörden. Häufig verfügen Behörden über Eigentum an Betrieben unterschiedlicher Rechtsformen wie Regiebetriebe, Eigenbetriebe, Sondervermögen usw.

Aus Abbildung 2 ergibt sich noch eine betriebliche Untergruppe **„Öffentliche Formen“**: das sind u.a. Körperschaften wie Kammern, öffentlicher Rundfunk, Sparkassen usw.

Öffentlich-rechtliche Körperschaften haben in der Regel hoheitsrechtliche Aufgaben wahrzunehmen, aber anders als Behörden haben sie Selbstverwaltungsorgane.

In den folgenden Kapiteln behandeln wir als Modell stets das „Unternehmen“ als ein gewinnorientiertes Gebilde.

1.5   Das Unternehmen und seine wirtschaftlichen Ziele

Ziel eines Unternehmens ist es, möglichst hohe Gewinne zu realisieren. Der Begriff des Gewinns kann sehr unterschiedlich interpretiert werden, ersetzen wir den Begriff deshalb mit „Wirtschaftlichkeit“. Es ist also oberstes unternehmerisches Ziel, eine **möglichst hohe Wirtschaftlichkeit** zu erreichen. Das ist zugleich der Zweck des Unternehmens.

Oberstes unternehmerisches Ziel ist eine möglichst hohe Wirtschaftlichkeit

Wie kann ein Unternehmen seine Ziele erreichen? Welchen Einflüssen ist es auf seinem Weg zur Zielerreichung ausgesetzt? Welche wirtschaftlichen Zusammenhänge muss das Unternehmen berücksichtigen? Näheres hierzu in den folgenden Kapiteln.

1.6   Primärziele – Existenzsichernde Ziele

Das oberste Ziel, hohe Wirtschaftlichkeit zu erreichen, wird von der **Nachhaltigkeit und Qualität der Primärziele** bestimmt.

Die **Lebensfähigkeit** des Unternehmens begründet sich existenziell auf **drei Voraussetzungen**, nämlich Liquidität, Rentabilität und Wachstum. Das ist vergleichbar mit den Lebensbedingungen beim Menschen –

bekanntermaßen Nahrung, Kleidung und Wohnung, soweit es sich um Wirtschaftsgüter (also „knappe" Güter und Leistungen, die etwas kosten) handelt. Die Gliederung stellt zugleich eine zeitliche Gewichtung dar:

1. **Liquidität**: Die Sicherung der Zahlungsfähigkeit hat oberste Priorität. *Liquide Mittel müssen vorhanden sein* Hat ein Unternehmen keine verfügbaren liquiden Mittel, schrumpft die Überlebensfähigkeit auf wenige Tage, maximal vier Wochen, also eine Buchungsperiode.

2. **Rentabilität**: Es ist unbestritten der Zweck eines Unternehmens, Gewinne zu erwirtschaften. Ein Unternehmen kann aber durchaus auch eine oder gar mehrere Perioden ohne Gewinne überleben, wenn es die Verluste aus seinem Vermögen decken kann und liquide bleibt. (Existenzgründer haben häufig in den ersten Jahren keine Gewinne; große Investitionen oder rezessive Markteinbrüche können zu Verlusten führen.) Der Zeitraum, in dem man ohne Gewinne überleben kann, ist also größer als bei fehlender Liquidität.

3. **Wachstum**: Wachstum kann unterschiedlich definiert werden. Mit- *Mitwachsen, wie die Wirtschaft drumherum* wachsen am Markt bzw. im Wettbewerb dient als Orientierung ebenso wie ein unternehmenseigenes kontinuierliches Wachstum, gemessen an den mittelfristigen Vorjahresergebnissen. Wachstum ist aber nicht nur eine Orientierung an Umsatzerlösen, Produktionsmengen, Gewinn und Aktienkurs, Wachstum ist auch der Grad an Innovationsfähigkeit, an technologischem Fortschritt, an Wissensmanagement, an Zukunftsfähigkeit.

Alle drei Primärziele gilt es permanent zu erreichen. Sie sind **Grundlage für alle unternehmerischen Entscheidungen und Aktivitäten**. Sie dienen auch der Zukunftssicherung in wirtschaftlich schwieriger Zeit. Hier können dann kurzfristige, überschaubare Verluste und Wachstumsrückstände überwunden und wieder ausgeglichen werden.

Was spielt aber nun alles eine Rolle, damit das Unternehmen seine Primärziele sichern und seinen eigentlichen Zweck erreichen kann?

1.7   Positionierung des Unternehmens: Einflüsse auf seine Zielerreichung nach Wirtschaftlichkeit

Das Unternehmen als Gebilde in einer Volkswirtschaft unterliegt zahlreichen Einflüssen, die es zu berücksichtigen gilt. Es können dabei Gegebenheiten unterschieden werden, die das Unternehmen nicht beeinflussen kann – die **äußeren Faktoren** –, und solche, welche das Unternehmen selbst festlegt und bestimmt – die **inneren Faktoren**.

1.7.1   Äußere Faktoren der Zielerreichung

Die äußeren Faktoren sind Gegebenheiten,
- die das Unternehmen bei seiner Tätigkeit und in seiner Struktur berücksichtigen muss,

- an die es sich anpassen muss,
- die den politischen, gesellschaftlichen, sozialen, rechtlichen und wirtschaftlichen Rahmen bilden.

So findet ein Unternehmen der gleichen Branche völlig unterschiedliche Voraussetzungen in anderen Regionen, in anderen Kulturen, in anderen Gesellschaften.

Die äußeren Faktoren sind abhängig von der Region, der Kultur, der Gesellschaft

Die wichtigsten äußeren Faktoren sind:
- das politische System
- das Rechtswesen
- die Form der öffentlichen Verwaltung
- das Wirtschaftssystem
- die sozialen Bedingungen
- die ethische Ausrichtung

1.7.1.1 Das politische System

Ein Unternehmen wird in einer freiheitlich-demokratischen Grundordnung seine Ziele leichter verwirklichen können als in einer Diktatur, einer Feudalherrschaft, einer Monarchie. Die Regeln in einer Demokratie sind für alle gleich und bieten damit gleiche, vergleichbare, einschätzbare Bedingungen.

„In einer Diktatur wird der Staat beklatscht, in einer Demokratie kritisiert."
(Unbekannter Verfasser)

1.7.1.2 Das Rechtswesen

Gewaltenteilung, freie Gerichtsbarkeiten, demokratische Gesetzgebung, unabhängige Richter, Rechtsmittel sind gute Voraussetzungen für Unternehmer.

1.7.1.3 Die Form der öffentlichen Verwaltung

Soweit die Bürokratie das Regeln für ein besseres Miteinander und Füreinander als Aufgabe wahrnimmt, ist wohl nichts Negatives daran zu bemerken.

Bürokratie führt zur Unmündigkeit

Wenn die Bürokratie hingegen sich selbst beschäftigt, also zum Selbstzweck wird, Unsummen nutzlos verschlingt, Kreativität und Innovation behindert oder unmöglich macht, ist sie nicht nur für den Bürger, sondern auch für das Unternehmen eine ernste Belastung und Behinderung.

Bürokratie kostet sehr viel Geld. Dabei muss man berücksichtigen: Ein Teil der Ausgaben wird für die Beschäftigten benötigt, Bürokratie ist also beschäftigungswirksam, was aber noch lange nicht bedeutet, dass diese Tätigkeiten auch sinnvoll sind.

Freiheit ist das Gegenteil von Bürokratie

Was kostet die Bürokratie aber die Unternehmen? Im Jahre 2003 hat die deutsche Wirtschaft 46 Mrd. € Kosten aufbringen müssen, die durch die staatliche Bürokratie entstanden sind (Wirtschaftswoche Nr.8/2004; vgl. www.bundesingenieurkammer.de/2411.htm).

BEISPIELE

- Die finanzielle Belastung wird nach einer Umfrage für Kleinbetriebe mit 1–9 Beschäftigten auf 4.361 Euro je Beschäftigten beziffert (vgl. Institut für Mittelstandsforschung Bonn, Juni 2004, S. 8).
- Handwerksunternehmen der gleichen Größenordnung müssen 3.579 Euro pro Beschäftigten und Jahr aufwenden (www.handwerkermarkt.de).

Freiheit ist der Verzicht auf Bürokratie und beschränkt sich auf gesellschaftliche Werte und Regeln

Die vom Unternehmen aufzubringenden Bürokratieleistungen sind **zeitliche und finanzielle Aufwendungen**. Belastungsursachen sind vorwiegend: Sozialversicherungen, Arbeitsrecht und Arbeitsschutz, Ermittlung und Abführung von Steuern, Statistiken, Umweltschutz, Regelungen des Gewerberechts usw.

1.7.1.4 Das Wirtschaftssystem

Wie weit greift der Staat regelnd, regulierend, fördernd oder fordernd in die Märkte von Konsument und Produzent ein? Wie sind Angebot und Nachfrage geregelt? Sind die Prinzipien der freien Marktwirtschaft verwirklicht? Handelt es sich um eine soziale Marktwirtschaft und wie ist sie gestaltet? Bietet das Wirtschaftssystem ausreichende Entwicklungsmöglichkeiten für Unternehmen?

Auch in einem „freien" Wirtschaftssystem können die bürokratischen Hürden für ein Unternehmen höchst hinderlich sein. Auch als überzeugter Europäer muss man angesichts der gigantischen Ordnungs- und Regelungswut schon manche Fragezeichen setzen.

Die zunehmende Anzahl von Vorschriften reduziert proportional den Grad der freien Entfaltung

Unternehmen brauchen Freiräume, viele Freiräume, um sich entfalten und ihre Vorhaben umsetzen zu können. Sie brauchen aber auch ein großes Selbstverständnis an Verantwortung und moralisch-ethischen Werten.

1.7.1.5 Die sozialen Bedingungen

Die sozialen Bedingungen lassen sich bestimmen anhand von Fragen wie: Wie sieht der Staat seine sozialen Verpflichtungen, welchen Schutz gewährt er den Schwächsten? Welche Infrastruktur, Versorgung, Einkommensverteilung, Freiheitsrechte, Bildungssysteme, Gesundheitsversorgung, Altersversorgung, Umweltschutz, Verbraucherschutz und welche Zukunftsvorsorge bietet er?

1.7.1.6 Die ethische Ausrichtung

Die Grundfragen hier lauten: Welche Grundrechte – Berufsfreiheit, Niederlassungsfreiheit, freie Wahl des Arbeitsplatzes und Wohnortes, Meinungs- und Pressefreiheit, Religionsfreiheit usw. – genießt der Bürger?

Wie verhält sich der Staat bei der Herstellung, dem Export und Import von Waffen, Massenvernichtungsmitteln, fragwürdigen Technologien wie Genmanipulation, Klonen, Stammzellenforschung, Drogenpolitik usw.?

Neben diesen Grundfragen, welche die Handlungs- und Bewegungsfähigkeit des Unternehmens bestimmen, ist die Situation **wirtschaftlicher Daten** eine wesentliche Informationsquelle zur unternehmerischen Zielentscheidung:

- Grad der Vollbeschäftigung
- Wachstumsrate, Bruttosozialprodukt
- Investitionsrate
- Verschuldungsgrad
- Handelsbilanz
- Finanz- und Geldpolitik

1.7.2   Wohlstandsfaktoren

Ist der Staat ein Wohlstandsstaat? Die Antwort auf diese Frage ermöglicht es dem Unternehmen mehr oder weniger leicht, innerhalb des Staatsgefüges am Wohlstand teilzunehmen.

Welche Faktoren machen den Wohlstand eines Staates aus? Nach Schierenbeck sind das (Quelle: Schierenbeck 2000, S.1):

Die Wohlstandsfaktoren nach Schierenbeck

„1. Das Potenzial an menschlichen und natürlichen Ressourcen;
2. die Nutzung der produktivitätsfördernden (internationalen, regionalen, nationalen, betrieblichen, personellen) Arbeitsteilung;
3. das Niveau der Mechanisierung und Automatisierung in den Produktionsprozessen;
4. die Standardisierung von Werkstoffen und Produkten;
5. die Entwicklungsrate des technisch-wissenschaftlichen Fortschritts;
6. die Effizienz des Wirtschaftssystems, das die ungezählten Gestaltungskräfte der Wirtschaft optimal anreizt und koordiniert."

Hierzu im Einzelnen:

Menschliche und natürliche Ressourcen: Unter **menschlichen Ressourcen** wird der Grad der ausgebildeten Bevölkerung verstanden. Wie hoch ist der Anteil der Menschen, die am Produktionsprozess teilnehmen können?

Natürliche Ressourcen sind Rohstoffe. Welche Rohstoffvorkommen gibt es im eigenen Land, welche sind nutzbar? Wie hoch ist der Anteil an Rohstoffen, der exportiert werden kann? Welche Rohstoffe müssen in welchen Mengen importiert werden?

„Der Nachteil der Intelligenz ist, dass man ununterbrochen gezwungen ist, dazuzulernen."
(George Bernard Shaw)

Produktivitätsfördernde Arbeitsteilung: **Arbeitsteilung** gibt es schon seit Menschengedenken. Der eine macht dies, der andere das, je nach Fähigkeit. Die Entdeckung und Nutzung der Arbeitsteilung als Wirtschaftsfaktor geht auf den großen schottischen Nationalökonom **Adam Smith** (1723–1790) zurück.

ARBEITSTEILUNG

In seiner berühmten Geschichte der Nadelfabrik (1776) beschreibt Adam Smith die mögliche Produktionsmenge eines Arbeiters, der täglich zwischen null und maximal zwanzig Stecknadeln herstellen kann.

Ausgangspunkt ist, dass jeder Arbeiter alle 18 Arbeitsschritte vollständig erledigt. Die untersuchte Fabrik hatte 10 Arbeiter, die Tagesleistung lag also bei höchstens 200 Nadeln pro Tag.

Adam Smith hat den Produktionsprozess „Einer macht alles" in das Verfahren „Alle machen eins" verkehrt. Die zehn Arbeiter mussten nun immer die gleiche Arbeit machen, z.B. den ganzen Tag Nadeln polieren oder zuschneiden usw.

Das hatte einerseits zur Folge, dass die Arbeiter in ihrer Arbeit schnell „spezialisiert" waren und andererseits enorme Stückzahlen herstellen konnten: Die gleichen zehn Arbeiter haben durch diesen arbeitsteiligen Prozess nun 48.000 Nadeln pro Tag herstellen können. Eine Revolution im Produktionsverfahren.

Man kann sagen, dass durch diese Erkenntnis Adam Smiths die Fließbandarbeit Einzug gehalten hat (vgl. Smith 2001, S. 9 f.).

Adam Smith hat den Unternehmern auch klar gemacht, dass für immer wiederkehrende gleiche Arbeitsschritte keine Facharbeiter notwendig sind. Es genügen angelernte Arbeitskräfte, die wesentlich kostengünstiger sind.

Die Arbeitsteilung ist zwar ökonomisch sinnvoll, für die Betroffenen jedoch nicht sehr motivierend

Die Arbeitsteilung hat sich als wichtiger Faktor bei den Fertigungsprozessen etabliert. Herzustellende Produkte werden in Teilaufgaben zerlegt. Die aufgeteilten Arbeiten sind eingegrenzte spezialisierte Tätigkeiten, welche von den Mitarbeitern schnell, sicher und ohne wesentlichen Ausschuss geleistet werden können. Also kostengünstig.

Aber auch die Arbeitsteilung hat eine zweite Seite: die menschliche. Wie begeistert ist eine Arbeitskraft, die den ganzen Tag den gleichen, meist stupiden Arbeitsvorgang immer und immer wieder wiederholen muss? Kann sich z.B. ein Arbeiter an einer Stanze, der den ganzen Tag, meist bei lautem Getöse, Blechteile mit einer Stanzmaschine ausstanzen muss, mit den hehren Zielen seines Unternehmens identifizieren? Findet er es motivierend, welche schönen Worte das Management von sich gibt? Kann und will er es überhaupt verstehen?

Wie kann man diese Arbeitskräfte motivieren, einbinden in das Betriebsgeschehen, zu zufriedenen Mitarbeitern machen? Wie kann man die negativen Auswirkungen, z.B. hohe Krankheitsraten, Demotivation, Ermüdung usw., bewältigen?

Dieses Problem der **„Humanisierung der Arbeitswelt in den Produktionsprozessen"** ist nach wie vor ungelöst. Versuche mit Geldanreizen, Job-Rotation, Arbeitsgruppen, Teamfertigung können sich bedingt positiv auf die Mitarbeiter auswirken, gleichzeitig verringern sie jedoch die Produktivität und erhöhen die Kosten.

Mechanisierung und Automatisierung: Die menschlichen Schwierigkeiten, die arbeitsteilige Prozesse mit sich bringen, werden teilweise durch den Einsatz von Fertigungsautomaten kompensiert. Wenn ein Fertigungsschritt durch Automaten erledigt werden kann, wird das Unternehmen meist schnell diese Lösung anstreben, denn Automaten arbeiten präzise, kostengünstig, zu jeder Zeit und belasten das Unternehmen nicht mit den zahlreichen personellen Problemen. Das Unternehmen setzt Arbeitskräfte frei. Die damit verbundenen menschlichen Schicksale und der Arbeitsmarkt interessieren dabei nicht wirklich.

Eine weitere wichtige Überlegung eines Unternehmens mit Produkten am Weltmarkt betrifft den **Preis**: Sind die Lohn- und Lohnzusatzkosten so hoch, dass die Preise am Weltmarkt nicht bezahlt werden, muss das Unternehmen eine Lösung finden. Einerseits kann es rationalisieren, was möglichst durch Automation geschieht, oder es verlegt seine Produktion in Länder mit wesentlich geringeren Lohnkosten. Berichte „ausgewanderter" Betriebe in den letzten 20 Jahren belegen das eindrucksvoll. Auch durch die EU-Erweiterung sind viele Betriebe in Länder mit kostengünstigeren Bedingungen gegangen.

Rationalisieren oder „auswandern"

Die Massenproduktion findet zunehmend in Ländern mit niedrigem Lohnniveau statt, Arbeitsplätze im eigenen Land können ersatzweise nicht geschaffen werden. Die „freigesetzten" Arbeitskräfte werden völlig neue Orientierungen brauchen und künftige Arbeitsplätze in Dienstleistungsbereichen besetzen. Produktionsverlagerungen ins Ausland exportieren auch Wohlstand.

Produktionsverlagerungen ins Ausland exportieren auch Wohlstand

Standards bei Werkstoffen und Produkten: Hier stellen sich Fragen wie beispielsweise: „Wie hoch ist der Anteil an Produkten und Leistungen mit verlässlichen, genormten Werten?", „Sind Maßhaltigkeit, Inhalte, Zusammensetzungen, Größen, Eigenschaften usw. festgelegte Standards oder müssen Produkte jeweils einzeln hergestellt werden?"

Technologisch-wissenschaftlicher Fortschritt: Wie unterstützt der Staat Forschung, Entwicklung, neue Technologien und Bildung? Welchen Stellenwert haben Natur- und Geisteswissenschaften? Wie wird Bildung in Gesellschaft und Unternehmen aufgenommen und gefördert? Werden Innovationen, Entwicklungen gefördert und Patente initiiert?

Das Wirtschaftssystem: Freie Wirtschaftssysteme fördern den Wohlstand durch Antriebskräfte jedes Einzelnen und damit der Unternehmen und der Volkswirtschaft. Planwirtschaftliche Systeme sind weniger geeignet, die Entfaltung freien Unternehmertums zu fördern.

Die **soziale Marktwirtschaft** basiert auf dem Grundgedanken der freien Kräfte von Produzent und Konsument, von Angebot und Nachfrage, sie sieht aber einen besonderen Schutz des „Schwächeren", des Arbeitnehmers, vor. Der „Stärkere", der Arbeitgeber, muss den Arbeitnehmer

Besonderer Schutz von „Schwächeren"

„anteilig" am Produktionsprozess beteiligen. Das geschieht durch die Sozialversicherungen. Wenn er Arbeitnehmer beschäftigt, muss er sie sozialversichern, ohne Ausnahme.

1.7.3   Nachfrage nach Gütern und Leistungen

Eine wesentliche Rolle für den Erfolg des Unternehmens spielen der Markt und die Situation von angebotenen Gütern und Leistungen. Was wird in welcher Menge zu welchen Preisen angeboten und was wird vom Markt abgenommen, also nachgefragt?

In einem gesättigten Markt oder bei bestehenden Monopolstellungen anderer Anbieter wird sich das Unternehmen neu orientieren.

Bedürfnisbefriedigung bei knappen Gütern ist der Kern des Wirtschaftens

Motor der Wirtschaft ist der Mensch mit seinen unerfüllten Wünschen, den Bedürfnissen. Die Befriedigung menschlicher Bedürfnisse wird durch knappe Güter begrenzt. Knappe Güter sind Wirtschaftsgüter und müssen „verdient" bzw. „bezahlt" werden.

Die Motive menschlichen Verhaltens, aber auch des Konsums, der Bedürfnisbefriedigung (sowohl im materiellen wie im psychischen Bereich) hat der große Soziologe und Psychologe **Abraham Maslow** (1908–1970) in einer hierarchischen Ordnung, die als **Bedürfnispyramide** bezeichnet wird, dargestellt und beschrieben.

Die Motivationslehre nach Maslow ist eine geeignete Basis sowohl für die Entwicklung unternehmerischer Strategien als auch für die Mitarbeiterführung und das Marketing.

Im Laufe des Lebens schreitet der Mensch voran, von Stufe zu Stufe. Hat er einen bestimmten Status erreicht, strebt er zum nächsthöheren. Diese menschliche Eigenschaft kann nur durch Befriedigung der erlangten oder empfundenen Bedürfnisse ausgeglichen werden, um erneut zum nächsten Ziel zu streben.

Die Theorie Maslows unterteilt menschliche Bedürfnisse in Defizit- und Wachstumsbedürfnisse: **Defizitbedürfnisse** umfassen die physischen Bedürfnisse, Sicherheitsbedürfnisse und die sozialen Bedürfnisse und teils auch die Wertschätzungsbedürfnisse. Letztere können aber auch dem **Wachstumsbedürfnis** zugerechnet werden. Das Bedürfnis nach Selbstverwirklichung ist auf jeden Fall ein Wachstumsbedürfnis.

Das menschliche Gefühl von Mangel und Entbehrung ist der Quell unternehmerischen Handelns

Diese Bedürfnisstrukturen hat Maslow in der Bedürfnispyramide in eine hierarchische Ordnung gebracht. Grundprinzip ist stets das Empfinden eines Mangels und der Entbehrung. Dieser Mangel ist für die Wirtschaft das Motiv der **Bedürfnisbefriedigung**, sowohl **materiell** als auch **ideell**. Angebote am Markt werden wirksam durch die Absicht, den (vermeintlichen) Mangel zu befriedigen.

Da der Mensch bei Weitem nicht das alles braucht, was er sich wünscht, bietet das Verlangen nach „mehr" eine stete Quelle des Erfindungsreichtums. Eine Hauptaufgabe des Marketings ist es daher, **Bedürfnisse** zu **wecken**, die man noch gar nicht kennt.

Die Theorie Maslows verdeutlicht aber auch ideelle Bedürfnisse der Mitarbeiterführung, die in einem engen Zusammenhang mit dem Verhalten und der Motivation stehen, wie z.B. Lob, konstruktive Kritik, Anerkennung, Aufmerksamkeit, Höflichkeit, Ebenbürtigkeit usw.

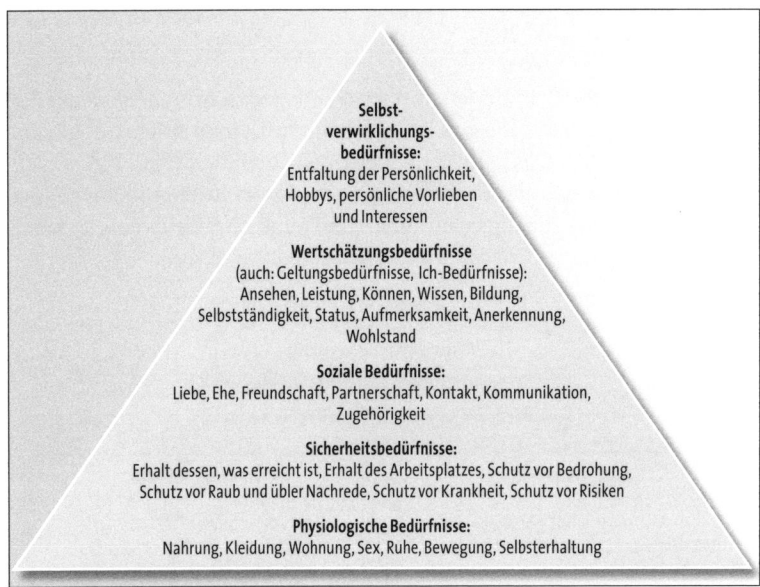

Abb. 3: Bedürfnispyramide nach Maslow

Die Stufen der Pyramide sind nach einer strengen Abfolge geordnet. Der durchschnittliche Mensch durchschreitet jede Stufe, um die Bedürfnisse der nächsten Stufe zu erreichen. Das ist leicht nachvollziehbar, da (fast) jeder Mensch weiter „nach oben" strebt, das Erreichte also nicht wieder aufgeben will, sondern nach Höherem strebt.

Der Mensch strebt nach Höherem

Das bedeutet aber nicht, dass die darunter liegenden Stufen „überwunden" sind, diese bleiben auch bei höherer Entwicklung stets das Fundament. Das ist bei der Zielorientierung des Unternehmens von Bedeutung. So ist beispielsweise Nahrung auf der untersten Stufe eine Kartoffel, auf der Wertschätzungsstufe bleibt Nahrung weiter ein Bedürfnis, wenngleich es da vielleicht Kaviar sein kann.

1.7.4 Innere Faktoren der Zielerreichung

Innere Faktoren sind die **selbstbestimmten Voraussetzungen** und Gestaltungsentscheidungen.

Jedes auf Erwerbswirtschaft ausgerichtete Unternehmen will „so günstig wie möglich" arbeiten, also wirtschaftlich handeln. Es strebt nach dem Optimum. Was heißt das?

Wirtschaftliches Handeln kann man gleichsetzen mit **Haushalten**. Fast jeder kennt das Prinzip: Es gilt, so zu handeln, dass etwas „übrig" bleibt, mindestens aber mit den verfügbaren Mitteln auszukommen.

Das Verhältnis der Leistung zu den Kosten

Man kann „Wirtschaftlichkeit" berechnen: Sie ist das Verhältnis von Leistung zu Kosten. Die errechnete Zahl sagt jedoch nichts über die tatsächliche Wirtschaftlichkeit aus. Es sind lediglich Vergleichswerte möglich, wie „dieses Produkt ist billiger als jenes" oder „Dieses Jahr war um X % besser als das Vorjahr" etc.

Das **ökonomische Prinzip** (auch Wirtschaftlichkeitsprinzip) zielt auf den möglichst günstigsten Einsatz von Mitteln, um einen höchstmöglichen Nutzen zu erzielen. Das kann Geld, Leistung, Qualität, Menge o. Ä. sein.

Messgröße ist stets das Verhältnis zwischen zwei auseinanderliegenden Werten: möglichst günstig (= minimal) und möglichst viel/wenig (= maximal).

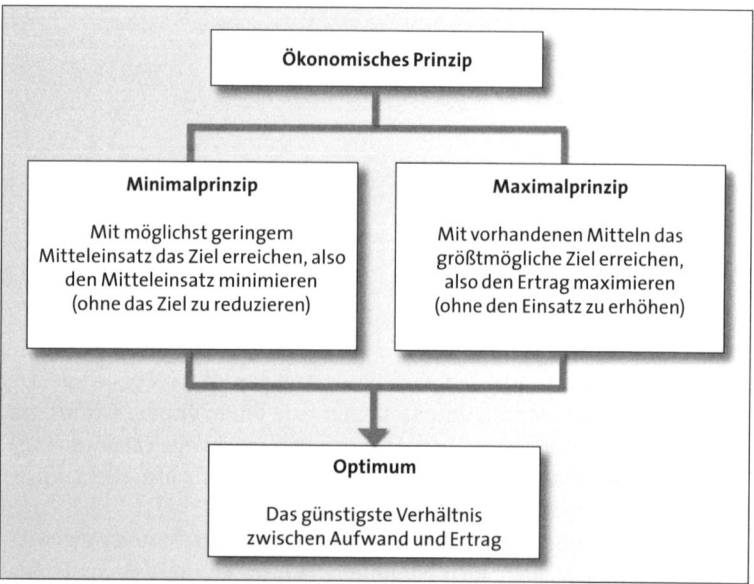

Abb. 4: Das ökonomische Prinzip

Jedes auf Erwerbswirtschaft ausgerichtete Unternehmen handelt nach dem ökonomischen Prinzip

An der Stelle, an der die gegenüberstehenden Werte zu einer Entscheidung führen, also Angebot und Nachfrage übereinstimmen, die Waage ausgeglichen ist, ist das Optimum im Sinne des ökonomischen Prinzips erreicht. Aber: Das bezieht sich jeweils auf die konkrete Situation, auf den Einzelfall. Angebot und Nachfrage können an anderer Stelle, bei einer anderen Situation, bei anderen Partnern völlig anders sein und ebenfalls das Optimum erreichen.

Das Optimum ist also stets situations- und persönlichkeitsabhängig.

Den Grad der Wirtschaftlichkeit zwischen den Werten verschiedener Situationen des Optimums kann man zwar berechnen, das sagt aber nichts aus im Sinne des Begriffs des ökonomischen Prinzips. „Wirtschaftlich optimal handeln heißt also nichts anderes, als Extremwerte zu realisieren, und zwar generell im Sinne eines möglichst **günstigen Verhältnisses zwischen Aufwand und Ertrag.**" (Quelle: Schierenbeck 2000, S. 3)

Die Begriffe ökonomisches Prinzip (Wirtschaftlichkeitsprinzip) und Wirtschaftlichkeit dürfen nicht verwechselt werden

1.7.5 Persönliche Ziele, persönliche Eignung

Die Persönlichkeit des Unternehmers bzw. des Managements spielt eine herausragende Rolle in der Gestaltung und Führung des Unternehmens. Das Management und seine Tätigkeit werden auch geprägt von den **persönlichen Zielen.**

Warum ist der Unternehmer Unternehmer? **Motive** sind z.B.
- Selbstverwirklichung
- Unabhängigkeit
- Streben nach Macht
- Materielle Ziele
- Kreativitätsziele
- Anerkennung, Status etc.

Qualifikation und **Eigenschaften** bestimmen das unternehmerische Profil, wie u.a.:
- Betriebswirtschaftliches Können
- Vorbild
- Empathie
- Mut, Risikobereitschaft
- Durchsetzungskraft
- Selbstvertrauen
- Führungspsychologie
- Menschenbild etc.

Der Unternehmer – ein Übermensch?

Die **Schlüsselqualifikationen** – Fachkompetenz, Führungskompetenz, soziale Kompetenz und Methodenkompetenz – beeinflussen also in ihrer jeweiligen Ausprägung wesentlich die Zielerreichung des Unternehmens.

1.7.6 Unternehmensziele – Zielhierarchie

Die auf Dauer ausgerichteten Unternehmensziele, also der Sinn und Zweck, die Existenzgrundlage, bilden das Grundziel unternehmerischen Handelns. Diese auf Dauer formulierten Ziele werden als **Unternehmensphilosophie** bezeichnet.

Ziele ziehen Energie an und bieten Orientierung

Handlungsvorgaben, welche aus der Unternehmensphilosophie abgeleitet sind, bilden das **Unternehmensleitbild.**

Aus dem Leitbild wird die langfristig ausgerichtete strategische Planung (**strategische Ziele**), aus dieser die mittelfristige taktische Planung (**tak-**

tische Ziele) und aus dieser wiederum die kurzfristige operative Planung (**operative Ziele**) entwickelt.

Diese Planungs- bzw. Zielvorgaben bilden den Rahmen der unternehmerischen Handlung.

Als Maßstab für die **Ergebnisplanung,** z.B. eines Jahres, aber auch als **Grundlage für den Soll-Ist-Vergleich** bzw. als Controlling-Instrument dienen konkrete Anhaltspunkte bzw. **Planzahlen**. Diese können ähnlich wie bei einer Gewinn- und Verlustrechnung aufbereitet sein:

- Umsatzerlöse
- Rohertrag
- Wertschöpfung
- Kapitalgewinn
- Jahresüberschuss /-fehlbetrag vor Steuern
- Jahresüberschuss/ -fehlbetrag nach Steuern
- Dividende
- Betriebsergebnis
- Eigenkapitalrentabilität (EKR)
- Gesamtkapitalrentabilität (GKR)
- Return on Investment (ROI)
- Cashflow

*Diese Planvorgaben
sind primäre
Unternehmensziele!*

Planung ist ein systematischer Prozess zur Erkenntnis künftiger Entwicklungen. Die Planung prognostiziert **Ereignisse**, welche in **Zukunft** erwartet werden, und berechnet deren **Auswirkungen**. Die Planergebnisse sind stets Erwartungen aus gegenwärtiger Sicht, Planungen sind **Prognosen**.

Jede Planung orientiert sich an der nächsthöheren Fristigkeit. Die **strategische Planung** muss die Grundaussagen der Unternehmensphilosophie beinhalten und berücksichtigen. Die strategische Planung ist stets **langfristig**, also auf einen größeren Zeitraum ausgerichtet. Was langfristig ist, hängt wesentlich vom Unternehmenszweck ab. Im produzierenden Gewerbe sind **5 bis 25 Jahre** üblich.

BEISPIELE

So hat eine Imbissbude vermutlich eher eine kleinere Zeitperiode als eine Maschinenfabrik. In manchen Branchen gehen strategische Planungen weit über mehrere Generationen, wie z.B. im Automobilbau oder der Raumfahrtindustrie.

Die **mittelfristige, taktische Planung** steht zwischen den Zeitabschnitten der strategischen und der operativen Planung. In durchschnittlichen Unternehmen sind dies oft **Zeiträume zwischen 2 und 8 Jahren**.

Die **kurzfristige, operative Planung** bezieht sich auf die tägliche Arbeitserfüllung bis zu periodischen Zieldaten, etwa Monate oder Quartale. Operative Unternehmensergebnisse bezeichnen in der Regel Jahresergebnisse.

1.7.7 Die Wahl der Rechtsform

Ein weiteres, herausragendes Gestaltungselement des Unternehmens ist die Wahl der Rechtsform. Sie hat Auswirkungen auf die **Teilnahme am Markt** und damit auf die Zielerreichung.

Als **wichtigste Gesellschaftsformen** für wirtschaftlich orientierte Unternehmen gelten:
- Einzelunternehmungen
- Personengesellschaften
- Kapitalgesellschaften
- Mischformen

Kriterien bei der Entscheidung für eine Rechtsform sind u. a.:
- Haftung
- Risiko
- Kapitalbedarf und die Kapitalbeschaffung
- Recht der Geschäftsführung
- Mitsprache- und Aufsichtsrechte
- Mitbestimmung
- Steuern
- Publizitätspflicht

1.7.8 Prioritäre Einflussfaktoren

Die **Zielerreichung** wird von einer Reihe weiterer Faktoren des unternehmerischen Handelns wesentlich beeinflusst:
- **ganzheitliche Führung** im Denken, Handeln und Sein – kognitiv und emotional
- **Einzigartigkeit**, Positionierung am Markt, Identität
- **intelligente Produktionsmethoden** hinsichtlich Produktentwicklung, Lieferkettenmanagement, Organisation und Personal, Fertigungsabläufe, Wissensmanagement

Eine Fülle weiterer Einflüsse wirkt auf die Existenz und das Handeln des Unternehmens ein, z.B.:
- die Marktpartner
- die Umwelt
- die Finanzen
- die technische und technologische Entwicklung
- die Gesellschaft
- die Kreditgeber, die Banken
- die Leitzinsen

„Wer das Ziel kennt, kann entscheiden; wer entscheidet, findet Ruhe; wer Ruhe findet, ist sicher; wer sicher ist, kann überlegen; wer überlegt, kann verbessern."
(Konfuzius)

Das freie Unternehmen am Markt?

- die Steuergesetze
- das politische Klima
- das Sozialprodukt
- die Gesamtpolitik
- die Wirtschafts-, Finanz- und Steuerpolitik
- die Tarifpartner
- der Arbeitsmarkt
- die Wettbewerber
- die privatrechtlichen Gesetze
- Verordnungen, Verordnungen, Verordnungen

Wer nichts weiß,
muss alles glauben

Innerhalb des gegebenen Gefüges muss der Unternehmer sein Vorhaben verwirklichen, unter Berücksichtigung vielfältiger Faktoren und Einflüsse. Deshalb ist es notwendig, dass Unternehmer und Management über ein möglichst sehr hohes Maß an Wissen und Können verfügen, um einerseits **Risiken** rechtzeitig **abzuwehren** und andererseits **„richtige" Entscheidungen treffen** zu können.

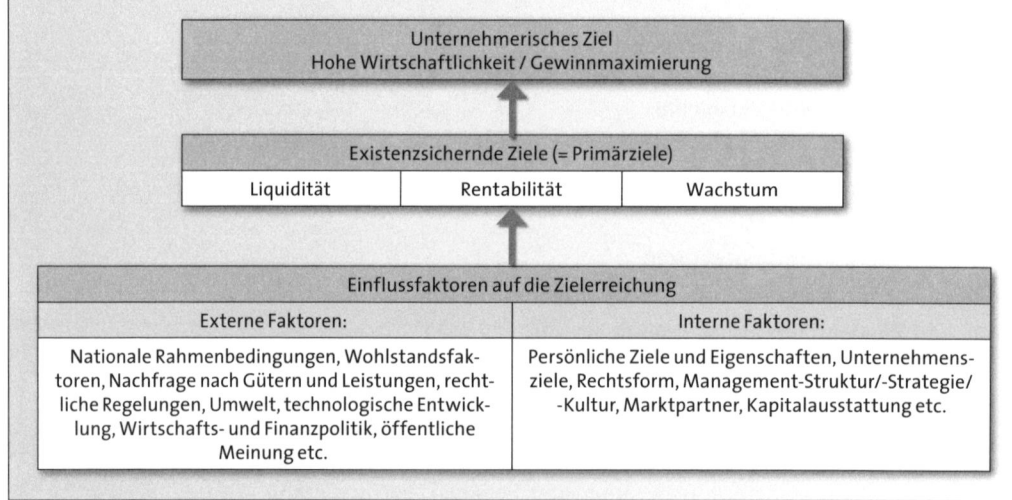

Abb. 5: Ziele und Einflussfaktoren

„Ein Geschäft, das nichts
anderes als Geld bringt, ist
kein Geschäft"
(Henry Ford)

Ein Unternehmen hat also einerseits die Gegebenheiten seiner Umwelt zu berücksichtigen bzw. es ist darin eingebettet, andererseits stehen ihm Gestaltungselemente zur Verfügung.

Entscheidend dürfte immer die Persönlichkeit des Unternehmers bzw. des Managements sein: In dem Maße, wie es der Unternehmer versteht, Chancen und Risiken zu erkennen und abzuwägen, unternehmerische Entscheidungen zu treffen und zu verfolgen und sich und seine Mitarbeiter zum Erfolg zu führen, kann das höchste Ziel **Wirtschaftlichkeit** erreicht werden.

2 Unternehmensidentität, Unternehmensstruktur

2.1 Hauptaufgaben des Managements: der Managementkreis

Die klassischen gestalterischen Aufgaben werden im so genannten Managementkreis dargestellt. Dieses Modell zeigt die wesentlichen Aufgaben des Managements auf.

Die Hauptaufgabe des Unternehmers ist es, Entscheidungen zu treffen

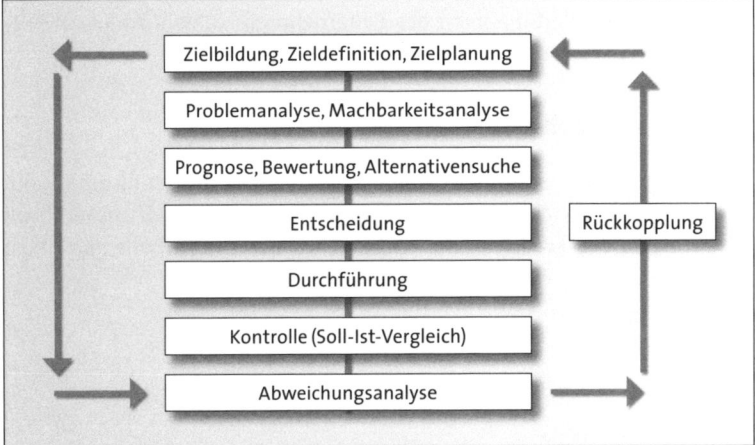

Abb. 6: Managementkreis: Planen, Entscheiden, Durchführen, Kontrolle

Hat das Unternehmen seine Grundziele formuliert, werden die kurz- bis mittelfristigen Ziele in **konkrete Handlungsvorgaben** festgelegt.

Ausgangspunkt ist häufig eine **Umsatzprognose.** Aus ihr resultieren alle anderen Teilpläne und Teilaufgaben. Gleichzeitig ist gerade die möglichst exakte Ermittlung der erwarteten Umsatzerlöse die schwierigste Planung.

In der **Planung**, einem gedanklichen Prozess, welcher betriebliche Ereignisse vorausnimmt, werden alle **notwendigen Beschaffungs-, Fertigungs- und Vertriebsaktivitäten** eingeplant und die damit verbundenen **personellen, organisatorischen und finanziellen Voraussetzungen** festgelegt. Die einzelnen Schritte des Planungsprozesses (Teilpläne) verdeutlichen, ob die Gesamtplanung durchgeführt werden kann, ob z.B. genügend Kapazitäten vorhanden sind und ob sich das Vorhaben „lohnt".

Sind die berechneten Ergebnisse nicht zufriedenstellend oder in der vorgesehenen Form nicht durchführbar, werden **alternative Lösungen** gesucht und ebenfalls berechnet.

Kontrolle ohne Ziele ist
sinnlos – was soll
kontrolliert werden,
wenn keine Zielplanung
existiert?

Der Vergleich mehrerer Lösungsmöglichkeiten führt schließlich zu der **Entscheidung für einen Weg.** Danach hat sich die gesamte Unternehmensstruktur für die Planperiode auszurichten, um die Planziele zu erreichen. Die **Realisierung** wird mit einem permanenten **Kontrollsystem** ergänzt, um Planabweichungen möglichst frühzeitig festzustellen, damit Plananpassungen und Korrekturen wirksam umgesetzt werden können.

Soll-Ist-Vergleiche sollen
schnelle Korrekturen
ermöglichen

Mit abweichenden Erkenntnissen aus dem **Soll-Ist-Vergleich** beginnt der Managementkreis wieder von vorne: Neue bzw. angepasste Ziele – Planung – Entscheidung – Durchführung – Kontrolle usw.

Die äußeren, inneren, gestalterischen, zielorientierten und durchführungsrelevanten Bedingungen des Unternehmens bilden die Unternehmensidentität.

2.2   Unternehmensidentität

Die Unternehmensidentität hat Einfluss auf die Positionierung am Markt. Sie ist der „Charakter" des Unternehmens. Häufig hat die Identität ihren **Ursprung in der Tradition des Unternehmens**, im Symbolismus. Dazu gehören u.a.
* der Name,
* Symbole,
* Logos,
* Farben,
* Umgangsformen,
* Traditionswahrung,
* die Organisation als Zugehörigkeitsmerkmal,
* die sichtbare, klare Einzigartigkeit, allumfassend in Produkten und Leistung,
* Handlungsweisen mit Mitarbeitern, Kunden, Lieferanten, Gesellschaft.

Einzigartigkeit:
Der Geist des
Unternehmens vermittelt
Werte und Normen

Auch **organisatorische Merkmale** wie Gebäude, Inventar, Ausstellungen, Instandhaltung sind Ausdruck der Identität. **Produkte** vermitteln Normen und Werte, die der Unternehmensidentität entsprechen, und im Bereich der **Kommunikation** findet die Identität ihre Wesenszüge in der Einheitlichkeit der Werbung, der Öffentlichkeitsarbeit, den Betriebsanleitungen, der Informationspolitik usw.

Identität und Image sind fest miteinander verbunden und finden ihr Fundament in den grundsätzlichen Unternehmenszielen.

Die Unternehmensidentität ist ein wesentlicher Ausgangspunkt für die Marketingaktivitäten. Darauf werden wir zurückkommen.

2.3 Betriebliche Produktionsfaktoren

Zur Leistungserstellung des Unternehmens bedarf es des Einsatzes **elementarer und dispositiver Faktoren**.

Elementare Produktionsfaktoren werden (nach Gutenberg) unterschieden in:
- **Betriebsmittel** wie Grundstücke, Gebäude, Maschinen, Werkzeuge, sie dienen der Leistungserstellung
- **Werkstoffe** wie Roh-, Hilfs- und Betriebsstoffe, die in die Erzeugnisse eingehen und im Herstellungsprozess verbraucht werden
- **menschliche Arbeitskraft**, sowohl „produktive" als auch „unproduktive" Mitarbeiter im Unternehmen

Drei verschiedene Ebenen werden als **dispositive Produktionsfaktoren** bezeichnet:
- **Leitung und Management**, beide dienen der zielorientierten Führung
- **Planung**, sie dient der gedanklichen Vorwegnahme künftiger Ereignisse; **Kontrolle**, sie dient der Erkenntnis von Abweichungen und der Zielkorrektur
- **Organisation**, sie dient der Struktur zur Aufgabenerfüllung

2.3.1 Betriebliche Prozesse

Die Abfolge des betrieblichen Prozesses zwischen **Beschaffung und Absatz** erfordert den Einsatz von Gütern, Kapital, Arbeitsleistung und Wissen (Informationen). *Einsatz von Gütern, Kapital, Arbeitsleistung und Wissen*

Güter werden eingeteilt in:
- **Rohstoffe**, sie gehen in die zu fertigenden Produkte ein
- **Hilfsstoffe**, sie erfüllen nur Hilfsfunktionen, gehen jedoch auch in die Erzeugnisse ein
- **Betriebsstoffe** werden zur Herstellung verbraucht, sind nicht Bestandteil des Produkts
- **Betriebsmittel**, sie dienen der Herstellung (z.B. Maschinen)
- **Erzeugnisse** sind die fertiggestellten Produkte
- **Waren** sind gekaufte Vorräte zum Verkauf
- **Immaterielle Güter** sind Arbeitskraft, Patente, Lizenzen, Rezepte, Rechte usw.

2.3.2 Kapital

Der finanzwirtschaftliche Prozess erfordert den **Einsatz finanzieller Mittel**. Auf dem Beschaffungsmarkt werden Güter und Arbeitskraft und auch Kapital bezogen.

Zur Bezahlung dieser „Kosten" dienen die Einnahmen aus dem Absatzmarkt.

2.3.3   Informations- und Wissensmanagement

Der Informationsfluss im Unternehmen ist eine wesentliche Voraussetzung für einen funktionierenden Leistungsprozess. Das Informationsmanagement soll sicherstellen, dass **wirksame Kommunikationsbeziehungen** bestehen und angewandt werden. Dabei sollen Informationen im Leistungsprozess als Austauschbeziehungen verstanden werden.

> Ziel ist es, für Transparenz von oben nach unten und von unten nach oben zu sorgen.

Der betriebliche Informationsfluss ist durch den Einsatz moderner Systeme der EDV wesentlich erleichtert worden. Die **Informationsvielfalt** zeigt allerdings auch die Grenzen der Wahrnehmung und damit die Grenzen der möglichen Bedeutung einzelner Informationen auf.

Die Beurteilung einer Situation ist die Summe unserer Erfahrungen und Erinnerungen

Das Informationsmanagement hat auch sicherzustellen, dass relevantes **Wissen abrufbereit** zur Verfügung steht und den Organisationseinheiten im Unternehmen zugeleitet wird, für deren Aufgabenerfüllung und Weiterentwicklung dieses Wissen wichtig sein kann.

BEISPIELE

So kann die Entwicklung neuer Werkstoffe für die künftige Produktion von Bedeutung sein, wie an anderer Stelle die Veränderungen der Rechtslage, des Umweltschutzes, der Marktlage, der gestiegenen Einkaufspreise, der Tarifpolitik usw.

Die **rechtzeitige und inhaltlich korrekte Information** kann damit einen Ausgangspunkt für bedeutsame Entscheidungen darstellen.

Teil des Wissensmanagements ist auch die **Wahrung und Pflege vorhandener Erkenntnisse**, wie Fertigungsverfahren, Rezepturen, Beziehungen usw.

2.4   Die Unternehmensstruktur

Die Unternehmensstruktur stellt den **gestalterischen, formalen Aufbau des Unternehmens** dar. Wie ist das Unternehmen in seinem Aufbau und seinen Abläufen strukturiert? Welche Regularien sollen gelten? Wie sollen das Unternehmen und seine Mitarbeiter geführt werden?

Mit der Unternehmensstruktur werden alle formalen Regelwerke und Prozesse festgelegt, z.B.:

- Aufbau- und Ablauforganisation
- Führungsmodell und Führungssystem

- Stellenbeschreibungen, Aufgaben und Kompetenzen
- Beschaffungs- und Lagerwesen
- Produktionsprozesse, Fertigungsfluss
- Vertriebs- und Verkaufsorganisation
- logistische Prozesse

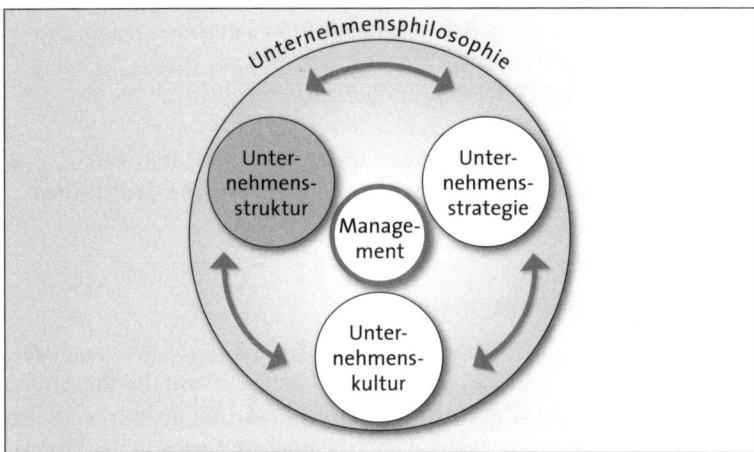

Abb. 7: Die Unternehmensstruktur im Unternehmensorganismus

2.4.1 Organisation und Disposition

Die Organisation soll sicherstellen, dass Handlungsabläufe nach vorgege- *Ordnung versus Chaos* benem Muster von zugewiesenen Stellen innerhalb vorbestimmter Zeiten durchgeführt werden, sie schafft damit **Ordnung**.

Hätte ein Unternehmen die Abläufe vom Verkauf über die Auftragsannahme, den Einkauf, die Fertigung, den Personaleinsatz, die Rechnungsstellung, die Finanzen usw. nicht „geordnet", so stünden alle Tätigkeiten „zur Disposition". Jeder würde dann handeln, wie und wann er will. Das Chaos wäre unvermeidlich.

> Es kommt bei der strukturellen Gestaltung des Unternehmens darauf an, alles Notwendige zu organisieren und die Abläufe festzulegen, gleichzeitig aber genügend Raum zur Disposition zu lassen, um bürokratische Einflüsse zu vermeiden.

Bürokratische Ordnungen entstehen, um **Risiken** einzuschränken und zu **vermeiden**. Die Festlegung von Handlungsabläufen in einer Organisation dient der **Orientierung** von Zuständigkeiten, der Aufgabenverteilung.

Die der jeweiligen Stelle zugewiesenen Aufgaben stellen den **Handlungsrahmen** dar. Stellen wir uns vor, es ergeben sich aus dem Arbeitsfeld dieser Stelle Schwierigkeiten, z.B. Verzögerungen, Engpässe, Reklamationen oder dergleichen, dann neigt das Unternehmen dazu, Regularien zu erlassen, um künftig solche Risiken bzw. Fehler zu vermeiden.

Im Laufe der Zeit werden solche Regelwerke umfangreicher, insbesondere bei zunehmender Betriebsgröße. Die **Gefahr** besteht dann darin, dass sich bürokratische Hürden ergeben, welche letztlich zur **Scheuklappenmentalität** führen: Die „Stellen" erledigen nur noch ihre Aufgabe nach Vorschrift, die Gesamtheit der Aufgaben tritt in den Hintergrund. Dispositive und damit auch kreative Handlungen sind aus Furcht vor Kompetenzüberschreitungen oder Repressalien nicht möglich.

> Deshalb ist es wichtig, dass bei der Gestaltung organisatorischer Einheiten und Abläufe eine Ausgewogenheit zwischen erforderlichen Regeln und dispositiven Freiräumen bleibt.

2.4.2 Die Aufbauorganisation

„Ordnung ohne ein Maß von Unordnung wird lebensfeindlich, da sie jede Möglichkeit der Weiterentwicklung erstickt."
(Paul Watzlawick)

Entsprechend den Zielvorgaben und damit der Bedeutung der Verantwortung für den Erfolg des Unternehmens können **hierarchische Stufen** gebildet werden. Den **Unternehmenszweck**, das Unternehmensziel legt der Unternehmer fest. Er bildet damit die **höchste Ebene in der Hierarchie**. Der Unternehmenszweck ist die allen anderen übergeordnete **„Stelle"**, die oberste Instanz.

Als **Stellen** werden alle in einer Organisation ausgewiesenen funktionalen oder personellen Einheiten bezeichnet.

Eine **funktionale Organisation** ist, wie der Name schon sagt, nach Funktionen, also nach erforderlichen Tätigkeitsmerkmalen (Verrichtungen), geordnet.

Die Organisation prägt die Zugehörigkeit und das Zweckbewusstsein der Angehörigen.

Personalorientierte Organisationen sind eher untypisch, hier werden die Stellen nach Personen bezeichnet und deren Aufgaben nachgeordnet zugewiesen. Das Verrichtungsprinzip wird verkehrt durch Konzentration auf eine oder wenige Personen. Solche Organisationsformen findet man bei stark personenabhängigen Kleinbetrieben.

BEISPIEL

Zum Beispiel eine kleine Bäckerei: Hier ist alles vom Meister abhängig, die mitarbeitende Unternehmerfrau organisiert den Verkauf und das Büro, eine Teilzeitverkäuferin hilft im Ladengeschäft und ein Geselle und Lehrling in der Backstube.

Instanzen und Zielperspektiven

Die oberste **Instanz** (Topmanagement) verfolgt stets gesamtheitliche und **langfristige Ziele**. Ihr obliegen Grundsatzentscheidungen (vgl. Gutenberg 1984, S. 64 ff.).

Die **mittleren Instanzen** (Middle Management) verfolgen **mittel-fristige, „taktische" Ziele**. Sie sind der obersten Instanz unterstellt und selbst den nachgeordneten Instanzen bzw. Stellen übergeordnet.

Die **unteren Instanzen** (Lower Management) haben **operative Ziele** zu erfüllen und Aufgaben im **kurzfristigen Planungs- und Tätigkeitsbereich** wahrzunehmen.

Die Gliederung der hierarchischen Instanzen führt zu den **erforderlichen Tätigkeitsmerkmalen** und der Entscheidung über die **Zuständigkeiten**. Das Ergebnis ist ein Stellengefüge, welches die Organisationseinheiten bildet.

Nach dem hierarchischen Prinzip der Benennung der notwendigen Stellen und ihrer Tätigkeitsmerkmale kann die **Aufbauorganisation** festgelegt werden.

Neben der hierarchischen Gliederung erfolgt eine **Analyse der Gesamt-aufgabe** mit dem Ziel der Zerlegung in Teilaufgaben. Hierbei hilft die Unterteilung in **sachliche Dimension** und **formale Dimension** (vgl. Kosiol 1976, S.49 ff.).

Zerlegung in Teilaufgaben

Die **sachliche Dimension** betrifft
- **Verrichtung**: Art der Leistung in der Teilaufgabe
- **Objekt**: Gegenstand

Die **formale Dimension** betrifft
- **Rang**: Bedeutung und Entscheidungsebene
- **Phase**: Planung, Durchführung oder Kontrollaufgabe
- **Zweckbeziehung**: Teilaufgabe in direktem Bezug zur Hauptaufgabe oder Teilaufgabe als Hilfe und zur Unterstützung

Antworten auf die folgenden Fragen ergeben die Organisationsmerk-male:

W-Fragen

- Was ist zu tun?
- Woran ist etwas zu tun?
- Wer muss etwas tun?
- Womit ist etwas zu tun?
- Wann ist etwas zu tun?
- Wo ist etwas zu tun?

In der **Aufbauorganisation** wird die organisatorische Struktur hinsicht-lich folgender Aspekte festgelegt:
- Aufgabenverteilung
- Weisungsrechte
- Entscheidungsrechte (Kompetenzen)
- Informationssystem

Erfolgt die strukturelle Gliederung nach den hierarchischen Instanzen, müssen die Beziehungen der Stellen untereinander im Sinne des Leistungsprozesses der Gesamtaufgabe geordnet werden.

Organigramme bieten eine klare Übersicht

Die Aufbauorganisation bietet unterschiedliche Modelle, die je nach Größe des Unternehmens, nach Zielen, nach Produkten usw. gestaltet werden können. Die Gliederung der einzelnen Ebenen wird in **Organigrammen** grafisch dargestellt. Das erlaubt eine schnelle und klare Übersicht für alle Beteiligten.

2.4.2.1 Funktionale Organisation

Die funktionale Organisationsform hat einen **statischen Aufbau** und gliedert sich nach den Verrichtungen, den „Funktionen", z.B. Geschäftsführung, Fertigung, Verwaltung, Verkauf.

Um die **Beziehungen der Stellen untereinander** darzustellen, werden die Ober- und Unterstellungsverhältnisse und damit verbundene Weisungswege durch Linien verbunden, weshalb man diese Organisationsform auch als **Einlinien-Organisation** bezeichnet.

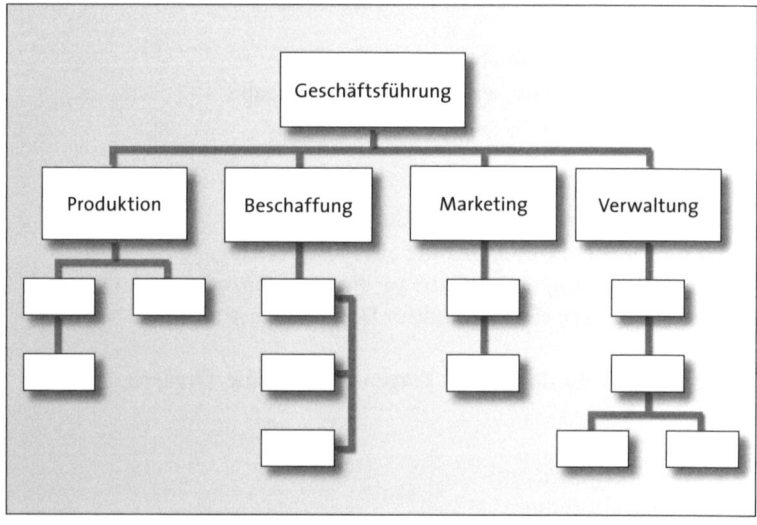

Abb. 8: Einlinien-Organisation

Einlinien-Organisationen sind relativ schwerfällig

Alle Stellen in diesem Organigramm sind **Linienstellen**. Eine Stelle in der Linie bezeichnet stets ein Merkmal der für diese Tätigkeit erforderlichen Kompetenz und gibt Auskunft über die vorgesetzte und untergeordnete Stelle.

Dieses sehr einfache und zugleich weit verbreitete **Modell** bietet eine **klare Ordnung**, neigt aber zu einer **unflexiblen**, schwerfälligen bis bürokratischen Handlungsweise. Die Stellen verhindern den Blick auf das Ganze, Stelleninhaber neigen zu „Schubladen-Denken".

Neben den Stellen in der Linie werden häufig **Stabsstellen** gebildet. Stäbe sind **zugeordnete Stellen mit besonderen fachkompetenten Kenntnissen**. Stäbe helfen und unterstützen die Linienstelle mit ihrem Wissen und Können, sie besorgen und verfügen über relevante Informationen und bereiten Entscheidungen vor. Außerdem bieten Stäbe **fachlichen Rat**, wie z.B. juristische Beratung durch die Rechtsabteilung, EDV-Fragen des Operators, Abweichungshinweise des Controllers usw.

Stäbe helfen und unterstützen die Linienstelle mit ihrem Wissen und Können

Stabsstellen überwachen die Umsetzung von Entscheidungen der Linienstelle und analysieren Daten. Stäbe haben in der Linie jedoch **keine Weisungsfunktion**.

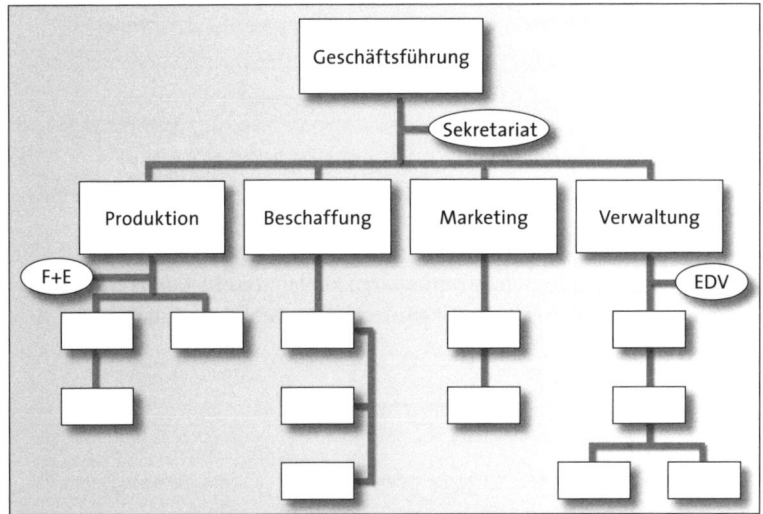

Abb. 9: Stab-Linien-Organisation (hier mit den Stäben Sekretariat, Forschung und Entwicklung und EDV)

Je größer die Organisation ist, desto schwerfälliger werden die Abläufe durch die Weisungswege.

BEISPIEL

Will beispielsweise eine untergeordnete Stelle im Bereich Fertigung mit einer anderen Stelle im Bereich Verwaltung eine dienstliche Angelegenheit bearbeiten, muss der gesamte Instanzenweg durch alle übergeordneten Stellen eingehalten werden.

Das benötigt Zeit und birgt das Risiko des „Liegenlassens" irgendwo. Um solche Wege zu vereinfachen, können **zwischen Abteilungen** unterschiedlicher Bereiche **Kommunikationswege** oder Fachvorgesetztenstellen eingerichtet werden.

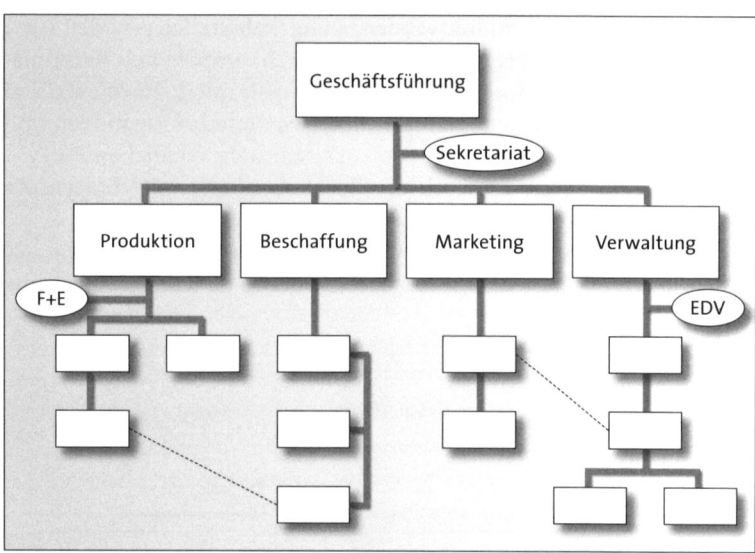

Abb. 10: Stab-Linien-Organisation mit Kommunikationsweg

Sind Beziehungen zwischen zahlreichen Stellen und Instanzen stets erforderlich, können **Mehrlinien-Organisationen** gebildet werden.

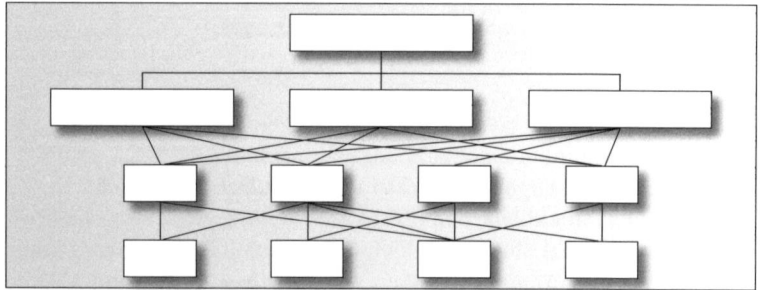

Abb. 11: Mehrlinien-System

> In allen Organisationsformen ist es aber unerlässlich, dass Aufgaben, Kompetenzen, Verantwortung, Vorgesetzte und untergebene Stellen genau beschrieben sind. Dies erfolgt sinnvollerweise in der Stellenbeschreibung.

2.4.2.2 Divisionale Organisationsform

Das Unternehmen ist nach Sparten organisiert

Merkmal einer divisionalen Organisation, sie wird auch als **Sparten-organisation** bezeichnet, ist die Umstrukturierung von der Verrichtungs-funktion zum **Objektprinzip**. Das Unternehmen ist primär nicht mehr nach Funktionen, sondern nach Sparten organisiert (vgl. Grochla 1972, S. 188 ff.).

Sparten sind häufig **Produktgruppen** oder **Projekte**. Sparten nach geografischen Bereichen, z.B. **Ländergruppen**, sind ebenfalls typische Merkmale.

Die Spartenorganisation gliedert sich in drei **Hauptbereiche**:
- Unternehmensleitung
- übergeordnete Zentralabteilungen
- Divisionen (Sparten)

In den **Zentralbereichen** werden alle übergeordneten Aufgaben, welche für alle Sparten gelten und die auch allen Sparten „dienen", ausgeführt.

Die **Sparten** werden von Divisionsmanagern geführt. Diese entscheiden im Rahmen der festgelegten Unternehmenspolitik. Divisionsmanager besitzen in der Regel einen großen dispositiven Verantwortungsrahmen und sind ergebnisverantwortlich für ihre Sparte (z. B. Produktgruppe).

Divisionsmanager sind ergebnisverantwortlich

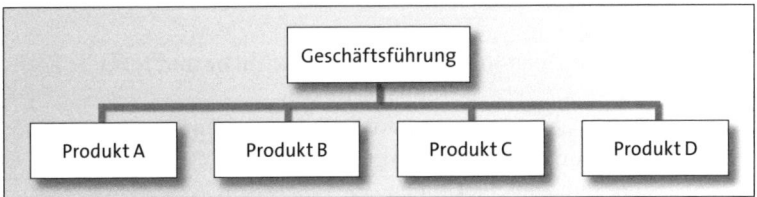

Abb. 12: Divisionale Organisation (Spartenorganisation – hier nach Produkt)

2.4.2.3 Matrix-Organisation

Die Vorteile der funktionalen und der objektorientierten Organisationsform werden in der Matrix-Organisation vereint. Dabei werden die Funktionen **vertikal strukturiert** und die projekt- und produktorientierten Einheiten **horizontal überlagert**. Durch die Kombination überschneiden sich zwei Systeme (vgl. Grochla 1972, S. 205). Die horizontale und die vertikale Organisation bilden eine Matrix.

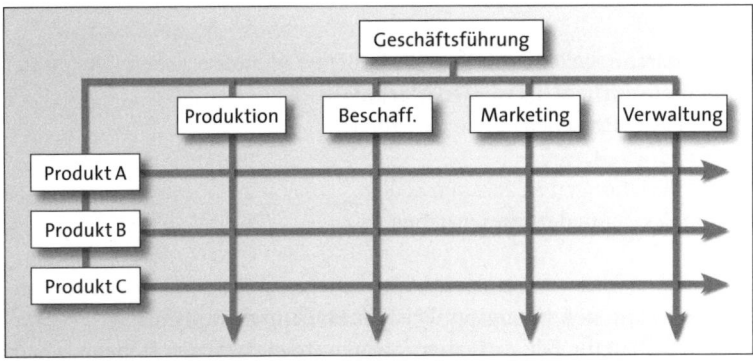

Abb. 13: Matrix-Organisation

2.4.3   Ablauforganisation

Die Aufbau- und die Ablauforganisation können **nicht streng voneinander getrennt** werden. Bei der Bildung der Aufbauorganisation sind Elemente der Hierarchie, der Aufgabenverteilung, der Weisungsrechte, der Verantwortung und Kompetenzen entschieden worden. Damit sind bereits Betrachtungen der betrieblichen Prozesse erfolgt, welche in der Ablauforganisation näher betrachtet und beschrieben werden.

Die Ablauforganisation folgt der Aufbauorganisation (vgl. Kosiol 1972, S. 89 ff.), im Vordergrund steht die Nutzung der durch die Aufbauorganisation geschaffenen Potenziale.

In der Ablauforganisation werden der Gesamtprozess und die vorhandenen Strukturen in Teilbereiche zerlegt und in einzelnen Schritten analysiert. Die Frage lautet:

Wer macht wann, was, in welcher Zeit, womit, wie?

Die Zuordnung verfolgt immer gleichzeitig **sachliche und formale Ziele**, wie z.B.:
- Produktivität, Qualität, Kosten, Risikominimierung
- Motivation, Zufriedenheit, Belastung, Sicherheit
- Anpassungsfähigkeit, Flexibilität
- Kompetenz, Verantwortung, Informationsgrad
- Kunden, Anteilseigner, Gesellschaft

Im Ergebnis einer Ablauforganisation ist genau beschrieben und festgelegt, wie der gesamte Prozess abläuft, vom Auftragseingang über die Fertigung bis zum Reklamationsmanagement und der Archivierung.

Damit verfügt das Unternehmen gleichzeitig über einen **Regelablaufplan**. Dieser zeigt die rechnerischen **Minimal- und Maximalzeiten** eines Produktionsprozesses. Der Regelablaufplan eignet sich damit zur Steuerung vielfältiger Einzelaufgaben und zur Festlegung von Lieferzeiten.

Der Bedarf an Stellen und die erforderlichen Abläufe ergeben sich aus der **Aufgabensynthese**. Es werden **Merkmale**
- der (hierarchischen) Verantwortlichkeit,
- der Tätigkeit,
- der Beziehungen zu anderen Stellen
- und des Zeitbedarfs beschrieben.

Zur besseren Übersicht wird eine **Matrix** erstellt, bei der die Stellen gekennzeichnet werden. Ausgangspunkt ist die **Stellenpyramide** mit ihrer hierarchischen Struktur. Die **Aufgabenfolgen** werden dann den Stellenbezeichnungen in der Matrix zugeordnet.

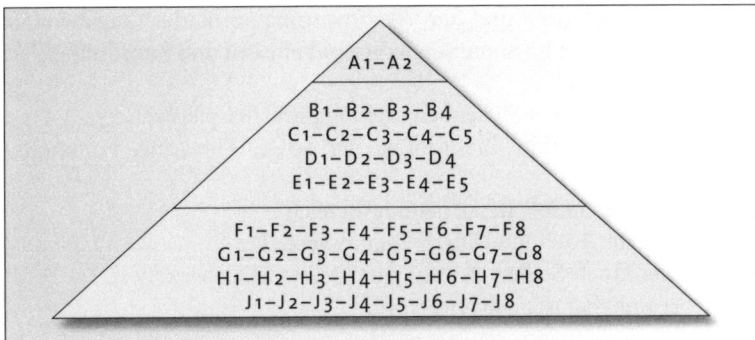

Abb.14: Hierarchische Stellenbezeichnung

Die Beschreibung der Regelabläufe in der Ablauforganisation erfasst nun die **Teilaufgaben** in den Tätigkeitsmerkmalen und ihre **Beziehungen**.

BEISPIEL

- Stelle H 3 erhält von Stelle F 7 die Fertigungseinheit XX.
- H 3 ruft bei der Stelle J 2 die Komponenten XX ab und komplettiert die Einheit mit Maschine XX.
- H 3 gibt zur Qualitätskontrolle weiter an G 8,
- welche die Auslieferung an Stelle F 2 freigibt.
- F 2 meldet Lieferbereitschaft an D 3.
- D 3 koordiniert Disposition mit D 1 und Montage mit E 2.
- D 3 sendet Kundenakte an C 5 und Information an B 1.

Alle Tätigkeiten enthalten **Zeitvorgaben** und müssen so unter- und miteinander abgestimmt sein, dass die vorhandenen Kapazitäten der Stellen ausgelastet, aber nicht überlastet sind. **Pufferzeiten** für unvorhergesehene Risiken müssen berücksichtigt und Engpässe vermieden werden. Aus den festgelegten Teilaufgaben errechnet sich der **Bedarf an Stellen** und der benötigten Belegschaft.

Risiken beachten, Engpässe vermeiden

Dieser Bedarf wird im **Stellenplan** festgehalten. Wöhe definiert: „Die Zuordnung der Teilaufgaben wird in Stellenbeschreibungen niedergelegt, die verbindlich die Eingliederung der Stelle in die Organisationsstruktur, ihre Funktionen, Verantwortlichkeiten und Kompetenzen wiedergeben" (Wöhe 2002, S. 148).

2.4.4 Stellenbeschreibung

Inhalte der Stellenbeschreibung richten sich nach den jeweils zu beschreibenden Teilaufgaben und berücksichtigen die Ergebnisse der Aufbauorganisation mit den festgelegten Strukturen der Hierarchie und den dazugehörigen Kompetenzen und der Verantwortung sowie die Vorgaben der Ablauforganisation im Sinne von Arbeitsinhalt, Zeit und Zuordnung.

Formale Inhalte einer Stellenbeschreibung sind beispielsweise:
- die organisatorische Einordnung der Stelle, Abteilung, Funktionsbezeichnung
- Stellenbezeichnung, Rang, Leitungsbereich
- Vorgesetzter, Fach- und Disziplinarvorgesetzter
- untergeordnete Stellen, Anzahl unterstellter Mitarbeiter
- „Stelleninhaber ist Stellvertreter für …"
- „Stelleninhaber wird vertreten von …"
- Hauptaufgabe der Stelle
- weitere Aufgaben, Führung- und Fachaufgaben, besondere Aufgaben
- Arbeitsbeschreibung
- Aufsichtspflichten
- Kompetenzen, Entscheidungs-, Unterschrifts- und Verfügungsbefugnisse
- Zusammenarbeit mit anderen Stellen
- Arbeitsmittel, Arbeitsplatz
- Regelung von Überstunden
- Arbeitszeiten, Anwesenheitszeiten
- Entlohnung (Lohn- und Gehaltsgruppen)
- Hinweise auf bestehende Betriebsregelungen und Betriebsvereinbarungen

Die Stellenbeschreibung soll **klar und einfach formuliert** sein. Sie soll die **Anforderungen und Aufgaben** der Stelle beschreiben, sie soll „**ordnen"** und auf die beschriebene Teilaufgabe eingrenzen, ohne den Geist der Gesamtaufgabe des Unternehmens zu begrenzen.

Außerdem soll die Stellenbeschreibung bürokratisches Denken, ein auf die Aufgaben beschränktes Zurückziehen des Stelleninhabers vermeiden. Das ist eine anspruchsvolle Aufgabe des Managements, die wesentlich korrespondiert mit den Merkmalen der Mitarbeiterführung (vgl. Teil C, Kap. 9).

TEIL B

Finanz- und Rechnungswesen

3   Externes Rechnungswesen – Finanzbuchhaltung

3.1   Zahlen geben Auskunft

Alles, restlos alles, was in einem Unternehmen geschieht, findet seinen Niederschlag im Rechnungswesen. Mehr noch: Auch das, was nicht geschieht, was unterlassen worden ist oder was zur Vermeidung von Risiken versäumt wurde, taucht hier auf. Manches ist ganz offen aus den ursächlich entstandenen Kosten abzulesen, anderes ist eher „versteckt". Vereinfacht:

> Den Geldeinnahmen stehen Geldverzehr und Ausgaben gegenüber, die Differenz wird als Gewinn oder Verlust bezeichnet.

Transparenz für fundierte unternehmerische Entscheidungen

Im kaufmännischen Rechnungswesen gilt es, die Fülle von Strömungen der Geldmittel so transparent zu machen, dass unternehmerische Entscheidungen fundiert getroffen werden können. Wird beispielsweise an einer Stelle **unverhältnismäßig viel Geld** verbraucht, können die **Ursachen** festgestellt und Korrekturen eingeleitet werden. Aber auch die **Vermögensverhältnisse eines Unternehmens** – ist es wertvoller geworden, hat sich der Einsatz „gelohnt"? – interessieren besonders die Eigentümer und nicht zuletzt auch den Staat, der Steuern einnehmen will.

Die **Aufbereitung und Darlegung des** den Aktivitäten zugrunde liegenden **Zahlenmaterials** erfolgt in der
- Buchhaltung und der
- Kosten- und Leistungsrechnung.

3.2   Die Buchhaltung: Regeln und Bestandteile

Wissen im Detail ermöglicht fundierte Entscheidungen

Die kaufmännische Buchhaltung unterliegt **strengen Regeln** und führt über die Buchung der Geschäftsvorfälle zu einer **Gegenüberstellung von Aufwendungen und Erträgen**. Der Saldo führt zu einem **Gesamtergebnis** in der erfassten Periode und zeigt, ob das Reinvermögen (Eigenkapital) zu- oder abgenommen hat.

> Da Jahresabschluss und Steuerbilanz mit GuV, Anhang, Lagebericht und Prüfung auch als Information für die Anteilseigner, die Kreditgeber, Gläubiger, die Finanzbehörden und ggf. die Öffentlichkeit dienen, wird die Finanzbuchhaltung auch als externes Rechnungswesen bezeichnet.

Darüber hinaus dienen die Ergebnisse selbstverständlich auch dem Unternehmen selbst als **Basis der Entscheidungsfindung** durch bilanzanalytische Berechnungen.

Wenn auch die Geschäftsvorfälle mit ihren zugrunde liegenden finanziellen Auswirkungen akribisch erfasst sind und zu einem Ergebnis führen, reichen die Informationen für eine betriebswirtschaftliche Führung nicht aus: Hier werden Erkenntnisse benötigt, wer an welcher Stelle wie viele Kosten verursacht hat, welche Bestandteile zur Ermittlung eines Verkaufspreises erforderlich sind, ob Maschinen und Einrichtungen wirtschaftlich sind, ob Investitionen durchgeführt werden sollen, ob Produktionsverfahren verbessert werden sollten, ob die Lagerhaltung vertretbar ist u.v.a.m. Hierzu dient ein weiterer Teil des Rechnungswesens, das interne Rechnungswesen, vgl. Kapitel 4.

Der Begriff der „kaufmännischen Buchführung" macht deutlich, dass es auch nicht-kaufmännische Regeln gibt. Die kaufmännische Buchführung unterliegt jedoch **besonders strengen Bestimmungen** und geht auf den Begriff der Kaufmannseigenschaft zurück. Danach müssen Kaufleute **handels- und steuerrechtliche Bestimmungen** einhalten.

Kaufmannseigenschaft
§ 1 ff. HGB

Kaufleute sind in diesem Sinne **alle Handels- und Gewerbebetriebe** (Ausnahmen sollen an dieser Stelle unbeachtet bleiben).

Aufgaben des betrieblichen Rechnungswesens sind:
- Geld und Leistungen sollen wert- und mengenmäßig erfasst (dokumentiert) und kontrolliert werden.
- Die betriebliche Planung soll permanent in den Größen Liquidität und Wirtschaftlichkeit überwacht werden und eine Soll-Ist-Analyse erfolgen.
- In der Rechnungslegung und Informationspflicht soll die Vermögens-, Finanz- und Ertragslage festgestellt und den Eigentümern, Anteilseignern, Finanzbehörden, Arbeitnehmern, Kreditgebern usw. dargestellt werden.

Aufgaben der Buchführung sind:
- Buchführung und Aufzeichnungspflicht: Erfassen und Festhalten aller zahlenmäßigen Geschäftsvorfälle, die sich im Unternehmen ereignen, in systematischer, chronologischer und lückenloser Weise.
- Erstellung des Inventars: Jahresabschluss mit Bilanz, Gewinn- und Verlustrechnung, Anhang.
- Kostenrechnung
- Statistik und Vergleichsrechnung
- Planungsrechnung

Die handelsrechtliche Buchführungspflicht ergibt sich aus § 238, 1 HGB; die steuerrechtliche aus § 140 f. AO

Einige **Grundbegriffe**, die im Folgenden relevant sind, sollen vorab geklärt werden.

> ### EINIGE GRUNDBEGRIFFE
>
> - **Bilanz**: Eine zeitbezogene Gegenüberstellung von Vermögen und Kapital
> - **Vermögen**: Gesamtheit aller im Betrieb eingesetzten Vermögensgegenstände und Geldmittel. Diese werden in der Bilanz als Aktiva bezeichnet und geben Auskunft über die Mittelverwendung.
> - **Kapital**: Summe aller Schulden gegenüber den Eigentümern, Anteilseignern, Gläubigern. Diese Schulden werden in der Bilanz als Passiva bezeichnet und geben Auskunft über die Mittelherkunft.
> - **Gewinn- und Verlustrechnung**: Zeitbezogene Gegenüberstellung von Aufwendungen und Erträgen
> - **Einzahlungen und Auszahlungen**: Veränderungen der Barliquidität
> - **Einnahmen und Ausgaben**: Veränderungen des Geldvermögens
> - **Erträge und Aufwendungen**: Veränderungen des Reinvermögens
> - **Reinvermögen**: Differenz zwischen der Summe aller Vermögensgegenstände und der Summe aller Schulden

3.3   Aufbau einer Bilanz

Die allgemeinen Grundsätze für die Gliederung der Bilanz sind in § 265 HGB geregelt. Die Vorschriften über den formalen Aufbau der Bilanz ergeben sich aus § 266 HGB.

Aktiva	Bilanz zum 31.12.20xx	Passiva

A. Anlagevermögen
   I. Immaterielle Vermögensgegenstände
  II. Sachanlagen
  III. Finanzanlagen
	A. Eigenkapital
	
	B. Fremdkapital
	    Rückstellungen	

B. Umlaufvermögen
   I. Vorräte
  II. Forderungen
  III. Wertpapiere
  IV. Zahlungsmittel
	C. Verbindlichkeiten
	
	D. Rechnungsabgrenzungsposten	

C. Rechnungsabgrenzungsposten		
Summe Aktiva	**Summe Passiva**	

Abb. 15: Formalaufbau einer Bilanz

3.3.1   Inventur und Inventar

Die Inventurpflicht ergibt sich aus § 240 HGB und § 141 AO

Zu Beginn eines Handelsgewerbes, bei Auflösung oder Verkauf und zum **Schluss eines jeden Geschäftsjahres** muss eine Inventur durchgeführt und ein Inventarverzeichnis erstellt werden. Das Geschäftsjahr darf 12 Monate nicht überschreiten (§ 240 II HGB).

In der Inventur (Bestandsaufnahme) werden alle Vermögensgegenstände wie Grundstücke, Maschinen, Einrichtungen, Forderungen, Kassenbestände und Schulden **mengen- und wertmäßig** erfasst.

Die Inventur ist zum Bilanzstichtag **körperlich durchzuführen**, und zwar durch Zählen, Messen und Wiegen. Der Bestand darf auch mit Hilfe anerkannter mathematisch-statistischer Methoden auf Grund von Stichproben ermittelt werden (§ 241 I HGB, **Stichprobeninventur**).

Die Gegenstände des Anlagevermögens können aus dem **Anlagenverzeichnis** übernommen werden, wenn Zu- und Abgänge eingetragen sind und die Daten am Bilanzstichtag zutreffend sind. Verbindlichkeiten und Forderungen können als Buchinventur aus den **buchhalterischen Aufzeichnungen und Belegen** entnommen werden.

Die Inventur ist zum **Bilanzstichtag**, z.B. zum 31.12., zu erstellen. Sie kann innerhalb einer Frist von zehn Tagen durchgeführt werden, muss aber sicherstellen, dass die Werte dem Bilanzstichtag entsprechen (Berichtigung von Bestandsveränderungen).

Bestandsveränderungen nach Bilanzstichtag müssen berichtigt werden

Eine körperliche Aufnahme der Vermögensgegenstände zum Bilanzstichtag wird als **Stichtagsinventur** bezeichnet. Die Durchführung im Unternehmen erfordert umfangreiche Vorbereitungen. Es müssen Inventurpläne, Anweisungen zum Ablauf und der entsprechende Personaleinsatz organisiert sein. Betriebsstörungen oder sogar Schließungen sind unvermeidlich.

Ist durch permanente Fortschreibung aller Zu- und Abgänge sichergestellt, dass eine ordnungsgemäße Bewertung zum Bilanzstichtag aus den Buchwerten übernommen werden kann, ermöglicht der Gesetzgeber gemäß § 241 II HGB den Nachweis als **permanente Inventur**. Der buchmäßige Nachweis erfolgt durch die Lagerkartei, die in modernen Unternehmen mit DV-Software geführt wird.

Das befreit jedoch nicht von körperlichen Aufnahmen und Stichproben im Jahr, um Erfassungsfehler und Schwund berücksichtigen zu können.

3.3.2   Inventarverzeichnis

Das Ergebnis der Inventur (Bestandsaufnahme), bei der alle Vermögensgegenstände und Schulden erfasst worden sind, wird nach Art, Menge und Wert in ein Bestandsverzeichnis, das sogenannte Inventarverzeichnis, übertragen.

Das Inventar umfasst **alle Vermögensgegenstände und Schulden** und gliedert sich in die drei Teile:

- Vermögen
- Schulden
- Reinvermögen

Inventar
Fensterbau Franz Klar und Sohn, Holzburg, zum 31.12.20xx

I.	**Vermögen**	
	1. Anlagevermögen	
	1.1 Grundstücke und Gebäude	
	Grundstück, Holzburg, Waldweg 6	60.000
	Betriebsgebäude, Holzburg, Feldweg 5-7	400.000
	1.2 Betriebs- und Geschäftsausstattung	
	Maschinen	250.00
	Sonstige Geschäftsausstattung	80.000
	LKW	66.00
	PKW	11.000
	2. Umlaufvermögen	
	2.1 Vorräte	
	Roh-, Hilfs- und Betriebsstoffe	32.000
	Fertige und unfertige Erzeugnisse	8.600
	2.2 Forderungen	
	Forderungen aus Lieferungen und Leistungen	13.200
	2.3 Kasse, Bank	
	Kassenbestand, Bankguthaben	3.600
Summe des Vermögens		**924.400**
II. Schulden		
	1. Langfristige Schulden	
	1.1 Schulden Hypothekendarlehen	290.000
	1.2 Schulden gegenüber Kreditinstituten	203.000
	2. Kurzfristige Schulden	
	2.1 Schulden aus Lieferungen und Leistungen	32.000
Summe der Schulden		**525.000**
III. Ermittlung des Reinvermögens		
	Summe des Vermögens	924.400
	Summe der Schulden	525.000
Reinvermögen (Eigenkapital)		**399.400**

Holzburg, 09. Januar 20xx, Franz Klar

Abb. 16: Beispiel einer formalen Gliederung des Inventars

Unter das **Vermögen** fallen zum einen alle Gegenstände, die zur Durchführung des Geschäftszwecks notwendig sind, sie werden als **Anlagevermögen** bezeichnet und umfassen:

- Grundstücke und Gebäude,
- Maschinen und maschinelle Anlagen,
- Betriebs- und Geschäftsausstattung,
- Fuhrpark,
- Anlagen im Bau (Eigenleistungen, z.B. selbst hergestellte Maschinen).

Zum Vermögen rechnen außerdem Gegenstände und finanzielle Mittel, die zur betrieblichen Leistungserstellung vorhanden sind, sie werden als **Umlaufvermögen** bezeichnet und umfassen:

- Werkstoffe und Waren,
- Roh-, Hilfs- und Betriebsstoffe,
- bezogene Fertigteile,
- Fertigerzeugnisse und unfertige Erzeugnisse,
- Forderungen aus Lieferungen und Leistungen,
- Kassenbestand (Kasse, Bankguthaben).

Die Vermögensgegenstände werden (wie auf der Aktivseite der Bilanz) nach der „Flüssigkeit" geordnet: Grundstücke zuerst, sie werden zum Schluss „verflüssigt", Bargeld am Schluss, es kann sofort eingesetzt werden.

Von oben nach unten: langfristig oben, kurzfristig unten!

Unter **Schulden** subsumiert man Beträge, die dem Unternehmen „vorübergehend" von Gläubigern zur Verfügung gestellt worden sind. Schulden werden nach ihrer Fälligkeit geordnet (wie in der Bilanz auf der Passivseite):
- **Langfristige Schulden**: Hypotheken- und Grundschulden, langfristige Darlehen
- **Kurzfristige Schulden**: Verbindlichkeiten aus Lieferungen und Leistungen, Kontokorrentschulden, Wechselverbindlichkeiten

Das **Reinvermögen** errechnet sich aus der Summe des Gesamtwertes des Vermögens abzüglich aller Schulden. Zieht man vom Vermögen die Schulden ab, ist das Reinvermögen gleich dem Eigenkapital.

Das Inventar ist die Grundlage für die Aufstellung der Bilanz.

3.4 Bilanz

Zum Beginn eines Handelsgewerbes muss eine **Gründungsbilanz** aufgestellt werden. Ein laufender Betrieb muss zum Ende eines jeden Geschäftsjahres eine **Schlussbilanz** aufstellen.
   Die Bilanz ist die Gegenüberstellung von Vermögen und Kapital. Die Vermögenswerte werden auf der linken, der „Aktivseite", und das Kapital auf der rechten, der „Passivseite", aufgeführt.

Bilanzpflicht nach § 242 I HGB

Die **Gliederung** der Bilanz unterscheidet sich nach der **Rechtsform** der Gesellschaft:
- Kapitalgesellschaften und gleichgestellte Gesellschaftsformen gliedern die Bilanz nach den Vorschriften des § 266 HGB.
- Kleine Kapitalgesellschaften können eine „verkürzte Bilanz" aufstellen, § 266 I, II und § 267 HGB.
- Einzelunternehmen und übrige Personengesellschaften müssen nicht nach der Gliederung für Kapitalgesellschaften bilanzieren, sie sind aber den Bestimmungen nach Klarheit, Übersichtlichkeit und den

Grundsätzen ordnungsgemäßer Buchführung des § 243 HGB verpflichtet.

Es hat sich deshalb bewährt, die Grundsätze der Gliederung für (kleine) Kapitalgesellschaften anzuwenden.

Aktiva

A. Anlagevermögen
  I. Immaterielle Vermögensgegenstände:
    1. Konzessionen, gewerbliche Schutzrechte und ähnliche Rechte und Werte sowie Lizenzen an solchen Rechten und Werten
    2. Geschäfts- oder Firmenwert
    3. Geleistete Anzahlungen
  II. Sachanlagen:
    1. Grundstücke, grundstücksgleiche Rechte und Bauten, einschließlich der Bauten auf fremden Grundstücken
    2. technische Anlagen und Maschinen
    3. andere Anlagen, Betriebs- und Geschäftsausstattung
    4. geleistete Anzahlungen und Anlagen im Bau
  III. Finanzanlagen:
    1. Anteile an verbundenen Unternehmen
    2. Ausleihungen an verbundene Unternehmen
    3. Beteiligungen
    4. Ausleihungen an Unternehmen, mit denen ein Beteiligungsverhältnis besteht
    5. Wertpapiere des Anlagevermögens
    6. sonstige Ausleihungen

B. Umlaufvermögen:
  I. Vorräte:
    1. Roh-, Hilfs-, und Betriebsstoffe
    2. unfertige Erzeugnisse, unfertige Leistungen
    3. fertige Erzeugnisse und Waren
    4. geleistete Anzahlungen
  II. Forderungen und sonstige Vermögensgegenstände:
    1. Forderungen aus Lieferungen und Leistungen
    2. Forderungen gegen verbundene Unternehmen
    3. Forderungen gegen Unternehmen, mit denen ein Beteiligungsverhältnis besteht
    4. sonstige Vermögensgegenstände
  III. Wertpapiere:
    1. Anteile an verbundenen Unternehmen
    2. eigene Anteile
    3. sonstige Wertpapiere
  IV. Kassenbestand, Bundesbankguthaben, Guthaben bei Kreditinstituten und Schecks

C. Rechnungsabgrenzungsposten

Passiva

A. Eigenkapital:
  I. Gezeichnetes Kapital
  II. Kapitalrücklage
  III. Gewinnrücklagen
    1. gesetzliche Rücklage
    2. Rücklage für eigene Anteile
    3. satzungsgemäße Rücklagen
    4. andere Gewinnrücklagen

IV. Gewinnvortrag/Verlustvortrag
V. Jahresüberschuss/Jahresfehlbetrag

B. Rückstellungen:
1. Rückstellungen für Pensionen und ähnliche Verpflichtungen
2. Steuerrückstellungen
3. sonstige Rückstellungen

C. Verbindlichkeiten:
1. Anleihen, davon konvertibel
2. Verbindlichkeiten gegenüber Kreditinstituten
3. erhaltene Anzahlungen auf Bestellungen
4. Verbindlichkeiten aus Lieferungen und Leistungen
5. Verbindlichkeiten aus der Annahme gezogener Wechsel und der Ausstellung eigener Wechsel
6. Verbindlichkeiten gegenüber verbundenen Unternehmen
7. Verbindlichkeiten gegenüber Unternehmen, mit denen ein Beteiligungsverhältnis besteht
8. sonstige Verbindlichkeiten
   davon Steuern
   davon im Rahmen der sozialen Sicherheit

D. Rechnungsabgrenzungsposten

Abb. 17: Gliederung der Bilanz gem. § 266 HGB

Am Beispiel des o. g. Inventars sieht die Bilanz so aus:

Aktiva		Bilanz zum 31.12.20xx	Passiva	
A. Anlagevermögen			**A. Eigenkapital**	399.400
I. Sachanlagen				
1. Grundstücke und Gebäude	460.000		**B. Verbindlichkeiten**	
2. Betriebs- und Geschäftsausstattung	407.000		I. Verbindlichkeiten	
B. Umlaufvermögen			1. aus Hypothekendarlehen	290.000
I. Vorräte			2. gegenüber Kreditinstituten	203.000
1. Waren	40.600		II. Verbindlichkeiten aus LuL	32.000
II. Forderungen				
1. Forderungen aus LuL	13.200			
III. Kassenbestand und Guthaben bei Kreditinstituten	3.600			
Summe Aktiva	**924.400**		**Summe Passiva**	**924.400**

Holzburg, 15. Februar 20xx, Franz Klar

Abb. 18: Bilanz nach dem Inventar zum 31.12.20xx von Franz Klar

Die Bilanz wird zu einem bestimmten Stichtag (z.B. 31.12.) erstellt. Unmittelbar danach ändern sich durch Geschäftsvorfälle die Werte des Vermögens und der Schulden wieder. Es wäre unsinnig, bei jeder Bestandsveränderung eine neue Bilanz aufzustellen. Deshalb werden die **Veränderungen in Konten erfasst**.

Konten stellen die **Einzelabrechnung der verschiedenen Bilanzpositionen** dar. Die Bilanzposten werden in Konten „aufgelöst", um alle Zu- und Abgänge bis zum nächsten Bilanzstichtag festzuhalten und den Wert (Saldo) zu berechnen.

Bilanzposten werden in Konten aufgelöst

Konten, welche Bestände der Bilanzposten ausweisen, werden als Bestandskonten bezeichnet.

3.4.1 Konten

Ein Konto ist eine stets zweiseitige Rechnung mit SOLL und HABEN

Das Konto ist eine zweiseitige Rechnung: Die linke Seite ist die Soll-Seite, hier werden der Anfangsbestand und alle Zugänge erfasst. Die rechte Seite ist die Haben-Seite, hier werden alle Abgänge erfasst.

Die Differenz zwischen der Soll-Seite und den Abgängen der Haben-Seite ergibt den **Endbestand**. Zum Ausgleich der Haben-Seite wird diese Differenz (Saldo des Endbestandes) im Haben dazugerechnet. Beide Additionen, Soll und Haben, sind ausgeglichen. Beispiel:

Soll		Kasse	Haben
Anfangsbestand	3.600	Abgänge	1.100
Zugänge	2.000		300
	500		1.700
	1.300	Endbestand	4.300
	7.400		**7.400**

Abb. 19: Konto mit Soll und Haben

3.4.2 Bestandskonten

Schlussbilanz des vergangenen Geschäftsjahres ergibt die Anfangsbestände des aktuellen Geschäftsjahres

Die Bestandskonten werden zum Beginn des Geschäftsjahres eröffnet. Für alle in der Bilanz ausgewiesenen Positionen wird ein Konto angelegt. Die **Vermögenswerte** werden in Aktiv- oder Vermögenskonten, die **Kapitalpositionen** in Passiv- oder Kapitalkonten erfasst. Die Anfangsbestände ergeben sich aus der Schlussbilanz des vergangenen Jahres (bzw. der Eröffnungsbilanz).

Bei den **Aktivkonten** erscheinen die Anfangsbestände auf der linken Kontenseite und die Abgänge werden auf der rechten Seite erfasst. Bei den **Passivkonten** erscheinen die Anfangsbestände auf der rechten Seite und die Abgänge werden auf der linken Seite erfasst.

Soll	Aktivkonto	Haben
Anfangsbestand		Abgänge
+ Zugänge		Saldo Endbestand

Soll	Passivkonto	Haben
Abgänge		Anfangsbestand
Saldo Endbestand		+ Zugänge

Abb. 20: Aktiv- und Passivkonto

Der jeweilige Saldo wird ermittelt, indem die kleinere Kontenseite von der größeren Kontenseite subtrahiert und auf die kleinere Seite übertragen wird.

Nach Eröffnung der Konten können die laufenden Geschäftsvorfälle gebucht werden.

Buchungen auf Bestandskonten

> Bei allen Buchungen bleibt das Gleichgewicht der Bilanz erhalten. Jeder Geschäftsvorfall wird stets auf zwei Seiten gebucht, einmal im Soll und einmal im Haben.

Am Ende des Geschäftsjahres werden die Bestandskonten wieder zu einer Bilanz zusammengefasst. Die Ermittlung der Bestände erfolgt durch **Saldierung** beider Seiten jedes Kontos. Die Endbestände werden im Schlussbilanzkonto gebucht.

Eine Bestandsveränderung auf einem Konto hat eine Bestandsveränderung auf einem anderen Konto oder mehreren Konten zur Folge. Das sagt über den Erfolg noch nichts aus. **Erfolgswirksam sind Geschäftsvorfälle dann, wenn sie das Eigenkapitalkonto (passives Bestandskonto) betreffen.**

Der Saldo des Vermögens und der Schulden ergibt das Reinvermögen, also das Eigenkapital. Führt ein Geschäftsvorfall zur Erhöhung des Reinvermögens, wird dies als **Ertrag** bezeichnet, führt er zur Verminderung des Reinvermögens, handelt es sich um einen **Aufwand**.

Erhöhung des Reinvermögens: Ertrag
Verminderung des Reinvermögens: Aufwand

Das Eigenkapital wird nicht nur durch Geschäftsvorfälle verändert, sondern auch durch Kapitalzuführungen oder Privatentnahmen. Um diese Bestandsveränderungen zu unterscheiden, werden zum Abschluss des Kapitalkontos **Hilfskonten** geführt:

- Das **Gewinn- und Verlustkonto** dient als Sammelkonto für die Salden der Aufwands- und Ertragskonten.
- Das **Privatkonto** ist das Sammelkonto für die Privateinlagen und -entnahmen.

3.4.3 Erfolgskonten

Wird durch einen Geschäftsvorfall ein Erfolg oder ein Verlust erzielt, bedeutet dies einen Wertzuwachs bzw. eine Wertminderung des Vermögens und damit des Eigenkapitals.

Aufwendungen werden immer im Soll gebucht, Erträge werden immer im Haben gebucht

Um diese Geschäftsvorfälle transparent zu machen, werden Erfolgskonten für jede Aufwands- und Ertragsart angelegt. Aufwendungen mindern das Eigenkapital, Erträge erhöhen es. Da das Eigenkapitalkonto ein Passivkonto ist, werden Zugänge auf der Habenseite und Abgänge auf der Sollseite gebucht.

Aufwendungen und Erträge werden auf derselben Kontoseite gebucht, wie wenn die Buchung auf dem Eigenkapitalkonto erfolgen würde.

3.4.4   Soll an Haben

Ein Vorgang im Soll, *ein Vorgang im Haben*

Jeder Geschäftsvorfall wird mindestens auf zwei Konten erfasst, da er einmal einen Vorgang im Soll und einen im Haben erfasst. Erleichtert wird dieser Vorgang durch die **Bildung von Buchungssätzen**. Damit wird zunächst das Konto benannt, das im Soll belastet wird, dann das Konto, dessen Seite im Haben gebucht wird.

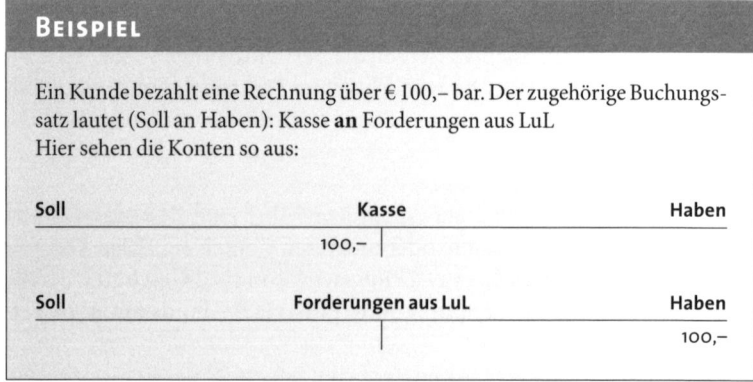

> **BEISPIEL**
>
> Ein Kunde bezahlt eine Rechnung über € 100,– bar. Der zugehörige Buchungssatz lautet (Soll an Haben): Kasse **an** Forderungen aus LuL
> Hier sehen die Konten so aus:
>
> | Soll | Kasse | Haben |
> |------|-------|-------|
> | 100,– | | |
>
> | Soll | Forderungen aus LuL | Haben |
> |------|---------------------|-------|
> | | | 100,– |

Führung der Handelsbücher: § 239 HGB

Buchungssätze werden in zeitlicher Reihenfolge anhand von Belegen im **Grundbuch** bzw. Journal erfasst.

Die EDV-gestützte Buchführung fertigt automatisch ein Journal und erstellt ein Erfassungsprotokoll, die so genannte **Primanota**.

Einfache Buchungssätze sprechen nur **eine Buchung im Soll und eine Buchung im Haben** an, wie in obigem Beispiel (Kasse an Forderungen aus LuL). **Zusammengesetzte Buchungssätze** sprechen **mehrere Soll- oder Habenkonten** an.

> **BEISPIEL**
>
> Der Kunde bezahlt eine Forderung mit € 100,– bar und überweist den Rest von € 200,– per Bank. Hier sehen die Konten so aus:
>
> | Soll | Kasse | Haben |
> |------|-------|-------|
> | 100,– | | |
>
> | Soll | Bank | Haben |
> |------|------|-------|
> | 200,– | | |
>
> *Forts.*

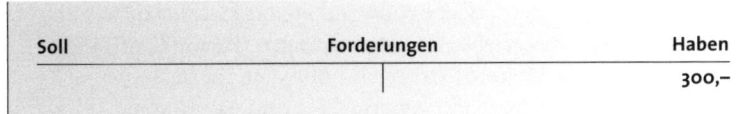

Soll	Forderungen	Haben
		300,–

Um die Buchungen **verursachungsgerecht** zuordnen zu können, erhalten alle Konten **nummerierte Bezeichnungen**. Konto und Gegenkonto können dann nach dem Kontenplan „kontiert" werden.

3.5   Kontenrahmen und Kontenplan

Der Kontenrahmen dient der systematischen Ordnung von Konten. Kontenrahmen sind branchenspezifisch unterschiedlich geordnet, um den individuellen Bedürfnissen der Branche zu entsprechen.

Anpassung an die Bedürfnisse der jeweiligen Branche

Die systematische Gliederung des Kontenrahmens ermöglicht einen **präzisen Überblick**, welche Konten geführt werden, ermöglicht Betriebsvergleiche und vereinfacht die Kontierung durch Vereinheitlichung der Kontonummern (vgl. Bornhofen 2005, S. 68).

In der Praxis wird die Buchführung überwiegend mit Hilfe der EDV erfasst. Dem **EDV-Buchungssystem** liegen bewährte standardisierte Kontenrahmen zugrunde, deren Ursprung (meistens) auf die Firma DATEV zurückgeht. Die Bezeichnung lautet auch DATEV-Kontenrahmen.

Zwei Kontenrahmen sind weit verbreitet, die DATEV-Kontenrahmen SKR 03 und SKR 04 (SKR = Standard-Kontenrahmen). Der Kontenrahmen **SKR 03** ist nach dem **Prozessgliederungsprinzip** geordnet, der Kontenrahmen **SKR 04** nach dem **Bilanzgliederungsprinzip**. Zahlreiche klein- und mittelständische Betriebe wenden den Kontenrahmen SKR 03 an, teilweise aus bewährter Anwendung und Gewohnheit, eine Umstellung auf den SKR 04 erweist sich oft als nicht notwendig.

Der **SKR 04** ist die **moderne Variante**. Der Kontenrahmen entspricht in wesentlichen Teilen dem IKR (Industrie-Kontenrahmen), der Grundlage vieler Lehrveranstaltungen zur Buchhaltung ist.

Auch wenn der SKR 04 sehr umfangreich ist, kann dieser Kontenrahmen durchaus für produzierende Unternehmen (auch Kombinationen von Teilproduktion, Handel und Dienstleistung) empfohlen werden, vgl. DATEV-Kontenrahmen SKR 03, SKR 04.

Der SKR 04 wird in **Kontenklassen** gegliedert:

- Kontenklasse 0 = Anlagevermögen
- Kontenklasse 1 = Umlaufvermögen
- Kontenklasse 2 = Passiva (Kapital)
- Kontenklasse 3 = Passiva (Verbindlichkeiten)
- Kontenklasse 4 = Betriebliche Erträge

- Kontenklasse 5 = Betriebliche Aufwendungen (Materialaufwand)
- Kontenklasse 6 = Betriebliche Aufwendungen (Personalaufwand)
- Kontenklasse 7 = Weitere Erträge und Aufwendungen
  (Ergebnis, Steuern, Gewinnverwendung)
- Kontenklasse 8 = Nicht belegt
- Kontenklasse 9 = Vortrags- und statistische Konten

Im Kontenplan sind alle Konten für das jeweilige Unternehmen zusammengefasst. Die Ordnung des Kontenplanes erfolgt in **vierstelligen numerischen Kontobezeichnungen**. Die erste Stelle der Kontonummer gibt stets die zugehörige Kontenklasse an.

BEISPIEL

In der Kontenklasse 4 „Betriebliche Erträge" werden Umsatzerlöse gebucht. Die Kontenbezeichnung lautet „4000 Umsatzerlöse". Zur Untergliederung differierender Umsatzquellen können weitere Konten eingerichtet werden, Konto 4001–4099. Weitere Erlöskonten sind beispielsweise

- 4500 – Provisionserlöse
- 4770 – Gewährte Rabatte
- 4860 – Grundstückserträge
- 4820 – Aktivierte Eigenleistungen
- 4900 – Erträge aus dem Abgang von Gegenständen des Anlagevermögens

Es bleibt immer die Kontenklasse 4, wenn es sich um Geschäftsvorfälle mit betrieblichen Erlösen handelt.

Die erste Stelle der vierstelligen Kontenbezeichnung bezieht sich auf die Kontenklasse (maximal zehn / 0–9), die zweite Stelle bezeichnet die Kontengruppe (maximal zehn / 0–9), die dritte Stelle die Kontenuntergruppe und die vierte Stelle das Konto.

Der SKR 04 kann auf die im Betrieb notwendigen Konten reduziert werden

Die sehr große Differenzierung des SKR 04 ermöglicht es, nahezu alle Fälle aufzuspalten, je nach Erfordernis und Interessenlage des Unternehmens. Der SKR 04 kann selbstverständlich auf die im Betrieb notwendigen Konten reduziert werden.

3.5.1   Anlagevermögen

Zum Anlagevermögen gehören:
- immaterielle Vermögensgegenstände
- Sachanlagen
- Finanzanlagen

Zu den immateriellen Vermögensgegenständen gehören beispielsweise Patente, Lizenzen, Schutzrechte, Software, Verfahrensrechte, Verwertungsrechte, Firmenwert usw.

Für immaterielle Vermögensgegenstände, die entgeltlich erworben wurden, besteht eine **Aktivierungspflicht**. Nicht entgeltlich erworbene immaterielle Vermögensgegenstände dürfen nicht aktiviert werden.

Aktivierung bedeutet: Aufnahme in die „Aktivseite" der Bilanz

Auch wenn diese Rechte und Werte (wenn sie nicht entgeltlich erworben wurden) nicht aktiviert werden dürfen, bedeutet das nicht, dass sie „wertlos" sind. Würden das Unternehmen oder einzelne Rechte beispielsweise verkauft werden, würden sie zur Wertermittlung hinzugezählt werden (**stille Reserven**).

Hier wird deutlich, dass es Unterschiede zwischen Buchhaltung bzw. Bilanzierung und der Ermittlung eines unternehmerischen Firmenwertes gibt.

Bilanzierungsverbote § 248 f. HGB

3.5.2 Sachanlagen

Sachanlagen sind bewegliche und unbewegliche Gegenstände des Anlagevermögens. Es handelt sich um die gleichen Vermögensgegenstände, die im Inventarverzeichnis bzw. der Eröffnungsbilanz enthalten sind:
- Unbebaute Grundstücke
- Bebaute Grundstücke
- Geschäftsbauten
- Wohnbauten
- Maschinen und technische Anlagen
- Betriebs- und Geschäftsausstattung
- Anlagen im Bau

Veränderungen, die sich im Laufe des Geschäftsjahres durch Zukäufe, Verkäufe, Teilwertverlust oder Verlust ergeben, werden auf den betreffenden Anlagekonten gebucht und ergeben zum Abschluss den aktuellen Vermögenswert der Sachanlagen zum Bilanzstichtag (vgl. Kap. 3.5.4 Abschreibungen).

Was wird aktiviert? Nehmen wir eine Maschine. Nicht nur der Kaufpreis muss bezahlt werden, um die Maschine zu erwerben, es ergeben sich auch Anschaffungsnebenkosten und mögliche Preisminderungen.

Die Zusammenfassung ergibt den Wert, der als Anlagevermögen aktiviert wird, also:

	Kaufpreis (ohne Vorsteuer)
+	Anschaffungsnebenkosten (Fracht, Versicherung, Entladekosten, Montage)
−	Preisminderungen (Skonto, Rabatte, Bonus)
=	Anschaffungskosten

Finanzierungskosten dürfen nicht zu den Anschaffungskosten gerechnet werden.

Anschaffungs- und
Herstellungskosten
§ 255 HGB

Aktivierte Eigenleistungen sind Anlagegüter, die der Betrieb selbst (ganz oder teilweise) hergestellt hat und die zur eigenen betrieblichen Verwendung eingesetzt werden. Der Wert dieser Güter wird durch die Herstellungskosten bestimmt.

Zur Aktivierung:
Materialeinzelkosten
+ Fertigungseinzelkosten
+ Sondereinzelkosten der Fertigung
= **Herstellungskosten I** (Wertuntergrenze)

Steuerrechtlich (auch zur Aktivierung):
+ Materialgemeinkosten
+ Fertigungsgemeinkosten
= **Herstellungskosten II**

3.5.3   Finanzanlagen

Finanzanlagen sind alle Vermögensgegenstände wie Anteile und Ausleihungen an verbundene Unternehmen, Beteiligungen, Wertpapiere (Anteilsbesitz) und sonstige Ausleihungen gemäß § 266 III HGB.

3.5.4   Abschreibungen

Tatsächliche Werte am
Bilanzstichtag

Die Aktivposten der Bilanz sollen zum Bilanzstichtag die tatsächlichen Werte ausweisen. Bei **Sachanlagen** verringert sich der Wert durch die Nutzung, wie z.B. den Einsatz einer Maschine oder die Fahrleistung eines Fahrzeugs. Im **Umlaufvermögen** können Forderungsverluste oder Schwund der Vorräte entsprechende Wertberichtigungen erforderlich machen.

> Der Wertverbrauch wird als Abschreibungsaufwand in der Gewinn- und Verlustrechnung (GuV) erfasst.

Zu unterscheiden sind:
* **Nicht abnutzbare Vermögensgegenstände** wie unbebaute Grundstücke und dauerhafte Beteiligungen an Unternehmen. Diese Vermögensgegenstände erleiden in der Regel keinen Werteverlust.
* **Abnutzbare Gegenstände** wie Gebäude, Maschinen, technische Anlagen, Fuhrpark, Betriebs- und Geschäftsausstattung. Diese Vermögensgegenstände unterliegen einem ständigen Werteverzehr durch die zeitliche Dauer und die Inanspruchnahme im betrieblichen Leistungsprozess.

Bei der **planmäßigen Abschreibung** wird der erwartete, vorhersehbare Werteverlust „abgesetzt". Die **außerplanmäßige Abschreibung** bezeichnet unvorhergesehene Verluste, z.B. verursacht durch Defekte und Schadenereignisse (Unfall, Zerstörung).

Die **direkte Abschreibung** bezeichnet den durch den Werteverzehr niedrigeren Wert, der auf der Aktivseite zur Wertminderung führt. Die **indirekte Abschreibung** erfolgt auf der Passivseite als Wertberichtigungsposten.

Anschaffungs- und Herstellkosten sind die Basis für die **bilanzielle Abschreibung**. Die Buchwerte werden durch die Abschreibung entsprechend vermindert.

Anschaffungs- und Herstellkosten sind die Basis für die bilanzielle Abschreibung

    In der Gewinn- und Verlustrechnung wird die Wertminderung als Aufwand gebucht, dadurch wird der Gewinn gemindert. Die Gewinnminderung führt zur Steuerersparnis.

Die **kalkulatorische Abschreibung** ist ein Begriff der Kosten- und Leistungsrechnung (Betriebsbuchhaltung) und gehört nicht in die Finanzbuchhaltung.

    In der Preiskalkulation werden die kalkulatorischen Kosten des **Wiederbeschaffungswertes** eingerechnet. Damit soll über den Verkaufserlös die Kapitalerhaltung zur Wiederbeschaffung des Anlagegutes ermöglicht werden. In der kalkulatorischen Abschreibung wird der Wert so hoch bemessen, dass die jahrelangen Preissteigerungen bis zum Wiederbeschaffungszeitpunkt berücksichtigt sind (Prognose).

Die wichtigsten Abschreibeverfahren sind die lineare und die geometrisch-degressive Abschreibung.

3.5.4.1 Lineare Abschreibung
Hier werden die Anschaffungskosten zu **gleichen Beträgen** auf die **Nutzungsjahre** verteilt.

BEISPIEL

Eine Maschine mit einem Anschaffungswert in Höhe von € 30.000,– soll auf sechs Jahre abgeschrieben werden. Die jährliche Abschreibung beträgt dann € 30.000 : 6 = € 5.000,– .

Jahr	Buchwert	Abschreibung
1	30.000	5.000
2	25.000	5.000
3	20.000	5.000
4	15.000	5.000
5	10.000	5.000
6	5.000	5.000

3.5.4.2 Geometrisch-degressive Abschreibung
Bei diesem Abschreibeverfahren erfolgt in den ersten Jahren eine höhere Abschreibung als in den Folgejahren. Es wird **jährlich mit dem gleichen**

Prozentsatz auf den Restbuchwert abgeschrieben. Da der Restbuchwert abnimmt, der Prozentsatz gleich bleibt, verringert sich der Abschreibungsbetrag von Jahr zu Jahr.

BEISPIEL

Eine Maschine mit einem Anschaffungswert in Höhe von € 30.000,– soll auf sechs Jahre mit jeweils 20 % abgeschrieben werden, das bedeutet:

Jahr	Buchwert	Abschreibung	Restwert
1	30.000	6.000	24.000
2	24.000	4.800	19.200
3	19.200	3.840	15.360
4	15.360	3.072	12.288
5	12.288	2.458	9.830
6	9.830	1.966	7.864

Wechsel der Abschreibungsform

Diese Form der Abschreibung erreicht theoretisch nie den Wert von Null. Es ist deshalb sinnvoll und zulässig, von der degressiven Abschreibung zur linearen Abschreibung zu wechseln.

3.5.4.3 Wechsel der Abschreibungsform

Der günstigste Zeitpunkt des Übergangs kann aus dem **Restbuchwert** und der **Restnutzungsdauer** berechnet werden.

Buchung der Abschreibung: Auf den Anlagekonten wird die direkte Abschreibung gebucht. Die Restbuchwerte der Anlagegüter werden auf der Aktivseite der Bilanz ausgewiesen.

BEISPIEL

Ein Unternehmen schafft am 09.01.2007 eine Maschine zum Anschaffungspreis von € 200.000,– an. Die betriebsgewöhnliche Nutzungsdauer wird auf 10 Jahre bestimmt. Bei linearer Abschreibung entfallen somit 10 % = € 20.000,– als Abschreibung in jedem Nutzungsjahr an.

Am Ende des ersten Jahres weist die Maschine einen Restwert von € 180.000,– aus.

Die Buchung lautet:

Soll	Abschreibung	Haben
Maschine	20.000,–	

Soll	Maschinen	Haben
200.000,–	AfA	20.000
	Schlussbilanz	180.000

Die **Entwicklung der einzelnen Posten** des Anlagevermögens muss in der Bilanz oder im Anhang dargestellt werden.

Zur besseren Übersicht wird der Anhang als **Anlagespiegel** bezeichnet. Aufzuführen sind:

Anhang über die Entwicklung der einzelnen Posten des Anlagevermögens gem. § 268 II HGB

- Anschaffungs- und Herstellkosten
- Zugänge
- Abgänge
- Umbuchungen
- Zuschreibungen
- Abschreibungen

Die Wahl der Abschreibungsmethode hängt auch davon ab, ob das Unternehmen aufgrund seiner wirtschaftlichen Situation eher zu höheren oder niedrigeren Abschreibungsbeträgen neigt (hohe Abschreibungen mindern den Gewinn oder erhöhen ggf. den Verlust).

3.5.4.4 Geringwertige Wirtschaftsgüter

Als geringwertige Wirtschaftsgüter (GWG) werden Gegenstände des beweglichen Anlagevermögens bezeichnet, deren Anschaffungswert (ohne Vorsteuer) den Betrag von (derzeit) € 410,– nicht übersteigt. Im Jahr der Anschaffung können diese Güter in voller Höhe als Betriebsausgaben abgesetzt werden.

GWG müssen in einem eigenen Konto verzeichnet sein

3.5.4.5 Umlaufvermögen – Abschreibungen auf Forderungen

Der Ausfall einzelner Forderungen wird als **Einzelwertberichtigung** erfasst.

Pauschalwertberichtigungen erfassen mit einem festen Prozentsatz des gesamten Forderungsbestandes das allgemeine Ausfallrisiko.

Bewertungsgrundsätze, Wertansätze §§ 252, 253 HGB

3.6 Personenkonten – Kontokorrentkonten

Als Personenkonten werden bezeichnet:
- Kundenkonten = Debitorenkonten
- Lieferantenkonten = Kreditorenkonten

Würde man nur das Konto „Forderungen aus Lieferungen und Leistungen" führen, könnte man nicht feststellen, welcher Kunde wie viel Geld schuldet. Deshalb wird das Konto „Forderungen aus LuL" auf einzelne Kundenkonten aufgeteilt: Jeder Kunde erhält sein eigenes Konto, auf dem alle Umsätze gebucht werden. Diese Personenkonten der Kunden werden als **Debitoren** bezeichnet.

Sinngemäß verhält es sich mit Lieferanten: Jeder Lieferant erhält sein persönliches Konto, auf welchem alle Umsätze gebucht werden. Diese Konten werden als **Kreditoren** bezeichnet.

Der Grundsatz einer ordnungsgemäßen Buchführung lautet: Keine Buchung ohne Beleg! Belege sind **Beweis- und Kontrollmittel** für die Richtigkeit einer Buchung.

Die Buchung selbst entspricht der Eintragung eines betrieblichen Vorgangs in die Geschäftsbücher. Geschäftsbücher sind **Dokumente**, welche den absoluten Anforderungen an **Klarheit, Wahrheit, zeitlicher und inhaltlicher Folge** entsprechen müssen. Diesen Anforderungen müssen auch die Buchungsunterlagen, die Belege, vollständig entsprechen.

Belege sind u.a.: Eingangsrechnungen, Bankauszüge, Quittungen, Kopien von Ausgangsrechnungen, Materialentnahmescheine, Lohnbelege, Quittungen von Privatentnahmen, Überweisungsscheine und Sammelbelege wie Bankauszüge, Lohnlisten, Stücklisten für die Materialentnahme.

Alle Buchungsbelege sind auf ihre Vollständigkeit, sachliche und rechnerische Richtigkeit zu überprüfen und mit den zur Buchung erforderlichen Vermerken zu versehen. Alle Buchungsbelege erhalten laufende Belegnummern und Buchungsvermerke.

Um die für die Buchung erforderlichen Angaben übersichtlich und vollständig vorzubereiten, werden die **Belege kontiert**.

Die Kontierung erfolgt mit Hilfe eines **Kontierungsstempels** oder eines angehefteten **Kontierungszettels**:

Konto	Soll	Haben
Gebucht: Datum, Zeichen		

Neben den Kontonummern, Beträgen, Buchungsdaten und dem Journalblattverweis ist es sinnvoll, **weitere Daten** in die Kontierung aufzunehmen, um durch die Buchung gleichzeitig eine **möglichst hohe Differenzierung und Zuordnung** zu erhalten, z.B.:

- Belegarten, wie Ein- oder Ausgangsrechnungen, Bankbelege
- Kostenstellen
- Kostenträger oder Auftragsnummern
- Weitere Belegnummern zur internen Kostentransparenz
- Verbale Buchungsangaben

Zur Vorbereitung der Belegbuchungen sind erforderlich:

- Sortieren der Belege nach der Art: Eingangsrechnungen, Ausgangsrechnungen, Gutschriften, Bankbelege usw.
- Vergabe der laufenden Belegnummer
- Prüfung auf sachliche und rechnerische Richtigkeit
- Kontierung: Eintragung des Buchungssatzes

Danach erfolgt die Buchung im Journal, im Hauptbuch und ggf. in einem Nebenbuch.

Aufbewahrungsfristen sind geregelt in § 257 IV HGB

Nach der Buchung werden die Belege je Abrechnungsperiode (Monate) nach laufender Nummer, ggf. zusätzlich nach Alphabet, abgelegt.

3.7 Die Buchhaltung und ihre Bücher

Jede Buchung muss mindestens in zwei Büchern, dem Grundbuch und dem Hauptbuch, erfasst sein. Es werden unterschieden:

- Systembücher:
  - Inventar- und Bilanzbuch
  - Grundbuch (Journal)
  - Hauptbuch
- Nebenbücher:
  - Kontokorrentbuch
  - Lagerbuch
  - Anlagenbuch
  - Lohn- und Gehaltsbuch
  - Kassenbuch
  - Wechselbuch

Im **Inventar- und Bilanzbuch** werden die Inventarverzeichnisse und die Bilanzen gesammelt.

Das **Grundbuch** (Journal, Primanota) enthält **alle Geschäftsvorfälle** in chronologischer Reihenfolge. Das Grundbuch ist die Grundlage aller Buchungen und übrigen Bücher. Aus den Aufzeichnungen des Grundbuches können alle Buchungen rekonstruiert werden.

Das Grundbuch heißt Grundbuch, weil es die Grundlage bildet

Alle Geschäftsvorfälle müssen zeitnah im Grundbuch erfasst sein. Kassenbewegungen müssen täglich gebucht werden.

Aus dem **Hauptbuch** kann jederzeit der Stand des Vermögens, der Schulden und des Erfolgs ermittelt werden. Aus dem Hauptbuch wird der Jahresabschluss, die „Bilanz mit Gewinn- und Verlustrechnung", ermittelt.

Im Hauptbuch werden alle Buchungen systematisch, sachlich nach den Buchungen auf den entsprechenden Konten geordnet, z.B. Kassenkonto, Umsatzerlöse, Warenkonto usw.

Die **Nebenbücher** enthalten ergänzende Aufzeichnungen zu den Hauptbuchkonten. Es werden i.d.R. nur Zu- und Abgänge sowie Bestände eingetragen und keine Gegenbuchungen durchgeführt.

Bei der **EDV-gestützten Finanzbuchhaltung** werden die Bücher **automatisch** durch den Buchungsvorgang des jeweiligen Buchungssatzes geführt und aktualisiert.

Die EDV-Kontierung erleichtert den gesamten Vorgang. Dabei sind **Kontierungsregeln** zu beachten: Der Betrag wird jeweils nur in einer Spalte des Kontierungsstempels angegeben, bei einer Sollbuchung also nur im Soll, bei einer Habenbuchung nur im Haben. Die **Gegenbuchung** des Betrags erfolgt **automatisch** auf dem Gegenkonto (vgl. Bornhofen 2005, S. 460 f.).

3.8   Gewinn- und Verlustrechnung (GuV)

In der Bilanz werden Vermögens- und Kapitalverhältnisse zum Bilanzstichtag ausgewiesen. Welche Erträge und Aufwendungen zu einer Veränderung der Bilanzwerte geführt haben, kann man aus der Bilanz jedoch nicht erkennen.

Zu diesem Zweck wird eine **Gegenüberstellung der Erträge und Aufwendungen eines Geschäftsjahres** (einer Periode) erstellt, die Gewinn- und Verlustrechnung, kurz GuV.

> Aufwendungen sind der Werteverzehr an Gütern, Dienstleistungen und Abgaben. Erträge sind Wertzuflüsse durch den Verkauf von Erzeugnissen und Dienstleistungen.

Erträge und Aufwendungen dürfen nicht miteinander verrechnet werden

Grundsätzlich gilt: Erträge und Aufwendungen dürfen nicht miteinander verrechnet werden, sondern müssen zugehörig ausgewiesen werden.

BEISPIEL

Es ist nicht zulässig, beispielsweise € 1.000,– Verbindlichkeiten mit dem Saldo € 1.000,– Forderungen zu verrechnen und als „Null" auszuweisen (vgl. § 246 II HGB).

Die Aufwendungen und Erträge werden im Gewinn- und Verlustkonto als Abschlusskonto erfasst. Sind die Erträge größer als die Aufwendungen, wurde ein Gewinn erzielt, sind die Aufwendungen höher als die Erträge, ergibt der Saldo einen Verlust. Die Kontoform stellt Erträge und Aufwendungen gegenüber:

Soll	GuV	Haben
Aufwendungen		Erträge

3.8.1   Formen der GuV

Die **Kontoform** erweist sich für unternehmerische Entscheidungen, zur Ermittlung von Vergleichen, Kennzahlen und Zwischensalden als unpraktisch.

Kapitalgesellschaften müssen die Gewinn- und Verlustrechnung in **Staffelform** erstellen. Einzel- und Personengesellschaften haben ein Wahlrecht, sie wenden häufig auch die Staffelform an. Auch die Buchhaltung über die EDV sieht i.d.R. die Staffelform vor.

Die Staffelform muss entweder nach dem **Gesamtkostenverfahren** oder dem **Umsatzkostenverfahren** aufgestellt werden. Kleine und mittelgroße Kapitalgesellschaften können Erleichterungen bei der Aufstellung in Anspruch nehmen (§ 276 HGB).

Gliederungsvorschrift gemäß § 275 HGB

§ 275 II HGB sieht folgende Gliederung der Gewinn- und Verlustrechnung in Staffelform nach dem in der deutschen Rechnungslegung häufig verwendeten **Gesamtkostenverfahren** vor:

Gewinn- und Verlustrechnung

1. Umsatzerlöse
2. Erhöhung oder Verminderung des Bestands an fertigen und unfertigen Erzeugnissen
3. Andere aktivierte Eigenleistungen
4. Sonstige betriebliche Erträge
5. Materialaufwand:
   a) Aufwendungen für Roh-, Hilfs- und Betriebsstoffe und für bezogene Waren
   b) Aufwendungen für bezogene Leistungen
6. Personalaufwand:
   a) Löhne und Gehälter
   b) Soziale Abgaben und Aufwendungen für Altersversorgung und für Unterstützung,
      davon für Altersversorgung
7. Abschreibungen:
   a) auf immaterielle Vermögensgegenstände des Anlagevermögens und Sachanlagen sowie auf aktivierte Aufwendungen für die Ingangsetzung und Erweiterung des Geschäftsbetriebs
   b) auf Vermögensgegenstände des Umlaufvermögens, soweit diese die in der Kapitalgesellschaft üblichen Abschreibungen überschreiten
8. Sonstige betriebliche Aufwendungen
9. Erträge aus Beteiligungen,
   davon aus verbundenen Unternehmen
10. Erträge aus anderen Wertpapieren und Ausleihungen des Finanzanlagevermögens, davon aus verbundenen Unternehmen
11. Sonstige Zinsen und ähnliche Erträge,
    davon aus verbundenen Unternehmen
12. Abschreibungen auf Finanzanlagen und auf Wertpapiere des Umlaufvermögens
13. Zinsen und ähnliche Aufwendungen, davon an verbundene Unternehmen
14. Ergebnis der gewöhnlichen Geschäftstätigkeit
15. Außerordentliche Erträge
16. Außerordentliche Aufwendungen
17. Außerordentliches Ergebnis
18. Steuern vom Einkommen und vom Ertrag
19. Sonstige Steuern
20. Jahresüberschuss/Jahresfehlbetrag

Abb. 21a: Gliederung der Gewinn- und Verlustrechnung in Staffelform nach dem Gesamtkostenverfahren gemäß § 275 II HGB

Die GuV in Staffelform
erleichtert die Gegenüber-
stellung von Berichtsjahr
und Vorjahr

Zur besseren Vergleichbarkeit der Entwicklung von Erträgen und Aufwendungen wird die GuV mit einer Ergebnisspalte der **Werte des Vorjahres** versehen. Dieser Vergleich ist im Gesetz nicht vorgesehen, ist aber in den Geschäftsberichten ein übliches Verfahren.

Bei der GuV nach dem **Umsatzkostenverfahren** werden von den Umsatzerlösen der im Berichtsjahr verkauften Produkte die Herstellungskosten abgezogen. Die Aufwendungen und Bestände für fertige und unfertige Erzeugnisse werden nicht ausgewiesen. In der Bilanz heben sich die Aufwendungen und Leistungen gegenseitig auf, z.B.: Fertigerzeugnisse (Schlussbilanzkonto) an Personalaufwendungen (bzw. Materialaufwand).

Im Umsatzkostenverfahren erfolgt die **Gliederung** der GuV **nach Funktionsbereichen** wie Herstellung, Vertrieb, Forschung und Entwicklung, Verwaltung. Das setzt voraus, dass eine Kostenstellen- und Kostenträgerrechnung funktionstüchtig eingerichtet ist, um die Aufwandsarten den Funktionsbereichen zuordnen zu können.

Das Gliederungsschema der Gewinn- und Verlustrechnung nach dem **Umsatzkostenverfahren** ergibt sich aus § 275 III HBG:

Gewinn- und Verlustrechnung

1. Umsatzerlöse
2. Herstellungskosten der zur Erzielung der Umsatzerlöse erbrachten Leistungen
3. Bruttoergebnis vom Umsatz
4. Vertriebskosten
5. Allgemeine Verwaltungskosten
6. Sonstige betriebliche Erträge
7. Sonstige betriebliche Aufwendungen
8. Erträge aus Beteiligungen, davon aus verbundenen Unternehmen
9. Erträge aus Wertpapieren, Ausleihungen und sonstigen Finanzanlagen,
   davon aus verbundenen Unternehmen
10. Sonstige Zinsen und sonstige Erträge,
    davon aus verbundenen Unternehmen
11. Abschreibungen auf Finanzanlagen und auf Wertpapiere des Umlaufvermögens
12. Zinsen und ähnliche Aufwendungen,
    davon an verbundene Unternehmen
13. Ergebnis der gewöhnlichen Geschäftstätigkeit
14. Außerordentliche Erträge
15. Außerordentliche Aufwendungen
16. Außerordentliches Ergebnis
17. Steuern vom Einkommen und Ertrag
18. Sonstige Steuern
19. Jahresüberschuss/Jahresfehlbetrag

Abb. 21 b: Gliederung der Gewinn- und Verlustrechnung in Staffelform nach dem Umsatzkostenverfahren gemäß § 275 III HGB

Die Verzahnung der Betriebsabrechnung mit der Finanzbuchhaltung ist im Umsatzkostenverfahren sehr anspruchsvoll und damit keineswegs problemlos.

International operierenden Kapitalgesellschaften bietet das Umsatzkostenverfahren Vorteile, wenn die verbundenen Unternehmen in Ländern arbeiten, die verbreitet nach dem Umsatzkostenverfahren buchen, wie z.B. den USA.

3.8.2   Übersicht der Konten zur Schlussbilanz

Die folgende Abbildung gibt Ihnen den Überblick über die Konten zur Schlussbilanz:

Kontenart	Grundlage	Abschluss
Eröffnungs-bilanzkonto	Dient zur Buchung der Endbestände des vergangenen Geschäftsjahres als Anfangsbestände der Bestandskonten	Jeweiliges Bestandskonto
Aktive Bestandskonten	Erfassung der Bestandsveränderungen der Vermögenswerte – Mittelverwendung	Schlussbilanzkonto
Passive Bestandskonten	Erfassung der Bestandsveränderungen bei den Kapitalpositionen – Mittelherkunft	Schlussbilanzkonto
Eigenkapital-konto	Passives Bestandskonto; stellt die Entwicklung des Reinvermögens dar durch Erfassung der Vorgänge, die zur Vermögensänderung führen	Schlussbilanzkonto
Aufwandskonten	Erfassung nach Aufwandsarten, die zur Eigenkapitalminderung führen	Gewinn- und Verlustkonto
Ertragskonten	Erfassung nach Ertragsarten, die zur Eigenkapitalvergrößerung führen	Gewinn- und Verlustkonto
Gewinn- und Verlustkonto	Erfassung der Salden der einzelnen Aufwands- und Ertragskonten	Eigenkapitalkonto
Privatkonto	Erfassung der Privatentnahmen und Privateinlagen des Unternehmers	Eigenkapitalkonto
Schlussbilanz-konto	Erfassung der aktiven und passiven Endbestände. Darstellung des Vermögens und Kapitals	Wird in die Schlussbilanz übernommen
Schlussbilanz	Zusammenfassung der Positionen des Schlussbilanzkontos und Gliederung nach den gesetzlichen Vorschriften	Grundlage als Anfangsbestände für das folgende Geschäftsjahr

Abb. 22: Konten zur Schlussbilanz

3.9   Vier Typen von Geschäftsvorfällen

Geschäftsvorfälle, welche die Bilanzstruktur beeinflussen, können auf vier Buchungen zurückgeführt werden:

- **Aktivtausch**: Der Zugang auf einem Vermögenskonto entspricht dem Abgang auf einem anderen Vermögenskonto. Das Gesamtvermögen und die Bilanzsumme verändern sich nicht.

BEISPIEL

Barmittel (Kasse) werden auf das Bankkonto einbezahlt

- **Passivtausch**: Der Zugang auf einem Kapitalkonto entspricht dem Abgang auf einem anderen Kapitalkonto. Das Gesamtkapital und die Bilanzsumme verändern sich nicht.

BEISPIEL

Eine (kurzfristige) Lieferantenverbindlichkeit wird in ein Darlehen umgewandelt

- **Bilanzverlängerung**: Aktiv- und Passivseite erhöhen sich durch Zunahme des Gesamtvermögens und Gesamtkapitals um den gleichen Betrag. Dem Zugang auf der Aktivseite entspricht ein Zugang auf der Passivseite. Die Bilanzsumme erhöht sich.

BEISPIEL

Wareneinkauf = Erhöhung des Wertes der Warenbestände auf der Aktivseite (Umlaufvermögen) und Erhöhung der Lieferantenverbindlichkeiten auf der Passivseite

- **Bilanzverkürzung**: Aktiv- und Passivseite vermindern sich durch Abnahme des Gesamtvermögens und des Gesamtkapitals um den gleichen Betrag. Die Bilanzsumme vermindert sich.

BEISPIEL

Bezahlung einer Verbindlichkeit aus Bankguthaben: Auf der Aktivseite nimmt das Bankguthaben (Umlaufvermögen) ab, der gleiche Betrag auf der Passivseite vermindert die Verbindlichkeiten

3.10 Jahresabschluss

Der **Umfang und die Prüfung** des Jahresabschlusses bestimmen sich nach der Unternehmensgröße (§§ 264, 242 HGB). Die jeweilige Größenklasse ergibt sich aus § 267 HGB.

Kapitalgesellschaften müssen den Jahresabschluss mit Lagebericht innerhalb von drei Monaten nach Abschluss des Geschäftsjahres aufstellen. Kleine Kapitalgesellschaften dürfen sich sechs Monate Zeit lassen und brauchen keinen Lagebericht aufzustellen (vgl. § 264 HGB).

Kapitalgesellschaften sind verpflichtet ihren Jahresabschluss beim Handelsregister einzureichen. Große Kapitalgesellschaften müssen den Jahresabschluss mit Lagebericht zudem im Bundesanzeiger veröffentlichen. Der Jahresabschluss ist ferner durch einen Abschlussprüfer (Wirtschaftsprüfer) zu prüfen und zu testieren (vgl. PublG).

Publizitätspflicht, d.h. Prüfungs- und Offenlegungspflicht

3.11 IAS/IFRS – Internationale Rechnungslegung

Schließen **international** tätige Kapitalgesellschaften ihre Bilanzen nach den Vorschriften des HGB ab, ist eine **Vergleichbarkeit**, insbesondere für ausländische Investoren, nur sehr schwer möglich. Deshalb wird die Rechnungslegung nach internationalen Standards durchgeführt.

Das HGB normiert vorrangig den Gläubigerschutz und das Vorsichtsprinzip. Bei Jahresabschlüssen nach **IFRS** (International Financial Reporting Standards) steht die **Information für den Investor im Vordergrund**. Börsennotierte deutsche Unternehmen können ihre Jahresabschlüsse nach IFRS am Bankplatz London prüfen und beurteilen lassen.

Die Bilanz nach HGB tendiert zu möglichst geringen Gewinnen aus steuerlicher Sicht

Börsennotierte und international ausgerichtete Unternehmen haben die Jahresabschlüsse nach den Regeln der in den USA geltenden Abschlüsse **GAAP** (Generally Accepted Accounting Principles) durchgeführt, wenn sie an US-amerikanischen Börsen notiert sind.

Ein Verfahren, welches alle Jahresabschlüsse nach gleichen Regeln vorschreibt, ist die Rechnungslegung nach IAS/IFRS.

Die Rechnungslegung nach IAS (International Accounting Standards) kennt u.a. keine „unechten" Eigenkapitaltitel und keine stillen Reserven. Erhöhte Abschreibungen und Rückstellungen können das Ergebnis beeinflussen und machen es damit international nicht mehr vergleichfähig. Deshalb hat die EU eine **einheitliche Rechnungslegung nach IAS/IFRS für alle EU-Unternehmen** festgelegt. Seit 2007 müssen alle kapitalmarktorientierten Unternehmen die neuen Vorschriften anwenden.

IAS dienen vorrangig der Information für Investoren

Unternehmen im „privatrechtlich organisierten Freiverkehr" – damit sind alle nicht am Kapitalmarkt agierenden Unternehmen gemeint, also hauptsächlich KMU – sind von der Regelung (vorerst) nicht betroffen.

4   Internes Rechnungswesen – Betriebsbuchhaltung

4.1   Kosten- und Leistungsrechnung

Welcher Marktpreis ist notwendig?

Ziel der Kostenrechnung ist es vor allem, Informationen darüber zu erhalten, ob der für das verkaufte Produkt bzw. Dienstleistung erzielte Marktpreis ausreichend ist. Die Ergebnisse der Kalkulation geben auch Aufschluss darüber, wo die (kurzfristige und langfristige) **Preisuntergrenze** liegt, um im Bedarfsfall aus angebotstaktischen Gründen Preisentscheidungen treffen zu können.

> Die Maximierung der Wirtschaftlichkeit in allen betrieblichen Prozessen steht stets im Vordergrund.

In der kaufmännischen Buchhaltung wird der Begriff „Aufwand" für den Werteverzehr verwendet, in der Kostenrechnung wird der Begriff „Kosten" verwendet: **Kosten sind der Wert des Einsatzes an Arbeit, Sachgütern und Dienstleistungen in der betrieblichen Leistungserstellung (Güterverbrauch).**

Damit grenzt sich die Kostenrechnung von der Finanzbuchhaltung ab, die Kostenrechnung kennt keine neutralen Aufwendungen wie in der Buchhaltung. Andererseits werden kalkulatorische Zusatzkosten als Verrechnungsgrößen einbezogen, die wiederum in der Finanzbuchhaltung unbekannt sind.

Als **Leistung** werden die **Menge und der Wert der erstellten Güter und Dienstleistungen** verstanden (**Güterentstehung**).

Aufgaben der Kostenrechnung nach Wirtschaftlichkeit und Erfolgsanalyse:
- In der Beschaffung: Bestimmung von Bezugsquellen, Beschaffungswegen, Beschaffungsmengen, Beschaffungspreisen
- In der Produktion: Optimierung von Fertigungsprozess, Reihenfolge, Volumen
- Im Vertrieb: Bestimmung der Vertriebswege und Regionen, Kunden, Mindestpreise (Preisuntergrenzen)

Make or buy: Eigenfertigung oder Fremdbezug

- Logistik: Entscheidung über „make or buy" und über das Produktionsprogramm

4.1.1   Gliederung der Kosten

Unterschieden wird in der Kostenrechnung zwischen Kostenarten, Kostenstellen und Kostenträgern.

In der **Kostenartenrechnung** wird festgestellt, welche Arten von Kosten entstanden sind. Die Kostenarten entsprechen der Gliederung der Kontenklasse 4 des Kontenrahmens SKR 04 (bzw. IKR, GKR).

Was?

Die **Kostenstellenrechnung** ist nach Funktionsbereichen gegliedert und gibt Auskunft, wo die Kosten verursacht bzw. entstanden sind.

Wo?

Kosten aus der Kostenarten- und Kostenstellenrechnung werden nach ihrer Zurechenbarkeit auf die betrieblichen Erzeugnisse und Leistungen, den Kostenträgern, verteilt. Die **Kostenträgerrechnung** ist die Basis der Kalkulation.

Wer?

Kosten, die durch die Herstellung eines Produktes (Dienstleistung), z.B. durch einen Kundenauftrag, unmittelbar direkt zugeordnet werden können, werden als **direkte Kosten** bezeichnet und dem Kostenträger zugerechnet. Die direkten Kosten werden unterschieden in die Kategorien

Zurechenbarkeit der Kosten auf die Kostenträger

- Einzelkosten und
- Sondereinzelkosten.

Zu den **Einzelkosten** zählen Fertigungsmaterial und Fertigungslöhne. **Fertigungsmaterial** umfasst den gesamten Materialeinsatz, der zur Erstellung des Produktes (Kostenträgers) erbracht werden muss. Die Materialkosten werden mit Hilfe der Stücklisten, welche die Mengen und die Preise enthalten, ermittelt.

Menge · Preis

Die **Fertigungslöhne** ergeben sich aus den Arbeitsplänen des Fertigungsprozesses mit den benötigten Zeiten und Lohnansätzen.

Zeit · Lohn

Sondereinzelkosten der Fertigung entstehen durch auftragsgebundene Werkzeuge, Vorrichtungen und Sonderausführungen, Lizenzen usw.

Sondereinzelkosten des Vertriebs sind direkt verrechenbare Kosten für Gütertransport, Zölle, Verpackungen, Vertreterprovisionen usw.

4.1.1.1 Gemeinkosten

Gemeinkosten können als direkte Kosten nicht verursachungsgemäß dem Kostenträger zugerechnet werden. Gemeinkosten fallen im Abrechnungszeitraum für alle Kostenträger gemeinsam an und müssen indirekt **durch Zuschläge verrechnet** werden.

Gemeinkosten fallen gemeinsam, für alle an

BEISPIEL

Gemeinkosten entstehen z.B. durch die Verrechnung der Kosten für Hilfsstoffe (Schmierstoffe, Energie, Leim, Wasser etc., soweit nicht direkt zurechenbar), Steuern, Abschreibungen, kalkulatorische Kosten, Verwaltung, Löhne für Meister, Einrichter, Hilfskräfte, Telefonistin, Pförtner, Heizung usw.

4.1.1.2 Merkmale weiterer Kostenbegriffe

Die Bereitstellung einer bestimmten Kapazität ist die wesentliche Ursache der Fixkostenhöhe

Fixe Kosten – feste Kosten – verändern sich nicht bei schwankendem Beschäftigungsgrad. Sie entstehen durch die Bereitstellung einer bestimmten Kapazität und fallen im Abrechnungszeitraum in gleicher Höhe an, egal, ob die Auslastung hoch oder niedrig ist.

> **BEISPIEL**
>
> Ausgaben für Versicherungen, Steuerberatung, AfA, Verwaltungspersonal usw. sind unabhängig davon, ob gerade viel oder wenig produziert wird.

Findet eine Kapazitätserweiterung statt, erhöhen sich auch die Fixkosten, und zwar so lange, bis eine weitere Anpassung der Kapazität, durch Erweiterung oder Reduzierung oder auch durch Rationalisierungsmaßnahmen erfolgt.

Das unternehmerische Ziel ist es, die vorhandenen Kapazitäten voll zu nutzen.

Eine geringe Auslastung erhöht die Stückkosten, eine hohe Auslastung verringert die Stückkosten

Auch wenn die Fixkosten unabhängig vom Auslastungsgrad gleich bleiben, verändern sich die **Stückkosten** proportional: Sinkt die Ausbringungsmenge (Beschäftigungsgrad), so steigen die Stückkosten progressiv an, erhöht sich die Ausbringungsmenge, nehmen die Stückkosten einen degressiven Verlauf.

Dieser Effekt verdeutlicht, dass ein möglichst **hoher Auslastungsgrad der Kapazitäten notwendig** ist, um die Stückkosten in der Produktion zu reduzieren und damit die Voraussetzung für einen höheren Gewinn zu schaffen.

> **PRAXISTIPP**
>
> In der Preispolitik spielt es eine Rolle, ob die angesetzten fixen Kosten pro Stück auf eine volle Auslastung bezogen sind oder auf einen niedrigeren Grad. Ist eine volle Auslastung angesetzt und es kommt zu einem unvorhergesehenen Rückgang der Auslastung, so kann der progressive Verlauf meistens nicht mehr in den Preisen korrigiert werden, hier drohen Verluste.

Variable Kosten verändern sich mit der Beschäftigung. Verändern sich die variablen Kosten im gleichen Verhältnis wie die Beschäftigung, werden sie als proportionale Kosten bezeichnet. „Sie können sich aber auch degressiv (unterproportional), progressiv (überproportional) oder regressiv (rückläufig) zur Beschäftigung verändern" (vgl. Bussiek 1996, S.170).

Als Gesamtkosten bezeichnet man die addierten fixen und variablen Periodenkosten.

FIXE KOSTEN, VARIABLE KOSTEN, GEMEINKOSTEN

- Einzelkosten sind immer variable Kosten
- Fixkosten sind immer Gemeinkosten
- Gemeinkosten können fix oder variabel sein:
    - variable Gemeinkosten sind z.B. Betriebsstoffe, Energiekosten
    - fixe Gemeinkosten sind z.B. Gehälter für das Management, Gebäudemiete

---

4.1.2 Erfassung von Kosten und Leistungen

Nur eine exakte Erfassung aller Kosten und Leistungen, die durch den Einsatz der Produktionsfaktoren entstehen, ermöglicht eine **zweckmäßige und verursachungsgerechte Kostenrechnung**.

Die mengenmäßige Kostenerfassung erfolgt u.a. durch Materialentnahmescheine, Akkord- und Zeitlohndaten, Fremdrechnungen, innerbetriebliche Verrechnungen, Ausschussbelege, Instandhaltungsdaten, Werkzeugdatei usw.

Diese mengenmäßigen Daten des Güter- und Leistungsprozesses müssen mit einem Preis bewertet werden. Zur **Bewertung** können angesetzt werden:

Menge · Preis ergibt die Kostenmenge

- der Anschaffungspreis
- der Tagespreis
- der Wiederbeschaffungspreis
- der (innerbetriebliche) Verrechnungspreis

Die Bewertung zum **Anschaffungspreis** bietet sich an, wenn die Güter unmittelbar verbraucht werden.

Nach **Tagespreisen** werden Bewertungen vorgenommen, wenn zwischen Beschaffung und Verbrauch eine längere Zeit erforderlich ist. Es soll damit sichergestellt sein, dass zwischenzeitlich erfolgte Preisanpassungen und höhere Kosten der Produktionsfaktoren berücksichtigt werden.

Bewertungen zum **Wiederbeschaffungspreis** erfolgen für Betriebsmittel. Ziel ist es, durch die Bewertung die Substanzerhaltung zu sichern. Durch den Verkaufspreis sollen die Abschreibungsraten refinanziert werden. Diese Kapitalbildung ermöglicht die Wiederbeschaffung der Anlage am Ende der Nutzungsdauer.

Verrechnungspreise werden aus dem Durchschnitt schwankender Preise (auch innerbetrieblicher Kostensätze) abgeleitet. Sie bilden die Basis, um unabhängig von Preisschwankungen mit Mittelwerten zu kalkulieren. Verrechnungspreise müssen in periodischen Abständen überprüft und ggf. angepasst werden.

Neben der Erfassung von Kosten, welche durch den Leistungsprozess entstehen, werden in der Kostenrechnung für die Kalkulation auch **Anderskosten** hinzugezogen.

Anderskosten gehören zu den **kalkulatorischen Kosten**, konkret: kalkulatorische Abschreibung und kalkulatorisches Wagnis.

Kalkulatorische Kosten sind niemals in der GuV zu finden

Als **Zusatzkosten** werden weitere kalkulatorische Kosten (Opportunitätskosten) bezeichnet, und zwar die kalkulatorischen Zinsen, die kalkulatorische Miete und der kalkulatorische Unternehmerlohn. Diese Kosten werden nur in der betrieblichen Kostenkalkulation angewandt und sind nicht in der Finanzbuchhaltung zu finden.

Hinter den kalkulatorischen Kosten verbirgt sich im Einzelnen:

Kapitalbildung zur Wiederbeschaffung eines Anlagegutes

- **Kalkulatorische Abschreibung**: Im Gegensatz zu der bilanziellen Abschreibung werden die Kosten des Wiederbeschaffungswertes angesetzt. Ein Wirtschaftsgut ist nach Ablauf der Benutzungsdauer i.d.R. teurer als zum Zeitpunkt der ursprünglichen Anschaffung. Der auf den Preis eingerechnete Betrag soll dazu dienen, mit den erlösten Kapitalmitteln zum Wiederbeschaffungszeitpunkt das neue Anlagegut finanzieren zu können.

Mindestens der Zinsertrag, der bei einer anderen Kapitalanlage zu erzielen wäre, oder die Höhe durchschnittlicher Fremdkapitalzinsen wird kalkuliert

- **Kalkulatorische Zinsen**:
  a) Kosten der Fremdkapitalzinsen werden für eingesetzte Mittel, wie z.B. Eigenkapital/Eigenmittel oder günstige Darlehen an das Unternehmen, eingesetzt;
  b) die korrekte Berechnung setzt die Ermittlung des „betriebsnotwendigen Kapitals" voraus. Auf dieser Basis erfolgt die Berechnung des kalkulatorischen Zinses.

- **Kalkulatorische Wagnisse**: Der Ansatz dieser Kosten basiert auf Erkenntnissen risikoreicher Geschäfte, bisher eingetretenen Verlusten (z.B. durch Forderungsausfall, Schwund, Verderb etc.), Gewährleistungswagnis, Lieferwagnis (internationale Geschäfte, Krisengebiete etc.).

- **Kalkulatorische Miete**: Stellt ein Unternehmer seine Räume dem Betrieb zur Verfügung, wird der Betrag angesetzt, der bei der Vermietung erzielt werden würde oder den der Betrieb für Miete bezahlen müsste.

- **Kalkulatorischer Unternehmerlohn**: Einzelunternehmer und geschäftsführende (mitarbeitende) Gesellschafter von Personengesellschaften erhalten keine Gehälter. Kalkulatorisch wird der Betrag angesetzt, der einem angestellten Manager bei vergleichbarem Betrieb und Tätigkeitsbereich zu bezahlen wäre.

4.2 Kostenartenrechnung

Die Kostenartenrechnung setzt voraus, dass die Kostenarten in **Kostengruppen** unterteilt werden. Ausgehend vom Kontenplan (z.B. SKR 03/04, IKR, GKR) werden die Kostengruppen gebildet:

1 Material- und Stoffverbrauch
2 Personalaufwendungen
3 Sonstige betriebliche Aufwendungen
   – Energiekosten
   – Instandhaltungskosten
   – Steuern, Versicherungen, Gebühren
   – Werbekosten
   – Reisekosten
   – usw. (analog der GuV, je nach Bedarf kalkulatorische Kosten)

Um zu einer möglichst hohen Differenzierung zu kommen, damit also Aufschluss über den Einsatz der Kosten zu erhalten, werden die Kostenarten weiter aufgelöst.

BEISPIEL

42	Personalaufwendungen
421	Löhne und Gehälter
4211	Fertigungslöhne
42110	Fertigungsgemeinkosten
4212	Gehälter
4214	Sozialkosten

Die „4" gibt an, dass diese Kosten zum Kontenplan der Klasse 4 in der Finanzbuchhaltung gehören. Die Ziffer „2" an zweiter Stelle bezeichnet die Gruppe, hier die Personalaufwendungen. Die nachfolgenden Ziffern geben die Untergruppen an.

Weitere Differenzierungen sind möglich, wenn eine zusätzliche Stelle als Untergruppe festgelegt wird. Zum Beispiel kann es erforderlich sein, die Fertigungslöhne weiter zu differenzieren:

4211	Fertigungslöhne
42111	Löhne für Maschinenbedienung
42112	Löhne für Materialtransport
42113	Löhne für Maschinenwartung
42114	Löhne für bezahlte Feiertage
42115	Löhne für Urlaub
42116	Lohnfortzahlung bei Krankheit

Der Kostenartenschlüssel dient bei der Kontierung von Geschäftsvorfällen gleichzeitig als Zuordnung der Kostenerfassung für die Betriebsbuchhaltung.

4.3   Kostenstellenrechnung

Kostenstellen nach organisatorisch-funktionalen Gesichtspunkten

Kostenstellen werden zumeist nach organisatorisch-funktionalen Gesichtspunkten gebildet. Häufig stellen Abteilungen oder die Zusammenfassung von Funktionen (gleichartige Fertigungsabläufe) Kostenstellen dar. Auch Betriebsteile oder Filialen (Regionen und Orte) können Kostenstellen sein. Kostenstellen werden auch in direkter Verbindung mit dem Kostenträger gebildet, wenn beide Merkmale vorliegen.

BEISPIEL

Die Abwicklung eines Bauauftrages: Die Baustelle wird als Kostenstelle eingerichtet, der Kostenträger ist die gleiche Baustelle.

Es werden unterschieden:
- **Hauptkostenstellen**: Das sind alle Kosten, die direkt und unmittelbar mit der Leistungserstellung, dem Kostenträger, entstehen.
- **Hilfskostenstellen**: Sie erbringen Leistungen für andere Kostenstellen. Diese Gemeinkosten werden nach dem Verursachungsprinzip auf die Kostenstellen verteilt.
- **Allgemeine Kostenstellen**: Sie erbringen auch Leistungen für andere Kostenstellen. Diese Gemeinkosten dienen der innerbetrieblichen Leistungsverrechnung und werden auf alle Kostenstellen verteilt.

BEISPIELE

Hauptkostenstelle	Hilfskostenstellen
Warenlager	Einkauf, Warenannahme
Fertigung	Arbeitsvorbereitung, Maschineneinrichter, Werkzeugbau, Schlosserei
Montage	Meister, Transport, Kran
Verwaltung	Rechnungswesen, EDV, Personalwirtschaft
Vertrieb	Werbung, Verkaufsstellen

Die Kostenstellennummer ist entscheidend

Zur Durchführung einer Kostenstellenrechnung ist es erforderlich, dass alle Kostenstellen mit einer Nummer, der **Kostenstellennummer**, versehen werden. Die vierstellige Ordnung erleichtert die Differenzierung und informiert genau, wo welche Kosten entstanden sind. Der **Aufbau**:
- 1. Stelle = Ort, z.B. Werk oder übergeordnete Einheit
- 2. Stelle = Bereich, z.B. Fertigung
- 3. Stelle = Untergruppe Fertigung, z.B. Fräserei
- 4. Stelle = Weitere Untergruppe Fertigung, z.B. Galvanik

> **BEISPIEL**
>
> Steht für den Ort die Kostenstelle 5000,
> für die Fertigung die Kostenstelle x200,
> für die Fräserei die Kostenstelle x230
> und für die Galvanik die Kostenstelle x231,
> so lautet die **Kostenstellennummer** für die Abteilung Galvanik in
> Werksabteilung 5: = **5231**

Die Zurechnung der Kostenarten auf die Kostenstellen erfolgt durch direkte Zurechnung nach dem **Verursachungsprinzip**. Die Zuordnung erfolgt durch die Kontierung bei der Kostenart und Kostenstelle.

Direkte Zurechnung durch Verursachungsprinzip

> **BEISPIEL**
>
> Die Löhne der Fertigung werden auf die einzelnen Kostenstellen nach der Verursachung verteilt. Oder: Die Instandsetzungskosten eines Hebezugs im Lager werden auf die Kostenstelle Lager verteilt.

Die indirekt anfallenden Kosten wie Steuern, Gebühren, Versicherungen, Mieten usw. werden nach einem Verteilungsschlüssel auf die Kostenstellen verteilt.

Indirekte Zurechnung durch Umlage

4.4 Gemeinkosten

Die Erfassung und Verteilung der Gemeinkosten erfolgt mit Hilfe eines Betriebsabrechnungsbogens (BAB I). Voraussetzung ist, dass Kostenarten und Kostenstellen gebildet worden sind.

Der BAB ist eine Kombination aus Kostenarten- und Kostenstellenrechnung. Die Kostenarten werden vertikal, die Kostenstellen horizontal angeordnet.

Zweck des BAB ist die **Erfassung der Gemeinkostenzuschlagssätze**. Einzelkosten und Sondereinzelkosten sind nur Quelle als Bezugsgrundlagen, sie sind dem Kostenträger bereits zugerechnet.

Die Verteilung der Kostenarten erfolgt durch Verteilungsschlüssel. Es werden unterschieden:

- **Mengenschlüssel**: Berechnung nach Flächen, Volumen, Gewichten, Stückzahl, Kilowatt usw.
- **Zeitschlüssel**: Berechnung nach zeitlichem Aufwand für Maschinen, Arbeitsleistung usw.
- **Wertschlüssel**: Berechnung nach Löhnen, Gehältern, Umsätzen, gebundenem Kapital usw.

Kostenarten \ Kostenstellen	Allgemeine Stellen		Material-kostenstellen		Fertigungs-kostenstellen		Verwaltungs- u. Vertriebs-kostenstellen	
	Haupt-KS	Hilfs-KS	Haupt-KS	Hilfs-KS	Haupt-KS	Hilfs-KS	Haupt-KS	Hilfs-KS
Fertigungsmaterial								
Fertigungslöhne								
Sozialabgaben								
Betriebssteuern								
Versicherungen								
Kalkul. Kosten								
usw.								
	Gemeinkosten		Gemeinkosten		Gemeinkosten		Gemeinkosten	
Gemeinkosten-Zuschlagssätze in %								
usw.								

Abb. 23: Grundmuster BAB

Direkte (primäre)
Gemeinkosten
+ Verteilung der Hilfs-
kostenstellen (sekundäre
Gemeinkosten)
= Ergebnis Gemeinkosten,
d.h. Erfassung auf dem
Kostenträger

Der tabellarische Aufbau des Betriebsabrechnungsbogens erleichtert die Verteilung der Gemeinkostenarten auf die Kostenträger. Die einzelnen Schritte – vgl. hierzu folgende Abbildung:

- Die Gemeinkosten für Güter und Dienstleistungen, die direkt durch den Leistungsprozess entstanden sind, werden aus der Kostenarten-rechnung aufgenommen und auf die Hilfs- und Hauptkostenstellen verteilt.
- Die Kosten der Hilfskostenstellen werden vollständig auf die Haupt-kostenstellen verteilt (innerbetriebliche Leistungsverrechnung).
- Sind alle Gemeinkosten verteilt, wird der BAB abgeschlossen.
- Die ermittelten Gemeinkosten werden auf die Kostenträger verteilt.

4.4.1 Ermittlung der Gemeinkostenzuschlagssätze

Sind im BAB die Werte der Hauptkostenstellen erfasst, müssen die Gemein-kostenzuschlagssätze gebildet werden. Die Zuschlagssätze werden für die Hauptkostenstellen berechnet:

- Materialgemeinkosten (MGK)
- Fertigungsgemeinkosten (FGK)
- Verwaltungsgemeinkosten (VwGK)
- Vertriebsgemeinkosten (VtGK)

Die Summe der Gemeinkosten lässt sich aus dem BAB entnehmen. Die Berechnungsformel für den **Gemeinkostenzuschlagssatz** lautet:

$$\frac{\text{Gemeinkosten} \cdot 100}{\text{Stelleneinzelkosten}} = \text{Gemeinkostenzuschlagssatz (\%)}$$

Der **Materialgemeinkostenzuschlagssatz** errechnet sich, indem die Materialgemeinkosten ins Verhältnis zum Wert des verbrauchten Ferti-gungsmaterials gesetzt werden:

Betriebsabrechnungsbogen	Kosten	Hilfskostenstellen		Hauptkostenstellen				
		Gebäude-instandhaltung	Gebäude-service	Material	Fertigung I	Fertigung II Montage	Vertrieb	Verwaltung
Einzelkosten								
Materialeinzelkosten (MEK)	200.000			200.000				
Fertigungseinzelkosten (FEK)	100.000				80.000	20.000		
Gemeinkosten								
Gehälter	40.000	1.000	1.000	2.000	12.000	14.000	6.000	4.000
Miete	30.000	3.000	2.000	3.000	16.000	3.000	2.000	1.000
Abschreibungen	50.000	1.000	500	4.000	28.000	10.000	5.000	1.500
Versicherungen	10.000	200	300	1.000	3.000	4.000	500	1.000
Kalkul. Zinsen	20.000	500	800	5.000	5.000	6.700	1.000	1.000
Sonstige Gemeinkosten	10.000	400	800	1.400	1.300	2.200	2.800	1.100
Summe Gemeinkosten I	160.000	6.100	5.400	16.400	65.300	39.900	17.300	9.600
Gebäudeinstandhaltung			400	1.200	2.300	1.000	600	600
Gebäudeservice (Umlagen nach m² bzw. Stunden)				1.000	2.100	600	1.500	600
Summe Gemeinkosten II			5.800	18.600	69.700	41.500	19.400	10.800
Kalkulationssatz				$9,3\% \frac{MGK}{MEK}$	$87,1\% \frac{FGK\,I}{FEK\,I}$	$207,5\% \frac{FGK\,II}{FEK\,II}$	$4,5\% \frac{GK}{HK}$	$2,5\% \frac{GK}{HK}$

Ermittlung der Herstellkosten (HK):

Materialeinzelkosten (MEK)		200.000
Materialgemeinkosten (MGK)	+	18.600
Fertigungseinzelkosten I (FEK I)	+	80.000
Fertigungsgemeinkosten I (FGK I)	+	69.700
Fertigungseinzelkosten II (FEK II)	+	20.000
Fertigungsgemeinkosten II (FGK II)	+	41.500
Herstellkosten (HK)	=	429.800

$$\frac{\text{Vertriebsgemeinkosten (VtGK)}}{\text{Herstellkosten}} = \frac{19.400}{429.800} \cdot 100 = 4,5\,\% \text{ Vertriebsgemeinkostenzuschlagssatz}$$

$$\frac{\text{Verwaltungsgemeinkosten (VwGK)}}{\text{Herstellkosten}} = \frac{10.800}{429.800} \cdot 100 = 2,5\,\% \text{ Verwaltungsgemeinkostenzuschlagssatz}$$

Abb. 24: Beispiel-Betriebsabrechnungsbogen

$$\frac{\text{Materialgemeinkosten} \cdot 100}{\text{Fertigungsmaterial (Materialeinzelkosten)}} = \text{Materialgemeinkostenzuschlagssatz (\%)}$$

Der **Fertigungsgemeinkostenzuschlagssatz** wird im Verhältnis zu den Fertigungslöhnen berechnet:

$$\frac{\text{Fertigungsgemeinkosten} \cdot 100}{\text{Fertigungslöhne (Fertigungseinzelkosten)}} = \text{Fertigungsgemeinkostenzuschlagssatz (\%)}$$

Der **Zuschlagssatz für die Verwaltungsgemeinkosten** errechnet sich:

$$\frac{\text{Verwaltungsgemeinkosten} \cdot 100}{\text{Herstellkosten der Produktion}} = \text{Verwaltungsgemeinkostenzuschlagssatz (\%)}$$

Herstellkosten der Produktion sind alle Kosten, welche in der Abrechnungsperiode zur Produktionsleistung gehören.

Der **Vertriebsgemeinkostenzuschlagssatz** errechnet sich:

$$\frac{\text{Vertriebsgemeinkosten} \cdot 100}{\text{Herstellkosten des Umsatzes}} = \text{Vertriebsgemeinkostenzuschlagssatz (\%)}$$

Herstellkosten des Umsatzes sind die abgesetzte Produktionsleistung plus/minus der Bestandsveränderungen von Halb- und Fertigprodukten der Produktion.

Die Berechnung:
    Fertigungsmaterial
+ Materialgemeinkosten
+ Fertigungslöhne
+ Fertigungsgemeinkosten
+ Sondereinzelkosten der Fertigung
= Herstellkosten der Produktion
– Bestandsmehrung
+ Bestandsminderung der Halb- u. Fertigfabrikate
= Herstellkosten des Umsatzes

4.4.2   BAB und Kennzahlen

Die Berechnung der Gemeinkosten erlaubt einen sehr aussagefähigen Blick auf Strukturen wie beispielsweise:
- Berechnung der Gemeinkosten pro Beschäftigtem
- Berechnung der Gemeinkosten pro Zeiteinheit
- Fertigungsgemeinkosten pro Maschinenstunde
- Gemeinkostenanalyse zu Kostenstellen
- Gemeinkostenanalyse zu Kostenarten usw.

Eine erweiterte Form des BAB I ist die rechnerische Einbeziehung der Verkaufserlöse und die Ermittlung des Betriebsergebnisses, nämlich die Kostenträgerzeitrechnung (BAB II).

4.4.3 Kostenträgerzeitrechnung

Ziel ist es, die angefallenen Kosten und die erzielten Erlöse den Erzeugnissen zuzuordnen und die Erfolgsanteile auszuweisen. Die Beurteilung der Wirtschaftlichkeit einzelner Kostenträger wird mit Hilfe des **Kostenträgerzeitblattes** ermittelt.

Schematischer Aufbau (Kalkulationsschema):

	Summe	Kostenträger I	Kostenträger II
Fertigungsmaterial			
+ Materialgemeinkosten			
= Materialkosten			
Fertigungslöhne			
+ Fertigungsgemeinkosten			
+ Sondereinzelkosten der Fertigung			
= Fertigungskosten			
= Herstellkosten der Produktion			
+ Bestandsmehrung			
– Bestandsminderung			
= Herstellkosten des Umsatzes			
+ Verwaltungsgemeinkosten			
+ Vertriebsgemeinkosten			
+ Sondereinzelkosten des Vertriebs			
= Selbstkosten des Umsatzes			
Verkaufserlöse			
= Umsatzergebnis			
Kostenüber-/unterdeckung			
Betriebsergebnis			

Abb. 25: Schematischer Aufbau Kostenträgerzeitrechnung

Das Ergebnis der Kostenträgerzeitrechnung ermöglicht den **Vergleich der Kostendeckung und des Erfolges** mit dem erzielten Preis.

5   Kalkulationsmethoden

5.1   Divisionskalkulation

Die Divisionskalkulation ist ein sehr einfaches Verfahren. Es werden die Gesamtkosten durch die in der gleichen Periode produzierten Leistungen dividiert:

$$\frac{\text{Gesamtkosten}}{\text{Leistungseinheiten}} = \text{Selbstkosten pro Einheit}$$

Die Divisionskalkulation eignet sich besonders bei der Herstellung gleicher, zumindest gleichartiger Produkte, insbesondere bei größeren Betrieben der Grundstoffindustrie.

> **BEISPIELE**
>
> Energieversorgung, Rohstoffgewinnung wie Bergbau, Sand- und Kieswerke, Stahlhütten usw.

Stellt ein Betrieb mehrere Produkte her, ist eine differenzierte Kalkulation erforderlich. Stellt ein Betrieb ein Produkt (oder wenige), jedoch in unterschiedlicher Ausführung (mit unterschiedlichen Werten) her, wird eine Sortenkalkulation durchgeführt. Die Methode erfolgt als Äquivalenzziffernrechnung.

5.2   Äquivalenzziffernrechnung

Kostenanteile je Fertigungseinheit ermitteln und gewichten

Äquivalenzziffern sind Kostenverhältniszahlen, welche die Kostenabweichungen der verschiedenen Sorten eines gleichen Produktes ausdrücken. Dabei orientiert man sich an einer **Richtsorte**, diese erhält die Ziffer 1. Die Kosten der Richtsorte 1 bilden die Bezugsgröße der Kosten für die anderen Sorten. Zur Bildung des Richtwertes müssen die Kostenanteile je Fertigungseinheit ermittelt und gewichtet werden.

> **BEISPIEL**
>
> Ein Stoffhersteller fertigt drei Sorten. In der Abrechnungsperiode betragen die Gesamtkosten € 120.000. Folgende Mengen wurden hergestellt:

Stoff A: 12.000 m²
Stoff B: 23.000 m²
Stoff C: 4.000 m²
Die Sortenkalkulation hat Produkt B als Richtsorte ergeben.

Stoff A = 0,7
Stoff B = 1,0
Stoff C = 1,8

Sorte A = 12.000 · 0,7 = 8.400 (Recheneinheiten)
Sorte B = 23.000 · 1,0 = 23.000
Sorte C = 4.000 · 1,8 = 7.200
          ─────────   ───────
           39.000   38.600

$$\frac{\text{Gesamtkosten}}{\text{Recheneinheiten}} \quad \frac{€\ 120.000}{38.600} = 3,1088$$

Sorte A = 3,1088 · 0,7 = 2,1761 · 12.000 = 26.114
Sorte B = 3,1088 · 1,0 = 3,1088 · 23.000 = 71.503
Sorte C = 3,1088 · 1,8 = 5,5958 · 4.000 = 22.383
                                              ─────────
                                              € 120.000

Das Beispiel zeigt die jeweilige Höhe des Kostenanteils der produzierten Sorten an den Gesamtkosten.

5.3 Zuschlagskalkulation

Die am häufigsten angewandte Kalkulationsmethode ist die Zuschlagskalkulation. Wenn die Unternehmen **verschiedenartige Erzeugnisse** in Einzel- oder Serienfertigung herstellen, müssen zur Preisermittlung **getrennte Kalkulationen** erfolgen.

Direkte Kosten (Einzelkosten und Sondereinzelkosten) und Gemeinkosten werden getrennt in die Kalkulation einbezogen. Die direkten Kosten werden durch die Belege der Kostenträgerrechnung erfasst, die Gemeinkosten werden prozentual zugeschlagen.

Zwei Verfahren der Verteilung der Gemeinkosten werden unterschieden:
- **Summarische Zuschlagskalkulation**: Die Gesamtsumme der Gemeinkosten wird ohne Differenzierung nach Kostenstellen mittels eines einzigen Zuschlagssatzes verrechnet. Bezugsbasis sind bei lohnintensiver Fertigung die Fertigungslöhne, bei materialintensiver Fertigung die Materialeinzelkosten oder bei ausgewogener Intensität die Summe der Material- und Fertigungseinzelkosten. Da nur eine Zuschlagsbasis zur Verfügung steht, führt die Preisermittlung zu Ungenauigkeiten, indem allen Stellen die gleiche Verursachung unterstellt wird.

Summarische versus differenzierte Zuschlagskalkulation

• **Differenzierte Zuschlagskalkulation**: Bei dieser Methode werden die Zuschlagssätze verursachungsbezogen ermittelt. Voraussetzung ist eine Kostenstellenrechnung. Diese ist die Basis, um mit Hilfe des Betriebsabrechnungsbogens die Gemeinkostensätze auf die Bereiche Material, Fertigung, Verwaltung und Vertrieb aufzuteilen.

Schema einer Zuschlagskalkulation:

```
  Materialeinzelkosten
+ Materialgemeinkosten
─────────────────────────────
= Materialkosten

  Fertigungslöhne
+ Fertigungsgemeinkosten
+ Sondereinzelkosten der Fertigung
─────────────────────────────
= Fertigungskosten

  Materialkosten
+ Fertigungskosten
= Herstellkosten
+ Verwaltungsgemeinkosten
+ Vertriebsgemeinkosten
+ Sondereinzelkosten des Vertriebs
─────────────────────────────
= Selbstkosten
```

Zur Preiskalkulation wird zu den Selbstkosten der Gewinnzuschlag hinzugerechnet. In den Gemeinkostenzuschlagssätzen sind die kalkulatorischen Kosten enthalten. Enthalten diese Zuschlagssätze bereits den **Gewinn** oder Gewinnanteile, ist das entsprechend zu berücksichtigen. Für den Angebotspreis ist außerdem die **Mehrwertsteuer** zuzurechnen.

5.4   Handelskalkulation

Bei Handelswaren entstehen keine Material- und Fertigungskosten. Die Kalkulationsbasis bezieht sich rein auf den Handel mit den bezogenen Waren.

Kosten entstehen im Bereich der **Beschaffung** und bei den Handlungskosten für **Verwaltung und im Vertrieb**.

Schema der Handelskalkulation:

```
  Netto-Listeneinkaufspreis
− Lieferrabatt
─────────────────────────────
= Netto-Zieleinkaufspreis
− Liefererskonto
─────────────────────────────
= Netto-Bareinkaufspreis
+ Bezugskosten
─────────────────────────────
= Netto-Einstandspreis (Bezugspreis)
+ Handlungskosten (Geschäftskosten)
─────────────────────────────
= Selbstkosten
+ Gewinn
─────────────────────────────
= Netto-Barverkaufspreis
```

+	Kundenskonto	
=	Netto-Zielverkaufspreis	
+	Kundenrabatt	
=	**Netto-Listenverkaufspreis**	

Zu den ermittelten Netto-Preisen wird die Mehrwertsteuer jeweils hinzu-gerechnet.

Zur Vereinfachung dieser Kalkulationsmethode wird ein **Kalkulations-zuschlag** aus Handlungskosten, Gewinn, Kundenskonto und Kunden-rabatt gebildet. Dabei wird von dem Netto-Einstandspreis (Bezugspreis) = 100 % ausgegangen. Der ermittelte Kalkulationszuschlag wird in einer Summe zugerechnet, um den Listenverkaufspeis zu erhalten.

Kalkulationszuschlag aus Handlungskosten, Gewinn, Kundenskonto und Kundenrabatt

> **BEISPIEL**
>
> | | Bezugspreis | 100 % |
> |---|---|---|
> | + | Kalkulationszuschlag | 60 % |
> | = | Listenverkaufspreis | 160 % |

Der Kalkulationszuschlag ist der Unterschiedsbetrag zwischen Listen-verkaufspreis und Bezugspreis in %.

Zur Vereinfachung kann anstelle des Kalkulationszuschlages, wie in obigem Beispiel mit 60 %, auch der Faktor 1,6 berechnet werden. Also:

$$\text{Bezugspreis} \cdot \text{Faktor} = \text{Listenverkaufspreis}$$

Im Handel werden häufig „empfohlene Verkaufspreise" angesetzt. Geht der Händler von diesem Verkaufspreis aus, kann er durch **retrograde Kalkulation** seine Handelsspanne berechnen. Dabei bildet der Listen-verkaufspreis die Basis von 100 %.

> **BEISPIEL**
>
> | | Listenverkaufspreis | 100 % |
> |---|---|---|
> | − | Bezugspreis | 40 % |
> | = | Handelsspanne | 60 % |

Die Handelsspanne ist der Unterschiedsbetrag zwischen dem Listen-verkaufspreis und dem Bezugspreis (vgl. Bornhofen 2005, S. 234–237).

5.5 Maschinenstundensatzrechnung

Die Maschinenstundensatzrechnung ist keine eigenständige Kalkula-tionsmethode, sondern eine Modifikation der Zuschlagskalkulation. Ziel

ist es, zu einer **aussagefähigeren Ermittlung der Fertigungsgemeinkosten** zu gelangen. Das ist in maschinenintensiven Betrieben von Bedeutung, um zu einer hohen Aussagefähigkeit der maschinenabhängigen
Kosten zu kommen.

Werden Aufträge bearbeitet, die einen hohen Maschineneinsatz haben
(hohe Laufzeiten auf teuren Maschinen), hat die Preiskalkulation eine
andere Basis als bei einer nur geringen Maschinennutzung.

Die Bildung des Maschinenstundensatzes erfolgt in der **Bestimmung der
Laufstunden**. Laufstunden können nach den maximal erreichbaren Kapazitäten des Maschineneinsatzes festgelegt werden. Das erscheint aber
wenig sinnvoll, da Stillstandzeiten, ein geringerer Beschäftigungsgrad
oder ein Auslastungsrückgang zu fehlerhaften Ansätzen führen würden.

Durchschnittliche   Deshalb ist es angemessen, die bisher ermittelten durchschnittlichen
Maschinenlaufzeiten Maschinenlaufzeiten anzusetzen.

Geht man von einem einschichtigen Betrieb mit einer 5-Tage-Woche und
8 Stunden Arbeitszeit aus, ergeben sich:

```
    365 Kalendertage
 –   52 Samstage
 –   52 Sonntage
 –   12 Feiertage
 =  249 Arbeitstage
 x    8 Stunden
 = 1.992 Stunden
 –  392 durchschnittliche Ausfallstunden für
        Urlaub, Krankheit, Störungen
 = 1.600 Sollstunden/Jahr
```

Die Maschinenlaufzeiten jeder einzelnen Maschine werden auf der Soll-
Basis mit den **Erfahrungswerten** der bisherigen Laufzeiten und der Einschätzung des Beschäftigungsgrades bestimmt.

Bei der Ermittlung der maschinenabhängigen Kostenarten sind zu unterscheiden:
- Kostenarten, die unmittelbar in Abhängigkeit zur einzelnen Maschine
  und dem Arbeitsplatz stehen, werden als maschinenabhängige Fertigungsgemeinkosten bezeichnet.
- Restkosten, die alle Maschinenarbeitsplätze gemeinsam betreffen,
  werden als Restfertigungsgemeinkosten bezeichnet.

Maschinenabhängige Fertigungsgemeinkosten sind z.B.:
- kalkulatorische Abschreibung (Wiederbeschaffungswert)
- kalkulatorische Zinsen
- Instandhaltungskosten
- Raumkosten

- Energiekosten
- Werkzeugkosten

Restfertigungsgemeinkosten sind z.B.:
- Hilfslöhne, Gehälter, Sozialaufwendungen
- Hilfsstoffe
- Kapitalkosten (allgemeine Einrichtungen der Fertigung)
- Abstellflächen

Das Schema des Maschinenstundensatzes:

```
  Kalkulatorische Abschreibung
+ kalkulatorische Zinsen
+ Instandhaltungskosten
+ Raumkosten
+ Energiekosten
+ Werkzeugkosten
─────────────────────────────────────
= Maschinenabhängige Kosten
+ Restfertigungsgemeinkosten
─────────────────────────────────────
= Maschinenstundensatz bzw. Fertigungsgemeinkosten/Stunde
```

BEISPIEL

Die Anschaffungskosten einer Maschine lagen bei € 150.000,–, die Nutzungs-dauer beträgt 8 Jahre. Der Restwert nach 8 Jahren Nutzungsdauer wird mit 0,00 vorgesehen. Die Wiederbeschaffung nach 8 Jahren wird auf € 190.000,– (das entspricht ca. 3 % Preissteigerung/Jahr) eingeschätzt.

Kalkulatorische Abschreibung:

$$\frac{\text{Wiederbeschaffung}}{\text{Nutzungsdauer}} = \frac{€\,190.000}{8\,\text{Jahre}} = 23.750\ €/\text{Jahr}$$

Kalkulatorische Zinsen:
Aufgrund der Erfahrungswerte wird der Zinssatz für Fremdkapital mit 12 % angenommen. Die Maschine mit dem Wiederbeschaffungswert in Höhe von € 190.000,– wird mit diesem Zinssatz kalkuliert:

$$\frac{\text{Wiederbeschaffungswert}}{2} \cdot \frac{\text{Zins}}{100}$$

Zur Berechnung des Zinses wird der Wiederbeschaffungswert halbiert. Während der Nutzungsdauer verliert die Maschine an Wert und das Kapital wird zurückgeführt – am Anfang das gesamte Kapital, kontinuierliche Rückführung, am Ende kein Kapital – die Division durch 2 beschreibt den Ausgleich.

$$\frac{190.000}{2} \cdot \frac{12}{100} = €\,11.400,- \text{ kalkulatorische Zinsen}$$

Kalkulatorische Miete:
Die Maschine benötigt Platz. Die erforderlichen qm werden mit den Kosten der ortsüblichen Miete multipliziert.

Die Maschine einschließlich der erforderlichen Bedienungsflächen hat einen Platzbedarf von 16 qm. Die Monatsmiete pro qm beträgt € 5,–
= 16 · 5 = € 80,–/Monat · 12 = € 960,–/Jahr

Instandhaltungskosten:
Aufgrund von Erfahrungswerten müssen die Kosten für Wartung, Reparaturen, Werkzeuge/Ersatzteile eingeschätzt werden, hier € 6.000,–.

Energiekosten:
Die Energiekosten errechnen sich aus den Laufzeiten und den Energiepreisen. Die Maschine benötigt Strom:

kW · Strompreis · Laufzeit
15 kW = 1,5 · 0,40 €/Std. · 1.600 Std. = 960,–

Sonstige maschinenbezogene Kosten:
Versicherungen, Schmierstoffe, Entsorgung. Einschätzung nach Erfahrungswerten, hier € 2.000,–.

Die Addition dieser Werte ergibt:
Gesamtkosten = € 45.070,– / Jahr

Der **Maschinensatz** errechnet sich daraus:

$$\frac{\text{Gesamtkosten}}{\text{Laufzeit}} = \frac{€\ 45.070,-}{1.600\ \text{Std.}} = €\ 28,17/\text{Std. bzw. } €\ 0,47/\text{min.}$$

Wenn die Kapazität nicht erreicht wird, können weder Kostendeckung noch Gewinne erzielt werden

Der kritische Punkt ist die Einschätzung der Maschinenlaufzeiten.

5.6   Stundenverrechnungssatz

Die Stundensatzkalkulation wird vor allem in lohnintensiven klein- und mittelständischen Betrieben angewandt.

> **BEISPIEL**
>
> Jeder hat schon einmal eine Handwerkerrechnung erhalten. Der berechnete Stundensatz beträgt z.B. € 45,–. Wie kommt es zu diesem Satz, wenn der Geselle vielleicht nur € 14,–/Stunde brutto verdient?

Die Kostenrechnung muss vernünftige Informationen liefern

Der Preis für die komplette Gesamtleistung wird bestimmt durch die **geleisteten Arbeitsstunden** und die **Materialkosten**. Um den Stundensatz für eine Arbeitsstunde bestimmen zu können, ist es erforderlich, dass der Betrieb über eine gut funktionierende Kostenrechnung verfügt.

Bei der Kostenermittlung aus der Buchhaltung muss beachtet werden, dass es sich dabei stets um Kosten aus der Vergangenheit handelt. Es muss also überprüft werden, ob sich **Kostenkorrekturen** für die Material- und Arbeitskosten ergeben haben.

Zur Ermittlung des Stundensatzes werden alle Personalkosten herangezogen, also Löhne und Gehälter für Unternehmer, mitarbeitende Angehörige, Meister, Gesellen, Lehrlinge, Hilfskräfte.

Getrennt werden produktive und unproduktive Personalkosten. **Produktive Personalkosten** sind die direkt für einen Auftrag zu berechnenden Stunden. **Unproduktive Personalkosten** sind alle nicht direkt berechenbaren Lohn- und Gehaltskosten, bezahlte Feiertage, Urlaub, Lohnfortzahlung, Leerlaufzeiten, Nachbearbeitungen für Reklamationen etc.

Neben den produktiven und unproduktiven Personalkosten sind die **Personalzusatzkosten** einzurechnen, wie z.B. die Arbeitgeberbeiträge zur Sozialversicherung, also Renten-, Kranken-, Pflege-, Arbeitslosen- und Unfallversicherung (Berufsgenossenschaft), und die vermögenswirksamen Leistungen.

Immer die aktuellen Kosten ansetzen. Gibt es Änderungen bei: Tariflöhnen, Sozialbeiträgen, Preisen, im Arbeitsrecht usw.?

Der **Personalbestand** wird nach den geplanten Produktivstunden bewertet, z.B.:

BEISPIEL

5 Monteure à 1.600 Stunden	=	8.000 Std.
2 Lehrlinge zu je 30 %	=	960 Std.
1 Meister zu 40 %	=	640 Std.
Produktivstunden	=	9.600 Std.

Sämtliche Kostenarten (ohne Materialkosten) zuzüglich Gewinn ergeben den **Gesamtkostensatz**; dividiert durch die Produktivstunden ergibt das den **Stundenverrechnungssatz**.

$$\frac{\text{Gesamtsumme der Kostenarten} + \text{Gewinn}}{\text{Gesamte Produktivstunden}} = \text{Stundenverrechnungssatz}$$

Der ermittelte Stundenverrechnungssatz ist ein Mittelwert auf der Basis des mittleren Stundenlohnes. Aus dem Mittelwert lässt sich der **Verrechnungsfaktor** berechnen:

Verrechnungsfaktor · Stundenlohn = Stundenverrechnungssatz des Mitarbeiters

$$\frac{\text{Mittlerer Stundenverrechnungssatz}}{\text{Mittlerer Bruttolohn}} = \text{Verrechnungsfaktor}$$

Der Verrechnungsfaktor ist erforderlich, da nicht alle Mitarbeiter den gleichen Stundenlohn verdienen: Über dem Mittelwert liegt z.B. der Meister, darunter ein Helfer.

Der Verrechnungsfaktor multipliziert mit dem Stundenlohn des Mitarbeiters ergibt dessen **Stundenverrechnungssatz**.

BEISPIEL

Die Gesamtsumme der Kostenarten + Gewinn (ohne Materialkosten) beträgt € 400.000.–, die Produktivstunden sind mit 9.600 berechnet.

$$\frac{400.000}{9.600} = 41,67 \text{ durchschnittlicher Stundenverrechnungssatz}$$

Der Helfer hat einen Bruttolohn von € 9,–, der Geselle von € 13,60, der Meister von € 17,00. Daraus ergibt sich als Durchschnitt (39,60: 3) 13,20 €. Der Verrechnungsfaktor beträgt dann:

$$\frac{41,67}{13,20} = 3,156$$

Die individuellen Stundenverrechnungssätze berechnen sich dann:
Helfer: $9,00 \cdot 3,156 = 28,40/$Std.
Geselle: $13,60 \cdot 3,156 = 42,92/$Std.
Meister: $17,00 \cdot 3,156 = 53,65/$Std.

Das Schema für die Auftragskalkulation (Angebot):

Anzahl der produktiven Lohnstunden der Mitarbeiter, getrennt nach Lohngruppen (Meister, Geselle, Helfer, Lehrling), multipliziert mit dem jeweiligen Stundenverrechnungssatz
+ Materialkosten. (Die Kalkulation erfolgt nach dem geeigneten Verfahren im Sinne der Zuschlags- oder Handelskalkulation.)
+ Fracht-/Transportkosten
= Nettopreis
+ Mehrwertsteuer
= Bruttopreis

5.7   Voll- und Teilkostenrechnung

Vollkostenrechnung: Alle Kosten werden auf die Kostenträger verrechnet

Noch ein Exkurs in die Welt der Kostenrechnung. Bei der Vollkostenrechnung werden alle Kosten auf die Kostenträger verrechnet. Das Verursachungsprinzip wird außer Acht gelassen. Diese Form der Vollkostenrechnung wird als **Istkostenrechnung** bezeichnet. Die gewonnenen Informationen aus den Berechnungswerten basieren auf den ermittelten Ist-Werten und damit auch aus der Vergangenheit.

Selten kann jedoch von einer gleich bleibenden Kapazitätsauslastung und gleichen Verhältnissen in der Zukunft ausgegangen werden. Ändern sich Beschäftigungsverhältnisse, verändern sich auch die Zuschläge der Gemeinkosten und die Verhältnisse zwischen den Fixkosten und den variablen Kosten pro Stück.

Die Istkostenrechnung ist die einfachste Form der Vollkostenrechnung, eignet sich aber nur bedingt zur Angebotskalkulation. Sie eignet sich insbesondere dann nicht, wenn unterschiedliche Einzelaufträge zu erfüllen sind und keine kontinuierliche Auslastung erwartet werden kann.

Istkosten

Als weitere Form der Vollkostenrechnung wird das **Durchschnittsprinzip** (oder Normalkostenprinzip) angewandt. Die Kosten werden im Durchschnitt auf die Kostenträger verteilt.

Durchschnittskosten

Die Berechnung erfolgt durch Division der Gesamtkosten durch die Anzahl der erstellten Leistungen oder durch Verteilung der Kosten über bestimmte Umlageschlüssel.

Die auf die Zukunft bezogene Vollkostenrechnung wird als **Plankostenrechnung** bezeichnet. Hier wird für die zu berechnende Periode eine bestimmte Auslastung und damit Menge und Preis prognostiziert. Die sich ergebenden Einzel- und Gemeinkosten, fixe und variable Kosten, werden berechnet. Die Ermittlung der Werte erfolgt losgelöst von den bisherigen Ist-Werten.

Plankosten

Eine gut organisierte und permanente **Abweichungsanalyse** ermöglicht es, die geplanten und tatsächlich angefallenen Kosten zu vergleichen und die Ursachen zu ermitteln: Sind die geplanten Preise erzielt worden? Entspricht der Einsatz der Materialmengen den Vorgaben? Gibt es Abweichungen bei den Arbeitszeiten?

Planung ohne Kontrolle ist sinnlos!

Die Systeme der Vollkostenrechnung eignen sich insbesondere als Mittel der **Kostenkontrolle**. Die Ergebnisse erlauben einen guten Überblick und dienen der Abweichungsanalyse als Vergleichsbasis.

Da die Werte in der **Vergangenheit** liegen (oder bei der Plankostenrechnung die Ergebnisse auch erst vergangenheitsbezogen bewertbar sind), eignet sich die Vollkostenrechnung jedoch nicht zur schnellen Information für kurzfristige Entscheidungen.

Der wesentliche Unterschied der **Teilkostenrechnung** zur Vollkostenrechnung besteht darin, dass nicht nur die Kostenseite in die Betrachtung einbezogen wird, sondern auch die Erlösseite.

Umsatzerlöse in der Kostenrechnung

Die Teilkostenrechnung erfolgt nach zwei Systemen:
- Deckungsbeitragsrechnung
- Grenzplankostenrechnung

5.8 Deckungsbeitragsrechnung (Direct Costing)

Eine Deckungsbeitragskalkulation ist nur auf der Grundlage eines Kostenrechnungssystems mit Kostenarten-, Kostenstellen- und Kostenträgerrechnung möglich.

Bei der Teilkostenrechnung werden nur die variablen Kosten (Einzelkosten) und die variablen Teile der Gemeinkosten auf die Kostenträger verrechnet. Das bietet den Vorteil, **kurzfristig notwendige Entscheidungen** fundiert treffen zu können, z.B.:

- wenn das Unternehmen an einem Auftrag interessiert ist, um die vorhandenen Kapazitäten auszulasten
- wenn der Auftragsrückgang oder ein Auftragsausfall überwunden werden soll
- wenn das vorhandene Warenlager reduziert werden soll
- wenn das Unternehmen an (lukrativen) Zusatzaufträgen interessiert ist
- wenn das Unternehmen einen Auftrag annehmen muss, um andere Aufträge nicht zu verlieren usw.

Preisuntergrenze =
tiefster Punkt im
Preisangebot

Bei allen Entscheidungen geht es um den Angebotspreis. Mit Hilfe der Differenzierung von variablen und fixen Kosten kann das Unternehmen die Preisuntergrenzen bestimmen.

Die Preisuntergrenze ist der Preis, den das Unternehmen mindestens fordern muss.

Zwei Preisuntergrenzen werden unterschieden:
- Kurzfristige Preisuntergrenze: entspricht den variablen Kosten
- Langfristige Preisuntergrenze: entspricht den variablen Kosten zuzüglich der fixen Kosten

Kurzfristige Preisunter-
grenze: keine Fixkosten,
kein Gewinn

Bei der **kurzfristigen Preisuntergrenze** sind alle variablen Kosten gedeckt. Bis zu dieser Untergrenze kann das Unternehmen **nur im Extremfall** zurückgehen und auch nur dann, wenn die fixen Kosten ausreichend durch andere Aufträge gedeckt sind.

In der Preispolitik spielt die kurzfristige Preisuntergrenze auch dann eine Rolle, wenn das (mächtige und kapitalstarke) Unternehmen die **Konkurrenz vertreiben** und **marktbeherrschend** werden will.

PRAXISTIPP

Auch bei der kurzfristigen Preisuntergrenze sollte das Unternehmen versuchen, zumindest einen Teil der Fixkosten doch noch zu erhalten.

Langfristige Preisunter-
grenze: kein Gewinn

Bei der **langfristigen Preisuntergrenze** sind alle fixen und variablen Kosten gedeckt. Das Unternehmen arbeitet jedoch ohne Gewinn.

In der Preispolitik kann das aus absatzpolitischen Gesichtspunkten vorteilhaft sein, um die **Marktstellung zu erhalten oder auszubauen**.

> **PRAXISTIPP**
>
> Das Unternehmen kann diese langfristige Preisuntergrenze nur durchhalten, wenn die Gewinne durch andere Leistungen realisiert werden können.

Wie oben aufgeführt, werden bei der Deckungsbeitragsrechnung die fixen und die variablen Kosten konsequent getrennt. Die variablen Kosten werden direkt auf den Kostenträger gebucht. Nach dieser Methode lässt sich sehr einfach feststellen, wie erfolgreich ein Auftrag gewesen ist.

Deckungsbeitrag ist der Betrag, der zur Deckung der Fixkosten beiträgt

Hat ein Auftrag die variablen Kosten und einen Teil der Fixkosten oder alle Fixkosten gedeckt, dann bezeichnet man diese Größe als „Deckungsbeitrag".

Hat der Auftrag mehr als die variablen und fixen Kosten eingebracht, hat er zum Gewinn beigetragen. Die Berechnung:

Die Differenz zwischen Deckungsbeitrag und den Fixkosten ergibt den Gewinn oder Verlust

Das Schema der Deckungsbeitragsrechnung:

Umsatzerlös (Auftrag/Einheit/Stück oder Periode)
– variable Kosten (für diesen Kostenträger)
= Deckungsbeitrag
– fixe Kosten (für diesen Auftrag/Periode)
= Erfolg (für diesen Auftrag/Periode)

5.9 Grenzplankostenrechnung

Die Grenzplankostenrechnung basiert auf dem gleichen Prinzip wie die Deckungsbeitragsrechnung: In der Kostenplanung werden die **fixen und variablen Kosten getrennt**. Auf die Kostenträger werden nur die variablen Kosten bezogen.

Wie bei der Plankostenrechnung erfolgt die Berechnung als **Prognose**, also in die Zukunft gerichtet. Das erfordert einen hohen Informationsgrad über die voraussichtliche Auslastung der Kapazitäten.

Die Grenzplankostenrechnung erlaubt eine bessere Entscheidungsgrundlage bei der Berechnung von Angeboten bzw. bei Auftragsverhandlungen. Im Ablauf des jeweiligen Auftrages ist die Kostenkontrolle zur Abweichungsanalyse und ggf. erforderlichen (künftigen) Korrektur erforderlich.

5.10 Gewinnschwelle

Wird die Deckungsbeitragsrechnung auf das gesamte Unternehmen bezogen, lässt sich einfach ermitteln, bei welcher Kapazitätsauslastung die Gewinnzone erreicht wird. Diese Gewinnschwelle wird als **Break-even-Point** bezeichnet.

Diese Methode, bei der vom gesamten Deckungsbeitrag die fixen Kosten in einer Summe abgezogen werden, ist in einem Unternehmen sinnvoll, das nur **ein Produkt bzw. eine Produktlinie** herstellt.

Das Schema:

Umsatzerlöse
– gesamte variable Kosten
= Deckungsbeitrag
– gesamte Fixosten
= Betriebserfolg

Break-even-Point:
der Punkt, an dem die
Verlustzone verlassen wird

Der Punkt, an dem die Umsatzerlöse gerade ausreichen, um die fixen Kosten zu decken, ist die **Gewinnschwelle**. Ab hier beginnt das Unternehmen, Gewinne zu erwirtschaften.

Bezogen auf die Produktionsmenge kann der Punkt berechnet werden, ab dem die produzierten Einheiten/Stück Gewinne erwirtschaften.

BEISPIEL

Ein Unternehmen hat eine Kapazität von 350 Stück im Monat. Die fixen Kosten belaufen sich auf € 30.000,-. Nach Abzug der variablen Kosten beträgt der Stückdeckungsbeitrag € 200,–.

$$\frac{\text{Fixe Kosten}}{\text{Stückdeckungsbeitrag}} = \frac{30.000}{200} = 150 \text{ Stück}$$

Das bedeutet: Die Gewinnschwellenmenge liegt bei 150 Stück, ab dieser erreichten Kapazitätsauslastung kommt der Betrieb in die Gewinnzone.

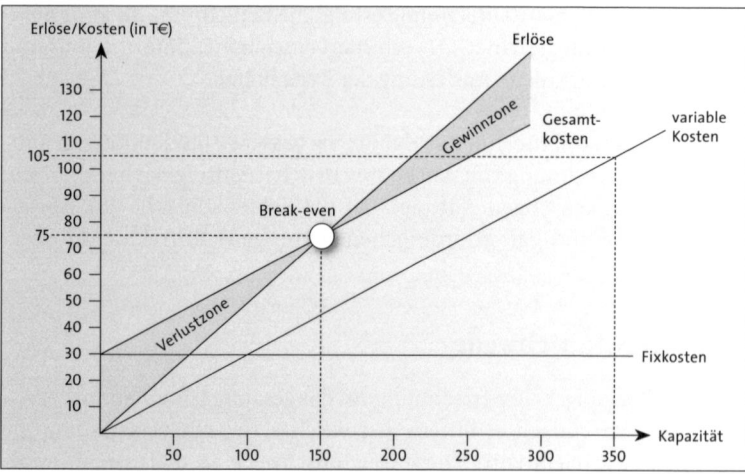

Abb. 26: Break-even-Point/Gewinnschwelle

Erhöhen sich die Fixkosten oder die variablen Kosten, hat das eine Erhöhung der Gewinnschwellenmenge zur Folge, wenn das Unternehmen den gleichen Betriebserfolg erreichen will.

Möglich ist auch ein Ausgleich durch Erhöhung der Preise, wenn die Marktsituation dies zulässt, oder durch die Durchführung möglicher Rationalisierungsmaßnahmen.

Stellt ein Unternehmen mehrere unterschiedliche Produkte her, würde eine Gesamtbetrachtung zu falschen Schlüssen führen. Hier ist es erforderlich, die Deckungsbeitragsrechnung für jede Einheit (Produktlinie, Leistung) getrennt zu ermitteln. Wichtig ist, dass nicht nur die variablen Kosten auf die Kostenträger der jeweiligen Erzeugnisse verteilt werden, sondern auch die im Zusammenhang mit diesem Produkt stehenden fixen Kosten.

Man unterscheidet:
- **Produktfixkosten** sind solche Kosten, die dem Produkt zugerechnet werden können, da sie nur durch die Fertigung dieses Produktes entstehen (**Deckungsbeitrag I**).
- **Produktgruppenfixkosten** entstehen, weil mehrere Produkte gleiche Fixkosten in der Produktion verursachen (**Deckungsbeitrag II**).
- Die restlichen Fixkosten des Unternehmens (**Unternehmensfixkosten**) werden subtrahiert (**Deckungsbeitrag III**), um das Betriebsergebnis zu erhalten.

	Produkt A	Produkt B	Produkt C	Gesamt
Umsatzerlöse	x	x	x	x
– variable Kosten	x	x	x	x
= Deckungsbeitrag I	x	x	x	x
– Produktfixkosten	x	x	x	x
= Deckungsbeitrag II	x	x	x	x
– Produktgruppenfixkosten	–	x	x	x
= Deckungsbeitrag III	x	x	x	x
– Fixe Kosten des Unternehmens				x
= Betriebsergebnis				x

Abb. 27: Betriebsergebnisberechnung bei mehreren Produkten

6 Finanzierung

Die Bereitstellung und Sicherung des erforderlichen Kapitals ist eine herausragende und permanente Aufgabe des Unternehmens.

Wenn das Geld fehlt, ist die tollste Planung nur Geschwätz

6.1   Finanzierungsarten

Die wichtigsten Finanzierungsarten sind:

Einlagen durch Eigentümer
und Miteigentümer sind
Eigenkapital von außen

- **Eigenfinanzierung**: Sie dient der Eigenkapitalbildung durch Selbst-finanzierung oder Beteiligungsfinanzierung. Die Eigenkapitalbildung kann durch Geld- oder Sacheinlagen und durch Einbringung von Rech-ten (Patenten) erfolgen. Die Anteilseigner (Gesellschafter) können wei-tere Einlagen zuführen. Die Gesellschaft kann auch weitere Gesellschaf-ter (auch stille Gesellschafter) aufnehmen, um das Eigenkapital zu erhöhen.

- **Fremdfinanzierung (Außenfinanzierung)**: Sie ist eine Kreditfinan-zierung. Fremdkapital wird von außen, d.h. durch Kreditinstitute, Lie-feranten oder Kunden, zugeführt. Man unterscheidet:
  - **Langfristiges Fremdkapital**: Festverzinsliche Darlehensfinanzie-rung, also Obligationen, Schuldscheindarlehen, Hypothekendarle-hen, Grundschulden
  - **Kurzfristiges Fremdkapital**: Bankkredite wie Kontokorrent, Darle-hen, Avalkredit, Akzeptkredit, Diskontkredit; Lieferantenkredit durch Stundung oder Zahlungsziele, Kundenkredit durch Voraus-zahlungen, Abschlagszahlungen

- **Innenfinanzierung (interne Finanzierung)**: Freisetzung von Kapital durch Erlöse (Selbstfinanzierung aus Gewinn), Bildung langfris-tiger Rückstellungen (Pensionsrückstellungen), Vermögensumschich-tungen.

Die Waage muss ausge-
glichen sein zwischen
Einnahmen und Ausgaben

Die Bereitstellung des erforderlichen Kapitals dient der Finanzierung von Investitionen und der Zahlungsfähigkeit des betrieblichen Leistungspro-zesses. Ziel ist es, das finanzielle Gleichgewicht zwischen Einzahlungen und Auszahlungen so zu steuern, dass das Unternehmen seinen **Zahlungs-verpflichtungen fristgerecht und in der erforderlichen Höhe** nachkom-men kann. Das ist eine Vorausschau der finanziellen Entwicklung.

„In der Realität gibt es keine vollkommene Voraussicht. Die Finanzpla-nung muss dem Risiko Rechnung tragen, dass tatsächliche Einzahlungen kleiner als geplante Einzahlungen und tatsächliche Auszahlungen größer als geplante Auszahlungen sein können. Zur Schließung drohender Deckungslücken muss die Finanzplanung Liquiditätsvorsorge betreiben."
(Vgl. Wöhe 2002, S. 667)

6.2   Liquidität

Liquidität = Merkmal
der Flüssigkeit von
Zahlungsmitteln

Liquidität bezeichnet die Fähigkeit des Unternehmens, seine gesamten finanziellen Verpflichtungen vollständig erfüllen zu können.

Überliquidität bezeichnet die Situation, dass das Unternehmen über mehr flüssige Mittel verfügt, als es zur Deckung seiner Verbindlichkeiten benötigt.

Da Barmittel in der Kasse oder als Bankguthaben (Kontokorrent) „überflüssig", also nutzlos sind, sollen die Mittel entweder zur Rückzahlung von Fremdkapitalanteilen (Zinsgewinn) oder zur Investition von Anlagegütern oder Finanzanlagen eingesetzt werden.

Unterliquidität bezeichnet das Problem, dass dem Unternehmen nicht ausreichende flüssige Mittel (Barmittel) zur Verfügung stehen, die zur Deckung der Verbindlichkeiten erforderlich sind.

Das Unternehmen muss seine Forderungen realisieren, in allen Ausgabenbereichen „sparen", gebundene Mittel „verflüssigen" (Kapitalanlagen, Lagerbestände, stille Reserven) oder weiteres Eigen- oder Fremdkapital zuführen.

Erhalt der Zahlungsfähigkeit ist oberstes Gebot der Existenzsicherung

Illiquidität bezeichnet den Zustand dauernder Zahlungsunfähigkeit. Das Unternehmen ist nicht mehr in der Lage, die erforderlichen Barmittel aus eigener Kraft zu realisieren oder Fremdmittel zu beschaffen. Das andauernde Unvermögen, die Geldschulden zu bezahlen, führt zur Insolvenz des Unternehmens.

6.3 Finanzplanung

Die Finanzplanung umfasst alle finanziellen Größen der
- **strategischen (langfristigen)** Investitionsfinanzierung und Vermögensbindung. Sie beschreibt die Entwicklung des Eigenkapitals und des Refinanzierungsvolumens, der Disposition und Kontrolle finanzieller Vorgänge;
- **taktischen (mittelfristigen)** Finanzierung über Fragen des Kapitalbedarfs und der Kapitalbeschaffung über die Außen- oder Innenfinanzierung, der Kapitalrückstellungen und der Entwicklung des Cash-flows;
- **operativen (kurzfristigen)** Finanzplanung, sie beschreibt die Ein- und Auszahlungsströme und verfolgt das Ziel der Zahlungsfähigkeit.

Durch eine Finanzplanung soll ermittelt werden, wie sich der **Finanzbedarf in der Zukunft** entwickeln wird. Daraus kann abgeleitet werden, ob die vorhandenen Mittel ausreichen oder ob Deckungslücken entstehen, die rechtzeitig durch Gegenmaßnahmen überbrückt werden sollen.

Grundprinzip einer Finanzplanung

Das Grundprinzip einer Finanzplanung ist immer gleich: Da Planung in die Zukunft gerichtet ist, ergibt sich ein **Zeitfaktor** – das können Tage, Wochen, Monate, Quartale oder auch Jahre sein.

Ausgehend vom Zahlungsmittelbestand geht es um die **Gegenüberstellung von erwarteten Einnahmen und Ausgaben** in diesen Zeitintervallen, außerdem um den sich daraus errechnenden Saldo, nämlich die **Über- oder Unterdeckung**, die den Finanzbedarf wiedergibt.

	Zeitintervalle		
	1	2	3
Zahlungsmittelbestand	1.000	−4.000	6.000
+ Einzahlungen	30.000	43.000	
− Auszahlungen	−35.000	−33.000	
= Saldo	−4.000	6.000	
= Überdeckung/Unterdeckung bzw. Mittelbedarf (Übertrag auf Folgeperiode)	−4.000	6.000	

Abb. 28: Das Grundsystem der Finanzplanung an einem Beispiel

6.3.1 Langfristige Finanzplanung

Ausgangsgröße ist die **Umsatzplanung**, die in einem rollierenden System erfolgt. Dabei wird das Folgejahr detailliert geplant.

> Je sorgfältiger diese Planung erfolgt, desto geringer sind die zu erwartenden Abweichungen.

Die Ergebnisse der Jahresplanung werden in Form einer Gewinn- und Verlustrechnung in Staffelform aufbereitet. Das darauf folgende Planjahr enthält schon etwas gröbere Annahmen, wenngleich die Prognosen noch relativ gut einschätzbar sind. Die weiteren Planperioden werden mit fortlaufender Zeit immer ungenauer.

Die mittelfristige Umsatz- und Erfolgsplanung wird die späteren Planperioden aufgrund der gewonnenen Erkenntnisse jeweils anpassen. Man kann bei einer angenommenen Planperiode von fünf Jahren also davon ausgehen, dass das **erste Jahr** über **recht zuverlässige Planzahlen** verfügt, die der nächsten eineinhalb Jahre etwas gröber sind und die Jahre **vier bis fünf** eher auf **groben Annahmen** beruhen.

Planung von fünf Jahren					Folgejahre
1. Jahr	2. Jahr	3. Jahr	4. Jahr	5. Jahr	
←	1. Jahr	2. Jahr	3. Jahr	4. Jahr	5. Jahr
--------	←	1. Jahr	2. Jahr	3. Jahr	4. Jahr
--------	--------	←	1. Jahr	2. Jahr	3. Jahr
usw.					usw.
Detailliert, genau	Detaillierte Vorausschau	Präzise Vorplanung	Entwicklungsplanung, Vorgaben	Grobe, aber definierte Zielplanung	

Abb. 29: System der rollierenden Planung

Rollierende Planung bedeutet, die vorrückenden Planperioden jeweils den aktuellen Erkenntnissen anzupassen, ohne das Gesamtplanungssystem, z.B. von fünf Jahren, zu verlassen. Fällt das erste Jahr weg, rückt das zweite Jahr an die erste Stelle. Das fünfte Jahr wird zum vierten Planjahr und ein neues fünftes Planjahr wird eingeplant usw.

Diesen Planansätzen muss auch die mittel- und langfristige Finanzplanung entsprechen.

> Eine ständige Aktualisierung aufgrund der gegenwärtigen und zurückliegenden Erkenntnisse ist erforderlich.

Kritischster Punkt bei der Finanzplanung ist die Wahrscheinlichkeit des Erreichens der geplanten Umsatzerlöse. Wenn die Umsatzerlöse in der Vergangenheit z.B. bei einem Wachstum von 2 % lagen, kann man dann anhand dieser Erfahrungswerte bei gleichartigen Marktverhältnissen für die Planjahre von dem gleichen Umsatzwachstum von 2 % ausgehen?

Nicht der Wunschtraum bestimmt das Wachstum, sondern die Realität

Wenn es starke Marktschwankungen gibt oder die Angebotspalette verändert wird, lassen nur **sorgfältige Marktanalysen** eine Prognose zu. Befand sich das Unternehmen in einer rückläufigen Phase und setzt auf künftiges Wachstum, ist ebenfalls eine sorgfältige Einschätzung erforderlich.

Die folgende Abbildung zeigt, wie ein mittel- bis langfristiger Finanzplan gegliedert werden kann.

	1. Jahr	2. Jahr	usw.
A. Einnahmen			
1. Umsatzerlöse			
2. Zinserträge			
3. Gewinne aus Kapitalanlagen			
4. Sonstige Erträge			
Saldo			
Sonstige Einnahmen			
Verkauf von Anlagevermögen			
Saldo			
1. Rückzahlung von Darlehen an Dritte			
2. Sonstige Einnahmen			
Saldo Einnahmen			
B. Ausgaben			
1. Materialaufwand			
2. Personalaufwand			
3. Fremdkapitalzinsen			
4. Sonstige betriebliche Aufwendungen			
5. Steuern			
Saldo			
Investitionen			
Saldo Unter-/Überdeckung I			
			Forts.

	1. Jahr	2. Jahr	usw.
C. Ausgaben Anteilseigner			
Gewinnausschüttung			
Privatentnahme (Eigenkapital)			
Sonstiger Kapitalabfluss			
Saldo Unter-/Überdeckung II			
D. Kapitaldeckung			
Fremdkapitalaufnahme			
Saldo			

Abb. 30: Struktur einer langfristigen Finanzplanung

6.3.2   Kurzfristige Finanzplanung

Die kurzfristige Finanzplanung erfolgt nach demselben Grundmuster, hierbei werden die Zahlen jedoch wesentlich **detaillierter** ermittelt. Ein kurzfristiger Finanzplan, z.B. für ein Jahr, wird nach Monaten oder Quartalen aufgestellt.

Zu den kurzfristigen Finanzplänen zählt auch der **Liquiditätsplan**, der auf einen oder wenige Monate heruntergebrochen wird.

	Periode			
	1	2	3	4
1. Zahlungsmittelbestand				
Kasse				
Bankguthaben				
2. Zahlungseingang				
Barverkäufe				
Forderungen				
Anzahlungen				
Sonstige				
3. Sonstige Plan-Einnahmen				
Einlagen auf das Eigenkapital				
Gesellschafter-Darlehen				
Kreditaufnahmen				
Verkauf von Finanzanlagen				
Finanzerträge				
Sonstige Einnahmen				
Summe der Plan-Einnahmen				
4. Auszahlungen				
Bareinkäufe				
Verbindlichkeiten aus Lieferungen und Leistungen				
Sonstige Verbindlichkeiten				
Personalkosten				
Sozialabgaben				
Steuern				
Investitionen				

Forts.

	Periode			
	1	2	3	4
Kapitalrückzahlungen				
Zinsaufwand				
Sonstige Auszahlungen				
Summe Plan-Auszahlungen				
Summe Plan-Einnahmen				
= Saldo Über-/Unterdeckung				
Offene Kreditlinien				
Zusätzlicher Finanzierungsbedarf				

Abb. 31: Struktur einer kurzfristigen Finanzplanung

Die Zahlungsfähigkeit im kurzfristigen Bereich, also im laufenden und im nächsten Monat, ist gerade für klein- und mittelständische Betriebe zu einer Herausforderung geworden. Das liegt häufig an der **schleppenden Zahlungsmoral der Kunden** oder an **ungenügenden Reserven** in auftragsschwachen Zeiten. Saisonbetriebe oder Betriebe in Bereichen mit langen Fertigungszeiten (wie bei Investitionsgütern, Baustellen usw.) sind hier ganz besonders gefordert: Die Ausgabenseite ist oft sehr in Anspruch genommen, bevor die Einzahlungen fließen.

Diese Finanzierungslücken müssen überwunden und selbst „finanziert" werden. In günstigen Fällen können die Zinsen auf den Preis zugeschlagen werden und kostendeckende Abschlagszahlungen vereinbart werden.

Finanzierungslücken müssen überwunden werden

Der **kurzfristige Liquiditätsplan**, als Übersicht der flüssigen Mittel für die nächsten vier Wochen mit Vorausschau des Folgemonats, soll die konkrete Situation der Liquidität verdeutlichen. In der Gegenüberstellung wird die Einnahmenseite nach den voraussichtlichen Barverkäufen und den geplanten Forderungseingängen erfasst. Bei der Ausgabenseite bietet es sich an, die Gliederung im Sinne der GuV in Staffelform aufzustellen.

EINNAHMEN	Soll Monat: ...	Ist Monat: ...	Soll Vorausschau Monat: ...	Soll Vorausschau Monat: ...
Aus Lieferungen und Leistungen				
Anzahlungen				
Kreditaufnahme				
Eigenakzepte				
Darlehen konzernintern				
Sonstige				
Summe Einnahmen				

Forts.

AUSGABEN	Soll Monat: ...	Ist Monat: ...	Soll Vorausschau Monat: ...	Soll Vorausschau Monat: ...
Aus Lieferungen und Leistungen				
Investitionen				
Personalkosten				
Kredittilgungen				
Zinsen				
Steuern				
Akzepteinlösungen				
Darlehen konzernintern				
Sonstige				
Summe Ausgaben				
+/– Summe Einnahmen				
Unter-/Überdeckung				
Bestände Kasse				
Bankguthaben				
freies Kontokorrent				
Barliquidität / Mittelbedarf				
Summe Außenstände				
Datum, Unterschrift				

Abb. 32: Kurzfristiger Liquiditätsplan

Als weiteres Beispiel ein anderes Modell eines Betriebes, der unterschiedliche Zahlungsziele berücksichtigen muss.

Status per 10. xx. 20xx			
	sicher	bedingt	Gesamt
1. Verfügbare Mittel			
Kasse			
Bankguthaben			
Bankguthaben			
Besitzwechsel			
Kundenanzahlungen			
Forderungen			
Sonstige			
Einnahmen			
2. Zahlungsverpflichtungen			
Löhne, Gehälter			
Sozialabgaben			
Auslösungen Spesen			
Steuern Löhne			
Steuern Umsatz			

Forts.

	sicher	bedingt	Gesamt
Steuern sonstige			
Beiträge			
Versicherungen			
Miete, Pacht			
Lieferantenverbindlichkeiten			
Vorauszahlungen			
Schuldwechsel			
Tilgungen			
Entnahmen			
Sonstige			
Ausgaben			

	sicher	voraussichtlich
Verfügbare Mittel		
− Zahlungsverpflichtungen		
= Zahlungsbereitschaft (Über-/Unterdeckung)		

Abb. 33: Beispiel für einen kurzfristigen Liquiditäts- und Finanzstatus

PRAXISTIPP

Es empfiehlt sich, die Gliederung des Liquiditätsplanes an die individuellen Gegebenheiten und Erfordernisse des jeweiligen Unternehmens anzupassen.

6.4 Investitionen

Investitionen sind **Anteile des Anlagevermögens**. Der Bedarf an Investitionsgütern ergibt sich aus der Absicht:

- mit dem Investitionsgut eigene Leistungsprozesse vorteilhaft durchzuführen
- den erhöhten Bedarf einer Ausbringungsmenge zu realisieren – **Erweiterungsinvestition**
- veraltete oder defekte und auch unwirtschaftlich gewordene Investitionsgüter zu erneuern – **Ersatzinvestition**
- durch die Neubeschaffung eine höhere Produktivität (auch bessere Qualität und günstigere Fertigungsverfahren) zu erzielen – **Rationalisierungsinvestition**

Entscheidungsgrundlage jeder Investition ist die Absicht des **Nutzens**, die Investition muss sich „lohnen". Das bezieht sich selbstverständlich nicht allein auf die Preisunterschiede verschiedener Anbieter, sondern auch auf die Leistung des Investitionsgutes (Ausbringungsmenge), die fixen und variablen Kosten und damit auf den Gewinn, den das Anlagegut erwirtschaften kann.

Die Investition muss sich lohnen

Diese sehr einfache Gleichung der Rentabilität einer Investition lautet:

$$\frac{\text{Rentabilität}}{\text{Kapitaleinsatz}} = \text{Erlöse} - \text{Kosten} \cdot 100$$

Doch ganz so einfach lassen sich die Daten nicht berechnen, da der Faktor Zeit, also die berechnete Nutzungsdauer, die Abschreibung und die Verzinsung, bewertet werden muss.

6.4.1   Statische Investitionsrechnung

Die statische Investitionsrechnung geht von Vergleichsrechnungen aus:
- Rentabilitätsvergleich
- Kostenvergleich
- Gewinnvergleich
- Amortisationsdauer

Ein **Rentabilitätsvergleich** berechnet sich nach folgender Methode:

	Investitionsgut A	Investitionsgut B
Gewinn vor Zinsen		
Durchschnittliche Eigenkapitalbindung		
Kalkulatorische Eigenkapitalzinsen		
Durchschnittliche Fremdkapitalbindung		
Fremdkapitalzinsen		
Kalkulatorischer Gewinn		
Kalkulatorische Eigenkapitalrentabilität (EKR)		

Abb. 34: Schema Rentabilitätsvergleich zweier Investitionsgüter

6.4.2   Kostenvergleichsrechnung

Ausschließliche Betrachtung der Kosten

Bei diesem Verfahren werden die Erlöse nicht mit einbezogen, der Vergleich zwischen zwei oder mehreren Investitionsalternativen bezieht sich allein auf die Betrachtung der Kosten. Diese Vergleiche sind dann interessant, wenn die Höhe der Stückkosten ein vorrangiges Entscheidungskriterium darstellt. Die folgende Abbildung zeigt ein beispielhaftes Gliederungsschema.

	Investitionsgut A	Investitionsgut B
Anschaffungskosten		
Nutzungsdauer		
Leistung, Menge pro Jahr		
Abschreibungsaufwand/Jahr		
Zinsaufwand/Jahr		
Sonstige Fixkosten/Jahr		
Gesamte Fixkosten/Jahr		

Forts.

	Investitionsgut A	Investitionsgut B
Löhne/Jahr		
Materialaufwand/Jahr		
Sonstige variable Kosten/Jahr		
Gesamte variable Kosten/Jahr		
Gesamtkosten/Jahr		
Stückkosten		

Abb. 35: Kostenvergleichsschema

6.4.3 Gewinnvergleichsrechnung

Bei dieser Berechnung werden die Erlöse mit in die Kalkulation einbezogen. Die Vergleichsberechnung kann dann wie folgt gegliedert werden:

	Investitionsgut A	Investitionsgut B
Anschaffungskosten		
Nutzungsdauer		
Kapazität/Mengenausstoß		
Absatzpreis bei Vollauslastung		
Variable Kosten je Stück		
Gesamterlös		
Lineare Abschreibung		
Zinsen		
Sonstige Fixkosten		
Variable Kosten		
Gesamtkosten		
Gewinn		

Abb. 36: Gewinnvergleichsschema

6.4.4 Amortisationsrechnung

Anstelle von reinen Erfolgsbeurteilungen wird bei der Amortisationsrechnung die Zeit, also die Amortisationsdauer, als wichtigstes Kriterium angesehen.

Amortisationsdauer = Kapitalrückflusszeit

Die Amortisationsdauer ist die **Zeitspanne, in der der Kapitaleinsatz durch die Gewinne ausgeglichen wird**.

Die Amortisationsdauer lässt sich folgendermaßen berechnen:

$$\frac{\text{Anschaffungskosten (Euro)}}{\varnothing \text{ Gewinn} + \text{AfA} + \text{Eigenkapitalzins (Kapitalrückfluss) / Jahr}}$$

Bei dieser Berechnung (**Durchschnittsmethode**) wird davon ausgegangen, dass sich die Gewinnsituation als Durchschnitt darstellen lässt.

Sind die Kapitalrückflüsse unterschiedlich, werden die einzelnen Jahresergebnisse addiert (**Kumulationsmethode**), bis die Höhe der Anschaffungskosten erreicht ist.

Für **Einzelinvestitionsentscheidungen**, insbesondere in klein- und mittelständischen Unternehmen, eignet sich die Vergleichsrechnung oder eine Kombination mehrerer Vergleiche für eine Entscheidungsfindung.

Größere Investitionsvorhaben werden hingegen nach **finanztechnischen Methoden** beurteilt:

- **Dynamische Methoden**: Zahlungsströme, Bezugszeitpunkt, Kapitalzinsen, Liquidationserlöse werden in die Berechnung einbezogen.
- **Kapitalwertmethode**: Gesucht wird die Alternative mit dem höchsten Kapitalwert. Reichen die Einzahlungsüberschüsse aus, um die Anfangsauszahlungen zu tilgen und das gebundene Kapital zum kalkulierten Zinssatz zu verzinsen?
- **Annuitätsmethode**: Eine besondere Form der Kapitalwertmethode, deren Maßstab der Periodenerfolg ist (Umrechnung einer Zahlungsreihe).

Komplexe mathematische Kenntnisse notwendig

Dynamische Investitionsrechnungen erfordern komplexe mathematische Kenntnisse, insbesondere der Berechnung des Zinsfußes.

Vor allem in Großbetrieben, bei Kapitalanlegern (Kapitalanlagegesellschaften) und bei Großinvestitionen steht die **Verzinsung des eingesetzten Kapitals** im Vordergrund. Kleinere Unternehmen sehen mehr den **technisch-wirtschaftlichen Nutzenaspekt** der Produktion als Entscheidungsfaktor an.

6.4.5 Leasing

Es ist möglich, dass ein Unternehmen eine Investition beabsichtigt, aber die Investitionsmittel nicht binden kann oder will. Gründe hierfür können beispielsweise sein:

- bilanztechnische Überlegungen,
- zu geringe liquide Mitteln,
- keine freie Kapitalreserven,
- ausgeschöpfte Kreditlinie oder
- technische Überlegungen (keine lange Vermögensbildung von Anlagegütern).

Die Beschaffung und Nutzung des Investitionsgutes kann in diesen Fällen durch „Miete" des Anlagegutes erfolgen. Die **Miete des Anlagegutes** wird als Leasing bezeichnet.

Der Mieter – Leasingnehmer – und der Vermieter – Leasinggeber – schließen einen Vertrag, bei dem der Leasinggeber dem Leasingnehmer das Anlagegut zur Nutzung für eine bestimmte Zeit für eine bestimmte Gebühr (Miete) überlässt.

Leasinggeber können Hersteller sein, meistens jedoch sind spezielle Leasinggesellschaften (Finanzierungsgesellschaften) Anbieter von Leasingverträgen.

Unterschieden wird:

- **Operate-Leasing**: Der Leasingvertrag kann analog zum Mietrecht (§ 535 ff. BGB) zu den vereinbarten Kündigungsfristen gekündigt werden.
- **Finance-Leasing**: Der Vertrag wird auf eine feste Grundmietzeit, die nicht gekündigt werden kann, abgeschlossen.

Nach Ablauf der Leasingzeit besteht häufig die Möglichkeit, anstelle eines neuen Leasingvertrages eine Verlängerung (bei Operate-Leasing) oder eine Übernahme des Anlagegutes zu vereinbaren.

Beim Finance-Leasing muss beachtet werden, ob der Vertrag mit oder ohne Kaufoption geschlossen wird. Bilanz- und steuerrechtlich wird ein Leasingvertrag mit Kaufrecht als Kaufvertrag angesehen. Das Anlagegut ist dann zu aktivieren und die Kaufpreisforderung als Verbindlichkeit einzubuchen. *Leasingvertrag mit Kaufrecht wird als Kaufvertrag angesehen*

Bei ausschließlicher Miete sind die Leasingraten Betriebsausgaben. Das Anlagegut steht beim Leasinggeber im Anlagevermögen und ist dort zu aktivieren.

6.5 Kapitalbedarf und Finanzplanung

Der Bereich „Finanzierung" umfasst
- die Ermittlung des Kapitalbedarfs,
- die Festlegung der Kapitaldeckung,
- die Darstellung von Kapitalbedarf und Kapitaldeckung in Form von lang-, mittel- und kurzfristigen Finanzplänen.

Der Kapitalbedarf lässt sich unterscheiden nach den Bedürfnissen für das Anlagevermögen und für das Umlaufvermögen.

Der Bedarf des **Anlagekapitals** errechnet sich aus der Addition der Anschaffungskosten für Anlagegüter. Das sind die Preise zuzüglich der Nebenkosten wie Transport, Montage und Einbaukosten.

Die Investitionen in das Anlagevermögen dienen dem Zweck, das eingesetzte gebundene Kapital durch den Leistungsprozess nach und nach wieder freizusetzen. *Eingesetztes gebundenes Kapital wieder freisetzen*

Alternativ kann das Unternehmen anstelle des Kaufs einer Anlageninvestition die Gegenstände mieten (leasen).

Der Bedarf des **Umlaufkapitals** bestimmt sich anhand der durchschnittlichen Auszahlungen und der durchschnittlichen Kapitalbindungsfrist.
- **Auszahlungen**: Materialkosten, Löhne und Gehälter, Sozialabgaben, Verwaltungskosten, Vertriebskosten
- **Kapitalbindungsdauer**: Produktionsrhythmus bzw. Produktionszeiten; Lagerdauer von Roh- und Hilfsstoffen, Produktionsdauer,

Lagerdauer der Fertigprodukte; Dauer des Absatzes (Vertrieb) und der Lieferungen und des Gütertransports (Logistik, Distribution); Dauer des Zahlungsziels und der Zahlungsmoral der Kunden.

In die Kapitalbindungsdauer mit einbezogen werden muss auch das eigene ausgenutzte Zahlungsziel, hier der negative Wert.

Die Addition der Tage ist das Verhältnis zwischen Materialbeschaffung und Eingang der Umsatzerlöse:

Bedarf an Umlaufkapital = ∅ Auszahlungen / Tag x ∅ Kapitalbindungsfrist

---

BEISPIEL

Die Kapitalbindungsdauer eines Unternehmens beträgt 50 Tage, die täglichen Ausgaben addieren sich auf € 20.000,–. Hier ergibt sich der Umlaufkapital-bedarf in Höhe von 20.000 x 50 = € 1.000.000,–.

Die **Summe** aus Anlagenkapitalbedarf und Umlaufkapitalbedarf ergibt dann den **Gesamtkapitalbedarf**.

Finanzielle Reserven zur Risikovorsorge sind stets zusätzlich einzuplanen.

Kapitalstruktur z.B.
wichtig für Kreditinstitute

Die Kapitaldeckung durch Mittel des Eigenkapitals oder durch Fremd-kapital ist eine finanzwirtschaftliche Entscheidung über die **Kapitalstruk-tur des Unternehmens**. Der Verschuldungsgrad, der Deckungsgrad und die Höhe des Eigenkapitals spielen bei der Beurteilung, z.B. durch Kredit-institute, eine Rolle.

Die folgenden Kennzahlen sind hier relevant.

Die Eigenkapitalquote zeigt, in welchem Verhältnis das Unternehmen unabhängig ist (Anteil des Eigenkapitals):

$$\text{Eigenkapitalquote} = \frac{\text{Eigenkapital}}{\text{Gesamtkapital}}$$

Wie ist das Verhältnis von Eigen- zu Fremdkapital?

$$\text{Verschuldungsgrad} = \frac{\text{Fremdkapital}}{\text{Eigenkapital}}$$

Das Eigenkapital sollte das Anlagevermögen decken:

$$\text{Deckungsgrad I} = \frac{\text{Eigenkapital}}{\text{Anlagevermögen}}$$

Der Deckungsgrad II beschreibt, in welcher Höhe das Anlagevermögen mit langfristigem Kapital finanziert ist.

$$\text{Deckungsgrad II} = \frac{\text{Eigenkapital} + \text{langfristiges Fremdkapital}}{\text{Anlagevermögen}}$$

Zusätzliches Fremdkapital kann auch den Effekt auslösen, dass die **Eigenkapitalrentabilität** steigt. Diese „Hebelwirkung" wird als **Leverage-Effekt** bezeichnet: Wenn die Eigenkapitalrentabilität höher ist als die Fremdkapitalzinsen (Zinsfuß), lohnt sich die Fremdkapitalaufnahme. Umgekehrt gilt: Wenn die Eigenkapitalrentabilität niedriger ist als die Höhe der Fremdkapitalzinsen, lohnt sich die zusätzliche Kreditaufnahme nicht.

Kostet der Kredit mehr oder weniger, als er bringt?

6.6 Kreditwürdig?

Bevor das Unternehmen einen Kredit erhält, will der Gläubiger wissen, mit wem er es zu tun hat, und zwar im persönlichen, rechtlichen und wirtschaftlichen Sinn.

Und er verlangt **Sicherheiten**: Je weniger „kreditwürdig" der Kreditnehmer scheint, desto mehr Sicherheiten werden verlangt und desto „teurer" wird der Kredit.

„Zeigen Sie mir, dass Sie keinen Kredit brauchen, und Sie bekommen ihn."
(Lee Iacocca, „Eine amerikanische Karriere")

Kreditinstitute verfahren bei der Kreditprüfung nach Bewertungskonzepten. Alle Details einer Beurteilung werden nach einem Bewertungsschlüssel in einer **Ratingskala** zusammengefasst.

Die Vereinheitlichung dieses Beurteilungssystems ist das Ziel der unter der Bezeichnung BASEL II bekannten Prüfungskriterien. Die Summe der Beurteilungen ergibt eine Kennung von bis zu drei Buchstaben. Dabei bedeutet AAA die allerbeste Bewertung und die Kennzeichnung D die Zahlungsunfähigkeit.

Im Ratingverfahren bewertet das Kreditinstitut die **Ausfallwahrscheinlichkeit**. Je nach ermittelter Bonität des Kreditnehmers (Ratingstufe) muss die Bank Eigenkapital unterlegen.

Die Durchführung des Ratingverfahrens unterliegt der **Prüfung der Bankaufsicht**. Eine nur aus „freundschaftlichen" Erwägungen zugebilligte Kreditlinie ist damit weitgehend ausgeschlossen.

Die Beurteilung der Kreditfähigkeit erfolgt keineswegs nur nach den Merkmalen der zurückliegenden Bilanzen und der Sicherheiten, sondern auch nach der Managementqualität und den konzeptionellen Aussichten. Relevant sind insbesondere folgende Merkmale:

- **Persönliche Merkmale**:
  - persönlicher Eindruck, bisherige Erfahrung, Zuverlässigkeit
  - Einschätzung der Fach- und Führungskompetenz
  - Eindruck über die Ordnungsmäßigkeit der kaufmännischen Geschäftsführung

- Glaubwürdigkeit der Begründung des Kreditantrages
- Auskünfte und Referenzen von Auskunfteien, Handelsregister, Grundbuch, Geschäftspartnern, Bankverbindungen

- **Rechtliche Merkmale**:
  - Vertretungsmacht, z.B. bei juristischen Personen (alleinvertretungsberechtigt, beschränkt vertretungsberechtigt)
  - Geschäftsfähigkeit bei natürlichen Personen

- **Wirtschaftliche Merkmale**:
  - Analysedaten der Bilanzen und GuV
  - Beurteilung der Finanzplanung
  - Bewertung der Erfolgsplanung mit Daten über die Rentabilität des Kreditantrags
  - Berechnung der Investitionsrentabilität
  - Inventarverzeichnis/Vermögensverzeichnis mit Zeitwerten

Bei der **Bewertung der Kreditsicherheiten** sind folgende Auskünfte von Bedeutung:
- **Grundschuld**: Eintragung im Grundbuch; die Eintragung „belastet" das Grundstück, unabhängig vom Bestehen und Umfang der Forderung (vgl. § 1191 BGB)
- **Hypothek**: ein Grundpfandrecht wie die Grundschuld (§ 1113 ff. BGB), die Sicherheit besteht jedoch nur in der Höhe des jeweiligen konkreten Kreditbetrages (§§ 1163, 1177 BGB), d.h., durch die Tilgung verringert sich die Hypothekenschuld. Im Gegensatz dazu bleibt eine Grundschuld bestehen, nach der (Teil-)Tilgung kann die Grundschuld wieder ohne weitere Eintragung erneuert werden.
- **Bürgschaft**: Eine oder mehrere Personen treten in die Haftung des Schuldners mit ein.
- **Selbstschuldnerische Bürgschaft**: Der Bürge verzichtet auf die Einrede der Vorausklage, der Gläubiger kann sofort den Bürgen zur Zahlung auffordern, ohne dass der Schuldner erst (gerichtlich) nachweisen muss, dass er zahlungsunfähig ist.
- **Garantie**: eine Form der Bürgschaft, konkret Zahlungsversprechen im Falle des Ausfalls, z.B. bei Außenhandelsgeschäften durch die Hermes-Kreditversicherung oder durch Avalkredite
- **Patronatserklärung**: Eine Muttergesellschaft verpflichtet sich, die Verbindlichkeiten der Tochtergesellschaft zu übernehmen (Beispiel: ein Konzern gründet eine Tochtergesellschaft im In- oder Ausland und verpflichtet sich, die benötigten Mittel abzudecken).
- **Kreditauftrag**: Eine Bank beauftragt ein anderes Kreditinstitut, einen Kredit zu gewähren; die auftraggebende Bank übernimmt das Ausfallrisiko wie eine Bürgschaft.

- **Forderungsabtretung** (Zession): Forderungen werden an den Gläubiger abgetreten; offene Zession bedeutet, die Kunden werden informiert; stille Zession heißt, die Abtretung erfolgt ohne Information an die Kunden. (Vgl. § 398 ff. BGB)
- **Negativerklärung**: Der Schuldner verpflichtet sich, ohne Einwilligung des Gläubigers bestimmte Vermögensteile weder zu beleihen noch zu veräußern (Ersatz für dingliche Sicherheiten).
- **Sicherungsübereignung**: Vermögensgegenstände werden zur Sicherheit eines Kredites übereignet, dabei findet keine Übergabe statt und die Vermögensgegenstände bleiben im Besitz des Schuldners.
- **Eigentumsvorbehalt**: Eine dingliche Sicherung an Gegenständen, wie z.B. Waren, mit der aufschiebenden Bedingung, dass das Eigentum erst nach vollständiger Bezahlung an den Käufer übergehen soll
- **Bewegliche Pfandrechte**: Pfandbriefe, mündelsichere Wertpapiere usw. können zur Kreditsicherheit hinterlegt werden.

Sicherungsübereignungen sind bei Bankkrediten üblich.

TEIL C

Unternehmensführung

7   Führen mit Zahlen

Was für ein Szenario: Wer will schon von, mit oder nach Zahlen geführt werden? Es geht nicht um „wen?", sondern um „was?" – und natürlich auch um „wie?".

7.1   Betriebswirtschaftliche Zahlen, Kennzahlen

Betriebswirtschaftliche Zahlen dienen der Information und ermöglichen eine schnelle **Ursachenfindung und Korrektur**, wenn unvorhergesehene Entwicklungen das Unternehmen bedrohen oder Abweichungen von der geplanten Erwartung eintreten.

„Die Wahrheit des Menschen sind die unwiderlegbaren Irrtümer des Menschen."
(Friedrich Nietzsche)

Kennzahlen werden primär vom **Unternehmer** bzw. dem verantwortlichen obersten **Management** benötigt. Es sind Zahlen über die Finanzströme, die Leistungsprozesse und die Wirtschaftlichkeit. Anteilseigner interessieren sich für Zahlen der Unternehmensstruktur, der Vermögensentwicklung, der Rentabilität und der Kapitalverzinsung.

Aber auch Abteilungen in der Hierarchie benötigen Kennzahlen zur Information, Kontrolle und Einleitung von Anpassungsmaßnahmen. Dabei handelt es sich um Kennzahlen der operativen Leistungsprozesse und Ergebnisse. **Controller und Revisoren** benötigen Kennzahlen, um Abweichungsanalysen und Verbesserungschancen aufzuzeigen. **Geldgeber** benötigen Analysezahlen, um ihre Sicherheiten und die Entwicklung einschätzen zu können.

Kennzahlen dienen der Erkenntnis!

Alle Kennzahlen drücken **messbare Sachverhalte** aus. Die komprimierte Form der Zahlen ermöglicht interne **Erfolgsvergleiche** in Zeitperioden. Kennzahlen sind quantitative Beziehungszahlen, Vergleichszahlen oder Veränderungszahlen. Sie dienen auch zu Betriebs- und Branchenvergleichen und somit der Bestimmung der Position des eigenen Unternehmens.

Quellen der internen Kennzahlen sind die Daten aus dem Finanz- und Rechnungswesen und der Kosten- und Leistungsrechnung. Dazu zählen:

- Bilanzen
- Gewinn- und Verlustrechnungen
- Betriebsergebnisse
- Vermögensrechnungen, Anlagevermögen
- Produktivitätszahlen
- Zahlen des Leistungsprozesses
- Personalzahlen

Quellen externer Kennzahlen sind beispielsweise Betriebsvergleichszahlen von Kammern, Verbänden, Banken und Sparkassen, Internet, Buchhandel.

7.1.1 Rentabilitätskennzahlen

Die Rentabilität ist **Ausdruck für die Ertragsfähigkeit** (den Erfolg) des Unternehmens.

Sie bestimmt das Verhältnis des erwirtschafteten Gewinns zum eingesetzten Kapital oder zum Umsatz.

$$\text{Eigenkapitalrentabilität (EKR)} = \frac{\text{Gewinn}}{\text{Eigenkapital}} \cdot 100$$

$$\text{Gesamtkapitalrentabilität (GKR)} = \frac{\text{Gewinn + Fremdkapitalzinsen}}{\text{Gesamtkapital}} \cdot 100$$

Bei der **Gesamtkapitalrentabilität** werden die Fremdkapitalzinsen zum Gewinn hinzugerechnet. Dadurch erhält man eine Zahl, die angibt, was das Unternehmen verdient hätte, wenn es kein Fremdkapital benötigen würde.

$$\text{Umsatzrentabilität} = \frac{\text{Gewinn}}{\text{Umsatzerlöse}} \cdot 100$$

Die **Umsatzrentabilität** zeigt, welchen Erfolg der Umsatz am Gewinn hat.

„Man könnte viele Beispiele für unsinnige Ausgaben nennen, aber keines ist treffender als die Errichtung einer Friedhofsmauer. Die, die drinnen sind, können sowieso nicht hinaus, und die, die draußen sind, wollen nicht hinein." (Mark Twain)

$$\text{Return on Investment (ROI)} = \text{Gewinn vor Steuern + Fremdkapitalzinsen:}$$

$$\text{ROI} = \frac{\text{Gewinn}}{\text{Umsatzerlöse}} \cdot \frac{\text{Umsatzerlöse}}{\text{Gesamtkapital}} \cdot 100$$

$$= \text{Umsatzrentabilität} \cdot \text{Kapitalumschlag}$$

$$= \text{Gewinn in \% des investierten Kapitals}$$

$$= \frac{\text{Gewinn}}{\text{Gesamtkapital}} \cdot 100$$

Durch den ROI wird der **Rückfluss des eingesetzten Kapitals** ausgedrückt. Die Umsatzrendite und die Kapitalumschlagshäufigkeit werden in das Verhältnis zum Gewinn und Gesamtkapital gesetzt.

Der ROI zeigt, dass eine Erhöhung der Gesamtkapitalrentabilität durch Erhöhung der Umsatzrentabilität und des Kapitalumschlags erreicht wird.

EBIT (Earnings Before Interest and Taxes – Gewinn vor Zinsen und Steuern) ist eine Kennzahl zum Vergleich der operativen Ergebnisse unter internationalen Unternehmen.
EBITDA (Earnings Before Interest, Tax, Depreciation and Amortization – Gewinn vor Zinsen, Steuern und Abschreibung) ist eine erweiterte Kennzahl der internationalen Unternehmensbewertung.

7.1.2   Cashflow

Der Cashflow ist eine **international** gebräuchliche Kennzahl. Die Ermittlung des Cashflows zeigt ein Ergebnis, welches aussagekräftiger ist als der alleinige Blick auf den Bilanzgewinn.

Der Cashflow zeigt die **Selbstfinanzierungskraft** des Unternehmens durch die Summierung von:

```
  Jahresüberschuss/-fehlbetrag (vor Steuern)
± Wertberichtigungen auf Sachanlagen
± Wertberichtigungen auf Finanzanlagen
+ außerordentliche Aufwendungen
− außerordentliche Erträge
+ langfristige Rückstellungen (Pensionsrückstellungen)
+ Abschreibungen
= Cashflow (netto)
```

Je nach gesuchtem Ergebnis kann der Jahresüberschuss vor oder nach Steuern angesetzt werden, z.B. bei internationalen Vergleichen von Unternehmen oder zur Beurteilung von Brutto- oder Nettoergebnissen. Alternativ:

```
  Cashflow (netto)
+ Steuern
− Dividendenausschüttungen
= Cashflow (brutto)
```

Bei der Ermittlung des Cashflows wird deutlich, dass **Kapitalanteile einbezogen** werden, die im Unternehmen finanziell wirksam sind:
* So sind beispielsweise **langfristige Rückstellungen** einbezogen, da sie zwar Verbindlichkeiten darstellen, als Kapital dem Betrieb aber zur Verfügung stehen.
* Ebenfalls eingerechnet wird die **Abschreibung**, sie ist in der GuV ausgewiesen und hat das Anlagevermögen vermindert, steht im Sinne der Kapitalbildung aber dem Betrieb zur Verfügung, da die AfA nicht ausgabewirksam ist.

Die Definition des Cashflows beruht auf der Finanzkraft des Unternehmens. Das heißt aber nicht, dass es sich um flüssige Mittel handelt. Das Kapital ist in der Regel in anderen Aktivposten gebunden.

Stehen Cashflow-Ergebnisse mehrerer Jahre zur Verfügung, kann man daraus nicht nur die Entwicklung der Gewinne ablesen, sondern auch einen Rückschluss auf die Investitionen ziehen: Sind die Abschreibungen gleich oder fallend, hat der Betrieb keine Investitionen durchgeführt; steigt der Abschreibungsbetrag, kann auf Investitionen geschlossen werden.

Insgesamt gesehen ist der Cashflow eine wichtige Kennzahl, die auch ins **Verhältnis zu anderen Größen** gesetzt werden kann:

$$\text{Cashflow-Kapitalrentabilität} = \frac{\text{Cashflow}}{\text{Gesamtkapital}} \cdot 100$$

Diese Kennzahl drückt den **Liquiditätsrückfluss des investierten Kapitals** aus.

$$\text{Cashflow-Umsatzrentabilität} = \frac{\text{Cashflow}}{\text{Umsatzerlöse}} \cdot 100$$

Das Ergebnis zeigt den **Liquiditätsrückfluss aus dem Umsatz**.

BEISPIEL

Bei der Kreditverhandlung sagt der Bankangestellte: „Ihr Cashflow ist unterdurchschnittlich in Ihrer Branche". Oder der Steuerberater sagt bei der Monats- oder Bilanzbesprechung: „Der Cashflow ist zu niedrig". Was ist damit gemeint?

Der verkürzte Cashflow ist die einfache Addition von Gewinn, Abschreibungen und langfristigen Rückstellungen.

Zahlreiche Betriebe bilden keine langfristigen Rückstellungen, sodass sich in diesem Fall die Berechnung auf nur zwei Positionen bezieht.

Banken verfügen durch ihre Tausende von Kundenbilanzen über ausgezeichnete Vergleichszahlen. Darauf stützt sich häufig das Kreditgespräch. Die individuellen Verhältnisse hingegen kann nur der Unternehmer erklären.

7.1.3 Working Capital

Das Working Capital ist der Teil des Umlaufvermögens, der **mittel- oder langfristig finanziert** ist.

Wie bei der **„goldenen Finanzregel"** des Anlagevermögens, welches durch das Eigenkapital gedeckt sein sollte, soll das Umlaufvermögen durch die kurzfristigen Verbindlichkeiten gedeckt sein.

Das Umlaufvermögen sollte durch die kurzfristigen Verbindlichkeiten gedeckt sein

	Umlaufvermögen
–	kurzfristige Verbindlichkeiten
=	Working Capital

7.2 Betriebswirtschaftliche Auswertung (BWA)

Eine der wichtigsten Informationsquellen ist die betriebswirtschaftliche Auswertung.

Voraussetzung:
Nur was gebucht ist,
kann auch Ergebnis sein

In der Regel werden die Monatsergebnisse analog der GuV in Staffelform dargestellt. Grundlage sind die im Vormonat erfolgten Buchungen. Verfügt das Unternehmen über eine **eigene EDV-gestützte Buchhaltung**, sind die **Ergebnisse** auch **täglich abrufbereit**. Erfolgt die Buchhaltung extern, werden die Daten erst nach Monatsabschluss, also im Folgemonat, geliefert.

PRAXISTIPP

Eine ordentliche und täglich abgeschlossene Buchhaltung ist Voraussetzung, um die Ergebnisse der BWA als Chefinformation nutzen zu können.

Die BWA gibt alle erfolgten **Buchungen summiert in der Reihenfolge der GuV** wieder. Auf einem einzigen Stück DIN-A4-Papier stehen alle relevanten Daten über den bisherigen Verlauf und die Ergebnisse (je nach Ausführung und Datenbedarf auch drei bis vier Blätter).

Ohne weitere Berechnungen lassen sich die unternehmerischen Kenngrößen des Vormonats ablesen, wie z.B.

- Umsatzerlöse,
- Rohertrag,
- einzelne Kostenarten,
- Ergebnisse.

Das Entscheidungspapier
des Unternehmers

Gleichzeitig sind die Ergebnisse **in Prozent** ausgewiesen und **Kostenrelationen** berechnet. In einer weiteren Spalte können die aufgelaufenen Ergebnisse, also die Zusammenfassung aller bisher gebuchten Monate, eingesehen werden.

Damit gibt die BWA den konkreten jeweiligen Ist-Stand wieder.

Je nach System der BWA werden die aktuellen Jahreszahlen auch in ein Verhältnis zu den Vorjahreszahlen mit den Veränderungswerten gestellt. Das erleichtert die Feststellungen von über- oder unterproportionalen Verhältnisabweichungen.

Neben diesen Ist-Zahlen dient die BWA auch als **Kontrollinstrument** und zur **Abweichungsanalyse** mit den Planzahlen der laufenden Periode (Monate, Jahr).

BEISPIEL

In kürzester Zeit kann der Unternehmer z.B. feststellen, dass der Materialverbrauch überdurchschnittlich war. Woran liegt das?

- Sind die Einkaufspreise höher als früher?
- Liegt Schwund oder Verderb vor – und warum?
- Wird mehr Material eingesetzt als notwendig?
- Sind die Personalkosten dieses Jahr prozentual höher als im Vergleichs-
  monat des Vorjahres?
- Sind es die Tariferhöhungen?
- Wirkt sich die zusätzliche Arbeitskraft so kostensteigernd aus?
- Stimmt das Verhältnis von Umsatzerlösen zu den Personalkosten nicht
  mehr, wird also zu wenig umgesetzt?
- Oder: Warum liegen die Werbekosten über dem Plan?
- Liegt es an der Sonderaktion?
- Sind die Anzeigenpreise gestiegen?
- Waren die Prospekte teurer als vorgesehen?

Alle Abweichungen liefern einen Grund zur Kontrolle und erforderlichen-
falls zur Korrektur.

Die BWA hat den sehr großen Vorteil, dass die **Informationen zeitnah** *Unternehmer können*
erfolgen. Der Unternehmer kann schnell und gezielt reagieren und not- *schnell und gezielt*
wendige Entscheidungen treffen. Bekäme er die Informationen erst nach *reagieren*
Monaten, wäre es zu spät, um die Abweichungen noch in den Griff zu
bekommen.

BEISPIEL

Stellt man sich vor, ein Unternehmer merkt erst nach fünf Monaten, dass er
seine Umsatzziele noch lange nicht erreicht hat und die Kosten aus dem Ruder
laufen: Nur in den seltensten Fällen kann er das Versäumte jetzt noch aufholen,
die verlorene Zeit bleibt uneinholbar verloren. In den verbleibenden Monaten
kann er nicht mehr das umsetzen, was in der Vergangenheit versäumt worden
ist.

Deshalb ist die monatliche Analyse der BWA von unschätzbarem
Wert für den Unternehmer.

In der BWA sind auch die jeweiligen **Ergebnisse** dargestellt, **Gewinn oder
Verlust**. Diese Werte sind auf den gebuchten Monat oder kumuliert auf die
vergangenen Monate bezogen.

Diese Ergebnisse sind keine ganz echten „kleinen" Bilanz- bzw. GuV-
Ergebnisse. Zum Jahresabschluss müssen die Abgrenzungen berechnet
und alle Konten abgeschlossen werden. Das BWA-Ergebnis enthält keine
bilanztechnischen Abschlussbuchungen, die kumulierten Ergebnisse des
zwölften Monats werden durch den Jahresabschluss also verändert sein.

Wenn die BWA das Entscheidungspapier des Unternehmers ist, dann sind dort alle wichtigen Informationen enthalten. Die BWA berechnet auch aktuelle Vermögenswerte, zeigt Veränderungen des Anlagevermögens und listet die Positionen des Umlaufvermögens auf.

Die BWA enthält aber noch eine wesentliche Information, die so wichtig ist, dass sich der Blick des Unternehmers sofort darauf festsetzt. Diese Information hat viel mit der Lebensfähigkeit des Unternehmens zu tun – nein, es handelt sich nicht um den Gewinn, sondern um die Liquidität.

7.2.1   Liquidität

Wir unterscheiden bilanzielle Liquidität und kurzfristige Liquidität

Die Liquidität wird in Kennziffern ausgedrückt, den **Liquiditätsgraden**. Die Berechnung der Grade erfolgt durch die Gewichtung der flüssigen Mittel nach ihrer Verfügbarkeit. Auch in der Bilanzanalyse berechnen wir die Liquidität.

Hier betrachten wir aufgrund der BWA-Informationen die **kurzfristige Liquidität**. „Kurzfristig" kann definiert werden als Zeitraum **einer Buchungsperiode von vier Wochen**.

Die Liquidität wird in fünf Grade eingeteilt. Davon sind nur drei für die kaufmännische Praxis von Bedeutung:

- **1. Grad**: Welche Geldmittel stehen dem Unternehmen sofort (jetzt gleich) ohne jede weitere Maßnahme zur Verfügung?
- **2. Grad**: Welche Geldmittel stehen sofort zur Verfügung und welche Geldmittel können wir sicher in den nächsten vier Wochen als Eingang (aus Forderungen) erwarten?
- **3. Grad**: Welche Geldmittel stehen sofort zur Verfügung, was können wir an Forderungseingängen erwarten und wie viel Geld hätten wir, wenn wir die verkaufsfertigen Warenbestände alle verkaufen würden?

Die Grade 4 und 5 interessieren den Insolvenzverwalter, da damit die liquiden Mittel bezeichnet werden, die den Veräußerungswert der Sachanlagen darstellen.

- **4. Grad**: wie 1.-3. Grad + veräußerbares Umlaufvermögen
- **5. Grad**: wie 1.-4. Grad + veräußerbares Anlagevermögen

Was wird in die Berechnung einbezogen?

In der Literatur gibt es keine Einigkeit über die Berechnungsmethoden, also über die Frage, was in die Berechnung einbezogen werden soll.

BEISPIEL

In die Liquidität 1. Grades werden oft z.B. nur die tatsächlich verfügbaren Geldmittel einbezogen. Andere Auffassungen zählen kurzfristige Forderungseingänge dazu. Gehen wir von dem Merkmal der „sicher verfügbaren" Geldmittel aus, gehören Forderungen nicht dazu.

> Im 3. Grad wird häufig das gesamte Umlaufvermögen eingerechnet. Da wir es aber mit der Betrachtung der kurzfristigen Liquidität zu tun haben, ist das hier nicht angebracht. Nicht alle Teile des Umlaufvermögens sind veräußerbar, z.B. Halbfertigfabrikate, Roh- und Hilfsstoffe.

Was sich im Detail hinter den Liquiditätsgraden 1–3 verbirgt, wird im Folgenden näher erläutert.

- **Liquidität 1. Grad:**

$$\text{Liquidität 1. Grad} = \frac{\text{Kasse, Bankguthaben, freies Kontokorrentlimit, Schecks}}{\text{Kurzfristige Verbindlichkeiten}}$$

Der **1. Liquiditätsgrad** wird auch als **Barliquidität** oder „flüssige Mittel" bezeichnet. Alle Guthabenpositionen und sofort verfügbaren Kredite wie offenes Kontokorrent, Dispositionskredit, nicht abgerufene Darlehen gehören dazu.

BEISPIEL

	Kreditlinie des Kontokorrentkredits	€ 100.000,–
–	in Anspruch genommen	€ 80.000,–
=	sofort verfügbare liquide Mittel	€ 20.000,–

In das Verhältnis zu den verfügbaren flüssigen Mitteln werden die **Verbindlichkeiten** gesetzt.

Nur kurzfristige Verbindlichkeiten

Bei der Liquiditätsberechnung zählen nur die kurzfristigen Verbindlichkeiten, also die Auszahlungen, welche in den nächsten vier Wochen bezahlt werden müssen, nämlich die Verbindlichkeiten aus Lieferungen und Leistungen, der kurzfristige Baraufwand für Löhne, Gehälter, Sozialleistungen, Steuern und sonstiger kurzfristiger Baraufwand (für Tilgungen, Darlehensrückzahlungen etc.).

- **Liquidität 2. Grad:**

$$\text{Liquidität 2. Grad} = \frac{\text{Flüssige Mittel (wie Liquidität 1) + Forderungen}}{\text{Kurzfristige Verbindlichkeiten}}$$

Die Gewichtung der **Liquidität als 2. Grad** drückt aus, dass diese Vermögenswerte dem Unternehmen zustehen, jedoch noch nicht in vollem Umfang als Barmittel zur Verfügung stehen. Es ist damit zu rechnen, dass die Forderungen innerhalb des berechneten Zeitraumes eingehen.

Deshalb dürfen nur die Forderungen einbezogen werden, bei denen die Zahlungsziele innerhalb dieser vier Wochen liegen und die Zahlungseingänge zu erwarten sind.

- **Liquidität 3. Grad**:
Bei der kurzfristigen Liquidität 3. Grades kann nicht das ganze Umlaufvermögen eingerechnet werden. Roh- und Hilfsstoffe und Halbfertigprodukte können nicht so schnell zu Geld gemacht werden.

$$\text{Liquidität 3. Grad} = \frac{\text{Flüssige Mittel} + \text{Forderungen (wie Liquidität 2)} + \text{sonstige flüssige Positionen des Umlaufvermögens}}{\text{Kurzfristige Verbindlichkeiten}}$$

Es werden die Bestände an (verkaufsfähigen) Fertigwaren in die Berechnung mit einbezogen.

Die drei Liquiditätsgrade sind folgendermaßen zu bewerten bzw. zu lesen:

BEISPIELE

Blickt der Unternehmer in seiner BWA auf die Liquiditätsgrade, könnte er vielleicht folgende Informationen lesen (L = Liquiditätsgrad):

- L 1 = 0,3
- L 2 = 0,7
- L 3 = 3,1

Was sagt das aus? Mit einem Blick kann erkannt werden:
Wir haben zu wenig flüssiges Geld! Die Barliquidität liegt bei 30 %, d.h., wir können nur knapp 1/3 aller unserer Verbindlichkeiten bezahlen.
Auch wenn alle unsere Forderungen innerhalb der nächsten vier Wochen eingehen, können wir unsere Verbindlichkeiten nur zu 70 % bezahlen. Wir brauchen dringend flüssige Mittel.
Hätten wir nicht so hohe Lagerbestände (gebundenes Kapital), könnten wir alle unsere Verbindlichkeiten 3,1-fach bezahlen.

Ein anderes Beispiel:

- L 1 = 0,7
- L 2 = 1,9
- L 3 = 2,8

Die Verbindlichkeiten können wir zu 70 % sofort bezahlen. Mit Blick auf die Liquidität 2. Grades können wir erwarten, dass genügend Zahlungseingänge ausreichen, alle Verbindlichkeiten fristgerecht zu bezahlen. Aber sind die Außenstände nicht zu hoch? Ist das Warenlager angemessen?

Viele Betriebe leiden unter chronischem Bargeldmangel. Die Liquiditätskennzahlen sehen dann etwa so aus:

> ## BEISPIEL
>
> - L 1 = 0,2
> - L 2 = 2,1
> - L 3 = 2,7
>
> Nur ein Fünftel der Verbindlichkeiten kann bezahlt werden. Die Außenstände sind viel zu hoch, ganz besonders im Hinblick auf die Situation des Bargeldmangels.
> Zahlungsmodalitäten, Mahnwesen und Forderungssicherung müssen unverzüglich überprüft, erneuert und die Außenstände hereingeholt werden. Die Kontrolle der Warenbestandshöhe ist ebenso erforderlich.

Die Liquiditätsgrade geben uns also auch Informationen darüber, ob wir möglicherweise zu hohe Außenstände oder zu hohe Lagerbestände haben.

Die Lagerbestände lassen sich kaum innerhalb von vier Wochen „verflüssigen"

Wenn Unternehmen in der aufgelaufenen Liquidität bei den Graden 1 und 2 unter 1,0 liegen, kann die Situation existenzbedrohlich sein. Das ist immer dann der Fall, wenn keine anderen Liquiditätsreserven zur Verfügung stehen oder keine Vermögensgegenstände „verflüssigt" werden können.

Wie in dem letzten Beispiel (L1 = 0,2, L2 = 2,1) leiden zahlreiche Betriebe, insbesondere kleine und mittelständische, unter einer **zu geringen Barliquidität**, andererseits stehen hohe Forderungen zu Buche.

Insbesondere wenn ansonsten der Geschäftsbetrieb „läuft" und die Auftragssituation zufrieden stellend ist, wird oft zu wenig auf das Einbringen der Außenstände geachtet. Es kommt dann zu Engpasssituationen, beispielsweise genau dann, wenn größere Auszahlungen wie Löhne anstehen.

Die in der BWA ausgewiesenen Liquiditätsgrade sind berechnet nach den erfolgten Buchungen. Bei der Liquiditätsplanung müssen deshalb die bisher noch nicht erfolgten Zahlungsmittel berücksichtigt werden. Beispiele hierfür:

Die BWA weist die Liquiditätsgrade aufgrund der Buchungen als Ist-Zustand aus. Zusätzlich muss die Liquiditätsplanung selbst erstellt werden, um die Zahlungsströme der kommenden Periode zu berechnen!

- das Unternehmen beabsichtigt einen größeren Barkauf
- für eine Importbestellung müssen Zölle bar bezahlt werden
- es wird eine Abschlagszahlung erwartet, für die es noch keine Rechnung gibt
- eine Steuerrückzahlung wird erwartet usw.

Um rechtzeitig vorzusorgen bzw. reagieren zu können, ist eine monatliche Liquiditätsplanung erforderlich.

7.2.2 Liquiditätsplanung zur Vermeidung von Zahlungsengpässen

„In zwei Tagen ist Ultimo!" Es nützt wenig und macht darüber hinaus einen sehr schlechten Eindruck, wenn man am 28. eines Monats bemerkt, dass zu wenig flüssige Mittel für die Lohnzahlung in zwei Tagen zur Verfügung stehen.

Nehmen wir an, die Kreditlinien sind ausgeschöpft oder sogar überschritten, die Barliquidität reicht nicht – was tun? Diese Situation ist keineswegs etwas Seltenes, ganz im Gegenteil, es ist – leider – völlig normal, dass Betriebe in **Liquiditätsengpässe** geraten.

Die Frage ist nicht allein, wie so etwas passieren kann, sondern wie man damit umgeht. Wie und an welcher Stelle kann einer solchen Extremsituation vorgebeugt werden? Extrem deshalb, weil der Unternehmer, der in zwei Tagen Löhne zahlen muss und keine Mittel zur Verfügung hat, sich einer solchen höchst unangenehmen Situation ausgesetzt sieht.

Der Unternehmer hat nicht nur eine **Fürsorgepflicht** für seine Mitarbeiter, er ist auch verpflichtet, zur vereinbarten Zeit, meist am Monatsende, den **Arbeitslohn pünktlich zu bezahlen**. Er kann seinem Personal nicht sagen, er habe gerade kein Geld oder es müsste noch warten.

Seine Gründe müssen die Arbeitnehmer nicht interessieren und diese brauchen sich das auch nicht gefallen zu lassen. Ganz abgesehen davon, dass auch die Mitarbeiter ihre Zahlungsverpflichtungen haben, wie Mietzahlungen etc.

Zahlungsverhalten und Image gehören zusammen. Das Unternehmen muss auch auf seinen Ruf bedacht sein: Werden die Löhne nicht rechtzeitig bezahlt, spricht sich das in Windeseile herum. Mögliche Folgen:

- Lieferanten werden stutzig,
- Banken hören es von den Mitarbeitern, weil die Lohnüberweisung ausgeblieben ist und denken an eine Kreditkündigung,
- Kunden kaufen nicht bei drohender Zahlungsunfähigkeit usw.

So fügt sich ein Dilemma zum nächsten. Kurz: Der Unternehmer **muss** zahlen! Aber wie?

Stellen wir uns vor, der Unternehmer geht am 28. des Monats zur Bank und sagt, er brauche für die Lohnzahlung übermorgen einen weiteren Kredit in Höhe von € 20.000,–. Was sagt die Bank?

Sie verweist auf die bereits überzogene Kreditlinie und verlangt Sicherheiten. **Zusätzliche Sicherheiten** sind nicht verfügbar oder so kurzfristig nicht zu beschaffen. Außerdem hat das Unternehmen sein Vermögen ohnehin bereits dem Kreditinstitut „sicherheitsübereignet". Der Verweis auf die langjährige Zusammenarbeit mit der Bank hilft nicht, zumal dann nicht, wenn die wirtschaftliche Situation des Betriebes nicht gerade rosig aussieht. Und das ist in konjunkturell schwierigen Zeiten keine Seltenheit.

Der Unternehmer wird der Bank seine Situation und die Aussichten der Betriebsentwicklung in den schönsten Farben ausmalen. Doch die Bank benötigt für die Prüfung einer Krediterweiterung Fakten:

- Sie wird die **Bilanzentwicklung der letzten drei Jahre** prüfen.
- Sie wird berücksichtigen, wie die Zusammenarbeit und das **bisherige Zahlungsverhalten** waren.
- Sie wird das **Ausfallrisiko** anhand der gesamten Situation und der Sicherheiten bewerten.
- Sie wird eine BWA verlangen, um daraus die **Entwicklung der letzten Monate** ablesen zu können.
- Sie wird weiter eine **Aufstellung der Auftragsbestände** fordern, aus der sie die **Umsatzentwicklung** beurteilen kann.
- Eventuell erkennt sie in der BWA hohe sonstige **Verbindlichkeiten** und wird sich fragen, ob die künftigen Einnahmen ausreichend sind.
- Vielleicht sieht sie **hohe Außenstände** und fragt sich, warum die Kunden nicht zahlen.

Die Bank sieht durchaus auch das bisherige Kredit-engagement und ist daran interessiert, das Unternehmen zu erhalten – wenn es eine Chance gibt.

Eventuell verlangt die Bank zur weiteren Prüfung einen **Status**. Ein Status ist eine **Bilanz zum heutigen Stichtag**. Die Konten müssen abgeschlossen, die GuV erstellt und die Schlussbilanz aufgestellt werden. Einzige Ausnahme zum Jahresabschluss: Die Inventurwerte können aus der Buchhaltung entnommen werden. Wenn man sich vorstellt, dass die Bank das am 28. des Monats verlangt, ist das viel Arbeit für den Steuerberater. Der Status muss testiert werden.

Status muss testiert werden

Vielleicht bietet die Bank aber auch an, die **Forderungen zu prüfen**. Sie verlangt eine Aufstellung aller Forderungen, um festzustellen, ob es sich um Kunden mit **guter oder unauffälliger Bonität** handelt. Dann kann es sein, dass die Bank vorschlägt, die Forderungen zu übernehmen und den Kredit zu gewähren. Natürlich zu deutlich höheren Konditionen als zum bisherigen Zinssatz.

Die Übernahme der Forderungen ist eine **Abtretung (Zession)**. Das Unternehmen tritt die Rechte aus seinen Forderungen gegenüber seinen Kunden an die Bank ab.

Nur eine stille Zession ist akzeptabel

- Bei einer **stillen Zession** darf das Unternehmen die Kundenzahlungen ausschließlich nur zur Tilgung des Kredits nutzen, jede andere Verwendung wäre ein ernster Vertragsverstoß, denn das Geld gehört jetzt der Bank und nicht mehr dem Unternehmen.
- Bei einer **offenen Zession** sichert sich die Bank dadurch, dass sie den Kunden mitteilt, die Forderung sei an die Bank abgetreten. Der Kunde dürfe nur noch an die Bank zahlen, nicht mehr an das Unternehmen. Zahlt der Kunde trotzdem an das Unternehmen, gilt diese Zahlung als nicht erfolgt. Das heißt, nur die Bank allein verfügt über die Rechte der abgetretenen Forderungen. Kann sich das ein Unternehmen leisten?

Nehmen wir an, inzwischen sind ein bis zwei Tage vergangen, es ist der 30. des Monats, der Zahltag. Nehmen wir weiter an, die Bank hat den zusätzlichen Kredit eingeräumt, das Unternehmen kann seine Löhne bezahlen. Aber: War dieses Vorgehen sinnvoll? Das Unternehmen hat zwei Tage nichts anderes getan, als Überzeugungsarbeit für die Bank zu leisten. Die Arbeit wurde in Nachweise für die Bank investiert, anstatt in Leistung für die Kunden. Musste der Steuerberater eingeschaltet werden, folgt dessen Rechnung. Und der Kredit kostet zusätzliches Geld, die Löhne sind mit fremdem Geld bezahlt worden. Nicht zuletzt ist die psychische Belastung enorm hoch.

Dieses Szenario ist keineswegs erfunden. Es findet Monat für Monat in zahlreichen Unternehmen so oder so ähnlich statt. Was kann man tun? Was kann man besser machen?

Ein kaufmännisch gut geführtes Unternehmen hat seine Daten im Griff. Es weiß zur rechten Zeit, was zu tun ist.

Zahlungsengpässe kann man nicht verhindern. Sie können in allen noch so gut geführten Unternehmen passieren. Die Frage ist: Wann wird der drohende Engpass erkannt, um rechtzeitig etwas zu tun? Und was kann man tun, um **absehbare Engpässe** zu verhindern, z.B. durch die Steuerung der Zahlungseingänge?

Ein Unternehmen, das am 28. eines Monates einen zusätzlichen Bankkredit für die Lohnzahlung beantragt, hat stets schlechte Karten. Das Kreditinstitut kann von vornherein eine mangelnde kaufmännische Führung unterstellen. Mit einer sehr einfachen **Liquiditätsvorschau** kann man ziemlich genau auch schon am Anfang des Monats die Finanzsituation der nächsten vier Wochen erkennen (siehe kurzfristiger Liquiditätsplan).

Kurzfristiger Liquiditätsplan: So realistisch wie möglich!

Ausgehend vom Bestand werden die erwarteten Eingangszahlungen den Zahlungsverpflichtungen gegenübergestellt. Dazu reicht es, die Beträge auf einem Tippstreifen zu addieren und einzutragen. Es kommt nicht auf Kleinstbeträge an, sondern auf das Gesamtvolumen: Reicht es oder reicht es nicht? Meist werden die Daten in Hundertergrößen saldiert und als Tausend € ausgewiesen. Hilfreich ist die Gliederung analog der GuV. Erfasst wird folgendermaßen:

```
  Bestand
+ Einnahmen
– Ausgaben
─────────────
= Saldo
```

BEISPIEL

Bestand:	11,3 T€
Einnahmen:	32,2 T€
Ausgaben:	48,7 T€
Saldo:	−5,2 T€

Das Unternehmen hat also eine Unterdeckung in Höhe von € 5.200,–.

Entscheidend ist, dass die Liquiditätsplanung rechtzeitig erfolgt! Rechtzeitig ist der Zeitbedarf, der zur Beschaffung zusätzlicher kurzfristiger Mittel erforderlich ist.

Zum Monatswechsel ist die Planung vielleicht etwas zu früh, da man den Monatsabschluss noch in die Überlegungen einbeziehen will und zu diesem Zeitpunkt in den Betrieben meist ohnehin viel Arbeit ansteht. Entscheidend ist jedoch ein gleich bleibender fester Termin. Man kann die Liquiditätsplanung nicht einmal am 5. und dann wieder am 15. und dann am 12. eines Monats machen. Das funktioniert nicht, da die **Abstände von vier Wochen gleich bleiben** müssen, wenn man zu vernünftigen Aussagen kommen will.

Zu empfehlen ist der 10. eines Monats. Der Monatswechsel ist vorbei und die Vorausschau auf die nächsten Wochen recht gut einschätzbar. Der Aufwand beträgt nicht mehr als etwa eine halbe Stunde, dann hat man das Ergebnis, ob die Mittel ausreichen oder ob man Geld beschaffen muss. Vorteil: Es bleiben noch 20 Tage Zeit bis zur Lohnzahlung. In diesem Zeitraum kann man etwas tun. Und wenn man flüssige Mittel von der Bank braucht, kann man mit etwas mehr Gelassenheit und Kompetenz auftreten und verhandeln.

Liquiditätsplanung am 10. jedes Monats

Eine der Ursachen des Liquiditätsengpasses in obigem Beispiel ist der hohe Forderungsbestand. Die **Überwachung der Außenstände** gehört mit zu den wichtigen Aufgaben der Liquiditätssteuerung.

Macht man sich noch einmal bewusst, woran Unternehmen scheitern, dann spielen die ausstehenden Forderungen eine große Rolle.

Die Zahlungsunfähigkeit eines Unternehmens führt unweigerlich zum Aus. Mehrere Ursachen bilden einen sich ins Negative entwickelnden Prozess. Zusammengefasst sind das alles Managementfehler, auch dann, wenn sie als solche nicht erkannt werden und „die anderen" schuld sind. Ausschlaggebend aber, gewissermaßen der letzte Grund, die Insolvenz anmelden zu müssen, ist die mangelnde Liquidität.

Sind flüssige Mittel nicht zu beschaffen, führt der Weg zum Insolvenzgericht

Das wird besonders deutlich, wenn die Insolvenzverwalter von „guten Auftragsbeständen" und einer „guten Struktur der Fertigungsanlagen" berichten. Die Sicherung der Zahlungsfähigkeit des Unternehmens ist eine herausragende unternehmerische Aufgabe, sie hat direkt nichts mit den Auftragsbeständen oder den gebundenen Vermögenswerten zu tun. Indirekt ist natürlich auch die Liquidität von den übrigen Faktoren abhängig.

Ein guter Auftragsbestand, gute Auslastung, gute Maschinen und Ausstattung, ja selbst ein Bilanzgewinn schützen nicht vor Illiquidität. Allenfalls kann die Kapitalbeschaffung erleichtert sein – wenn die Fremdkapitalquote nicht zu hoch ist. So kann ein Unternehmen durchaus zahlungsunfähig sein, auch dann, wenn die übrigen Faktoren günstig erscheinen.

Ein Unternehmen kann zahlungsunfähig sein, auch wenn die übrigen Faktoren günstig erscheinen

Eine der Ursachen mangelnder Zahlungsfähigkeit ist, dass es den Betrieben nicht gelingt, die Forderungen zu minimieren und fristgerecht einzutreiben.

7.3   Analysedaten und Informationen über Kennzahlen

Dem Blick auf die aktuellen Zahlen aus Umsatz, Liquidität und Ertragsvorschau folgt stets die Sichtung der **Personalkostenentwicklung**.

7.3.1   Personalkosten

Wie hoch sind die Personalkosten im Verhältnis zu den Gesamtkosten in Prozent?

$$\text{Personalkostenintensität} = \frac{\text{Personalkosten}}{\text{Gesamtkosten}} \cdot 100$$

$$\text{Arbeitsproduktivität} = \frac{\text{Umsatzerlöse}}{\text{Anzahl der Mitarbeiter}} \cdot 100$$

$$\text{Personalaufwand} = \frac{\text{Gesamter Personalaufwand}}{\text{Gesamtzahl der Mitarbeiter}} \cdot 100$$

$$\text{Leistung je Mitarbeiter} = \frac{\text{Gesamtleistung}}{\varnothing \text{ Anzahl Mitarbeiter}} \cdot 100$$

$$\text{Effizienz des Vertriebspersonals} = \frac{\text{Umsatzerlöse}}{\varnothing \text{ Anzahl Mitarbeiter im Vertrieb}} \cdot 100$$

7.3.2   Lagerwirtschaft

Der **durchschnittliche Lagerbestand** gibt den Wert des durchschnittlich am Lager gebundenen Kapitals wieder:

$$\text{Gesamtdurchschnitt} = \frac{\text{Anfangsbestand} + \text{Endbestand}}{2}$$

Durchschnittlicher Lagerbestand mit **Monatserfassung**:

$$\frac{\text{Jahresanfangsbestand} + 12 \text{ Monatsbestände}}{13}$$

Durchschnittlicher Lagerbestand nach **Wochenerfassung**:

$$\frac{\text{Jahresanfangsbestand} + 52 \text{ Wochenbestände}}{53}$$

Der **Mindestbestand**, der an Material am Lager vorhanden sein muss, garantiert die störungsfreie Produktion. Der „eiserne Bestand" wird nicht dazugezählt.

```
  Durchschnittsverbrauch pro Tag
x Beschaffungstage
+ Sicherheitsmenge
────────────────────────────────
= Mindestbestand
```

Der **Lagerumschlag** beschreibt den Verbrauch im Verhältnis zum durchschnittlichen Lagerbestand:

$$\text{Lagerumschlag} = \frac{\text{Verbrauch per Periode}}{\varnothing \,\text{Lagerbestand}}$$

Die **durchschnittliche Lagerdauer** gibt an, wie lange sich ein Produkt durchschnittlich am Lager befindet. Die Berechnung erfolgt auf der gleichen Zeitbasis wie die Periode des Lagerumschlags.

$$\text{Durchschnittliche Lagerdauer} = \frac{\text{Anzahl der Dauer/Einheit}}{\text{Umschlaghäufigkeit}}$$

Der **Werteverzehr** der am Lager befindlichen Güter wird als **Kapitalbindungskosten** bezeichnet:

$$\text{Kapitalbindungskosten} = \frac{\text{Wert der Güter} \cdot \text{Lagerzeit in Monaten} \cdot \text{Zinssatz p.a.}}{12}$$

7.3.3 Produktionskennzahlen

Der **Grad der Auslastung** beschreibt das Verhältnis der Ist-Leistung zur vorhandenen Kapazität:

$$\text{Kapazitätsauslastungsgrad} = \frac{\text{Gesamtleistung}}{\text{Kapazität}} \cdot 100$$

$$\text{oder:} \quad \frac{\text{Effektive Ausbringungsmenge}}{\text{Höchstmögliche Ausbringungsmenge}} \cdot 100$$

$$\text{oder:} \quad \frac{\text{Produktionsstunden}}{\text{Kapazitätsstunden}} \cdot 100$$

Die Vergleichszahlen der Kapazität können auf Maschinen, Fertigungsabschnitte, Werksteile usw. heruntergebrochen und gesondert ermittelt werden.

$$\text{Ausschussquote:} \quad \frac{\text{Ausschuss}}{\text{Materialeinsatz}} \cdot 100$$

$$\text{Materialschwund:} \quad \frac{\text{Schwund}}{\text{Menge Materialeinsatz}} \cdot 100$$

7.3.4 Wertschöpfung

Als Wertschöpfung bezeichnet man den Wert der **Leistungsfähigkeit eines Unternehmens**. Er ergibt sich aus der Differenz zwischen der Gesamtleistung (Umsatzerlöse + aktivierte Eigenleistungen +/– Bestandsveränderungen) und dem Wert der bezogenen Waren und Leistungen = Vorleistungen.

```
  Gesamtleistung (Produktionswert)
– Vorleistungen
= Wertschöpfung
```

Kennzahlen gibt es zu allen Unternehmensbereichen

Betriebswirtschaftliche Kennzahlen gibt es zu allen Unternehmensbereichen. Die allgemein gebräuchlichen Kennzahlen dienen internen und externen Vergleichen; weitere firmenspezifische Kennzahlen dienen der Information und Steuerung.

PRAXISTIPP

Je nach Interessenlage können alle betriebswirtschaftlichen Zahlen in Kennzahlen ausgedrückt werden, indem man die entsprechenden Größen zueinander in Bezug setzt. Kennzahlen werden insbesondere als Vergleichsmaßstab eingesetzt und bieten als prozentuale Größen oft eine bessere Vergleichsbasis als bei nominalen Werten.

7.4 Jahresplanung und Soll-Ist-Vergleich

In der zweiten Jahreshälfte wird die detaillierte Vorausschau auf das Folgejahr geplant. Man will wissen, wie sich eine kontinuierliche Wachstumsrate auswirkt.

Engpassproblem der Planung

Beabsichtigt das Unternehmen größere Wachstumssprünge, die möglicherweise durch Produktinnovationen, ein vergrößertes Filialnetz oder neue Absatzgebiete begründet sind, erfordert die Planung verlässliche Daten
- der Marktforschung,
- der Kapazitäten aus der Fertigung,
- der Kapazitäten aus organisatorischen Abläufen in Verwaltung und Vertrieb,
- der logistischen Prozesse
- und der damit verbundenen Personalintensität bzw. des Personalbedarfs.

Nur wenn alle Daten vorliegen, kann eine Ergebnisplanung erfolgen. Wenn Informationen fehlen, gerät die Planung in eine Engpasssituation.

Bei unveränderter Kapazität verfolgt das Unternehmen ein „gesundes Wachstum". Die **Wachstumsrate** sollte dann im **Durchschnitt der erfolgreichen Jahre** liegen und zumindest so hoch sein, dass Kostensteigerungen aufgefangen werden und der **Cashflow** eine **positive Zunahme** ausweist.

Mindestens die Kostensteigerungen auffangen

Unternehmen streben in der Planung gerne Umsatzsprünge von zehn % und mehr an, ohne Investitionen zu tätigen oder besondere Gründe anzuführen. „Der Vertrieb soll intensiviert werden", ist einer der Ansatzpunkte. Doch wie realistisch sind solche Vorhaben?

Die **detaillierte Erfolgsplanung** zeigt die **Chancen** auf und bietet dem Unternehmer eine **Übersicht** für seriöse Zukunftsentscheidungen.

Ausgangspunkt einer Jahresplanung sind die **Daten der letzten Bilanz und GuV** (liegt ein Jahr zurück) und die **aktuellen Monatsdaten der BWA**. Aus der BWA können die Vorjahresergebnisse als Vergleichszahlen herangezogen werden. Damit hat man verlässliche Daten aus der Vergangenheit.

Die Prognosedaten ergeben sich also aus:
- dem Vorjahresabschluss
- den Vergleichszahlen BWA zum Vorjahr
- den aktuellen Monatsergebnissen
- den Erwartungen für das laufende Restjahr
- und den Erwartungen für das kommende Jahr

Im Sinne einer GuV-/BWA-Gliederung werden die Planwerte nun sukzessive erfasst. Es ergibt keinen Sinn, einfach den angestrebten Umsatz einzutragen. Es müssen alle Details und die im Zusammenhang mit dem Umsatz stehenden Größen getrennt erfasst werden.

Alle Details separat erfassen

Schwierigster Ausgangspunkt ist der **Umsatz**. Wie erwähnt sind hier die Steigerungsraten der letzten Jahre ein Ansatzpunkt. Dabei muss unterschieden werden, zu welchen Anteilen die Umsatzsteigerung auf erhöhten Mengenabsatz und auf Preiserhöhungen zurückzuführen ist. Wird eine höhere Umsatzerwartung angenommen, muss auch festgelegt werden, wie das erreicht werden soll.

Der Umsatz kann sehr einfach gesteigert werden, wenn einfach die **Preise angehoben** werden. Ist das realistisch? Wohl in den seltensten Fällen. Selbst wenn die Chance bestünde, müsste dann nicht mehr für Verkaufsförderung, Werbung, Provisionen usw. ausgegeben werden?

Jede Veränderung des Umsatzes hat Folgen

Liegt die allgemeine Preissteigerung der Märkte bei vielleicht zwei % und das eigene Produkt kann das verkraften, dann kann die Umsatzsteigerung um zwei % durch Preiserhöhung (bei gleicher Menge) angesetzt werden.

Reichen die Kapazitäten für den Planumsatz?

Soll der Umsatz darüber hinaus steigen, müssen die damit verbundenen **Kosten berücksichtigt** werden: Es können sich Mehrkosten für Werbung, Messen, Reisen der Verkäufer, Provisionen und Prämien ergeben. Vielleicht soll sogar jemand eingestellt werden, dann müssen die Personal- und Stellenkosten eingeplant werden.

Grundsätzlich sollten zwölf Monate geplant werden und die Umsatzerlöse in einer Gesamtsumme erfasst werden.

Saisonabhängige Betriebe unterliegen starken Schwankungen

Die angestrebten Umsatzerlöse werden im Planungsprozess auf die Monate aufgeteilt. Aufgrund der BWA-Informationen kann analysiert werden, in welchen Monaten wie viel Umsatz getätigt worden ist.

Ganz besonders saisonabhängige Betriebe haben keine kontinuierlichen monatlichen Umsätze, sondern müssen mit starken Schwankungen rechnen.

Erfolgsplan für das Jahr 20xx	Vorjahr*	Planjahr*	Januar*	Februar* usw.
Umsatzerlöse				
Materialaufwand				
Rohertrag				
Personalkosten				
Übrige Kosten, differenziert				
Zinsen				
AfA				
Ergebnis vor Steuern				
Kalkulatorische Kosten				
Betriebsergebnis				
	* jeweils gesamt in Euro und %			

Abb. 37: System einer Erfolgsplanung

Anmerkung: Die Monatswerte werden in der Gesamtsumme „Planjahr" zusammengefasst. Die Spalte „Vorjahr" erlaubt Ansatz- und Veränderungsvergleiche. Die „kalkulatorischen Kosten" dienen der Ermittlung des Betriebsergebnisses, je nach Erfordernis vor oder nach Steuern.

Entsprechend werden die **Materialaufwendungen** umsatzbezogen ermittelt und in den Monatsspalten der Planung eingetragen.

Wie hoch dürfen die Materialkosten sein? Keinesfalls höher als im Vorjahr.

BEISPIEL

Nehmen wir an, der Betrieb hat im Vorjahr einen Umsatz von T€ 2.028,1 und einen Materialaufwand von T€ 892,2 ausgewiesen.
Bei einer Umsatzerhöhung von 10 % liegt dann der Planumsatz bei T€ 2.230,8 und die Materialkosten betragen T€ 981,5.
Beide Materialkostenansätze sind gleich, sie betragen 44 % vom Umsatz.

Alle Plandaten müssen prozentual in das **Verhältnis zum Planumsatz** gesetzt werden. Kein Unternehmen würde es akzeptieren, dass bei steigendem Umsatz die Materialkosten prozentual zunehmen.

Nominal stehen der Umsatzmehrung die gleichen Summen wie im Verhältnis des Vorjahres zur Verfügung. Preissteigerungen der Lieferanten müssen mit den Nominalbeträgen aufgefangen werden.

Bei einer eigenen Preissteigerung von zwei % stehen gleiche Kostensteigerungsvolumina für den Materialeinkauf zur Verfügung.

Eine wichtige Größe ist der **Rohertrag**. Er errechnet sich aus der Gesamtleistung abzüglich des Materialeinsatzes (+ aktivierte Eigenleistungen, +/– Bestandsveränderungen). Damit zeigt der Rohertrag, dass aus dem verbleibenden Wert alle anderen Kosten und der Gewinn erwirtschaftet werden müssen.

Nach der Ermittlung des Rohertrages kommt der nächste große Kostenblock, die **Personalaufwendungen**.

BEISPIEL

Nehmen wir an, die Personalkosten haben im Vorjahr T€ 454,6, das entspricht 22 %, betragen. Im laufenden Jahr sind sie auf T€ 464,7 durch Tariferhöhungen geklettert, das ergibt, bezogen auf den diesjährigen Planumsatz, ebenfalls 22 %. Wie hoch sind die Personalkosten im Planjahr?

Bezogen auf den Planumsatz von T€ 2.230,8 ergeben 22 % T€ 490,7, das sind € 26.000,– mehr als im laufenden Jahr. Bei unverändertem Personalbestand muss der Betrieb mit einer weiteren Tariferhöhung von zwei % rechnen.

Das ergibt: 464.700 x 2 % = € 9.294,–.

> Der Planansatz lautet: T€ 464,7 (laufendes Jahr)
> + T€   9,3 (Tariferhöhungen)
> = T€ 474,0 (Planjahr)
> = 21,25 %

Alles hängt vom Umsatz ab

Durch die Umsatzerhöhung kann der Betrieb die gestiegenen Personalkosten auffangen und gleichzeitig die Personalkosten prozentual reduzieren. Immer vorausgesetzt, der geplante Umsatz wird realisiert.

Schafft der Betrieb keine Umsatzmehrung, steigen die Personalkosten im Verhältnis zum Umsatz und die Wahrscheinlichkeit eines Ertragswachstums sinkt.

An diesem einfachen Beispiel kann man gut erkennen, weshalb die **Personalkosten** als fixe Kosten **ursächlich** mit den **Umsatzerfolgen** verbunden sind.

BEISPIEL

Unterstellt man in diesem Beispiel, dass das Unternehmen eine weitere Person, z.B. für den Vertrieb, einstellen will, dann müssten die Personalkosten von T€ 474,0 um einen Planwert von 60,0 steigen, d.h.: 474,0 + 60,0 = 534,0, das entspricht 23,9 %.

Dadurch ergibt sich ein **kritischer Entscheidungswert**: Wie lange dauert es, bis der bisherige maximale Personalkostensatz von 22 % wieder erreicht ist, und wie hoch müsste der zusätzlich erzielte Umsatz sein, um das zu erreichen?

Es wird deutlich, weshalb Unternehmen sehr genau rechnen müssen, bevor zusätzliches Personal eingestellt werden kann.

Zusätzliches Personal muss sich rechnen lassen

Auch die **Personalkosten** werden **auf die Monate verteilt**. Der Betrieb hat Monate mit sehr hohen Personalkosten und geringer Produktivität und geringen Umsätzen: Hohe Personalkosten fallen bei Urlaubsgeld, Weihnachtsgeld und vielen Feiertagen an; arbeitsfreie Zeiten vermindern die Produktivität und der Auftragseingang geht zurück.

Anschließend werden **alle weiteren Kosten** auf die Monate verteilt und stets in Prozent und Betrag eingetragen. Die Miete ist beispielsweise meist in allen Monaten gleich. Stehen keine Mietsteigerungen an, vermindert sich der Betrag prozentual zum Planumsatz.

Ähnlich ist es mit allen unveränderten Kosten wie z.B. Leasingkosten, Versicherungen, Beiträgen usw. Andere Kosten werden sich möglicherweise verändern.

Soll der Mehrumsatz durch erhöhte Werbung unterstützt werden, erhöhen sich die Werbekosten nominal.

> **BEISPIEL**
>
> Alter Umsatz: T€ 2.028,0
> Werbekosten: T€ 32,5, d.h. 1,6 %
> Für den Planumsatz in Höhe von T€ 2.230,8 ergeben sich bei gleichem Verhältnis dann Werbekosten in Höhe von T€ 2.230,8 x 1,6 % = T€ 35,8.
> Hier stehen dem Betrieb also € 3.300,– (T€ 35,8 – T€ 32,5) mehr für Werbemaßnahmen zur Verfügung.

Wieder haben wir nominal mehr zur Verfügung bei prozentual gleich bleibendem Ansatz. Es ist nunmehr eine unternehmerische Entscheidung, ob die Werbekosten weiter erhöht werden sollen.

Sind alle Kosten erfasst und auf die Monate verteilt, ergibt sich eine Zwischensumme. Von dieser werden noch die Fremdkapitalzinsen und die AfA abgezogen. Dann werden die Monate zu einer Gesamtsumme addiert.

Danach kann das Ergebnis vor Steuern mit dem Vorjahresergebnis verglichen werden: Lohnt es sich oder nicht? Und was ist im Einzelnen zu tun, um das angestrebte Ergebnis zu erreichen?

Hier werden Maßnahmen im Vertrieb, Kostenersparnis bei der Beschaffung, Fertigung und im Vertrieb ebenso transparent wie Verwaltungs- und sonstige Kosten.

> Die Jahresplanung (Erfolgsplanung) bietet den großen Vorteil, dass alle Kostenpositionen überdacht und geprüft werden können. Es werden Details offensichtlich, die bei grober und überschlägiger Planung nicht ersichtlich sind.

Fällt der Unternehmer dann die Entscheidung über die Planansätze, muss die Korrektur durchgeführt werden und die Soll-Daten müssen Monat für Monat ermittelt und vorgegeben werden. Damit wird die Soll-Ist-Abweichungsanalyse erst möglich.

Die Soll-Daten können in die Plan-BWA eingegeben werden. Somit erhält man Monat für Monat die exakten Vergleichsdaten. Die Aufstellung der auf Monate aufgeteilten Planwerte gibt gleichzeitig Ansätze für die Finanzplanung und die Liquiditätssituation.

Umsatzschwache und kostenintensive Monate führen möglicherweise zu einer Unterdeckung. Diese Vorausschau ermöglicht eine **frühe Gegensteuerung**.

„Das vorgesetzte Ziel müssen wir uns fest einprägen, auch alles, was uns Wirklichkeit ist und worauf wir unsere Annahmen gründen können. Tun wir das nicht, dann werden nur Unklarheit und Verwirrung herrschen." (Epikur)

Erfolgsplan für das Jahr:	Vorjahr (€)	%	Planjahr	%	Januar	Februar	usw.
Umsatzerlöse							
Gesamtleistung	**2.028.138**	100%					
Subunternehmerleistungen	−142.066						
Wareneinsatz	−892.189						
Rohertrag	**993.883**						
Personalkosten	−454.637						
Miete	−22.000						
Instandhaltung	−57.616						
Energie	−17.333						
Werbung	−32.453						
Vertriebstätigkeit, Messen	−8.314						
Zeitungen, Zeitschriften	−5.634						
Verbrauchsmaterial, Büromaterial	−8.345						
Porto, Telefon, Internet	−11.654						
Präsentationskosten, Sitzungen, Tagungen	−40.033						
KFZ–Kosten (Leasing und Verbrauchskosten)	−65.000						
Reisekosten	−24.981						
Versicherungen	−29.898						
Beiträge, Gebühren	−16.943						
Beratungsleistungen (Rechtsanwälte, Steuerberater, usw.)	−18.660						
Sonderabschreibungen Umlaufvermögen	−309						
Sonstige Kosten	−3.225						
Zwischensumme	**−817.055**						
Zinsen (Kontokorrentkredit)	−13.941						
Zinsen Gesellschafterdarlehen							
Zwischensumme	**−830.996**						
AfA Gebäude	−22.366						
AfA	−71.988						
Zwischensumme	**−925.350**						
Ergebnis vor Steuern	**68.533**						
Steuern							
Ergebnis nach Steuern							
Kalkulatorische Kosten:							
Zinsen auf Eigenkapital							
AfA							
Unternehmerlohn							
Wagnis							
Miete							
Betriebsergebnis							

Abb. 38: Beispielhafter Erfolgsplan

7.5   Blick nach den Steuern

In welchem Staat gibt es das komplizierteste Steuerrecht? Wo nimmt der Umfang des Steuerrechts den ersten Platz ein? In welchem Staat gibt es nur sehr wenige Menschen, vielleicht auch gar keine, die das komplette Steuerrecht kennen? Das deutsche Steuerrecht ist ziemlich intransparent und sorgt nicht unbedingt für Wirtschaftswachstum und Beschäftigung – außer vielleicht bei den Steuerberatern, Finanzbehörden und Finanzgerichten.

Allein das Einkommensteuergesetz hat 182 Paragraphen und eine Fülle von Ausführungsbestimmungen. Rund 180 Steuergesetze, ebenso viele Steuerformulare und mehr als 90.000 Verwaltungsvorschriften sprechen eine eigene Sprache – aber nicht die Sprache der meisten Bürger und schon gar nicht die Sprache der Unternehmen. Schwarzarbeit und Kapitalflucht sind Folgen, die man jeden Tag sehen kann.

Mangelnde Klarheit verunsichert jeden, der Steuern zahlen muss

Alle, auch die Politiker, wissen, dass die Rahmenbedingungen eines einfachen, verständlichen Steuersystems geschaffen werden müssen. Doch die bürokratischen und ideologischen Unterschiede lassen eine umfassende Reform nicht recht vom Fleck kommen. Dabei geht es nicht nur um die Belastung der Unternehmen und Bürger, sondern um die fehlende Klarheit und Kalkulierbarkeit des Systems.

> Bürger und Unternehmen brauchen Einfachheit, Klarheit und Steuergerechtigkeit.

Unternehmen sollten ihre Steuererklärungen ohne Steuerrechtsexperten nicht durchführen. Dabei wird das Ziel verfolgt, Steuern „zu sparen". Durch den Dschungel der zahlreichen Gesetze und Vorschriften sucht der Experte einen Weg, den ein anderer bei gleichen Voraussetzungen vielleicht gar nicht findet. Damit wird die Steuergerechtigkeit in Frage gestellt. Ein einfaches System wäre für die Unternehmen besser kalkulierbar, weil nicht mehr so viel von der Professionalität des jeweiligen Beraters abhinge.

Die **Abgabenordnung** (AO) beschreibt in § 3 I: „Steuern sind Geldleistungen, die nicht eine Gegenleistung für eine besondere Leistung darstellen und von einem öffentlich-rechtlichen Gemeinwesen zur Erzielung von Einnahmen allen auferlegt werden, bei denen der Tatbestand zutrifft, an den das Gesetz die Leistungspflicht knüpft; die Erzielung von Einnahmen kann Nebenzweck sein." (Wichtige Steuergesetze, Herne 2006, S. 9)

Was sind Steuern?

In den folgenden Kapiteln erhalten Sie einen Überblick über die wichtigsten Steuern. Unterschieden werden beispielsweise direkte Steuern und indirekte Steuern.

7.5.1 Direkte Steuern sind Personensteuern/Besitzsteuern

Zu den direkten Steuern zählen im Einzelnen:

- **Einkommensteuer (Lohnsteuer)**: Versteuert wird das Einkommen natürlicher Personen innerhalb eines Kalenderjahres. Der Steuersatz liegt je nach Einkommen zwischen 15 % und 42 %, zuzüglich Kirchensteuer acht %–neun % und Solidaritätszuschlag 5,5 % auf die Bemessungsgrundlage (Stand 2006), d.h. auf Einkünfte aus
  - Land- und Forstwirtschaft: Nutzung des Bodens zur Erzeugung von Pflanzen und Tieren und Verwertung der Erzeugnisse (§ 13 EStG)
  - Gewerbebetrieb: selbstständige, nachhaltige Betätigung mit der Absicht, Gewinn zu erzielen und sich am wirtschaftlichen Verkehr zu beteiligen (vgl. § 15 II EStG); keine selbstständige Arbeit wie „Freiberufler" (§ 15 EStG)
  - selbstständiger Arbeit: laufende oder einmalige Einkünfte; freiberufliche Tätigkeiten wie medizinisch-therapeutische, wissenschaftliche, schriftstellerische, journalistische, unterrichtende, juristische, beratende Tätigkeiten (§ 18 EStG)
  - nicht selbstständiger Arbeit: Erwerbstätigkeit in einem Arbeitsverhältnis gegen Entgelt (§ 19 EStG)
  - Kapitalvermögen: Zinsen und sonstige Gewinne aus Geldanlagen (§ 20 EStG)
  - Vermietung und Verpachtung (§ 21 EStG)
  - sonstige Einkünfte (§ 22 EStG)

- **Körperschaftsteuer**: Versteuert wird der Gewinn einer juristischen Person innerhalb eines Jahres. Der einheitliche Steuersatz beträgt 25 % der Bemessungsgrundlage, zuzüglich 5,5 % Solidaritätszuschlag (ergibt 26,38 % – Stand 2006). Die ausgeschütteten Gewinne muss der Anteilseigner als Einkommensteuer versteuern.

- **Vermögensteuer**: Das Vermögen natürlicher und juristischer Personen wird mit 0,5 % bzw. 0,7 % (Stand 2005, wird reformiert) versteuert.

- **Erbschaftsteuer**: Erbe oder Schenkungen werden je Verwandtschaftsgrad zwischen drei % und 70 % (Stand 2005, wird reformiert) versteuert.

- **Gewerbesteuer**: Der Gewerbeertrag (Teil des Eigenkapitals + langfristige Verbindlichkeiten – Freibetrag) wird nach einem Messbetrag besteuert.

- **Grundsteuer**: Grundvermögen wird nach einer Messzahl und einem Hebesatz besteuert.

- Sonderformen: **Solidaritätszuschlag, Zinsabschlag**

7.5.2 Indirekte Steuern sind Verkehrs- und Verbrauchssteuern

- **Umsatzsteuer**: Betrifft die steuerbaren Umsätze aus Lieferungen und Leistungen, Kauf, Verkauf, Tausch, Eigenverbrauch. Auf jeder Stufe eines Leistungsprozesses wird die jeweilige Wertschöpfung (Mehrwert) versteuert. Am Ende steht die Gesamtbelastung, die der Endverbraucher zu bezahlen hat.

- **Grunderwerbsteuer**: Versteuert wird der Umsatz bei Wechsel des Grundstückseigentümers.

- **Kraftfahrzeugsteuer**: Betrifft das Halten von KFZ zum Verkehr auf öffentlichen Straßen.

- **Mineralölsteuer**: Versteuert werden Treibstoffe (Benzin, Diesel), Heizöl, Schmierstoffe.

- Weitere Formen: Hundesteuer, Tabaksteuer, Stromsteuer, Biersteuer, Kaffeesteuer, Branntweinsteuer, Schaumweinsteuer, Versicherungsteuer, Jagdsteuer, Lotteriesteuer, Rennwettsteuer, Salzsteuer, Vergnügungssteuer

7.5.3 Ein- und Ausfuhrzölle

Zölle sind Steuern für den grenzüberschreitenden Warenverkehr.

7.5.4 Abgaben

Abgaben sind hoheitsrechtliche Gebühren, Beiträge und Sonderabgaben für Gegenleistungen, z.B.:
- Verwaltungsgebühren für Amtshandlungen wie Kfz-Zulassung, Passgebühren, Grundbuchauszug, Geburtsregister, Beglaubigungen
- Gebühren für die Nutzung öffentlicher Einrichtungen wie öffentliches Schwimmbad, Müllabfuhr, Mülldeponie, Kurtaxe
- Gebühren für bestimmte Rechte wie Konzessionsgebühr, Leihgebühr

Beiträge sind Entgelte für öffentliche Leistungen wie Anlieger, Sozialversicherungen, Mitgliedschaften in berufsständischen Kammern (Handwerkskammern, Industrie- und Handelskammern, Ärztekammern, Steuerberaterkammern, Apothekerkammern usw.).

Die Erhebung der Beiträge ist unabhängig davon, ob die Leistungen in Anspruch genommen werden oder nicht.

Sonderabgaben sind zur Finanzierung bestimmter Zwecke wie Film- und Kulturförderung oder als Ausgleichsabgabe wie bei der Schwerbehindertenabgabe bestimmt (vgl. Grefe 2004, S. 21).

7.5.5   Die wichtigsten Vorschriften

Die wichtigsten Vorschriften für Unternehmen sind die Abgabenordnung (AO), das Einkommensteuergesetz (EStG) und das Umsatzsteuergesetz (UStG).

Die Pflichten des Unternehmens und die verfahrensrechtlichen Bedingungen sind in der **Abgabenordnung** enthalten. Sie regelt u.a.:
- die Zuständigkeit der Finanzbehörden,
- die Haftung und Mitwirkung im Besteuerungsverfahren,
- die hoheitsrechtlichen Verfügungen, die inhaltlichen Formen und die Bekanntgabe,
- die Wirksamkeit,
- die Buchführungs- und Aufzeichnungspflichten,
- die Steuererklärung mit Abgabe, Form und Inhalt,
- die Steuerfestsetzung mit Fristen und der Verjährung,
- die Aufhebung und Änderung, die Rechtsbehelfsverfahren mit Einspruch und Klage,
- die Zahlungsfristen, Verzinsung und Verjährung,
- die Betriebsprüfung,
- die Steuerhinterziehung, die Ordnungswidrigkeiten und die Strafverfahren.

7.5.6   Der Betriebsprüfer kommt

BEISPIEL

Eines Morgens bringt die Post ein amtliches Schreiben: „Am (Datum) erfolgt die Betriebsprüfung gem. §§ 193-203 AO."
Diese Nachricht sorgt für helle Aufregung im Betrieb. Der Steuerberater wird hinzugezogen, es gibt Verhaltensmaßregeln an Mitarbeiter: „Nur Frau X und Herr Y geben Auskünfte."
Die Ankündigung der Betriebsprüfung führt zu Ärger durch Unterbrechung des normalen Betriebsablaufs und zu der Sorge: „Ist auch alles ordentlich auffindbar?"

Akribische Ordnung ist dringend geboten

Darauf kommt es an: Einhaltung der gesetzlichen Bestimmungen der Buchführungs- bzw. Aufzeichnungspflicht, der Umsatzsteueranmeldungen, der Abführung von Steuern und Sozialversicherungsbeiträgen und Ordnung. Dann ist der Besuch des Außenprüfers zwar immer noch störend, aber nicht beängstigend.

Fehler können natürlich immer passieren, und zwar Fehler in der Berechnung von Lohnsteuern bei kompliziertem Sachverhalt, Falschbuchung der Umsatzsteuer bei Exporten, Fehlberechnung einer Abschreibung usw.

Deshalb ist es unbedingt notwendig, dass das Unternehmen über eine sachkundige Buchhaltung und einen guten Steuerberater verfügt.

> **PRAXISTIPP**
>
> Gerade Fehler bei Sozialabgaben können sich auf erhebliche Nachzahlungs-forderungen summieren. Buchhaltung und Lohnbuchhaltung müssen profes-sionell sein. Dann kann der Prüfer gerne kommen.

Ordnung in der Buchhaltung ist also ein absolutes Muss. Es soll Betriebe geben, die das nicht so genau nehmen und im Falle der angekündigten Prüfung plötzlich für Ordnung sorgen müssen. Ein- und Ausgangsrech-nungen, Bankauszüge, Abrechnungen und Kassenbelege gehören **täglich kontiert, nummeriert und abgelegt**. Das Kassenbuch gehört täglich abge-schlossen. Konten, Journale, Buchungslisten sind **griffbereit abzulegen**, sofort nach Eingang und Prüfung.

Massive Unordnung kann zur Steuerschätzung führen

> Denn auch der Eindruck, den der Prüfer über den Betrieb und seine ordnungsgemäße, sachkundige Führung gewinnt, spielt eine Rolle.

Prüfer sind nicht nur qualifiziert und sachkundig, sie wissen auch sehr schnell, wo nach Fehlern und Lücken zu suchen ist. Der Betrieb sollte alles vorbereiten und dem Prüfer zur Verfügung stellen. Helfen alle in einem ordentlich geführten Betrieb mit, so geht die Prüfung auch schnell vorüber.

Die **Außenprüfung** kann erfolgen als:
- Betriebsprüfung, sie umfasst mehrere Steuern (§§ 193–203 AO)
- Lohnsteuer-Außenprüfung (§ 42f EStG)
- Umsatzsteuer-Sonderprüfung (§ 194 I AO)

Nach erfolgter Prüfung wird der Prüfer seine Schlussfolgerungen mitteilen und das Finanzamt wird den Steuerbescheid zustellen. Gegen den Steuer-bescheid stehen dem Steuerpflichtigen die Rechtsmittel zur Verfügung. Ebenso im Falle einer festgestellten Ordnungswidrigkeit oder eines Steuer-strafverfahrens.

7.6 Controlling

Kaum ein „moderner" Begriff lässt sich noch ohne Anglizismus aus-drücken. Aber „Controlling" lässt sich nicht einfach mit „Kontrolle" übersetzen, sondern es stellt einen eigenständigen betriebswirtschaft-lichen Aufgabenbereich dar. Hier geht es um wesentlich mehr als um Kontrolle.

to control = steuern, regeln

„Unter dem Begriff des Controlling wird üblicherweise ein **System der Führungsunterstützung** verstanden, mit dem die ablaufenden Managementprozesse im Hinblick auf Zielsetzung und Zielerreichung verbessert werden sollen." (Schierenbeck 1989, S. 104)

Permanente Informations-
beschaffung und
Abweichungsanalyse

Controlling dient demzufolge dem Management zur **Verbesserung von Abläufen**, um die gesetzten Ziele zu erreichen. Das setzt eine permanente Informationsbeschaffung und Abweichungsanalyse voraus.

Der Controller muss in der Lage sein, die gesamten Zusammenhänge in einem Wirtschaftsunternehmen zu erfassen und zu verstehen, wenn er Vorschläge zur Verbesserung ausarbeiten soll.

Jede Maßnahme hat Wirkungen und Auswirkungen in anderen Zusammenhängen, bis hin zu einem Dominoeffekt.

Was soll der Controller ver-
bessern und kontrollieren,
wenn er nicht genau weiß,
was er entwickeln soll?

Der **Controller muss** an der Zielsetzung und am Zielplanungsprozess **beteiligt sein**: Machbarkeitsanalysen, Planungs- und Kontrollsysteme können nur erfolgreich entwickelt werden, wenn die Fachkenntnisse des Controllers in den Planungsprozess einfließen.

Der Controller muss detaillierte Kenntnisse des gesamten Leistungsprozesses und aller Teilprozesse haben. Er benötigt Kenntnisse der Gesamt- und der Teilziele und der vorhandenen Kapazitäten, Ressourcen und der Märkte.

Aus diesen Aufgaben entwickelt der Controller Steuerungs- und Kontrollinstrumente. Abweichungsanalysen sind die Grundlage der Feststellung von Ursachen und der Vorbereitung eines Entscheidungsprozesses zur Korrektur.

Berichtswesen als Aufgabe
des Informations-
managements

Zur Bewältigung seiner Aufgaben benötigt der Controller Informationen über ein vorgegebenes **Berichtswesen**. Zum einen werden laufende Berichte einzelner Leistungsprozesse und zum anderen Informationen aus Führungsprozessen zusammengefasst. Die Ergebnisse liefern Informationen über das gesamte Unternehmensgeschehen.

Die Kennzahlen liefern dem Controller Vergleichsgrößen für alle Bereiche. Damit verfügt er über aktuelle Gesamtergebnisse – das **„Unternehmenscontrolling"** – und über Teilergebnisse der relevanten Berichts- und Kontrollbereiche.

„Beides ist falsch: allen zu
trauen und keinem zu trau-
en. Aber der eine Fehler ist
doch sozusagen der ehren-
wertere, wenn auch der an-
dere mehr Sicherheit
bietet." (Seneca)

Im Leistungs- und Finanzprozess werden **Kennzahlen** ermittelt. Die komprimierte Form der Kennzahl, also die auf eine kleinste Ziffer reduzierte Aussage eines Prozesses, ermöglicht schnelle Vergleiche und strukturelle Anpassungsmaßnahmen.

Das auf Planabweichungen ausgerichtete Kontrollsystem ermöglicht es, die Ursachen schnell zu lokalisieren und Verbesserungen einzuleiten.

Controllingsysteme werden in modernen Unternehmen wesentlich durch eine **computergesteuerte Erfassung und Aufbereitung** aller betriebswirtschaftlichen Daten unterstützt.

Professionelle Software liefert jederzeit die gewünschten Daten

Software, die mit Fertigungsprozessen, Finanzbuchhaltung, Kosten- und Leistungsrechnung sowie mit dem Vertrieb und organisatorischen Einrichtungen korrespondiert, erfasst und verarbeitet zeitpunktgenaue Daten für ein effektives Controlling.

Wie erwähnt, hat jede Abweichung oder Veränderung Auswirkungen auf andere Unternehmensbereiche. Es ist eine der vordringlichsten Aufgaben des Controllers, diese **Prozesse zu koordinieren und zu optimieren**.

Das geschieht durch die Einbeziehung aller direkt und indirekt Beteiligten. Würden Anpassungsmaßnahmen einfach vorgegeben, könnte der Widerstand des Personals zu unerwünschten Reaktionen führen. Die **Beteiligung der Mitarbeiter** bringt bessere Ergebnisse durch deren Fachkompetenz und Akzeptanz der gemeinsam festgelegten Maßnahmen.

Ursache und Wirkung

Ist der Controller in einer **Linienfunktion** (eher selten), gelten seine Weisungen als angeordnet. Er kann unmittelbar in die Durchführung eingreifen. Arbeitet das Controlling im **Stabssystem**, müssen seine Vorschläge vom Linienmanagement gebilligt und vorgegeben werden.

7.7 Balanced Scorecard und Strategy Map

Das Kennzahlensystem des klassischen Controllings berücksichtigt nicht ausreichend die Zielsetzungen des Unternehmens. Die amerikanischen Wissenschaftler Robert S. Kaplan und David P. Norton haben die so genannte **Balanced Scorecard** (BSC) entwickelt. Sie ist ein **Führungs- und Kennzahlensystem**, welches die Vision und die strategischen Ziele mit einbindet.

„Folgende vier Absichten stehen im Vordergrund:
* Klärung und Übersetzung von Visionen und Strategien in konkrete Aktionen
* Kommunizieren und Verbinden strategischer Ziele mit Maßnahmen
* Pläne aufstellen, Vorgaben formulieren und Initiativen abstimmen
* Verbessern des Feed-backs und Lernens" (Fueglistaller 2003, S. 67)

Maßgrößen der Kontrolle sind strategische und operative Ziele der **Finanzwirtschaft**, der **Abläufe und Prozesse**, der **Kunden** und des **Knowledge Managements**.

Eine Weiterentwicklung sind die **Strategy Maps**. Sie basieren auf den Erkenntnissen der BSC. Die strategische Ausrichtung setzt dabei strikt auf **Innovation, Wertschöpfung und Mitarbeiter**. Die Kontrolle der

Geschäftsprozesse dient der Erkenntnis, abweichende strategische Entwicklungen frühzeitig zu erkennen und zu korrigieren (vgl. Kaplan/Norton 2004, S. 27 ff.).

8 Exkurs: Forderungssicherung und Mahnwesen

Schleppende Zahlungen und eine existenzbedrohende Zahlungsmoral der Kunden erfordern eine konkrete Politik der Zahlungsbedingungen und des Umgangs mit säumigen Zahlern.

Mühevoll: Kunden gewinnen, produzieren, auf Zahlung hoffen, vertröstet werden, mahnen, warten, nichts

Gerade in „schlechten Zeiten", also wenn auch die Kunden knapp bei Kasse sind, ist **besondere Aufmerksamkeit** geboten. Betroffen sind insbesondere Zulieferbetriebe, deren Kunden Unternehmen sind, welche die Zulieferprodukte weiterverarbeiten und selbst auf flüssige Mittel angewiesen sind. Sind solche Betriebe in **Liquiditätsengpässen**, bezahlen sie nur die allerwichtigsten Ausgabenpositionen, ihre Verbindlichkeiten aus Lieferungen und Leistungen werden zurückgestellt, „die müssen warten".

So nehmen solche Betriebe **unvereinbarte Lieferantenkredite** in Anspruch – für sie selbst bequem und günstig, für den „kreditgebenden" Betrieb jedoch ein Problem, das ihn selbst in Bedrängnis bringen kann.

Säumige Schuldner lösen weitere säumige Schuldner aus

Was macht daraufhin der Zulieferbetrieb? Er geht genau so vor: Zuerst bezahlt er die unumgänglichen Beträge, seine eigenen Zulieferer lässt er dann warten. So setzt sich das immer weiter fort, wie ein **Schneeballsystem**.

Fällt nun die Zahlung des Hauptschuldners durch Insolvenz ganz aus, kommt die ganze Kette der betroffenen Betriebe in ernste Schwierigkeiten.

> **BEISPIEL**
>
> Wenn beispielsweise ein kleiner Zulieferbetrieb geforderte € 100.000,– nicht bekommt, so muss er den Betrag abschreiben – das ist genau so, als ob er den Betrag aus dem Fenster geworfen hätte, die € 100.000,– sind einfach weg.

Welcher Betrieb hat schon eine solche Summe – einfach so –, um den Verlust wieder auszugleichen?

Und in schlechten Zeiten, wenn die eigenen Bilanzen eher negativ sind und die Ertragslage schlecht: Dann droht das Aus. Auch die eigenen Schulden können nicht mehr bezahlt werden, das trifft die Gläubiger dieses Betriebes, mit gleicher Problematik.

So setzt sich auch dieser Effekt immer weiter fort. Die nicht erfüllbaren Verbindlichkeiten betreffen auch nicht nur einen Gläubiger, sondern in der Regel eine größere Anzahl. Alle erleiden durch die Insolvenz des einen Betriebes finanzielle Einbußen oder gelangen in eine eigene **existenzbedrohende Situation**.

Die **Zahlungsunfähigkeit durch nicht fristgerechten Zahlungseingang und durch Forderungsausfall** gehört zu den ernstesten Bedrohungen. Das hängt auch mit der Geschwindigkeit der Konsequenzen zusammen. Es reichen wenige Tage bis hin zu (allerhöchstens) einer Buchungsperiode von vier Wochen: Wenn die Verbindlichkeiten nicht bezahlt werden können, muss der Betrieb Insolvenz anmelden – oder andere tun es für und gegen ihn.

Das Ganze ist immer ein schleichender Prozess, der seine Schatten jedoch schon früh vorauswirft. **Signale** sind:

Eines kommt zum anderen: Ereignisse nehmen einen spiralförmigen Verlauf

- ständiger Bargeldmangel,
- gehäufte Mahnungen,
- Lieferanten verlangen Vorauszahlung,
- der Steuerberater ermahnt (hoffentlich),
- die Banken geben keine weiteren Kreditzusagen,
- das Kontokorrent ist längst überzogen usw.

Das Unternehmen muss seine Forderungen in den Griff bekommen und alle seine Außenstände verflüssigen. Es muss ein System haben, welche Zahlungskonditionen gelten und wie gemahnt wird.

Das ist ein Teil der Konditionenpolitik, die bei den Marketinginstrumenten nochmals besprochen wird.

Es ist sinnvoll, sich vor einer konzeptionellen Entscheidung Gedanken über den **Zustand** und die **Lösungsmöglichkeiten** zu machen:

Ärgern und Denken und Handeln

- Was geschieht, wenn der Kunde das vorgesehene Zahlungsziel nicht einhält?
- Welche betrieblichen Nachteile muss der Betrieb verkraften bei säumigen Zahlern?
- Gewähren wir Zahlungsanreize?
- Ist eine Skontogewährung „billiger" als der Bankkredit?
- Können wir Skonto über den Preis „verkaufen"?
- Wann werden die Rechnungen geschrieben?
- Welche Fälligkeiten werden vereinbart?
- Akzeptieren wir Wechsel?
- Gewähren wir Ratenverträge und mit wem können wir diese finanzieren?
- Arbeiten wir mit einer Leasing-Gesellschaft zusammen?

- Akzeptieren wir Kreditkarten?
- Kann man sich vor „schlechten" Kunden schützen?
- Wie werden die Außenstände überwacht?
- Wann und wie reagieren wir, wenn die Zahlung nicht eintrifft?
- Welche Rechte haben wir?
- Was tun bei besonders schwierigen Fällen?
- Wer könnte helfen, die Forderungen einzutreiben?
- Können die Forderungen zu Geld gemacht werden?
- Wann sollte man gerichtliche Hilfe in Anspruch nehmen?
- Wie sollte man gerichtliche Hilfe in Anspruch nehmen?
- Was tun, wenn gar nichts hilft?

Antworten auf diese und weitere Fragen sind die Basis für ein **Forderungsmanagement**. Ziel ist es, die flüssigen Mittel zu erhöhen, Ausfälle zu vermeiden und nötigenfalls zu verkraften.

Vor Vertragsabschluss Auskünfte einholen: Wer ist der Kunde?

Bevor größere Geschäfte mit einem unbekannten Kunden gemacht werden, empfiehlt es sich, mehr über den Kunden in Erfahrung zu bringen. So sehr man sich auch über einen Auftrag freut und man angesichts dieses neuen Geschäftspartners die rosarote Brille aufgesetzt hat, eine Portion **Nüchternheit** ist erforderlich.

Die **Befragung** des Kunden alleine reicht hier nicht, wenn das überhaupt möglich ist. Gibt der neue Kunde **Referenzen**, kann man diese mit aller Vorsicht überprüfen oder überprüfen lassen. Sinnvoll ist sicher eine **Bankauskunft** über die eigene Hausbank, wenngleich diese Auskünfte oft wenig hergeben. Ergänzend sollten Auskünfte über spezielle **Wirtschaftsauskunfteien** eingeholt werden. Institute wie Creditreform, Schimmelpfeng, Bürgel usw. geben fundierte Informationen über Daten des Handelsregisterauszugs, bekannte Vermögensverhältnisse und über das Zahlungsverhalten, soweit Erfahrungen vorliegen.

Handels- und Wirtschaftsauskunfteien geben Informationen

Solche Informationen zeigen zumindest, dass es das fragliche Unternehmen wirklich gibt, wie lange es schon am Markt ist, wer die Eigner sind und ob in der Vergangenheit Auffälligkeiten registriert worden sind.

> Alle diese Daten liegen jedoch in der Vergangenheit, manchmal über viele Monate zurück, sie sind mithin keine Gewähr für die aktuelle Situation.

Auskünfte über die **SCHUFA** betreffen den Kreis der **Privatkunden**. Man erfährt, ob der Kunde bisher gar nicht, positiv oder negativ aufgefallen ist. Steht er auf der Schuldnerliste oder hat er eine eidesstattliche Erklärung abgegeben usw., wird dies mitgeteilt.

Bei **großen Aufträgen**, **hohem Vorfinanzierungsbedarf** wie bei Investitionsgütern oder auch bei **Bauleistungen**, empfiehlt es sich, mit dem

Kunden **Voraus- und Abschlagszahlungen** zu vereinbaren. Geht der Kunde darauf nicht ein, kann eine **Bankbürgschaft** als Zahlungssicherheit vereinbart werden. Umgekehrt kann es sein, dass der Kunde eine **Erfüllungsbürgschaft** verlangt.

Problematisch bei Bürgschaften ist oft die Formulierung, dass bei „vollständiger und mängelfreier Erfüllung des Auftrags" zu zahlen ist. Daraus entwickeln sich gerne Streitigkeiten, bis geklärt ist, was denn unter vollständig und mängelfrei zu verstehen ist. Bei langfristigen Verträgen, die über Bürgschaften abgesichert sind, sollten immer auch Abschlagszahlungen vereinbart werden.

Zahlungssicherstellung und Erfüllungsbürgschaften – Avalkredite über die Bank

Bei der Durchforstung aller Forderungen sollten **„auffällige" Kunden ausgesondert** und entsprechenden Kategorien zugeordnet werden: Handelt es sich um sehr wichtige, wichtige oder weniger wichtige Kunden und was ist bei künftigen Aufträgen zu tun?

Wird Vorauszahlung oder Barzahlung verlangt? Kann man eine Anzahlung vereinbaren? Wie hoch ist das Risiko, wenn wir auf den Kunden verzichten?

Nicht immer ist ein verlorener Kunde ein Verlust – einen zahlungsunwilligen Kunden zu verlieren, ist stets ein Gewinn

8.1 Rechnungsstellung

Die Uhr tickt ab dem Zeitpunkt der Auslieferung bzw. Fertigstellung und Übergabe an den Kunden. Was ist im Betrieb zu tun?

Die Rechnung ist zu schreiben. Sofort.

Es wird oft argumentiert, dass man noch Rapportzettel auswerten muss, Materialentnahmescheine fehlen, das Aufmaß noch nicht gemacht ist und Ähnliches. Das Unternehmen muss dafür sorgen, dass **alle Daten zur Rechnungsstellung unverzüglich zur Verfügung** stehen. Jeder weitere Tag kostet Liquidität und Zinsen!

In einem ordentlichen Unternehmen wird auch die Rechnung nach den **kaufmännischen Gepflogenheiten** geschrieben: Vollständig, übersichtlich, genau, detailliert, so ausführlich wie erforderlich und mit Netto- und Bruttobetrag, also ausgewiesener Mehrwertsteuer.

Eine klare und vollständige Rechnung verhindert Rückfragen des Kunden, die Rechnungsprüfung wird erleichtert

Ganz wichtig ist die **Angabe des Zahlungsziels**: Wann muss der Kunde bezahlen? Natürlich gilt, was vertraglich vereinbart wurde. Ist jedoch nichts abgesprochen, nichts im Angebot genannt – was gilt dann? In diesem Fall gilt das Gesetz (vgl. § 271 BGB).

Oft werden Zahlungsziele von 30 Tagen auf die Rechnungen geschrieben, weil das so üblich ist. Es ist jedoch zu überlegen, welches Zahlungsziel angemessen ist. Wenn die Branche und die Kunden es so verlangen, dann müssen die 30 Tage wohl akzeptiert werden. Wenn aber nicht, muss das

Zahlungsziel verkürzt werden. Durchaus auch drastisch. Das Gesetz sagt: „Die Leistung ist zu erbringen, Zug um Zug." Das heißt salopp ausgedrückt: „Hier ist die Ware, her mit dem Geld." – wie beim Bäcker: Man kauft zwei Brötchen, bekommt sie über die Theke gereicht und zahlt sofort – Zug um Zug.

Rechnungen sofort schreiben

Werden die Rechnungen geschrieben, müssen die **Laufzeiten** natürlich **berücksichtigt** werden. So könnten die Zahlungsziele auf der Rechnung etwa lauten:

- Zahlung nach Rechnungserhalt
- Zahlung 8 Tage nach Rechnungserhalt oder besser:
- Zahlung bis zum (Datum setzen von 8 bis 10 Tagen nach Rechnungsstellung)

Zahlungsziele verringern

Ist mit dem Kunden das „übliche" Zahlungsziel von 30 Tagen vereinbart, versucht der Betrieb oft durch Anreize, den Kunden zur schnelleren Zahlung zu bewegen, denn der Betrieb braucht Liquidität. Deshalb „schenkt" er dem Kunden Geld, damit dieser schneller bezahlt – wie absurd! So heißt es beispielsweise: „Zahlbar innerhalb von 30 Tagen netto oder innerhalb von 8 Tagen abzüglich zwei % (oder drei %) Skonto."

Muss Skonto gewährt werden? Wenn ja, warum?

Wenn man glaubt, dem Kunden **Skonto** gewähren zu müssen, so sollte dieses schon **in den Preis einkalkuliert** sein. Ist das nicht möglich, muss der Betrieb den Zinsverlust (Kontokorrentzins) verkraften. Es wäre wohl von vornherein besser, gleich vernünftige Zahlungsbedingungen zu vereinbaren und durchzusetzen. Daran sollte der Betrieb arbeiten.

Ist ein Zahlungsziel von 30 Tagen vereinbart, muss der Betrieb hoffen, dass nach Ablauf der Frist das Geld eingeht. Meist geschieht das allerdings erst einige Tage später. Wieder ein Zinsverlust! Doch was macht man, wenn das Geld gar nicht eingeht?

8.2   Mahnen!

Verzug bedeutet schuld sein

Warum „müssen" wir mahnen? Natürlich, damit der Schuldner endlich bezahlt. Es hat aber auch einen wichtigen rechtlichen Grund:

> Wer schuld ist, muss den Schaden bezahlen!

Der **Schuldner** kommt durch die Mahnung **in Verzug** (§ 286 I BGB). Der Verzugsbegriff ist ein Rechtsstatus. Jemanden in Verzug setzen, kommt dem Verschulden gleich. In Verzug sein heißt: Schuld haben.

Das hat etwas mit unseren Schadenersatzansprüchen zu tun. Nur jemand, der „schuldhaft" handelt, muss den dadurch entstandenen Schaden ersetzen. Mahnen wir folglich nicht und setzen den Schuldner nicht in Verzug, muss er auch den Verzugsschaden nicht ersetzen.

Was ist der Verzugsschaden? Es ist der **Zinsverlust**, der dadurch entsteht, dass der Gläubiger das Geld nicht verwenden und anlegen kann oder selbst Zinsen bei der Bank bezahlen muss. Der Gläubiger müsste den Zinsbetrag an die Bank nicht bezahlen, wenn er in Höhe der Forderung seinen Konto-korrentkredit hätte reduzieren können.

Ab dem Zeitpunkt, zu welchem der Gläubiger den Schuldner in Verzug gesetzt hat, kann er **Verzugszinsen** berechnen. Das sind nach dem BGB fünf % oder die bei der Bank tatsächlich bezahlten Zinsen (§ 288 BGB).

Sofort nach Ablauf der Fälligkeit mahnen

> Deshalb ist es wichtig, dass unmittelbar nach Ablauf des Fälligkeitstermins die Mahnung erfolgt!

Doch halt, es gibt **Ausnahmen**:

- **Fixtermine**: Bei Fixterminen gerät der Schuldner automatisch, also ohne Mahnung in dem Moment in Verzug, wenn der Termin abgelaufen ist. Dieser Termin muss allerdings eindeutig sein. Fixtermine sind keine Angaben wie „innerhalb von 8 Tagen" oder „bis Ende des Monats" oder dergleichen. Fixtermine sind z.B. „Zahlung am" (konkretes Datum). Mit Ablauf dieses Datums ist der Schuldner in Verzug (§ 286 II S. 1 BGB).

PRAXISTIPP

Vorsicht: Ein Fixtermin muss vereinbart sein! Man kann nicht einfach auf eine Rechnung schreiben „Zahlung am" und das Datum nennen. Fix-termine gelten nur, wenn sie (vertraglich) vereinbart sind, dann sind sie ver-bindlich.

- Die **30-Tage-Frist**: Der Gesetzgeber hat zum Wohle der klein- und mittelständischen Betriebe in § 286 III BGB eine Klausel erlassen, wonach der Schuldner automatisch 30 Tage nach Rechnungsstellung in Verzug gerät. Grund war, dass viele Betriebe die Mahnung unterlassen oder zu spät schreiben und dadurch der Anspruch auf Verzugsschaden nicht möglich war. Diese Regelung gilt aber nur zwischen Betrieben, bei Privatpersonen muss gesondert auf diese Vereinbarung hingewiesen werden. Die 30-Tage-Regelung kommt auch dann nicht zum Tragen, wenn das Zahlungsziel z.B. bei zehn Tagen vereinbart worden ist. In diesem Fall muss gemahnt werden.

> Aber auch wenn die 30-Tage-Regelung für den Verzug des Schuldners von großer Bedeutung ist – gemahnt werden muss trotzdem, da das Geld benötigt wird.

8.3 Die Organisation des Mahnwesens

Entscheidend in diesem Zusammenhang sind die **Größe des Betriebes** und die **Anzahl von Kundenrechnungen und Zahlungsüberschreitungen**.

Größere Betriebe verfügen zumeist über ein EDV-gesteuertes Mahnwesen. Damit ist zumindest sichergestellt, dass Mahnungen das Haus verlassen. Das Unternehmen muss dennoch festlegen, wann, wer, wie gemahnt werden soll.

Differenzierungen ergeben sich hier beispielsweise durch unterschiedliche Kundengruppen: Sehr wichtige Kunden mit hohen Umsätzen wird man eher anrufen, um im persönlichen Gespräch um Zahlung zu bitten, als Klein- oder Massenkunden, welche eine „Allerweltsmahnung" erhalten.

Kleinere Betriebe mahnen häufig auch mit EDV-Unterstützung, organisieren die Mahnrhythmen und Inhalte allerdings eher individuell, wie auch bei „handverlesenen" Mahnungen.

Wichtig ist ein Mahnordner für Rechnungs- und Mahnkopien

Werden Mahnungen nicht durch ein automatisiertes Buchungssystem organisiert, empfiehlt sich die Einrichtung eines Mahnordners. Kopien der Rechnung (Mahnkopien) werden in alphabetischer oder chronologischer Ordnung abgelegt, je nach Erfordernis. Bei der wöchentlichen Mahnarbeit werden die Kopien vernichtet, bei denen der Geldeingang erfolgt ist. Die „Fälligen" werden gemahnt. Die Kopie der Mahnung wandert wieder in den Mahnordner – für die Überprüfung bei der nächsten Fälligkeit.

Wie oft soll gemahnt werden? Die Regel lautet:

> Je mehr Kundenrechnungen und Außenstände vorhanden sind, desto öfter sollte gemahnt werden.

Im kaufmännischen Mahnverfahren soll die Zahlung realisiert werden

Und zwar aus folgendem Grund: Würde man nur ein- oder zweimal mahnen, was dann? Man müsste den Rechtsweg einleiten. Der ist langwierig und teuer. Deshalb soll versucht werden, durch ein optimal organisiertes kaufmännisches Mahnverfahren die Zahlung außergerichtlich einzutreiben.

Der Gesetzgeber verlangt eine Mahnung (§ 286 I BGB). Diese ist für das In-Verzug-Setzen wichtig. Im kaufmännischen Mahnverfahren sind drei Mahnungen weit verbreitet. Bei rasch aufeinander folgenden Mahnstufen sind vier Mahnungen zu empfehlen.

Geht man von der Annahme aus, dass der Kunde nicht automatisch in Verzug gerät, könnten die **vier Mahnstufen** folgendermaßen aussehen.

8.3.1 Erste Mahnung

Die erste Mahnung muss etwa zwei bis drei Tage nach der Fälligkeit versandt werden. Sollte die Zahlung sich mit der Mahnung kreuzen, ist die Angelegenheit für beide Seiten erledigt.

Diese erste Mahnung wird als **„Erinnerung" oder „Zahlungserinnerung"** überschrieben und noch recht zurückhaltend formuliert. Vielleicht hat ja der Kunde tatsächlich die Rechnung übersehen. Anstelle einer Erinnerung versenden manche Betriebe auch einen „Kontoauszug".

BEISPIEL

Der Kunde „Franz Pleitmeier, Import – Export" hat die Rechnung der Firma „Gut & Treu OHG", vom 30.03.200x über € 10.000,–, die am 30.04. spätestens fällig war, nicht bezahlt. Gut & Treu schreibt folgenden Brief:

GUT & TREU OHG

Präzisionsteile
Gewerbegebiet 3
98765 Hoffnungsburg

Firma
Franz Pleitmeier
Import – Export
Trauerweg 13
12345 Armenhausen

Datum: 03.05.200x

Erinnerung
Rechnung vom 30.03.200x

Sehr geehrter Herr Pleitmeier,
wir konnten Ihre seit dem 30.04.200x fällige Zahlung noch nicht feststellen.

Bitte begleichen Sie den rückständigen Betrag in Höhe von

€ 10.000,–

nunmehr bis spätestens 08. Mai 200x.

Mit freundlichen Grüßen

i. A. H. Gscheidle
Gut & Treu OHG

Erinnerungen sind stets höflich und freundlich, aber sachlich formuliert. Entschuldigungen oder Erklärungen sind dabei überflüssig, z.B.:
- „Bei Durchsicht unserer Bücher …" – Wer schaut schon Bücher durch?

- „Sicher haben Sie Verständnis, dass auch wir unseren Verpflichtungen nachkommen müssen." – Würden wir sonst kein Geld nehmen?
- „Mit unseren Leistungen waren Sie doch zufrieden." – Klar, sonst hätte der Kunde schon längst reklamiert.

Kurze Termine setzen
- „Sollten Sie zwischenzeitlich bezahlt haben, betrachten Sie dieses Schreiben als gegenstandslos". – Auch dieser entschuldigende Hinweis ist entbehrlich. Hätte der Kunde rechtzeitig gezahlt, so hätte er sich das Mahnschreiben und uns die damit verbundenen Kosten erspart.

PRAXISTIPP

Wichtig ist, dass Sie immer einen konkreten „letzten" Zahlungstermin nennen. Das erleichtert die eigene Mahnorganisation und nennt dem Schuldner einen Termin, zu dem er hoffentlich zahlt. Der nächste Termin sollte in maximal fünf Tagen sein, damit die nächste Mahnung schnell erfolgen kann, falls er nicht bezahlt.

Organisatorisch ist es höchst sinnvoll, wenn regelmäßig und absolut zuverlässig **ein Tag pro Woche „Mahntag"** ist. Großbetriebe mahnen sogar täglich. Ist das zur lieben Gewohnheit geworden, können Mahnungen nicht vergessen, sondern zeitgerecht versandt werden.

Der Mahntag darf niemals versäumt werden.

Und er muss, auch wenn man das nicht sagen darf, mit etwas Aggression durchgeführt werden, denn hätte der Kunde bezahlt, könnte sich der mahnende Betrieb mehr um seine sonstigen Kunden und andere Angelegenheiten kümmern.

8.3.2   Zweite Mahnung

Präzise die Mahntermine einhalten
Zahlt der Kunde in unserem Beispiel nicht am 08.05., muss die nächste Mahnung wenige Tage danach geschrieben werden und beim Schuldner eintreffen. Es ist lächerlich, wenn der 08.05. genannt wird und die nächste Mahnung kommt irgendwann im Juni oder noch später. Dann ist der Rauch verpufft. Mahnwesen funktioniert nur mit Präzision. Der Schuldner muss merken, da kommt er nicht raus, die haben das Mahnwesen im Griff.

Auch wenn das erste Schreiben als Erinnerung bezeichnet wurde, schreiben wir nun „2. Mahnung".

Sollte allerdings in einem Rechtsstreit ein Gericht die Auffassung vertreten, erst die zweite Mahnung sei die erste, ist das auch zu verkraften, man würde nur wenige Tage Verzugszinsen verlieren. Doch das ist eher unwahrscheinlich, auch bei Gericht ist der Schuldner der Schuldner.

BEISPIEL

Gut & Treu schreibt also die 2. Mahnung.

GUT & TREU OHG   Präzisionsteile
                                  Gewerbegebiet 3
                                  98765 Hoffnungsburg

Firma
Franz Pleitmeier
Import - Export
Trauerweg 13
12345 Armenhausen

Datum: 11.05.200x

2. Mahnung
Rechnung vom 30.03.200x

Sehr geehrter Herr Pleitmeier,
Sie haben unsere Leistung aus obiger Rechnung noch immer nicht bezahlt. Auf
unsere 1. Mahnung vom 03.05.200x haben wir nichts von Ihnen gehört.
Sie befinden sich seit dem 03.05.200x in Zahlungsverzug! Wir müssen ab
diesem Datum Verzugszinsen in Höhe von 12 % berechnen, weshalb wir Sie
nochmals bitten, den rückständigen Betrag in Höhe von

€ 10.000,-

nach Erhalt dieses Schreibens, spätestens jedoch bis zum 16.05.200x bei uns
eingehend, zu bezahlen.

Mit freundlichen Grüßen

i. A. H. Gscheidle
Gut & Treu OHG

Die zweite Mahnung ist stets **höflich**. Sämtliche Schnörkeleien sind zu
vermeiden. Es zählt die reine **Sachlichkeit**.

In dieser zweiten Mahnung verweisen wir darauf, dass wir schon einmal
gemahnt haben. Dem könnte der Kunde jetzt widersprechen. Wir reichen
dem Schuldner auch die Hand: „... wir haben nichts von Ihnen gehört". Er
könnte sich ja auch melden, um einen Zahlungsaufschub zu erbitten oder
eine Lösung zu vereinbaren, vielleicht eine Wechselfinanzierung. Unter
ordentlichen Kaufleuten gehört es sich, dass man miteinander spricht und
nicht den Lieferanten einfach hängenlässt.

*Verlieren gute Sitten
an Wert?*

Der rechtliche Hinweis, seit wann (Datum der 1. Mahnung / Erinnerung) sich
der Schuldner in Verzug befindet, soll die Ernsthaftigkeit unterstreichen.

Ebenfalls wird die **Höhe des Verzugszinses** (zwöf % Kontokorrentzins) genannt. Ob der Zinsbetrag bereits in der zweiten Mahnung ausgewiesen wird, muss fallweise entschieden werden. Sind die Zinsen nur einige Cent oder wenige Euro, verursachen sie keinen Druck. Bei höheren Beträgen hingegen sollen sie Druck erzeugen. Es muss auch entschieden werden, ob man die Zinsen tatsächlich einfordern kann und will oder ob man heilfroh ist, wenn der Hauptbetrag endlich bezahlt ist.

8.3.3   Dritte Mahnung

Die dritte Mahnung wird häufig als die „letzte" Mahnung verstanden. Sie muss höflich und bestimmt sein und einen **Hinweis auf die Konsequenzen** enthalten.

BEISPIEL

Die Zahlung der Firma Pleitmeier erfolgt nicht, es folgt die 3. Mahnung:

GUT & TREU OHG   Präzisionsteile
                                                     Gewerbegebiet 3
                                                     98765 Hoffnungsburg

Firma
Franz Pleitmeier
Import – Export
Trauerweg 13
12345 Armenhausen

Datum: 19.05.200x

3. Mahnung
Rechnung vom 30.03.200x

Sehr geehrter Herr Pleitmeier,
Sie haben auf unsere vorangegangenen Mahnungen nicht reagiert.
Wir setzen Ihnen deshalb eine Nachfrist zur Begleichung unserer obigen Rechnung in Höhe von

Rechnungsbetrag	€ 10.000,00
12 % Verzugszinsen seit dem 03.05.200x	€ 53,33 per 19.05.
Gesamt	€ 10.053,33

bis spätestens 24. Mai 200x.

Wir sind sicher, dass Sie die nicht unerheblichen Kosten des Rechtsweges vermeiden wollen und Ihrer Zahlungspflicht sofort nachkommen.

Hochachtungsvoll

i. A. H. Gscheidle
Gut & Treu OHG

Durch die rasch aufeinander folgenden Mahnungen, die Bezeichnung als dritte Mahnung, die Formulierung einer „Nachfrist", die Berechnung der Zinsen und den Verweis auf den Rechtsweg erfolgt in vielen Fällen jetzt die Zahlung.

Die Berechnung der Verzugszinsen erfolgt folgendermaßen:

Verzugszinsen berechnen!

$$\text{Verzugszinsen} = \frac{\text{Kapital} \cdot \text{Zins}}{360} \cdot \text{Kalendertage}$$

BEISPIEL

In unserem Beispiel berechnen sich also die Verzugszinsen:

$$\frac{€\,10.000,- \cdot 12\,\%}{360} = 3,33 \cdot 16\,\text{Tage} = €\,53,33$$

Kalendertage des Verzugs: 03.05.–19.05.

8.3.4 Vierte Mahnung

Es ist eine Grundsatzentscheidung, wie viele Mahnungen vor dem Rechtsweg geschrieben werden sollen. Entscheidend sind die Anzahl der säumigen Zahler und die durch das Mahnwesen verursachten Kosten im Betrieb.

In unserem Beispiel sind vier Mahnstufen vorgesehen und der Schuldner bleibt auch nach der dritten Mahnung hartnäckig.

Wenn sich ein Unternehmen für drei Mahnstufen entschieden hat, könnte die dritte etwa so wie diese vierte und letzte Stufe formuliert sein:

BEISPIEL

GUT & TREU OHG

Präzisionsteile
Gewerbegebiet 3
98765 Hoffnungsburg

Firma
Franz Pleitmeier
Import - Export
Trauerweg 13
12345 Armenhausen

Datum: 27.05.200x

4. Mahnung
Rechnung vom 30.03.200x

> Sehr geehrter Herr Pleitmeier,
> wir bedauern, dass wir gerichtliche Hilfe zum Einzug
> unserer Forderung aus obiger Rechnung in Höhe von
>
> | Rechnungsbetrag | € 10.000,00 |
> | 12 % Verzugszinsen seit dem 03.05.200x | €   80,00 per 27.05. |
> | **Gesamt** | **€ 10.080,00** |
>
> in Anspruch nehmen müssen.
>
> Sollte unsere Forderung, einschließlich Verzugszinsen, nicht bis
>   31.05.200x
> bei uns eingegangen sein, werden wir ohne jede weitere Nachricht an Sie den
> Rechtsweg einleiten.
>
> Hochachtungsvoll
>
> i.A. H. Gscheidle
> Gut & Treu OHG

Diese Mahnung soll zeigen, dass man mit der Geduld am Ende ist und nun auch die Verzugszinsen haben will. Die Formulierung „Rechtsweg" lässt die Möglichkeit offen, wie weiter vorgegangen wird.

PRAXISTIPP

Formulierungen wie „letzte Mahnung" sollte man überdenken, da das vielleicht nur bewirkt, dass der Schuldner froh ist, dass der Gläubiger nun endlich mit den lästigen Mahnungen aufhört.

„Hochachtungsvoll" ist distanzierter als „Freundliche Grüße"

„Mit freundlichen Grüßen" ist als Grußformel nicht mehr angebracht. Obwohl unsere Hochachtung sehr gesunken ist, verhalten wir uns auch bei der vierten Mahnung nach den Regeln der kaufmännischen Höflichkeit. Nun ist aber „Hochachtungsvoll" distanzierter als „Freundliche Grüße".

BEISPIEL

Nehmen wir an, der Kunde zahlt am 31.05. Der Zeitbedarf bis hierher ist immens:
- Produktionszeit (Vorfinanzierung)
- Zeitbedarf, bis die Rechnung geschrieben wurde
- Rechnung vom 30.03.
- Zahlung am 31.05.

Der Blick auf die Zinsen zeigt:
Das Zeitvolumen ohne die Tage bis zur Rechnungsstellung beträgt 61 Tage, die Kontokorrentzinsen bei der Hausbank 12 %. Das bedeutet:

$$\frac{10.000 \cdot 12\,\%}{360} \cdot 61 \text{ Tage} = €\ 203,33$$

Bei einem Zahlungsziel von 30 Tagen sind trotz der raschen Mahnfolgen zwei Monate vergangen. In dieser Zeit war das Kontokorrent mit der Forderung belastet und kostete mehr als € 200,– an Zinsen. Das macht auch deutlich, dass

Jeder Tag ohne Zahlungseingang kostet bares Geld

- die Zeit bis zur Rechnungserstellung verkürzt,
- das Zahlungsziel gesenkt und
- das Mahnwesen konsequent systematisiert werden muss.

Trotzdem wird in den Betrieben das Mahnwesen oft vernachlässigt. Mehrere Monate bis zur Buchung der Zahlungseingänge sind keine Seltenheit.

Rechnet das Unternehmen die **Verlustzinsen** aus und überdenkt die **Liquiditätslage**, werden die Konsequenzen deutlich – und was es alles zu verändern gilt.

Was aber tun, wenn der Schuldner auch nach der vierten Mahnung (bzw. der letzten) nicht bezahlt? Die letzte Mahnung hat den Rechtsweg angekündigt. Es ergeben sich mehrere Möglichkeiten.

8.3.5 Zusammenarbeit mit einem Inkassoinstitut

Ein Institut, wie z.B. Creditreform, treibt die Forderungen ein. Das Institut kümmert sich um das weitere Vorgehen und entscheidet, ob man noch außergerichtlich etwas erreichen kann.

8.3.6 Zusammenarbeit mit einem Rechtsanwalt

Der Rechtsanwalt versucht i.d.R., die Forderung vor einem gerichtlichen Verfahren einzutreiben. Er schreibt den Schuldner an, sinngemäß:

BEISPIEL

„Wir sind beauftragt, für unseren Mandanten, die Firma Gut & Treu OHG, die Forderung gegen Sie aus Rechnung Nr. XX vom 30.03.200x in Höhe von € 10.000,– nebst Verzugszinsen seit dem 03.05.200x in Höhe von € XX einzuziehen.
Bitte zahlen Sie den Gesamtbetrag von € XX, nebst unserer beigefügten Honorarkostennote in Höhe von € XX, bis spätestens zum … auf eines unserer unten genannten Konten.

Nun wird es teuer für den Schuldner. Er muss auch die Anwaltsgebühren bezahlen.

Reagiert der Schuldner nicht, wird der Rechtsanwalt **Klage erheben** oder einen **Mahnbescheid** erlassen.

8.4 Klage erheben

Liegt die Forderung unter der Grenze von € 5.000,–, kann das **Unternehmen selbst** Klage beim zuständigen Amtsgericht einreichen. Erforderlich dazu sind ein Schriftsatz und die Aufforderung an das Gericht, dass der Schuldner zu verurteilen sei, die Forderung nebst Zinsen und Gerichtskosten zu bezahlen.
   Der Schriftsatz muss den Anspruch bezeichnen, z.B. Warenkauf, Kaufvertrag, Werkvertrag, Dienstvertrag, sowie das Fälligkeitsdatum und den Forderungsbetrag.

Im Regelfall wird die Klage von einem **Rechtsanwalt** eingereicht. Das ist immer dann notwendig, wenn die Streitsumme den Betrag von € 5.000,– übersteigt.

> Die Klage ist dann sinnvoll, wenn abzuschätzen ist, dass der Mahnbescheid entbehrlich ist, da ohnehin ein Widerspruch erwartet wird oder andere Gründe vorliegen.

Der Rechtsanwalt wird seine Honorarkosten ebenfalls von dem Schuldner einklagen. Der Schuldner hat auch die Gerichtskosten zu bezahlen. Immer vorausgesetzt, der Schuldner kann im Gerichtsverfahren keine gegenteiligen Gründe anführen.

Bei Zahlungsunfähigkeit des Schuldners hat der Kläger das Nachsehen

Sollte der **Schuldner zahlungsunfähig** sein oder werden, muss der Kläger die Anwalts- und Gerichtskosten selbst übernehmen. Eine Klage ist also nicht ohne Risiko, wenn abzusehen ist, dass der Schuldner nicht vollstreckt werden kann.

8.5 Mahnbescheid

Hat der Schuldner auf die vierte Mahnung nicht reagiert, kann man selbst einen Mahnbescheid gegen ihn erlassen. Den gleichen Weg wird auch das Inkassobüro oder der Rechtsanwalt gehen.

Eine kaufmännische Mahnung unterbricht die Verjährungsfrist nicht; nur eine Klage oder ein gerichtlicher Mahnbescheid

Der Mahnbescheid bietet einige Vorteile: Er ist unkompliziert und leitet die Unterbrechung der Verjährung ein. Das ist bedeutsam, um die Verjährung zu verhindern (siehe § 196 BGB).

Doch wie muss ein Mahnbescheid aussehen und wie gelangt er zum Gericht?

Im Schreibwarenhandel kann man entsprechende Formulare **„Antrag auf Erlass eines Mahnbescheides"** kaufen. In dem **Formular** müssen die entsprechenden Angaben gemacht werden und der Anspruch benannt werden. Ebenso können alle Zinsen und Kosten, die bisher entstanden sind, eingetragen werden.

Der Antrag wird, je nach Bundesland, an das zuständige Amtsgericht (ggf. Zentralstelle des jeweiligen Bundeslandes) gesandt.

Das Gericht prüft allerdings nicht die Richtigkeit des Anspruchs. Das Gericht prüft, ob der Mahnbescheid die **formalen Voraussetzungen** erfüllt, nicht aber die Beweis- oder Argumentationslage.

Das Gericht sendet dem Antragsteller dann zunächst eine Rechnung über die Gerichtskosten. Außerdem versendet das Gericht den gerichtlichen Mahnbescheid per Postzustellungsurkunde an den Schuldner.

Eigentlich wollte man Geld haben, jetzt muss man erst einmal zahlen!

Der Schuldner hat nun drei Möglichkeiten:
- **Er zahlt.** – Wie schön. Das hätte er doch längst tun können. Wochenlange Mahnungen waren offenbar nicht streng und teuer genug.
- **Er tut gar nichts.** – Das ist gar nicht so schlecht, denn nach Ablauf der Widerspruchsfrist wird der Mahnbescheid automatisch rechtskräftig. Darin liegt ein wesentlicher Vorteil des Mahnbescheides: Ohne Gerichtsverhandlung wird der Mahnbescheid zum Titel, das heißt, er entspricht einem **Urteil** (analog Versäumnisurteil) und verjährt erst in 30 Jahren. Der Gläubiger kann vom Gericht einen Vollstreckungsbescheid anfordern und den Schuldner nun 30 Jahre lang mit seiner Forderung verfolgen!
- **Er erhebt Widerspruch.** Innerhalb der vorgegebenen Frist von zwei Wochen schickt der Schuldner dem Gericht seinen Widerspruch zu. Das Gericht teilt dies dem Gläubiger mit (sinngemäß): „Der Schuldner hat Widerspruch eingelegt, die Forderung sei unbegründet. Zur Eröffnung des strittigen Verfahrens vor dem Amtgericht XYZ werden Sie gebeten, einen weiteren Gerichtskostenvorschuss in Höhe von € XX zu bezahlen".

Eigentlich wollte man Geld haben, jetzt muss man schon wieder bezahlen!

Nun beginnt bei dem zuständigen Gericht das ganz normale strittige Verfahren. Endet es mit einem Urteil gegen den Schuldner, kann die **Vollstreckung** eingeleitet werden. Gerät der Schuldner in Insolvenz, muss der Gläubiger die gesamten Anwalts- und Gerichtskosten bezahlen.

Auch gegen den Vollstreckungsbescheid steht dem Schuldner ein Einspruchsrecht zu. Erhebt er Einspruch, wird das strittige Verfahren vor dem zuständigen Gericht geführt. Erhebt er keinen Einspruch, wird der Vollstreckungsbescheid rechtskräftig.

Der Gläubiger muss sehr genau prüfen, ob er ein gerichtliches Verfahren anstreben und durchführen will:

- Liegen keinerlei Erkenntnisse vor, außer dass der Schuldner böswillig ist, dann führt man selbstverständlich das Verfahren durch.
- Liegen Erkenntnisse vor, dass der Schuldner in Insolvenz geraten könnte, reicht erst einmal der Mahnbescheid, um zumindest die Forderung vor der Verjährung zu sichern.
- Ist bekannt, dass der Schuldner die Leistung in irgendeiner Weise reklamiert hat und deshalb nicht bezahlt, muss schon sehr eindeutig sein, dass die Reklamation nicht den Tatsachen entspricht. Sonst muss erst die Reklamation beseitigt werden und möglichst außergerichtlich mit dem Kunden eine Einigung gefunden werden.

PRAXISTIPP

Liegt eine Reklamation vor und der Unternehmer beseitigt sie nicht, wird das Gerichtsverfahren zur Qual: In der Gerichtsverhandlung wird der Gläubiger sein Geld fordern, der Schuldner wird die Forderung bestreiten, da die Leistung mangelhaft sei.

Zum Beweis wird ein Beweissicherungsgutachten erforderlich. Vielleicht sogar ein Gegengutachten. Alles kostet Geld! Da bei Gegenreklamationen meist auch etwas „dran" ist, wird nach monate- oder gar jahrelangem Prozessverlauf der Richter einen Vergleich vorschlagen. Meist endet ein solches Verfahren auch als Vergleich.

Die Folgen: Der Schuldner wird nur einen Teil der Forderung bezahlen müssen, man bekommt also weniger Geld. Man bezahlt seinen Rechtsanwalt und meist einen Teil der Gerichtsgebühren. Der Schuldner hat teilweise Recht bekommen, die Anwälte haben ihre Anwalts- und Vergleichgebühren kassiert, der Sachverständige für das Beweissicherungsverfahren wurde bezahlt, das Gericht schickt seinen Gebührenbescheid. Wartezeit und nervliche Belastung nicht eingerechnet.

Der Unternehmer muss genau abwägen, ob man ein solches Verfahren will und wie die Erfolgsaussichten sind. Bestehen Zweifel, ist es allemal besser, mit dem Kunden vor einer Gerichtsverhandlung einen gemeinsamen Weg zu suchen, nötigenfalls jetzt auf einen Teil der Forderungen zu verzichten. Dann hat man wenigstens einen Teilbetrag und erspart sich den Prozess.

Forderungen ganz auszubuchen, ist dann der vernünftigere Weg, wenn der Aufwand des gerichtlichen Verfahrens zu groß wird. Die Entscheidung muss in der Kosten-Nutzen-Relation getroffen werden.

Kein gutes Geld schlechten Geschäften hinterherwerfen

Das ist durchaus nicht leichtfertig, es geht um die Abwägung von Aufwand und Erfolgsaussichten. Vielleicht ist es besser, sich auf neue und „gute" Kunden zu konzentrieren und die Zukunft zu gestalten.

Liegen dem Gläubiger die **vollstreckbaren Urkunden des Gerichts** vor, kann er die Zwangsvollstreckung beim Vollstreckungsgericht beantragen. Das Vollstreckungsgericht ist beim Amtsgericht. Der Gerichtsvollzieher wird versuchen, beim Schuldner die Forderung durch Pfändung von Vermögensgegenständen umzusetzen. Ist jedoch nichts Pfändbares vorhanden, ist der Vollstreckungsversuch ergebnislos und der Gläubiger muss auch noch die Kosten des Gerichtsvollziehers bezahlen. Vollstreckungsversuche kann der Gläubiger nun 30 Jahre lang anstrengen (vgl. ZPO).

Verfügt der Betrieb über regelmäßige oder mehrere „ausgeklagte Forderungen" kann er diesen Bestand an entsprechende **Inkassogesellschaften** „verkaufen". Diese Institute verfolgen den Schuldner und versuchen, die Forderungen zu realisieren, die Unternehmen selbst sind meist nicht in der Lage, den Schuldner zu „verfolgen", um zu sehen, wo er sich aufhält, ob er Einkommen hat und ob man vollstrecken kann.

Mahnstufe	Fälligkeit zur internen Organisation	Form	Frist
Erinnerung	nach 3 Tagen	freundlich, höflich	5 Tage
2. Mahnung	8. Tag nach Erinnerung	höflich	5 Tage
3. Mahnung	8. Tag nach 2. Mahnung	höflich und bestimmt	5 Tage
4. Mahnung	8. Tag nach 3. Mahnung	höflich, bestimmt, mit Drohung	5 Tage max.
• Spätestens 8 Tage nach Mahnung 4 folgt die 5. Mahnung durch Inkassobüro oder Rechtsanwalt			
• Nächster Schritt: Mahnbescheid oder Klage			
• Vollstreckung			

Abb. 39: Zusammenfassung des Mahnweges

Die Formulierung der Mahnschreiben sollte der Sprache des Kunden angepasst sein. Damit ist kein Süßholzraspeln gemeint, Mahnungen müssen sehr sachlich bleiben. Es geht um den unterschiedlichen **Sprachgebrauch**. Privatkunden gegenüber muss man möglicherweise in einer einfacheren Sprache schreiben als Firmenkunden, welche die Terminologie verstehen müssen.

Auch an die Kundengruppe sollte der Sprachgebrauch angepasst werden: Ein Zahntechniker hat mit Zahnärzten zu tun, das ist eine andere Sprache, als sie der Schreiner mit einem Holzverkäufer oder ein Zweiradmechaniker mit Motorradkunden spricht.

8.6   Factoring

Anstatt sich mit dem Eintreiben von Außenständen abzumühen und die stete Ungewissheit des Bestandes an flüssigen Mitteln ertragen zu müssen, können Forderungen auch „verkauft" werden. Die speziellen damit befassten Institute werden als **Factoring-Banken** bezeichnet.

Das Factoring-Institut übernimmt die **Rechnungsstellung**, das **Mahnwesen** und das **Inkasso**. Das Unternehmen erhält sofort den Forderungsbetrag, abzüglich eines Prozentsatzes von z.B. 15 %. Das bedeutet, dass dem Unternehmen sofort 85 % der Forderungen als liquide Mittel zufließen.

Mehrkosten versus Liquiditätsvorteil

Die Factoring-Bank erhält für die sofort ausbezahlten Forderungsanteile einen **Kreditzins**, der wohl etwas höher liegt als ein Kontokorrentkredit. Die Bank berechnet auch Kosten für das Inkasso und die Übernahme des **Ausfallrisikos**.

Dagegen müssen die **Dienstleistungen** gerechnet werden, welche die Bank übernimmt. Ausschlaggebend ist der große **Liquiditätsvorteil**. Insbesondere größere Firmen haben schnell erkannt, dass das Factoring recht vorteilhaft für das Unternehmen ist.

Für Factoring-Institute sind allerdings nur regelmäßige und hohe Forderungen interessant. Inzwischen gibt es aber auch Factoring-Banken, die schon mit kleinen Forderungssummen ab € 10.000,– mtl. arbeiten.

Die Factoring-Bank kauft auch nicht alle Forderungen auf, die Bonität der Kunden wird entsprechend geprüft.

8.7   Eigentumsvorbehalt

Der Eigentumsvorbehalt ist ein dingliches Recht: Das Eigentum an einer Sache wird erst dann an den Käufer übertragen, wenn dieser bezahlt hat.

Aus einem Kaufvertrag ist der Verkäufer verpflichtet, dem Käufer die jeweilige Sache zu liefern und zu übereignen. Der Käufer hingegen ist verpflichtet, die Sache anzunehmen und zu bezahlen. Der Gesetzgeber sagt aber nicht zwingend, in welcher Reihenfolge das zu geschehen hat. Egal wie man es sehen will, der Verkäufer muss die Sache liefern und dem Käufer das Eigentum daran übertragen.

Jeder Kaufvertrag hat vier eigenständige Verpflichtungs- und Verfügungsgeschäfte zur Folge: Lieferung und Übereignung Abnahme und Zahlung

Es besteht jedoch Vertragsautonomie, das heißt, dass die Vertragspartner bestimmte **Bedingungen an die Erfüllung des Kaufvertrages** knüpfen dürfen. Deshalb kann der Verkäufer verlangen, dass der Käufer erst bezahlt und dass der Käufer erst, wenn die Zahlung erfolgt ist, Eigentümer der Sache wird.

Das hat nichts mit der Lieferung zu tun. Liefert der Verkäufer und der Käufer nimmt die Ware ab, dann ist er, wenn die Ware unter Eigentumsvorbehalt geliefert wurde, nur **Besitzer.** Der Verkäufer bleibt **Eigentümer,** bis die aufschiebende Bedingung der Zahlung erfüllt ist. Dann ist der Käufer automatisch Eigentümer geworden.

Bezahlt der Käufer nicht, bleibt der Verkäufer Eigentümer und kann sein Recht, mit seinem Eigentum nach Belieben zu verfahren, nutzen und die Ware zurückholen.

Wichtige Unterscheidung: Eigentum und Besitz

Der Eigentumsvorbehalt ist allerdings nicht immer zu verwirklichen oder sinnvoll. Wer will schon die Ware zurück – man will das Geld. Dennoch ist es ein Sicherungsmittel, wenn z.B. größere Posten geliefert werden und der Kunde in Insolvenz gerät. Hier kann der Verkäufer bei dem Insolvenzverwalter nachweisen, dass er noch Eigentümer ist, und die Sache zurückholen.

Wenn der Kunde böswillig nicht zahlt, dann darf der Eigentümer seine Sache herausfordern. Ist die Ware jedoch inzwischen verarbeitet oder nicht mehr auffindbar, geht der Eigentumsvorbehalt meist leer aus. Im so genannten **„verlängerten Eigentumsvorbehalt"** sichert sich der Verkäufer allerdings das Recht an dem Wert seiner Lieferung, welche in die verarbeitete Sache eingegangen ist.

Es wäre Diebstahl, wenn Teile aus einem Gebäude entfernt würden, auch dann, wenn sie unter Eigentumsvorbehalt geliefert wurden

BEISPIELE

- Liefert z.B. der Müller Mehl an den Bäcker im Sinne des verlängerten Eigentumsvorbehaltes und der Bäcker hat aus dem Mehl bereits Brot gebacken und verkauft, erwirbt der Müller ein Eigentumsrecht an dem Wertanteil des Geldes aus dem Brotverkauf. – Kompliziert und oft erfolglos.

- Ebenso problematisch ist es, wenn z.B. ein Schreiner Fenster unter Eigentumsvorbehalt liefert. Sind die Fenster eingebaut, gehören sie zum Gebäude, das Eigentum der Fenster ist auf den Grundstückseigner übergegangen.

- Oder: Die Heizungsfirma liefert unter Eigentumsvorbehalt an einen Bauträger einen Heizkessel und mehrere Heizkörper an eine Baustelle. Der Kessel wird sofort in den Keller transportiert und auf dem Sockel befestigt. Ein Teil der Heizkörper sind im Erdgeschoss eingehängt (nicht angeschlossen), der rest liegt noch auf dem Hof, als der Bauträger zahlungsunfähig wird. Hier darf die Heizungsfirma nur die Heizkörper, welche noch im Hof liegen, abholen, sie sind Eigentum der Heizungsfirma. Der Kessel und die im Gebäude aufgehängten Heizkörper sind Bestandteil des Gebäudes geworden und dürfen nicht mehr entfernt werden (vgl. §§ 93, 94, 946 [951] BGB).

Die Sicherungsklausel des Eigentumsvorbehaltes ist durchaus sinnvoll, aber nicht immer wirkungsvoll. Entscheidend ist, dass der Eigentumsvor-

behalt bereits im Vertrag oder durch die Geschäftsbedingungen vereinbart
worden ist: „Wir behalten uns das Eigentumsrecht an der gelieferten Sache
bis zur vollständigen Bezahlung vor."

Nur vertragliche
Bedingungen gelten

Die Erwähnung der Klausel nur auf der Rechnung muss sich der Kunde
als „nachgeschobene Vertragsbedingung" nicht gefallen lassen. Also unbedingt vorher, bei Vertragsschluss, vereinbaren!

8.8 Die Rezeptur des Forderungsmanagements

Aus folgenden „Zutaten" wird der Mahnerfolg bestimmt:
- **Führungsvorgabe**: Kontrahierungspolitik / Preis- und Konditionenpolitik; Kundenpolitik; Finanzpolitik; Image
- **Ordnung**: Rechnungswesen; Informationsquellen, BWA, Finanz-
  planung; Kundenauskünfte und -informationen; Mahnordner, Mahn-
  programm
- **Präzision**: Zeitfaktoren, Datum der Rechnungserstellung, Rechnungs-
  versand, Zahlungsziele, Mahndaten, Datenkontrolle, Nachfristen
- **System**: Anzahl der Mahnungen, Inhalte, Art der Mahnung, Mahntag
- **Rechtssicherheit**: Verzug, Verjährung, Eigentumsvorbehalt, Schaden-
  ersatzansprüche; gerichtliches Mahnverfahren
- **Disziplin**: absolute Konsequenz, Selbstdisziplin, Einhaltung aller
  Bedingungen

Mahnerfolg bedeutet:
- geringere Außenstände
- mehr Liquidität
- Zinsgewinn
- mehr Rentabilität

Mit anderen Worten: Mahnerfolg ermöglicht ein verbessertes
Ergebnis für die Primärziele des Unternehmens, nämlich Liquidität
und Rentabilität!

9 Mitarbeiterführung

9.1 Führungssysteme

Wer keine Ahnung vom
Menschen und von
menschlichem Verhalten
hat, kann nicht führen

Führen ist die hohe Kunst, menschlich-emotionale und sachlich-rationale
Gegebenheiten zur erkennen, zu vereinen und zielorientiert zu steuern.

Führungsfähigkeiten verlangen **logisch-rationales Managementkönnen** und eine Persönlichkeitsstruktur, die nicht nur Grundlagen der
Führungspsychologie gelernt hat (wenn überhaupt), sondern ein **positives**

Menschenbild besitzt und auch Kompetenz in der Wahrnehmung, der Reflexion, der vorbildlichen Wertevermittlung und aufrechten Werteerhaltung.

„Für den Chef geh' ich durchs Feuer!" – Was sind das für Chefs, welche Eigenschaften zeichnen sie aus? In unserer heutigen Leistungsgesellschaft ist die Ellenbogenmentalität leider weit verbreitet. Es gibt aber nach wie vor höchst erfolgreiche Unternehmer, die erkannt haben, dass nur hoch motivierte Mitarbeiter die gewünschte Leistung bringen.

Vorbilder sind Leitbilder

Was motiviert denn Mitarbeiter? Der Lohn? Gewiss, die Entlohnung für die geleistete Arbeit muss stimmen, Lohn allein ist jedoch keine positive Motivationsebene.

Das **aktive Einbeziehen** der Mitarbeiter in den Leistungsprozess, Vorschläge und Meinungen **anhören**, abwägen und **miteinander besprechen**, heißt für den Mitarbeiter: Ich werde ernst genommen, ich bin gefragt, ja, ich werde gebraucht. Das nährt sein Selbstwertgefühl. Eine partnerschaftliche Arbeitsebene bedeutet nicht das Aufgeben von Souveränität des Vorgesetzten, ganz im Gegenteil, Menschlichkeit kommt an. „Persönliche Souveränität ist ein Kapital, das sich durch nichts aufwiegen lässt. Es ist für den Leitenden wertvoller als Gold." (Busch 2000 a, S. 123)

Nicht die Mitarbeiter sind schlecht, sie werden falsch geführt

Die Wirkungen auf den Menschen innerhalb des Aufgaben- und Tätigkeitsumfeldes werden **intrinsische Motivationsfaktoren** genannt. Die Einflüsse von außen, also Wirkungen auf den Menschen, die außerhalb der Arbeitsaufgabe auf ihn einwirken, bezeichnet man als **extrinsische Motivationsfaktoren**.

Die Kunst des Führens: Vorbild, Ebenbürtigkeit, Motivation

Das Bedürfnis des Menschen nach **Zufriedenheit** ist mit den Wachstumsbedürfnissen, welche auf die Theorie Abraham Maslows zurückführen, gut zu erklären (siehe Bedürfnispyramide). **Bedürfnisse des Mangels**, des noch nicht Erreichten, sind Antriebskräfte und damit motivierend.

Der empfundene Mangel begründet sich aber keineswegs nur auf materielle Anreize, sondern ebenso auf die „weichen" Faktoren (soft skills) wie Selbstentfaltung, persönliche Entwicklung, Status und Aufstieg, Zuwendung, Geborgenheit, Sinngebung, Neugierde, Trieberfüllung, Verlangen, Anerkennung usw.

Gründe der Zufriedenheit oder Unzufriedenheit resultieren aus zahlreichen Einflüssen: Ängste, Unsicherheit, Arbeitsklima, Arbeitsbedingungen, Ansehen der Arbeit und Image der Firma spielen ebenso eine Rolle wie z.B. Arbeitsinhalt und Resultate, Prestige, Macht, Karriere und Bezahlung.

Aufgabe des Managements ist es, Ungleichgewichte zu vermeiden, ausgewogene Verhältnisse herzustellen und zu sichern.

Das ist wesentlich leichter gesagt als getan, da die Empfindung, was motiviert, nicht bei allen Beschäftigten als gleich vorausgesetzt werden kann. **Jeder Mitarbeiter hat individuelle Vorstellungen**, Empfindungen und Beweggründe, bringt unterschiedliche Sozialisierungsmerkmale, Fähigkeiten und Lebensläufe mit.

Diese Vielfalt der Persönlichkeiten, die in ihrer Gesamtheit ja höchst positiv ist, gilt es so zu berücksichtigen, dass sich alle im Unternehmen angesprochen und integriert fühlen können.

„Wähle einfach und frei das | Das Management wird in seinen Grundsätzen der Mitarbeiterführung
Bessere und halte dich | motivierende Faktoren wie die folgenden berücksichtigen:
daran." (Marc Aurel)

Das Management wird in seinen Grundsätzen der Mitarbeiterführung motivierende Faktoren wie die folgenden berücksichtigen:

- interessante, abwechslungsreiche Tätigkeit
- „menschliche" Verhaltensformen der Vorgesetzten
- gutes Arbeitsklima, Kollegialität
- gerechtes Entgeltsystem
- freundliche Umgangsformen, Umgangston
- sachgerechte Informations- und Kommunikationssysteme
- geeignete Weiterbildungsangebote
- Sicherheit des Arbeitsplatzes
- vernünftige Arbeitszeiten

Diese **Grundsätze müssen schriftlich festgelegt** und allen Beteiligten zugänglich sein. „Als Unternehmenschef besteht Ihre Aufgabe darin, alle Prozesse in Ihrem Unternehmen zu erfassen, Abläufe zu definieren und sie so zu systematisieren, dass sie in ein Handbuch passen. Dabei ist das Prinzip der Schriftlichkeit entscheidend. Denn nur was schriftlich fixiert ist, wird nicht vergessen und ist letzten Endes nachvollziehbar." (Geffroy 2004, S. 147)

> Ziel ist es, durch die Arbeitsbedingungen dazu beizutragen, dass die Belegschaft möglichst positiv motiviert ist und damit bessere Arbeitsergebnisse bei höherer Produktivität sichert.

Führen und Verführen? Damit wird auch deutlich, dass diese angewandten Managementtechniken der Motivation eine **Fremdsteuerung des Mitarbeiters** darstellen, eine Art Manipulation. Mit der Kenntnis der menschlichen Bedürfnisse und ihrer gezielten Absicht, diesen Bedürfnissen zu entsprechen, sie zu befriedigen, verfolgt das Management das Ziel, durch Manipulation dem eigenen Zweck zu entsprechen.

Es ist das gleiche Muster wie beim Marketing. Hier werden Verbraucher „manipuliert", Dinge zu konsumieren, um ihr subjektives Mangelempfinden auszugleichen.

„Ja, Manipulation. Motivierung ist und bleibt Fremdsteuerung, wie man es auch dreht und wendet, es bleibt Manipulation (lat. „mit der Hand ziehen"). Auch dann, wenn man sich in methodisches Drumherumreden flüchtet. Damit ist über deren moralische Wertigkeit zunächst noch überhaupt nichts ausgesagt." (Sprenger 1992, S.20)

Aus Sicht des Managements ist die Motivation im Sinne der Unternehmensziele dann ein legitimes Mittel, wenn es **ethisch-moralischen Grundsätzen** einer **menschlich-partnerschaftlich ausgerichteten Unternehmenskultur** entspricht. Aus Sicht der Belegschaft führen die Anreize zu einer höheren Leistungsbereitschaft, welche aber auch den eigenen Zufriedenheitsaspekten dient.

„Handlung wird durch Haltung begründet."
(Alfred Herrhausen)

9.1.1 Führungsstile und Führungsverhalten

Der Vorgesetzte entscheidet alles selbst und ordnet an, Mitarbeiter sind ohne wirklich eigene Befugnisse, Mitarbeiter haben sich dem Diktat des Chefs zu beugen, ihre Meinung ist nicht gefragt – das ist das eine Extrem, nämlich ein **autoritärer Führungsstil**.

Das gegenüberliegende Extrem: Mitarbeiter organisieren sich und ihre Aufgabenerfüllung weitestgehend selbst, sind autonom und eigenverantwortlich, Vorgesetzte koordinieren Abläufe und Ergebnisse im **demokratischen Führungsstil**.

Bestimmt beim autoritären Führungsstil die Willensbildung des Vorgesetzten den Ablauf, so beherrscht im demokratischen Stil die Gemeinsamkeit, die Gruppe, die Entscheidungen und Ereignisse.

Zwischen diesen beiden weit auseinanderliegenden Führungsstilen sind Modelle bekannt, die Elemente des einen wie auch des anderen Extrems beinhalten:

„Wer als Führungskraft die eigene Sichtweise als ausschließlich „seligmachende" durchsetzen will, der hat ent-schieden – und sich damit vielleicht vom Mitarbeiter ge-schieden."
(Sprenger 1992, S. 163)

- **patriarchalischer Führungsstil**: der Vorgesetzte entscheidet, tendiert häufig zur Manipulation
- **informierender Führungsstil**: der Vorgesetzte entscheidet, überzeugt durch sachgerechte Informationen
- **beratender Führungsstil**: der Vorgesetzte informiert, bespricht und berät
- **kooperativer Führungsstil**: Mitarbeiter entwickeln und schlagen vor, der Vorgesetzte wählt aus
- **partizipativer Führungsstil**: Mitarbeiter, Gruppe entscheiden im vereinbarten Rahmen selbst.

Im Detail ist ohnehin jeder Sachbearbeiter kompetenter als der Chef

Je höher der Rang in der Hierarchie, desto mehr müssen Führungskräfte Vorstellungen vom Menschen und von menschlichem Verhalten haben.

9.1.2 Führungskräfte

Mehr als andere übernehmen Unternehmer und Manager materielle, finanzielle und persönliche Risiken. Vorhersehbare Risiken zu vermeiden und nicht vorhersehbaren Risiken vorzubeugen, ist eine Seite der Führungsaufgabe und des Selbstverständnisses.

Begründet wird das Managementkönnen in herausragenden Fähigkeiten, das sich bei näherem Hinsehen meistens in exzellentem Fachwissen darstellt.

Fachwissen allein genügt nicht

Um sich und andere zum Erfolg zu führen, bedarf es eines Gleichgewichts zwischen **Fachwissen und Kenntnissen der Menschenführung**. Solche Menschenführungskenntnisse sind ein weit verbreiteter Mangel bei Managern, dessen Ursachen in der Ausbildung und Erfahrung in Organisationskulturen begründet sind. Menschenführung steht nicht auf dem Lehrplan und kann nicht real geprobt oder geprüft werden.

Anders als noch vor wenigen Jahren wird heute in der beruflichen Ausbildung, an Hochschulen, Fachhochschulen und akademischen Einrichtungen der Wirtschaft Führungswissen unterrichtet. So gut das ist: Um Menschenführung zu lernen, bedarf es nicht nur des Lese- und Lernstoffes, es bedarf der **Erfahrung**, der Anwendung, des Vorbildes und natürlich der eigenen Persönlichkeitsstruktur und eines ebenbürtigen Menschenbildes.

Ursachen unbefriedigender Unternehmensentwicklungen und persönlicher Misserfolge sind häufig **menschliche Führungsschwächen**.

Die Verfolgung ausschließlich rationaler Interessen des Homo oeconomicus führt nicht zwangsläufig zu optimalen Ergebnissen

Besserwisserei, Machtgehabe und Arroganz sollen wohl eigene Schwächen kompensieren, sie führen aber zu demotivierenden Haltungen in der Belegschaft. „Merke: Eitelkeit ist für einen Leitenden gefährlich. Arroganz wird bald durchschaut und ist der erste Schritt zum Niedergang eines Images. Natürlichkeit und Echtheit sind angesagt." (Busch 2000 a, S. 112)

Deshalb ist es notwendig, dass Manager mehr lernen über menschliches Verhalten, Bedürfnisse und Wirkungen, dass sie die komplexe Wirklichkeit individueller Persönlichkeitsstrukturen wahrnehmen und „richtig" reagieren.

„Irrwege müssen begangen werden, um sich als Irrwege zu erweisen."
(Paul Watzlawick)

Menschliche Führungsaufgaben, Entscheidungen, Erkenntnisse, Reaktionen, Verhalten und Wechselwirkungen dienen der Erweiterung der eigenen Persönlichkeit. Manager müssen lernen, dass die irrational-intuitive Seite der Führung eine nachhaltig und permanent wirkende Realität darstellt.

Führungskräfte sollten also die **Ausgewogenheit ihrer Fähigkeiten in fachlicher und menschlicher Sicht anstreben**. Unter fachlichen Fähigkeiten sind keineswegs allein die technischen und technologischen Fähigkeiten zu verstehen, sondern die **Gesamtheit der unternehmerischen Leistungserstellung**.

9.2   Führungsmodelle – Management by ...

„Management by ..." sind Modelle von Führungsmethoden, die unterschiedliche Akzente des Miteinanders zwischen Vorgesetzen und Mitarbeitern regeln. Diese Methoden sollen Regularien der Zusammenarbeit bilden, Orientierung geben und mithelfen, Risiken einzugrenzen.

Da keineswegs alles vorhergesehen und vorbestimmt werden kann, verbleibt stets eine **Diskrepanz zwischen Anspruch und Wirklichkeit**, zwischen Erwartung und Ergebnis. Selbst bei sorgfältigster Planung gibt es stets ein Restrisiko.

Zur Verringerung von Risiken dienen die bereits erwähnten organisatorischen Modelle, die Planungs- und Führungsprinzipien und die Führungsmodelle bzw. -systeme. Besonders in großen Unternehmungen führt die Absicht, möglichst alle Fehlentwicklungen einzuschränken und Risiken zu vermeiden, zu bürokratisch-juristischen Regeln und zu einer hohen Vorschriftendichte. Die Folgen sind eine starre Organisation, Kostensteigerungen und die Verringerung der psychologischen Fähigkeit von Vorgesetzten und Mitarbeitern, angemessen, spontan und kreativ reagieren zu können.

Max Weber hat in seinem Buch „Wirtschaft und Gesellschaft" (vgl. Weber 1976, S. 727) die **bürokratischen Einflüsse in Großunternehmen** beschrieben. Er kommt zu dem Ergebnis, dass „eine bürokratische Organisation das effizienteste Instrument zur Steuerung von großen Organisationen ist und das effizienteste, um den „Gehorsam" der Mitarbeiter sicherzustellen."(Schreyögg 1998, S. 217)

Daraus ergibt sich die Frage, was der Unternehmer will, welche Erwartungen er hat. Ausgeprägte bürokratische Regelungen sind in der heutigen, schnelllebigen und komplexen Welt nicht nur **hinderlich und wenig effizient**, sondern

* sie gefährden den nachhaltigen Erfolg,
* verhindern Potenziale des Wachstums,
* vergeuden Ressourcen
* und setzen letztlich den Fortbestand des Unternehmens aufs Spiel.

Jahr für Jahr veröffentlicht die Presse Mitteilungen von Unternehmen, die an ihre Grenzen gestoßen sind, da sie die Zeichen der Zeit nicht erkannt haben, in ihren eigenen bürokratischen Regeln erstickt sind und die partnerschaftliche Führung zwischen Vorgesetzten und Belegschaft versagt hat. Solche Unternehmen setzen dann zahlreiche Mitarbeiter frei oder müssen zur Rettung der letzten Aktiva verkauft werden.

Auch deshalb muss das Modell der Führung sorgfältig ausgewählt und bestimmt werden. Es soll dazu beitragen, in Zeiten des Wachstums Reserven zu generieren und in rezessiven Zeiten bei der Überwindung von Rückschlägen zu helfen.

„Gehorsame" Mitarbeiter und autoritärer Führungsstil gehören zusammen. Sie haben aber in fortschrittlichen Unternehmen keine Zukunfts-

„Und vermögt ihr nicht mit Liebe zu schaffen, sondern nur mit Widerwillen, so verlasst lieber euere Arbeit und setzt euch an das Tor des Tempels, um Almosen zu empfangen von jenen, die freudig arbeiten."
(Khalil Gibran)

Wie ein Kapitän müssen Führungskräfte navigieren können, um den Zielpunkt zu erreichen

chance, sie dienen allenfalls für nicht unternehmerische Institutionen mit Szenarien von Befehl und Gehorsam.

9.2.1   Vorteile von „Management-by"-Modellen

Eine Organisationsstruktur und ihr Führungsmodell müssen flexibel sein, um sich Veränderungen des Marktes anzupassen

Die Bildung von Führungsmodellen erfolgt auf der Basis einer detaillierten gedanklichen Durchdringung der Gesamtaufgaben des Unternehmens. Dies führt zu einer **Systematisierung und Vereinfachung** komplexer

* Informations-,
* Kommunikations-,
* Organisations-,
* Macht- und
* Führungsprozesse

und bietet **wirtschaftliche und organisatorische Vorteile**.

Die Folge von Führungsmodellen ist:
* der Zwang zu **logisch-rationalem Verhalten** (rational geprägt)
* die **Vernachlässigung der Menschenführung** (intuitiv geprägt / Emotionalität)

Menschen verhalten sich plötzlich anders als geplant

Diese Wirkungen sind eine permanente Realität, die häufig erst dann ernst genommen und erkannt wird, wenn verlustreiche Fehler entstehen oder unerwartete Konflikte auftauchen.

Führungsmodelle sind rational, auf die Sache, den Unternehmenserfolg ausgerichtet. Kernpunkt der Führung jedoch ist der Mensch. Untersuchungen haben ergeben: „Produktionssteigerungen werden zu etwa 20 % von technischen Maßnahmen, zu 40 % von Verbesserungen der zwischenmenschlichen Beziehungen im Betrieb und zu 40 % von organisatorischen Maßnahmen erreicht." (Roth 1985, S. 83)

Bei der Festlegung der Führungsmethode und des organisatorisch gestalteten Führungsmodells (Management by) sollen mithin **psychologisch relevante Erkenntnisse einbezogen** werden.

9.2.2   Die wichtigsten Managementmodelle

9.2.2.1 Management by Exception (MbE)
Das bedeutet: **Führung durch Abweichungskontrolle und Eingriff im „Ausnahmefall"**.

Sinn und Zweck:
* Entlastung der Vorgesetzten von Routineaufgaben
* Systematisierung der Informations- und Kommunikationswege
* Regelung von Zuständigkeiten zur raschen Fehlerkorrektur (Ausnahmeregelung)
* Beachtung von Entscheidungsrichtlinien

Instrumente:
- Sollvorgaben
- Informationsrückkopplung
- Abweichungsanalyse
- Vorgesetzter greift bei Abweichungen ein
- Richtlinien beinhalten Kompetenzabgrenzungen

Einsatz und Voraussetzungen:
- auf vorhersehbare Prozesse beschränkt
- Vorgaben über Ziele, Abweichungen, Toleranzen erforderlich
- klare Zuständigkeitsregelung

Kritische Merkmale:
- einseitig, Beschränkung auf „Abweichungen"
- mögliche „überraschende" Eingriffe des Vorgesetzten
- Pläne, Ziele, Kontrollgrößen werden nicht vereinbart
- fördert nicht Eigeninitiative; Tendenz zur Rückdelegation
- mangelnde Erfolgserlebnisse motivieren nicht   *Nicht motivierend*
- Entscheidungen trifft der Vorgesetzte, mangelnde Entwicklungspotenziale des Mitarbeiters

Würdigung:
- kein eigenständiges Modell, basiert auf Grundprinzipien
- löst keine Gesamtprobleme des Managements
- Verfahren wird auch in anderen Modellen angewandt

9.2.2.2 Management by Delegation (MbD)

Das bedeutet: **Führen durch Delegation von Aufgaben**. Das Prinzip der   *Hierarchieabbau* Delegation wurde weiterentwickelt und bekannt als „Harzburger Modell", „Führen im Mitarbeiterverhältnis". (Akademie für Führungskräfte der Wirtschaft, Bad Harzburg; vgl. Höhn 1970, S. 6 f., S. 9 ff., S. 130 ff.)

Sinn und Zweck:
- Abbau des autoritären Führungsstils, Abbau der Hierarchie durch Delegation von Aufgaben und Verantwortung auf untere Ebenen
- Entlastung der Vorgesetzten
- Förderung der Leistungsmotivation durch Delegation, auch von Kompetenzen, an die Ausführungsebene
- Förderung sachverständiger Entscheidungen, da sie dort getroffen werden, wo der jeweilige Sachverstand besteht, in der Ausführungsebene
- Mitarbeiter sollen ihre Entscheidungen auch verantworten

Instrumente:
- Delegation von Aufgaben mit Handlungsverantwortung und Kompetenzen

- Verbot der Rückdelegation
- detaillierte Stellenbeschreibung
- Regelung für Ausnahmefälle
- Regelung der Dienstaufsicht, der Erfolgskontrolle, der Disziplinargewalt
- Regeln des Informationswesens

Einsatz und Voraussetzungen:
- Stelleninhaber müssen delegationsfähig sein, eigenständiges Handeln ist erforderlich
- Festlegung von delegierbaren und nicht delegierbaren Aufgaben
- Festlegung des Verantwortungs- und Kompetenzrahmens
- Funktionsfähigkeit eines Kontroll- und Berichtswesens
- Sicherstellung von Informationswegen an die Stellen der Delegationsebenen

Kritische Merkmale:
- Die Hierarchie wird nicht abgebaut, eher gefestigt.
- Alle Stellen arbeiten aufgabenorientiert nach den beschriebenen Stellenmerkmalen. Der ganzheitliche Denkansatz, dynamische Regelungs- und Entscheidungsprozesse finden nicht statt (starker Hang zum Kästchendenken).
- Ausgeprägter schwerfälliger Bürokratieansatz.
- Vorgesetzte neigen zur Delegation von uninteressanten Routineaufgaben.
- Das Modell vernachlässigt vollkommen die menschlich-emotionalen Einflüsse. „Stellen" sind ausschließlich rational-statisch „besetzt".

Delegation darf sich nicht auf uninteressante Routineaufgaben beschränken

Würdigung:
- Grundprinzipien des Harzburger Modells sind allgemein verwendbar.
- Die Stellenbeschreibung ist eine besonders wertvolle Eigenschaft des Modells.
- Die Delegation nicht nur von Aufgaben, sondern auch von der dazugehörigen Verantwortung und der Handlungskompetenz ist ebenfalls ein positives Merkmal.
- Das starre Modell führt jedoch unweigerlich zu einem bürokratischen Moloch.
- Die positiven Elemente des Modells können in angepasster Form in andere Modelle übernommen werden (z.B. Management by Objectives – vgl. Guserl 1973).

9.2.2.3 Management by Objectives (MbO)
Das bedeutet: **Führen durch Zielvereinbarung**. Das Grundprinzip besteht darin, Ziele im Unternehmen zu etablieren und die zielführenden Handlungen den beauftragten Personen zu überlassen.

Sinn und Zweck:
- Entlastung der Vorgesetzten
- Förderung der Leistungsmotivation, der Eigeninitiative, der Verantwortungsbereitschaft, der Eigenständigkeit
- partizipative Führung, Identifikation der Belegschaft mit den Unternehmenszielen
- Mitarbeiter sollen ihr Handeln an klaren Zielen ausrichten
- die Zielerreichung dient einer objektiven Beurteilung
- Mitarbeiter sollen leistungsgerecht entlohnt werden
- Mitarbeiter sollen gefördert werden
- die Zielvereinbarung erlaubt eine bessere Planung und Organisation
- Verbesserungsvorschläge werden berücksichtigt

Instrumente:
- Im Zielbildungsprozess werden Einzelziele aus den Unternehmenszielen abgeleitet, gemeinsam besprochen und festgelegt
- Zielkontrolle, Abweichungsanalyse und Zielanpassung sind periodisch wiederkehrende Zyklen
- Präzisierung der Ziele durch Standards und Kontrolldaten
- Stellenbeschreibungen und Zieldefinitionen
- Ausnahmeregelungen
- zielorientierte Leistungsbeurteilung (Grad der Zielerfüllung)
- leistungsorientierte Bezahlung
- Mitarbeitergespräch mit Festlegung von Förderungszielen (interner Karriereplan)
- Förderung der partnerschaftlichen Zusammenarbeit
- permanente Prüfung und Anpassung von Organisation, Ressourcen und Zielsystem

Voraussetzungen und Einsatz:
- Delegation von Aufgaben, Verantwortung und Handlungskompetenz (wie bei MbD)
- zielorientierte Organisation (Kongruenz von Zielsystem und Organisationsstruktur)
- leistungsfähiges Planungs-, Informations- und Kontrollsystem
- Aus- und Weiterbildung der Mitarbeiter

Kritische Merkmale:
- Gefahr von überhöhtem Leistungsdruck bei fehlerhafter (überzogener oder unerfüllbarer) Zielfestlegung
- zeitintensiver Zielbildungsprozess
- Zielidentifikation schwierig
- Tendenz zur Konzentration auf messbare Ziele, möglicherweise Vernachlässigung anderer wichtiger Ziele
- hohe Einführungskosten

- Schwierigkeiten bei Zielabhängigkeiten von anderen Stellen, Institutionen oder Einflüssen

Würdigung:
- moderne, umfassende und weit entwickelte Konzeption
- berücksichtigt Erkenntnisse der Führungsforschung
- Ziele bilden die zentrale Rolle zur Steuerung sozialer Leistungen

Ausgangspunkt für weitere Führungsmodelle, die in Unternehmen eingesetzt werden, sind im Wesentlichen diese drei Basismodelle. Zur Festlegung eines Modells dienen die jeweiligen bewährten Grundprinzipien, welche den eigenen Führungsabsichten am nächsten kommen, und die unternehmensspezifischen Merkmale bzw. Eigenheiten und Absichten.

9.3   Konflikte

Führen heißt auch, mit Konflikten umgehen zu können. Leider wird keinem Manager diese Fähigkeit beigebracht, da sie nicht zur Organisations- und Gesellschaftsnorm gehört.

Die Perspektive des Mitarbeiters ist eine andere als die des Chefs – Unverständnis führt zu Frust, verhaltener Aggression, Motivationsverlust

Konflikte sind **Signale**, dass etwas nicht wie vorgesehen funktioniert, „aus dem Ruder läuft". Werden Konfliktpotenziale nicht rechtzeitig erkannt, können ernsthafte Störungen auftreten. Führungskräfte müssen deshalb eine hinreichende Sensibilität für drohende Konfliktsituationen entwickeln und frühzeitig sinnvolle Gegenmaßnahmen einleiten.

Schleichende, stetige Unzufriedenheit kann im betrieblichen Bereich oder im persönlichen Umfeld des Mitarbeiters hervorgerufen werden. Häufig haben Konflikte ihre **Ursachen im zwischenmenschlichen Miteinander**. Wird nicht rechtzeitig geholfen, der Konfliktherd nicht beseitigt, kommt es irgendwann zum Ausbruch, „das Fass läuft über". Die Folgen sind je nach Persönlichkeit und Mentalität sehr unterschiedlich. Sie reichen von materieller oder körperlicher Rache bis zu völliger Selbstaufgabe.

Klarer ist der **spontane Konflikt**: Er wird in der Regel ausgelöst durch ein unvorhergesehenes Vorkommnis. Solche Konfliktsituationen sind in der Regel bald überwunden. Dennoch kann der Ausbruch auch mit anderen Vorkommnissen aus der Vergangenheit zusammenhängen. Wird das Problem nicht erkannt und gelöst, droht der nächste „spontane" Ausbruch.

Konfliktenergie kann sich positiv (konstruktiv) oder negativ (destruktiv) entladen

Manager müssen erkennen, dass Konflikte **Energiepotenziale** sind, die sich in destruktiven oder konstruktiven Ereignissen entladen. Das bietet dem Manager die Chance, erkannte Konfliktpotenziale in positive, konstruktive Energie zu wandeln.

Aus Sicht des Unternehmens ist jede Art von Konfliktsituation eine Form des Misslingens. Mangelnde Leistung, widersprüchliche und fehlerhafte Informationssituationen, Image- und Kundenverluste und schließlich Ergebnisdefizite sind wahrnehmbare Folgen.

Der Manager wird in dieser Situation zum **„Konfliktmanager"**, dessen Aufgabe es ist, für eine betriebliche „Streitkultur" zu sorgen und drohende Konfliktsituationen zu verhindern. Der Konfliktmanager muss erkennen: Handelt es sich um eine „allzeit friedliche und höfliche, also friedhöfliche Pseudo-Harmonie, in der die Gegensätzlichkeiten aus Angst und Zwietracht und Zerwürfnis nicht zur Sprache kommen ... (oder um) die von Gehässigkeit diktierte Art, den Vertreter gegensätzlicher Auffassung verächtlich mundtot zu machen" (Schulz von Thun 2000 c, S. 117).

Der Weg ist kurz vom Leitenden zum Leidenden

Wieder richten wir unseren Blick auf die Unternehmensgrundsätze, die **Unternehmenskultur**, hier werden grundsätzlich die Weichen des Miteinanders und des Klimas gestellt. Das funktioniert nur dann, wenn die Vorbildfunktion stimmt. Lebt das Management die eigenen Leitgedanken nicht vor, verkommen die schönen Sätze zur Makulatur. Das bereitet den Nährboden für offene und verdeckte Konflikte.

„Menschen, die miteinander zu schaffen haben, machen einander zu schaffen!" (Schulz von Thun)

Effektives Konfliktmanagement muss „die Tugend der Verständigungsbereitschaft, verbunden mit der Fähigkeit, die Perspektive der anderen zu ermitteln und nachzuvollziehen; auf der anderen Seite der Mut zur Konfrontation, Courage, Zorn und Ablehnung zu bekennen und zu benennen und dabei die Disharmonie auszuhalten" (Schulz von Thun 2000 c, S. 117 f.) erfüllen und als Kommunikationsmittel nutzen.

Dieses Konfliktmanagement zielt auf die **Beseitigung oder Vermeidung eines schlechten Betriebsklimas**. Abgesonderte Gruppierungen, Cliquen neigen häufig zu Gehässigkeiten, Feindseligkeiten, Verächtlichkeiten. Es entstehen Intrigen und Mobbingsituationen, die Zusammenarbeit mit „verfeindeten" Abteilungen oder Kollegen wird behindert oder auf ein Mindestmaß reduziert.

Diese und weitere Scheußlichkeiten sind leider weit verbreitet, jedoch ganz und gar nicht im Sinne des Unternehmers (vgl. Schulz von Thun 2000 c S. 119 ff.). Wenn die Quellen, Verhältnisse und Ursachen erkannt sind, wo kann man zur Lösung ansetzen?

9.3.1 Wir müssen miteinander reden!

Ein Mitarbeitergespräch stellt für den Betroffenen häufig eine belastende Stresssituation dar, insbesondere dann, wenn es sich um ein Kritikgespräch handelt. Der Vorgesetzte muss herausfinden: Was sind die **Gründe**, wo liegen die tatsächlichen Ursachen für die festgestellte Situation?

„Es wird immer gleich ein wenig anders, wenn man es ausspricht." (Hermann Hesse)

Die Wahrheit wird er nur dann erfahren, wenn der Mitarbeiter sich öffnet. Er öffnet sich aber nur dann, wenn er **Vertrauen** empfindet und die Gesprächssituation dies erlaubt.

Der Vorgesetzte als Gesprächsführer muss die emotionale Belastung zu vermeiden suchen und die Ängste beseitigen. Das gelingt niemals durch einen Frontalangriff in harschen Worten. Ein solches Vorgehen zeigt vielmehr, dass der Vorgesetzte an den wahren Ursachen gar nicht interessiert ist. Der Betroffene wird weder Einsicht zeigen noch sich einem Gespräch öffnen.

Das Kritikgespräch soll aber beiden helfen, den **Vorgesetzten in seiner Führungsfunktion stützen** und dem **Mitarbeiter Perspektiven aufzeigen**, Mut machen, das Selbstwertgefühl stärken. Beides ist dem Unternehmen zuträglich, eine echte Führungsaufgabe.

„Bei einer Rede muss der Ausgangspunkt unbestreitbar, der Stil einfach und angemessen sein."
(Diogenes)

Ein angenehmes, freundlich-offenes Gesprächsklima kann dazu beitragen, die Selbstoffenbarungsangst (vgl. Schulz von Thun 2000a S. 100 ff.) des Betroffenen zu reduzieren. Mit einem angenehmen Gesprächsklima, zu dem auch der Ort, die Zeit und die Situation beitragen, ist keineswegs „Süßholzraspeln" gemeint, sondern hier sind ehrliche, wohlwollende, ebenbürtige und offene Worte erforderlich. Und auch der Betroffene muss zu Wort kommen ...

9.3.2   Der Gesprächseinstieg

Etwas Diplomatie und psychologischer Sachverstand sind gefragt. Die ersten Sekunden sind schon entscheidend. Nach der selbstverständlich freundlichen Begrüßung folgt ein „anerkennender" Einstieg.

> **BEISPIELE**
>
> „Wir arbeiten jetzt schon so viele Jahre erfolgreich zusammen, leider bleibt immer weniger Zeit, sich mal wieder zu unterhalten."
> Auch ein sachlicher Einstieg ist möglich: „Wie lief die Montage in X, gab es Schwierigkeiten?"

Entscheidend ist, dass **das Trennende** (eine Wand) **überwunden** wird, dass eine Brücke gebaut wird, über welche beide gehen und in der Mitte zueinander finden (vgl. Roth 1985, S. 109 ff.).

„Lass die Zunge nicht dem Verstand vorauslaufen."
(Chilon)

In einem **vertrauensvollen Gesprächsklima** wird der Vorgesetzte herausfinden, welche Gründe für Konflikte und Schwierigkeiten vorhanden sind. Und:

- Er wird mit dem Mitarbeiter die nächsten Schritte, die künftige Vorgehensweise und den nächsten Gesprächstermin vereinbaren.
- Er wird ihm Lösungswege mit auf den Weg geben und dafür sorgen, dass notwendige Korrekturen umgesetzt werden.
- Er wird in den Prozess weitere Personen einbeziehen und ähnlich verfahren.

So kann er, vorausgesetzt er handelt konsequent, nach und nach bestehende und schwelende Konfliktpotenziale in den Griff bekommen.

> Das ist keine statische, einmalige Aufgabe, sondern ein permanenter, dynamischer Führungsprozess.

9.4 Die Auswahl der „richtigen" Mitarbeiter

Ist eine Stelle zu besetzen, sind alle Maßnahmen zu ergreifen, um eine möglichst **angemessen große Auswahl an Bewerbern** zu erreichen und unter ihnen die allerbeste Auswahl für die Stelle zu treffen.

Ausgangspunkt der Überlegungen ist die **Stellenbeschreibung**. Sie liefert das fachlich-sachliche Anforderungsprofil.

Wie kann der künftige Stelleninhaber gefunden werden, was können wir anbieten? Zu klären ist:

- Wie attraktiv ist die Stelle für Bewerber? Wie ist die Stelle ausgestattet?
  - Gehaltsrahmen
  - Aufstiegschancen
  - Incentives
  - Zusätzliche betriebliche Sozialleistungen
  - Privilegien

„Ob einer sich bewährt oder nicht, hängt nicht nur von dem ab, was er tut, sondern auch von dem, was er beabsichtigt." (Demokrit)

- Auf welchen Stellenmärkten findet man diese Qualifikationen?

- Wo und wie soll nach dem künftigen Stelleninhaber gesucht werden?
  - Innerbetriebliches Stellenangebot, Aushang, Versetzungen, Rekrutierung aus interner Personalentwicklung
  - Zeitungsanzeigen, örtlich, regional, überregional, international
  - Tageszeitschrift, Fachzeitschrift
  - Vermittlungsagenturen, Personalberater, Headhunter
  - Arbeitsverwaltung
  - Internet
  - Zusammenarbeit mit beruflichen Bildungsinstituten
  - Kontakte, Geschäftspartner

- Kriterien der Bewerberauswahl festlegen
  - Welche Kollegen bzw. Abteilungen sollen in die Auswahl einbezogen werden?
  - Wer entscheidet?
  - Anhörung des Betriebsrates
  - Klärung organisatorischer Fragen wie Eingangsbestätigung, Koordination von Bewerbungsterminen, Schriftwechsel, Absagen und

Rückgabe der Bewerbungsunterlagen, vertragliche Regelungen, Personalakte, Beginntermin und Einführung.

9.4.1   Die Stellenanzeige

Sie wollen einen Mitarbeiter gewinnen, der Ihren Vorstellungen weitestgehend entspricht und dem Unternehmen dient. Sie „werben" um einen Mitarbeiter, ganz ähnlich, wie man um einen Kunden wirbt. Überlegen Sie genau, mit welchen Worten man gewinnen kann.

Man kann nicht davon ausgehen, dass der Leser Ihr Unternehmen kennt. Anzeige und Text sollen sachlich korrekt, informativ und zugleich spannend sein. So spannend, dass sich der Leser angesprochen fühlt und sich mit Ihnen in Verbindung setzt.

Wie auch in anderen Werbebotschaften hilft bei der Formulierung die **AIDA-Formel** (ein Werbewirkungsmodell).

- **A** = **Attention**: Die Botschaft soll Aufmerksamkeit beim Leser wecken, sie soll beachtet werden. Dazu dient die Gestaltung der Anzeige, das Schriftbild, die Gliederung, der Rahmen, die Firmierung.

- **I** = **Interest**: Der Text weckt das Interesse, weiterzulesen, die Botschaft aufzunehmen, darüber nachzudenken.

- **D** = **Desire**: Das Angebot erweckt den inneren Wunsch, mehr darüber zu wissen, die Gedanken befassen sich mit einem Stellenwechsel.

- **A** = **Action**: Der Leser bewirbt sich oder setzt sich mit dem Unternehmen in Verbindung.

Der Ausschreibungstext muss einige **wesentliche Informationen** enthalten:
- Vorstellung des Unternehmens
- Details zu der zu besetzenden Stelle, z.B. Aufgaben, Kompetenzen, Entwicklungsaussichten, organisatorische Einordnung
- Gründe der Vakanz (möglichst)
- Anforderungen an den Bewerber
- Angebotsrahmen (Stufe der Bezahlung, Zuatzleistungen)
- erforderliche Unterlagen, soweit nicht ohnehin üblich (z.B. Referenzen, Arbeitsmuster), die erwartet werden

Die Größe der Anzeige, das ausgewählte Medium und die inhaltliche wie gestalterische Form hängen ursächlich von der **Bedeutung der zu besetzenden Stelle** ab.

9.4.2   Die Bewerberauswahl

„Das Wesen der Dinge versteckt sich gern." (Heraklit)

Je nach Anforderungsprofil und gesamtwirtschaftlicher Lage erhalten Sie eine Anzahl von Bewerbungen. Bei Stellenprofilen von ausgefallenen Spezialisten werden es vielleicht nur wenige sein, bei attraktiven Posten, insbesondere in rezessiven Zeiten oder bei hoher Arbeitslosigkeit, sind es leicht weit über hundert Bewerbungen. Das ergibt ein **Auswahlproblem**.

Zunächst werden aus den vielen Bewerbungen die Bewerbungen ausgesondert, die den „äußeren Bedingungen" nicht entsprechen. Unansehnliche und unvollständige Bewerbungen landen auf dem Stapel „kommt nicht in Frage, zurück". Bei einer großen Anzahl von Bewerbungen kann man es sich ersparen, schlampige Unterlagen zu lesen. Der Rest wird gelesen und sortiert. Das erfolgt nach gestuften Kriterien wie z.B. „sehr interessant", „interessant", „Reserve". Klar, dass im ersten Stapel die Bewerbungen landen, mit denen man sich näher befassen will.

Unansehnliche oder unvollständige Bewerbungen werden meistens gar nicht gelesen

Die Vorauswahl ergibt dann eine Anzahl von Bewerbungen, die „in die nähere Betrachtung" kommen. Diese Bewerbungen werden gründlich und so objektiv wie möglich analysiert hinsichtlich folgender Kriterien:
- Kenntnisse für den künftigen Arbeitsplatz
- Entspricht das Profil den Anforderungen der Stelle?
- Entspricht die Entgeltforderung dem Rahmen?
- Vollständigkeit der Bewerbungsunterlagen
- Form, Text und Bezug des Anschreibens
- Motivation für diese Bewerbung
- Lichtbild neueren Datums
- Lebenslauf, lückenlos, korrekte Datenangaben
- Zeugnisse
- Referenzen
- Arbeitsproben
- Handschriftenprobe (grafologische Betrachtung)

Die Antworten bilden einen Entscheidungsspiegel, aus welchem eine **kleine Anzahl von Bewerbern**, zumeist zwischen vier bis sieben, **zu einem ersten Gespräch** ausgewählt wird.

Aus den übrigen vorrangigen Bewerbern wird wiederum eine **„Reservegruppe"** gebildet. Sie ist wichtig für den Fall, dass aus den ersten Gesprächen keine eindeutige Entscheidung getroffen werden kann. In diesem Fall wird also die nächste Gruppe zu einem ersten Gespräch eingeladen. Dieses Verfahren wird fortgesetzt, bis der „richtige" Bewerber ausgewählt werden konnte und man sich einig ist.

Im schlechtesten Fall, wenn kein geeigneter Bewerber in den Gruppen gefunden werden kann, wird das Verfahren abgebrochen und zu einem anderen Zeitpunkt wiederholt.

Alle Bewerber erhalten mit der **Absage** ihre Bewerbungsunterlagen zurück. Mit Blick auf die Bewerber sollte das Unternehmen alles daransetzen, seine Entscheidung so schnell wie möglich zu treffen, um den ver-

Kurzfristiges Feed-back

geblich wartenden Bewerbern das Ergebnis mitzuteilen. Bei einer ausreichenden Bewerberanzahl können die Stapel „Reserve" und „interessant" schnell bearbeitet und abschlägig beantwortet werden. Die „sehr Interessanten" müssen demzufolge etwas länger warten, doch ihre Chancen sind auch höher.

Das Auswahlverfahren umgehen manche Gesellschaften durch die Einschaltung von **externen Personalberatern**. Diese professionell arbeitenden Agenturen kümmern sich um das gesamte Beschaffungs- und Auswahlverfahren.

Erst zu einem Zeitpunkt der **Endauswahl** zwischen wenigen Kandidaten wird der Auftraggeber eingeschaltet. Das Unternehmen kann dann aufgrund der bisherigen Analyseergebnisse und des persönlichen Kennenlerntermins seine Entscheidung treffen.

Die Personalagentur kostet Geld, wird jedoch eine sorgfältige Auswahl treffen, da sie „im Geschäft" bleiben will und um ihren Ruf besorgt sein muss, wenn ihre Empfehlungen allzu häufig danebengehen. Eine Garantie gibt es aber auch hier nicht.

9.4.3   Das Vorstellungsgespräch

Behandle den Bewerber wie einen guten Kunden

Das Vorstellungsgespräch ist in der Regel der erste persönliche Kontakt. Beide Teile, Unternehmen und Bewerber, wollen einen **persönlichen Eindruck** gewinnen.

Dem Bewerber sitzen oft mehrere „Beobachter" gegenüber und befragen ihn wie in einem Kreuzverhör, er kommt sich vor wie in einer Prüfung. Das Vorstellungsgespräch ist auch in gewisser Weise eine Prüfung. Man will prüfen, ob man künftig zusammenarbeiten kann. Aber wie bei jedem guten Gespräch soll die Atmosphäre freundlich und entspannt sein. Es soll rasch zur Sachebene führen, die gut vorbereitet werden muss.

Was wollen wir wissen und aus dem Gespräch mitnehmen?
- persönlicher Eindruck des Bewerbers
- fehlende Daten
- berufliche und persönliche Interessen des Bewerbers
- Umgangsformen, Gesprächseindruck
- Eignung für die Stelle
- Wissen über das Unternehmen
- Reaktion auf fachliche Fragen, persönliche Fragen, Fragen aus dem Lebenslauf, Fragen zu Datenunklarheiten bzw. Lücken
- Passt der Bewerber zum Unternehmen, zur Stelle, zu den Kollegen?

9.4.4   Gesprächssituation und -ablauf

Um ein konstruktives, angenehmes Gespräch zu ermöglichen, sollten Sie dafür sorgen, dass es für die Dauer des Gesprächs **keine Störungen**, z.B. in

Form von Telefonaten o.Ä., gibt. Auch sollten Sie **kein Zeitlimit** festlegen, also möglichst ohne Zeitdruck in das Gespräch gehen. Die **Atmosphäre** sollte so angenehm wie möglich gestaltet werden und für eine Erfrischung (Kaffee, Wasser) sollte gesorgt sein.

Der **Gesprächsablauf** wird dann etwa dem folgenden Schema folgen:
- freundliche Begrüßung (Lächeln!)
- Frage nach der Anreise
- Vorgesetzter informiert über das Unternehmen
- Bewerber berichtet aus seinem Lebenslauf, insbesondere der beruflichen Entwicklung
- Bewerber beantwortet Fragen zu seinen Vorstellungen bezüglich der ausgeschriebenen Stelle
- Vorgesetzter informiert konkret über die Stelle und die Arbeitserwartungen
- Arbeitsbedingungen werden besprochen
- Einkommen und sonstige Konditionen werden besprochen

Bei weiterhin positiver Haltung des Bewerbers wird dann ein Zeitraum genannt, in dem die Entscheidung getroffen wird (noch laufendes Auswahlverfahren).

Bei größeren Gesellschaften oder bei Bewerbungen über Personalagenturen werden häufig **weitere Informationen** verlangt. Testergebnisse oder Bewertungen aus der Teilnahme an Assessment-Centern sollen die Entscheidung erleichtern und unterstützen.

In **Tests** werden Leistungspotenziale, Intelligenz und Persönlichkeit untersucht. Es werden Aufschlüsse über die Sprachgewandtheit, über kognitive und logische Fähigkeiten, Kombinationsgabe, räumliches Denken und mathematische Begabung ermittelt.

„Willst du jemanden einführen, sieh ihn dir wieder und immer wieder an, damit nicht nachher die Verstöße des anderen dich empfindlich beschämen."
(Horaz)

Die Teilnahme an **Assessment-Centern** erfolgt in der Regel in Gruppen. Planspiele zeigen Ergebnisse aus gruppendynamischen Prozessen, wie Führungstrieb bzw. Eignung, Verhaltens- und Denkleistung, Argumentationstechnik, Stressbewältigung usw. Der Vorteil für den Auswahlprozess liegt darin, dass mehrere Bewerber unter gleichen Bedingungen „getestet" werden und die Ergebnisse den Auswahlprozess erleichtern (sollen).

Bei allen Vorteilen dieser Verfahren werden die tatsächlichen Fähigkeiten und Veranlagungen jedoch gar nicht, nicht ausreichend oder nur ansatzweise erkannt. Messergebnisse orientieren sich immer an einem statischen Soll. Diese Soll-Messlatte ist aus den Ergebnissen einer Anzahl von Probanden ermittelt, die nun den Gradmesser für alle darstellen. Das heißt, die individuellen Chancen des Einzelnen werden weder erkannt noch bewertet, die **Auswahl erfolgt rein pragmatisch** auf die Anforderung der Stelle bezogen.

Das muss nicht weiter tragisch sein, sollte aber berücksichtigt werden, da wichtige nutzbare Potenziale auch außerhalb oder neben dem Standardmaß gefunden werden. Die Ergebnisse der Tests sollten mithin auch unter weiterführenden Gesichtspunkten betrachtet werden.

„Es gibt keine falschen Mitarbeiter, sondern nur falsche Jobs. Legen Sie daher von Anfang an Wert darauf, die richtigen Mitarbeiter mit ihren individuellen Kompetenzen zu analysieren und sie dort einzusetzen, wo sie am besten geeignet sind." (Geffroy 2004, S. 149) Der gleiche Maßstab gilt auch für Bewerber.

9.5   Der Arbeitsvertrag

Nach Anhörung und Zustimmung des Betriebsrates wird dem Bewerber die Einstellung bestätigt.

> Alle getroffenen Vereinbarungen und Regeln sollten in dem Arbeitsvertrag festgelegt werden.

Für die Ausfertigung gibt es **keine besonderen Formvorschriften**. Meist greifen die Unternehmen auf eigene Formulare oder vorgefertigte Formulare, die im Handel oder bei Verbänden erhältlich sind, zurück.

Die Schriftform ist nicht nur aus Gründen des Nachweises über die getroffenen Vereinbarungen wichtig – nach der EU-Richtlinie 91/533 EWG (Nachweis-Gesetz) hat der Arbeitgeber spätestens einen Monat nach Beginn des Beschäftigungsverhältnisses die wesentlichen Vertragsbedingungen schriftlich dem Arbeitnehmer zu überlassen (vgl. Küfner-Schmitt 2004, S. 35).

Der Arbeitsvertrag sollte folgende **Angaben** enthalten:
- Namen, Bezeichnungen, Anschriften der Parteien
- Vertragsbeginn (bei befristeten Verträgen die Dauer)
- die Stellenbezeichnung
- die Tätigkeitsbeschreibung (nach der Stellenbeschreibung)
- die Vollmachten, Unterschrifts- und Verfügungsbefugnisse
- die Arbeitszeiten – auch Überstundenregelung, Mehrarbeitsregelungen (Sonntags-, Nachtarbeit etc.), soweit nicht tarifvertraglich festgelegt
- die Höhe und Fälligkeit des Lohnes bzw. Gehaltes; zusätzliche Zahlungen wie Urlaubsgeld, weiteres Monatsgehalt, Tantiemen usw.
- besondere Leistungen wie Dienstwagen, Zusatzversicherungen, besondere Dienstreiseregelungen
- Urlaubsanspruch (soweit mehr als gesetzlich geregelt, 24 Werktage pro Jahr § 3 BUrlG)
- Geheimhaltungspflicht
- Wettbewerbsverbot
- Dauer der Probezeit

- Kündigungsfrist
- Anwendung eines Tarifvertrages
- Bestand bestehender Betriebsvereinbarungen
- Übernahme von Umzugskosten bzw. Zuschüssen zur Heimfahrt während der Probezeit.

9.5.1 Rechte und Pflichten aus dem Arbeitsverhältnis

Arbeitsrechtliche Vorschriften finden wir in einer Fülle von Einzelgesetzen. Grundlage bildet das Grundgesetz. Das Arbeitsvertragsrecht spannt den Bogen vom BGB über das HGB, diverse Einzelgesetze zur Beschäftigung wie Kündigung, Befristung, Urlaub, Teilzeit, Lohnfortzahlung usw. bis zu den Vorschriften des Sozialgesetzbuches.

Fragen des **Arbeitnehmerschutzes** wie für bestimmte Berufsgruppen, Umwelt, Ladenschluss, Datenschutz, Mutterschutz, Jugendschutz, Heimarbeit, Berufsbildung usw. sind arbeitsrechtlich ebenso relevant wie das **Tarifvertragsrecht**, die **Mitbestimmung** und die Verfahren bei den Gerichten, insbesondere bei dem Arbeitsgericht (vgl. Arbeitsgesetze – ArbG, V. ff.).

> Grundsätzlich gilt: Einzelvertragliche Regelungen dürfen niemals schlechter sein als die gesetzlichen Vorschriften oder – bei tarifgebundenen Arbeitsverträgen – als die Regelungen des Tarifvertrages.

Die **Hauptpflicht des Arbeitnehmers** ist im § 613 BGB (Unübertragbarkeit) geregelt: Die **Arbeitsleistung** ist eine persönliche Verpflichtung. Die Nebenpflichten ergeben sich aus der allgemeinen Vorschrift des Grundsatzes von Treu und Glauben (§ 242 BGB).

Die Hauptpflicht des Arbeitnehmers – die Arbeitsleistung – ist nicht übertragbar

Die **Hauptpflicht des Arbeitgebers** ist die **Vergütungspflicht**. Die Höhe der Vergütung richtet sich nach dem abgeschlossenen Arbeitsvertrag. Ist die Höhe nicht vereinbart, richtet sich die Vergütung nach den Vorschriften des § 612 BGB.

9.5.2 Die Personalbeurteilung

Personalbeurteilungen sollen sowohl zur Entscheidung bei Ablauf der Probezeit als auch zur **Grundlage der Personalentwicklung** dienen.

Was soll beurteilt werden?
- Die Leistung: Entspricht die Leistung den Anforderungen der Stelle?
- Die persönliche Entwicklung des Mitarbeiters: Verfügt der Mitarbeiter über Leistungsreserven, über ein bisher nicht ausgeschöpftes Potenzial an Begabungen und Fähigkeiten, und welche gezielte Förderung und Weiterbildung kommt in Betracht?
- Entspricht die Gesamtleistung der Einheitlichkeit und dem Stil des Unternehmens?

- Welches Ergebnis kann aus den Beurteilungen abgeleitet werden (Vergangenheit)?
- Sind Leistungsdefizite erkennbar und wie können sie behoben werden?
- Welche Maßnahmen ergeben sich daraus für die Zukunft?
- Ist die Einstufung der Lohn-/Gehaltsgruppe der Leistung angemessen? Können Zulagen gewährt werden?

Vor Ablauf der Probezeit muss die Entscheidungsgrundlage zur Fortsetzung des Beschäftigungsverhältnisses festgelegt werden. Die Personalbeurteilung ist die Grundlage zur Zeugniserstellung.

Wie soll beurteilt werden?

„Harte Worte, wenn sie auch sehr berechtigt sind, beißen doch." (Sophokles)

Voraussetzung ist eine verbindliche Terminplanung. Das Management muss den Rhythmus bestimmen, wann **Mitarbeitergespräche** geführt werden, z.B. quartalsweise oder jährlich. Der konkrete Termin muss dem Mitarbeiter frühzeitig bekannt sein. Er muss sich darauf einrichten und vorbereiten können.

Zur Vorbereitung des Gesprächs ist es sinnvoll, dem Mitarbeiter die wesentlichen Gesprächsinhalte zu benennen. Gesprächspartner soll der Chef bzw. der Disziplinarvorgesetzte sein. Der unmittelbare Vorgesetzte, z.B. der Abteilungsleiter, sollte an dem Gespräch nicht teilnehmen, damit ein möglichst unbefangenes Gesprächsklima ermöglicht wird.

Die **Qualität der Gesprächsvorbereitung durch den Mitarbeiter** ist bereits ein Beurteilungspunkt. Hat sich der Mitarbeiter Notizen gemacht und die Gesprächspunkte nach Unternehmenszielen gewichtet?

Der Mitarbeiter kann über Ereignisse und besonders herausragende Arbeitsinhalte seiner Tätigkeit berichten.

PRAXISTIPP

Die Schwierigkeiten der Arbeit sollten durchaus genannt, aber entsprechend der Wichtigkeit dargestellt werden. Routine und Banalitäten gehören nicht zum Thema, jedoch die Vorstellung, wie Aufgaben besser bewältigt und die Zusammenarbeit mit anderen Stellen optimiert werden können.

Der Mitarbeiter sollte gut vorbereitet in das Gespräch gehen

Zur Vorbereitung des Mitarbeiters gehört durchaus auch, dem Vorgesetzten sachliche, fachliche und persönliche **Entwicklungsvorschläge** zu machen. Es wird erwartet, dass der Mitarbeiter sich Gedanken über die nächste Zukunft gemacht hat.

Nach einem allgemeinen Ritual der Gesprächseröffnung wird der Chef bestimmte Themen besprechen, nämlich

- Selbsteinschätzung,
- Fremdeinschätzung,
- Leistung,
- Verhalten,
- Zielerreichung,
- gegenwärtige Situation und Perspektiven

und die Ziele für die nächste Periode, in der Regel ein Jahr, vereinbaren.

Um zu einer Gesamtbeurteilung zu kommen, wird ein Beurteilungsbogen benötigt. Haben laufende Ereignisse auf die Beurteilung Einfluss, werden diese in Checklisten zusammengefasst und in die Gesamtbeurteilung mit einbezogen.

> *„Warum die Wahrheit nicht auch scherzend vortragen?"* (Horaz)

Laufende Beurteilungen sind z.B. **Fremdbeurteilungen**, zumeist von Kunden. **Kunden** werden gebeten, Beurteilungen über Freundlichkeit, Service, Kompetenz usw. abzugeben. Solche Befragungen sind etwa in Hotels allgemein bekannt und üblich, werden zunehmend aber auch in anderen Bereichen mit Kundenkontakt angewandt. Ereignisse aus der Personalakte oder **kollegiale Beurteilungen** über die Zusammenarbeit, der fachlichen Kompetenz gehören genauso dazu wie interne Beurteilungen des jeweiligen direkten **Vorgesetzten**.

Beurteilungsbogen

		1	2	3	4	5	Bemerkung
1.	**Persönlichkeit**						
	Loyal						
	Integer						
	Verhalten						
	Belastbar						
	Innovativ, kreativ						
	Mut						
2.	**Fachkompetenz**						
	Kenntnisse						
	Fertigkeiten						
	Ganzheitliches Handeln						
	Entscheidungsfreudig						
	Arbeitsvolumen						
	Arbeitsqualität						
3.	**Soziale Kompetenz**						
	Empathie						
	Teamgeist						
	Fördert Mitarbeiter						
	Offen						
	Zusammenarbeit						

4.	Führungskompetenz						
	Vorbild						
	Zielorientiert						
	Verbindlich						
	Ganzheitliches Denken						
	Konsequent						
	Eigeninitiative						
	Selbstständigkeit						
5.	Methodenkompetenz						
	Anleitungsfähigkeit						
	Didaktik						
	Verbesserungen						
6.	Zielerreichung						
	Vereinbarte Ziele erreicht						
7.	Punkte Gesamtbeurteilung:						

Bewertung:

Ziele:

a)	Vereinbarte Ziele
	Nicht erreicht. Begründung:
	Erreicht. Anmerkung:
	Übertroffen. Anmerkung:
b)	Zielvereinbarung
	Messbare Aufgabenergebnisse für die nächste Periode:
	(Vereinbarte Voraussetzungen:)
c)	Termin nächste Besprechung:

Persönliches:

Zufriedenheit mit der gegenwärtigen Arbeit:
Wünsche und Anliegen:
Vorschläge zur Verbesserung:
Stärken:
Schwächen:
Entwicklungsperspektiven:
Weiterbildungsbedarf:
Weiterbildungsinteresse:
Zusammenfassung der Gesprächsvereinbarung:

Abb. 40: Beispiel eines Beurteilungsbogens

9.5.3   Der Gesprächsablauf

Eine freundliche Atmosphäre schafft die günstige Voraussetzung für einen erfolgreichen Gesprächsverlauf. Die als belastend und unangenehm empfundene Situation, „zum Verhör" zu müssen, soll rasch beseitigt werden. Deshalb wird der Chef mit einer konventionellen persönlichen Frage beginnen und zu **positiven Ereignissen** der Zusammenarbeit kommen.

Ein Lob lockert das Klima

Die **negativen Erkenntnisse** folgen natürlich, wenn es sich um ein „Krisengespräch" handelt. Wie fühlt man sich bei solchen Worten:
* „Sie haben die Verkaufszahlen wieder nicht erreicht."
* „Ihr Montagefehler hat XX gekostet, wie stellen Sie sich das eigentlich vor?"
* „Wenn Sie den Fehler nicht gemacht hätten, ..."
* „Sie hätten doch wissen müssen, dass..."

Der Vorgesetzte wird aber keine Konfrontation suchen und persönliche Angriffe vermeiden. Er wird auf der **Sachebene** sprechen. Bei gleichem Inhalt wird er so tadeln, dass das **Vertrauensverhältnis nicht gestört** wird:

„Wohlwollen zeigt den Weg, bevor es tadelt." (Publilius Syrus)

* „Was können wir tun, um die Verkaufszahlen im nächsten Jahr zu erreichen?"
* „Wir müssen dafür sorgen, dass solche Montagefehler künftig vermieden werden, wie sehen Sie das?"
* „Wir brauchen ein besseres Informationssystem, um Fehler möglichst auszuschließen, wie schaffen wir das?"
* „Das Problem liegt im Fertigungsablauf, ... was können wir tun, um künftig...?"
* „Welchen Vorschlag haben Sie ...?"
* „Ich habe mir überlegt, wie wir ..."

Das hat nichts mit Weichheit zu tun, es ist die intelligentere Form einer **zielgerichteten Gesprächsführung**.

In dieser Gesprächsatmosphäre hat der Mitarbeiter die Chance, seine Sicht und seine Gründe darzulegen. Gemeinsam werden **Lösungen** besprochen und angestrebt, um künftige Mängel zu vermeiden.

Zum Abschluss bedankt sich der Chef für das Gespräch und befestigt den Wunsch und das Vertrauen für eine weiterhin gute und konstruktive Zusammenarbeit.

Leistungsbezogene Bewertungsergebnisse, die sich aus einem Mitarbeitergespräch ergeben können, sind z.B. die folgenden:
* **Fachkompetenz**: entspricht dem Tätigkeitsprofil (nicht oder übertrifft es) bzw. den Anforderungen der Stelle
* **Methodenkompetenz**: Informations- und Arbeitsmethoden, kognitive Fähigkeiten

- **Führungskompetenz**: zielorientiertes Führungsverhalten gegenüber den ihm unterstellten Mitarbeitern, weiß zu motivieren, Durchsetzungsfähigkeit
- **Soziale Kompetenz**: Kommunikationsfähigkeit, Konflikt- und Teamfähigkeit, Stressbewältigung
- **Verhalten**: Pünktlichkeit, Zuverlässigkeit, Ordnung am Arbeitsplatz, Flexibilität
- **Arbeitsergebnis**: Mengen, Qualität (Verkaufszahlen, Anzahl Neukunden, Anzahl verlorene Kunden, Reklamationsquote, Ausbringungsmenge, wirtschaftliche Kennzahlen)
- **Personalentwicklung und Potenzial**: Kenntnisse und Fähigkeiten, Bereitschaft zur Weiterbildung, Versetzung, interner Aufstieg usw.

Die Ergebnisse des Gesprächs werden auf dem **Beurteilungsbogen** eingetragen und in der **Personalakte** abgelegt. Der Beurteilungsbogen dient wiederum für das nächste Gespräch, um die getroffenen Vereinbarungen und Gesprächsinhalte wieder als **Gesprächsbasis** zu nutzen.

PRAXISTIPP

Auch dem Mitarbeiter sollte die Bewertung und das Ergebnis des Beurteilungsgesprächs mitgeteilt werden (vgl. Hilb 1998, S. 80 ff.; Kellogg 1974, S. 86; Albert 2002, S. 90 ff.).

9.6   Entlohnung

Sachbezogene Bewertung der Stellenanforderungen und entsprechende Entlohnung

Wie soll der Mitarbeiter entlohnt werden? Eine „leistungsgerechte" Entlohnung orientiert sich ausschließlich an den Anforderungen der Aufgabe. Persönliche Präferenzen, besondere Anstrengungen des Mitarbeiters, sein Engagement oder gar Aspekte der Sympathie spielen absolut keine Rolle. Die Bewertung erfolgt rein sachbezogen (wie das Stellenprofil aus der Stellenbeschreibung).

Die Ermittlung des zu bezahlenden Lohnes für die Stelle erfolgt in der Berechnung eines **„Arbeitswertes"**, welcher Anforderungsmerkmale und deren Gewichtung berücksichtigt.

„So stellt beispielsweise das Genfer Schema mit seinen Differenzierungsvorschlägen wie
- Fachkönnen,
- geistige Beanspruchung,
- Umgebungseinflüsse und
- Verantwortung

einen sinnvoll nutzbaren Vorschlag zur Konstruktion eines solchen Kataloges von Anforderungen dar." (Scholz 2000, S. 736)

Ausprägungen des Genfer Schemas:

- **Fachkönnen**: Ausbildung, Erfahrung, Fachkenntnisse
- **Geistige Beanspruchung**: Denkfähigkeit, Merk- und Aufnahmefähigkeit, Interpretationsfähigkeit, kreative Fähigkeiten, Imagination
- **Umgebungseinflüsse**: körperliche Belastung, Geschicklichkeit, Arbeitsbedingungen (Temperatur, Nässe, Schmutz, Luft, Gase, Dämpfe, Laugen, Lärm, Licht, Unfallgefahr etc.)
- **Verantwortung**: Betriebsmittel, Fertigungsabläufe, Produktionsmethoden, Produkte, Sicherheit, Gesundheit etc.

In unterschiedlichen Analyseverfahren, welche nach den jeweiligen Produktions- und Leistungsprofilen des Unternehmens ausgewählt werden, erfolgt die Gewichtung nach den **Anforderungen** (s.o.) und dem der Arbeitsstelle **zugeordneten Wert**.

„Geld zu verdienen, ist durchaus nötig, aber auf ungerechte Weise, das ist schlimmer als alles."
(Demokrit)

Die mathematisch ermittelten Werte werden als Arbeitswerte bezeichnet, deren Summen eine Zuordnung in Lohngruppen ermöglichen. Zur Berechnung des Ausgangswertes dient der Grundlohn.

Die Zuordnung der Gewichtung und der Arbeitswerte werden auch von **Tarifverträgen** beeinflusst. Lohnabkommen, Lohnrahmentarifverträge und diverse Methoden der Berechnung nach Lohngruppenverfahren stehen im kausalen Zusammenhang mit der Festlegung von Arbeitswert und Lohngruppen (vgl. Scholz 2000, S. 737–742).

9.6.1 Lohnformen

Die Ermittlung des Arbeitswertes und der Lohngruppe gibt Aufschluss über die Lohnform, nach welcher die Stelle bezahlt werden soll. Hier werden unterschieden: Zeitlohn und Leistungslohn.

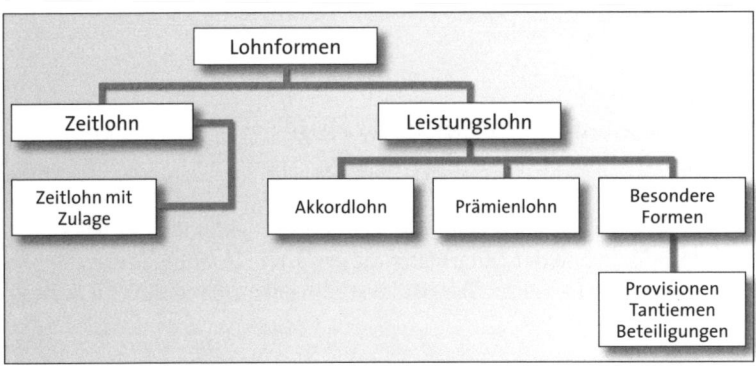

Abb. 41: Lohnformen

Der **Zeitlohn** wird unabhängig von der erbrachten Leistung bezahlt. Der Lohn ist pro Zeiteinheit für alle Beschäftigten einer Lohngruppe gleich bleibend. Da die Lohnstückkosten von der Leistung des Arbeitnehmers

Unabhängig von der erbrachten Leistung

abhängig sind, sind beim Zeitlohn die **Lohnstückkosten variabel**, im Gegensatz zum Leistungslohn (Stückakkord).

Zeitlohn wird sinnvollerweise überall dort bezahlt, wo lohnbezogene Leistungsanreize unmöglich sind, bei dispositiven Tätigkeiten, bei Arbeitsabläufen, welche der Mitarbeiter nicht beeinflussen kann, bei Tätigkeitsmerkmalen mit Risiken, die durch zu schnelle Arbeitsleistung entstehen können.

Zeitlohn mit Leistungszulage wird nicht nach Merkmalen der Ausbringungsmenge, Qualitätskriterien oder Einsparergebnissen bezahlt, sondern nach subjektiven, persönlichkeitsbezogenen Kriterien wie Motivation, Integration, Flexibilität, Engagement, Betriebszugehörigkeit usw. (siehe auch Prämienlohn).

> Beim Zeitlohn muss der Arbeitgeber zur Produktivitätssteigerung andere Leistungsanreize als den Grundverdienst einsetzen (vgl. Wöhe 2002, S. 230 f.).

Mindestlohn +
Akkordzuschlag

Der **Leistungslohn** wird auf der Grundlage eines Mindestlohnes, i.d.R. dem „tariflichen Mindestlohn pro Stunde" (Zeitlohn pro Zeiteinheit) zuzüglich eines Akkordzuschlages berechnet.

9.6.2   Einzelakkord

Der **Akkordrichtsatz** errechnet sich:

Tariflicher Mindestlohn pro Stunde

+   Akkordzuschlag (15–25 % des Grundlohns)

$$= \frac{\text{Akkordrichtsatz pro Stunde}}{60 \text{ Minuten}}$$

=   Minutenfaktor

Der **Stundenverdienst** ermittelt sich wie folgt:

Stückzahl · Minutenfaktor · Vorgabezeit je Stück in Minuten

Der Mindestlohn ist auch beim Akkordlohn stets garantiert, er wird auch dann bezahlt, wenn der Mitarbeiter die erwartete Leistung (Leistung pro Zeiteinheit) nicht erreicht. Der Mindestlohn entspricht dann einem Zeitlohn.

Um den Akkordlohn zu bestimmen, muss die Normalleistung pro Zeiteinheit ermittelt werden. Der Wert entspricht als Soll der Vorgabezeit.

Die **Normalleistung** ist der Wert, den ein Mitarbeiter bei normalem Arbeitstempo innerhalb einer Zeiteinheit erreichen kann, Beispiel: Ein Mitarbeiter kann von Teil A innerhalb einer Stunde 15 Stück fertigen.

Die Ermittlung dieser Zeit ist die **Vorgabezeit**. Es bedarf sorgfältiger und genauer Zeitmessungen, um die jeweilige Normalzeit für einen Fertigungsgang zu ermitteln. *Sorgfältige und genaue Zeitmessungen*

Grundlage der **Normalwertermittlung** sind die allgemein anerkannten REFA-Methoden (REFA Bundesverband e.V., Darmstadt – Reichsausschuss für Arbeitszeitermittlung).

Voraussetzung zur Ermittlung des Akkordlohnes ist weiterhin, dass die **Tätigkeit sich für den Akkord eignet**: Zeit- und mengenmäßig sich regelmäßig wiederholende Tätigkeitsmerkmale sind ebenso notwendig wie die Möglichkeit, überhaupt eine „Normalleistung" zu beeinflussen. Ist der Mitarbeiter an vorgegebene Takteinheiten gebunden, z.B. durch Fließbandarbeit, kann er keine Akkordleistung erbringen. *Bei Fließbandarbeit ist keine Akkordleistung möglich*

Der Verdienst des Mitarbeiters richtet sich nach seiner **individuellen Leistung**, die er in einer Zeiteinheit (Stunde) erbringen kann:

- Hat er nur die „Normalleistung" erbringen können, entspricht sein Verdienst dem Grundlohn, also 100 % des Akkordrichtsatzes.
- Hat der Mitarbeiter in der gleichen Zeit eine höhere Stückleistung erbracht, steigt sein Stundenverdienst im Verhältnis der „Mehrleistung" zur „Normalleistung", multipliziert mit dem Faktor des Akkordrichtsatzes.

BEISPIEL

Tariflicher Mindestlohn pro Stunde	€ 8,00
+ 25 % Akkordzuschlag	€ 2,00
= Akkordrichtsatz	€ 10,00

Daraus folgt der Minutenfaktor $\dfrac{€\,10,00}{60} = €\,0,167/\text{Min.}$

Vorgabe:

Stückzeit	4 Minuten
Anzahl pro Stunde	15 Stück

Der Stücklohn beträgt: $4\ \text{Min} \cdot 0,167\ €/\text{Min.} = €\,0,668$

Ergebnis bei **Normalleistung**:

Zeitakkord:	$15 \cdot 0,167 \cdot 4$	$= €\,10,02$ Verdienst/Std.
Geldakkord:	$15 \cdot 0,668$	$= €\,10,02$ Verdienst/Std.

Ergebnis bei **Akkordleistung**, z.B. 20 Stück:

Zeitakkord:	$20 \cdot 0,167 \cdot 4$	$= €\,13,36$ Verdienst/Std.
Geldakkord:	$20 \cdot 0,668$	$= €\,13,36$ Verdienst/Std.

Unabhängig davon, ob der Stundenverdienst als Geldakkord oder als Zeitakkord berechnet wird, bleibt das Ergebnis gleich:

- **Geldakkord**:
  Ist-Leistung pro Stunde · Geldsatz pro Produkteinheit
- **Zeitakkord**:
  Ist-Leistung pro Stunde · Vorgabezeit pro Stück · Minutenfaktor

Ist die Leistung nur gemeinsam in einer Gruppe, einer Montagekolonne oder einem Team möglich, so wird das Akkordergebnis dem ganzen Team zugerechnet. Diese Lohnform wird als **Gruppenakkord** bezeichnet.

Die Ermittlung des Akkordrichtsatzes für die Gruppe bleibt im Verfahren gleich wie beim Einzelakkord.

> Wesentlicher Vorteil des Akkordlohnes ist der Leistungsanreiz
> für den Arbeitnehmer.

Das Unternehmen gewinnt klarere Kalkulationswerte, da es konstante Lohnkosten ansetzen kann und die Maschinenauslastung steigt, womit die Maschinenkosten pro Stück sinken.

Mögliche gesundheitliche Auswirkungen beachten

Das **erhöhte Arbeitstempo** verlangt eine effiziente Qualitätskontrolle, Maßnahmen zur Vermeidung von Ausschuss und eine erhöhte Instandsetzungsintensität der Maschinen und Werkzeuge. Beachtung und Vorsorge der gesundheitlichen Auswirkungen bei den Akkordarbeitern müssen in den Fertigungsprozess einbezogen werden (vgl. Wöhe 2000, S. 231/232).

9.6.3 Prämienlohn

Als flexibles Instrument, um lohnbezogene Anreize zu schaffen, gilt der Prämienlohn. Er besteht einerseits aus dem **Grundlohn**, der nicht unter dem Tariflohn liegen darf, und andererseits aus einem zusätzlichen Entgelt, der **Prämie**.

Die Prämie kann sich nach **quantitativen** oder nach **qualitativen** Bestimmungsgrößen richten.

Es werden unterschieden:

- **Mengenleistungsprämien**: Sie werden u.a. dann bezahlt, wenn die Tätigkeit nicht akkordfähig ist, z.B. im Außendienst oder bei bestimmten Formen der Verwaltungstätigkeit.

- **Qualitätsprämien**: Sie können ermittelt werden anhand der beanstandungsfreien Stückzahlen oder der Verlustquote durch Ausschuss und Bruch oder der Reklamationshäufigkeit usw.

- **Ersparnisprämien**: Sie können ermittelt werden anhand der verbrauchten Roh-, Hilfs-, und Betriebsstoffe, des Potenzials an Energieersparnis (Strom, Wasser, Wärme, Kälte), geringerer Wartungskosten von Anlagen und Maschinen durch achtsame Nutzung und Pflege usw.

- **Nutzungsgradprämien**: Sie können anhand der Kapazitätsauslastung, der Warte- und Leerlaufzeiten, der Reparaturzeiten, der Vermeidung von Sicherheitsrisiken wie Unfällen und Umweltschäden usw. ermittelt werden.

Der **Prämienfaktor** muss aus diesen Bestimmungsgrößen festgelegt werden. Bei der Berechnung des Prämienlohns werden die Bezugsgrößen **Vorgabezeit** (Normalzeit) und **Ist-Zeit** zum Prämienfaktor in Bezug gesetzt.

Der Prämienlohn soll dem Akkordlohn (und umgekehrt) aus Gründen der relativen Lohngerechtigkeit angemessen sein. (vgl. Wöhe 2002, S. 233; Scholz 2000, S. 747).

9.6.4 Zusätzliche betriebliche Leistungen

Zu den Entgeltsystemen des Unternehmens gehören die freiwilligen betrieblichen Sozialleistungen.

Vorgegebene und freiwillige Sozialleistungen

Neben den gesetzlich oder tarifvertraglich **vorgegebenen Sozialleistungen** wie
- Arbeitgeberanteil zur Sozialversicherung,
- Lohnfortzahlung im Krankheitsfall,
- Urlaubsgeld,
- Weihnachtsgeld

kann das Unternehmen freiwillige Zahlungen gewähren.

Zu den **übertariflichen Sozialleistungen** zählen:
- zusätzliches Weihnachtsgeld
- zusätzliches Urlaubsgeld
- Zuwendungen für Unterkunft
- Zuwendungen für Verpflegung (Essenszuschuss)
- Gratifikationen
- Jubiläumszuwendungen
- Unterhalt betrieblicher Einrichtungen wie Kantine, Kindergarten, Sport- und Freizeiteinrichtungen, Ferienheime
- verbilligter Firmeneinkauf

9.6.5 Arbeitnehmerbeteiligungen

Die Beteiligung des Arbeitnehmers am Erfolg des Unternehmens stellt eine herausgehobene Entgeltform dar. Sie verfolgt insbesondere die **Ziele**:
- **Motivation durch Integration**: Die Mitarbeiter sollen sensibler werden in den Bereichen der Produktivität, der Einsatzbereitschaft, des Kosten-

managements, und aktiv zum Gesamterfolg des Unternehmens beitragen.

- **Liquiditätsverbesserung und Finanzierungsspielräume**: Ein Teil des
  Arbeitslohns ist der Gewinnanteil. Dieser Betrag bindet unmittelbar
  keine liquiden Mittel, da er nicht sofort abfließt oder, je nach Form des
  Beteiligungsmodells, als „Beteiligungsanteil" im Unternehmen verbleibt. Bestehen für den Arbeitnehmer Beteiligungsmöglichkeiten, fließen dem Unternehmen weitere liquide Mittel zu, da Mitarbeiter Geldmittel einbringen. Solche Beteiligungsmöglichkeiten bestehen zumeist
  bei eigens dafür gegründeten Tochtergesellschaften („Beteiligungs-
  und Finanzierungsgesllschaften").
- **Vermögensbildung** der Arbeitnehmer, Altersversorgung
- Arbeitnehmer als „Miteigentümer" **verbessern** aus Eigeninteresse im
  Sinne ihrer Mitverantwortung die **Mitsprache bzw. Mitbestimmung**
  und entschärfen das „Feindbild des Kapitals".
- Das **Erscheinungsbild** des Unternehmens mit seiner sozialen und
  gesellschaftspolitischen Ausrichtung wird positiv beeinflusst.

Zur **Bemessung der Beteiligung** stellen sich Fragen, die zu der Entschei-
dung führen, welche Form zugrunde gelegt werden soll:
- Die Leistung – Produktivität, Kostenersparnisse?
- Der Ertrag – Umsatzhöhe, Rohertrag, Kapitalgewinn, Wertschöpfung?
- Der Gewinn – Betriebsergebnis, Ausschüttungsergebnis, Jahresergeb-
  nis vor oder nach Steuern?
- Wie sind Verluste, Gewinn- und Verlustvorträge und Erlöse aus nicht
  direkt zurechenbaren Leistungen einzuordnen?

Beteiligungsmodelle
sorgfältig prüfen

Alle Beteiligungsmodelle müssen sehr sorgfältig analysiert und das Für
und Wider gegeneinander abgewogen werden. Beteiligungsmodelle sind
nicht nur unter dem Gesichtspunkt der Lohnform und des finanziellen wie
sozialen Aspekts, sondern auch unter steuerlichen, zivilrechtlichen und
arbeitsrechtlichen Bestimmungen zu beurteilen.

10   Beschaffung, Materialwirtschaft, Logistik

10.1   Leistungswirtschaftlicher Prozess

Die elementaren betrieblichen **Produktionsfaktoren** werden eingeteilt in
- **Arbeitskräfte**: zur Ausführung der Arbeit
- **Betriebsmittel**: Grundstücke, Gebäude, Maschinen, Werkzeuge
- **Werkstoffe**: Roh-, Hilfs- und Betriebsstoffe

Diese Produktionsfaktoren müssen „beschafft" werden, ebenso das erforderliche Kapital.

Die Spannbreite zwischen dem Beschaffungsmarkt und dem Absatzmarkt wird als **„leistungswirtschaftlicher Prozess"** bezeichnet. Er umfasst
- die Beschaffung der oben genannten Produktionsfaktoren,
- den gesamten Fertigungsprozess, also die Be- und Verarbeitung der Werkstoffe, und
- den Absatz der erstellten Produkte und Leistungen.

Die gegenläufige Strömung, also der Prozess vom Absatzmarkt zum Beschaffungsmarkt, wird als **„finanzwirtschaftlicher Prozess"** bezeichnet. Er stellt im Modell dar, dass die Einnahmen aus dem Verkauf wiederum der „Leistung" dienen, also der weiteren Beschaffung, Fertigung, Distribution usw. Die beiden Prozessketten schließen sich zu einem Kreislauf.

Leistungs- und finanzwirtschaftlicher Prozess schließen sich in einem Kreislauf

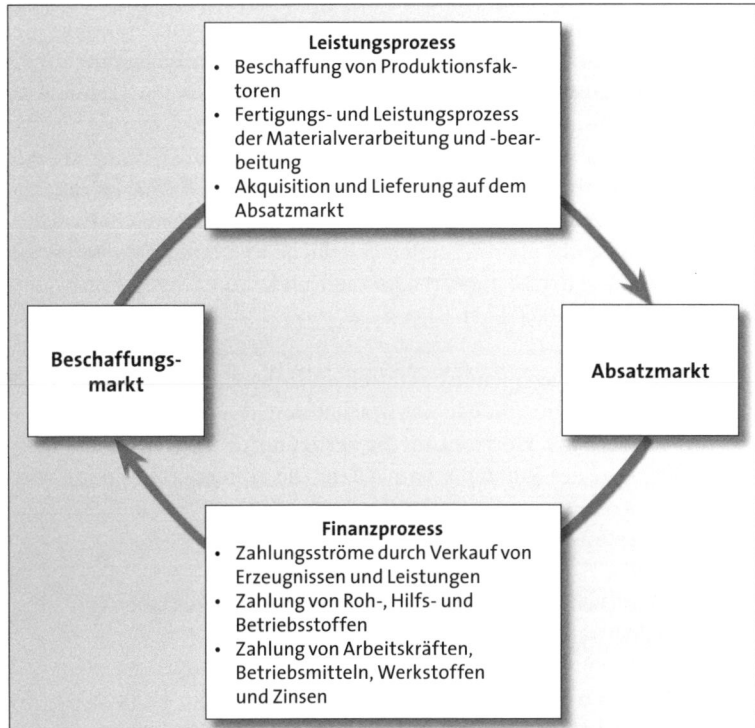

Abb. 42: Leistungs- und Finanzprozess

Der institutionelle Begriff der **Beschaffung** wird gemeinhin als Einkauf verstanden. Der Begriff umfasst den Gesamtbereich der Materialwirtschaft schlechthin.

Es können folgende Funktionen zugeordnet werden:
- Marktbeobachtung und Marktforschung
- Lieferantenauswahl
- Ausschreibung und Angebotsauswahl
- Preis- und Konditionenverhandlungen
- Bestellwesen
- Terminkontrolle
- Transportwesen, extern und intern
- Wareneingangskontrolle
- Lagerung
- Bereitstellung für den Fertigungsfluss (Verteilung)
- Materialrücknahmen vom Kunden und Rücksendungen an den Lieferanten
- Entsorgung (Verpackung, Restbestände, Abfälle), Umweltschutz (Gefahrgüter etc.)

Die so genannte **„integrierte Materialwirtschaft"** bezieht **sämtliche Materialbewegungen** – von der materialbezogenen Planung, der Funktion des Lieferanten, der Steuerung des Materialflusses im Unternehmen, bis zum Kunden – und **alle versorgungsorientierten Aufgaben** mit ein.

„Die Materialwirtschaft umfasst die Gesamtheit aller material- und informationsbezogenen Funktionen, ergänzt um die Aufgaben der Planung und Steuerung, die sich, beginnend mit den marktorientierten Aufgaben des Einkaufs, über die unterschiedlichen Fertigungsstufen bis zur Warenverteilung der Fertigwaren an die Kunden und deren Entsorgung erstreckt." (Kluck 2002, S. 2)

Im modernen Management ist es durchaus sinnvoll, den „Einkauf" nicht nur auf seine ausschließlich in der Beschaffung liegende Funktion auszurichten, sondern den Horizont auf die Fertigung, die Lagerwirtschaft und die Bedürfnisse des Kunden auszuweiten. Die „integrierte Materialwirtschaft" muss sich zwangsläufig dann auch mit den Fragen sämtlicher Steuerungsprozesse auseinandersetzen.

> Die Gesamtheit aller dieser Funktionen kann in den Aufgaben von Materialwirtschaft und Logistik subsumiert werden.

Die **logistischen Steuerungsprozesse** gehen über die Funktionen der Materialwirtschaft hinaus und umfassen Prozesse der Planung und Steuerung, der Sicherung des Informationsflusses zur betrieblichen Leistungserstellung, der Optimierung des Werteverzehrs, der Materialqualität und des Materialeinsatzes, des Materialflusses im Produktionsprozess, des Lager-, Transport- und Bereitstellungswesens, einschließlich der güterbezogenen Distribution.

10.2 Sachaufgaben im Bereich Beschaffung, Materialwirtschaft und Logistik

Die im Unternehmen benötigten Materialien können gegliedert werden nach Zweck, Menge, Wert und Veredelungsstufe.

Dabei werden unterschieden:

- **Rohstoffe**: Sie bilden den Hauptbestandteil des zu fertigenden Erzeugnisses und gehen unmittelbar ganz oder in großem Umfang in das Endprodukt ein. Rohstoffe sind **Einzelkosten** und damit dem Produkt direkt zurechenbar. Rohstoffe sind **variable Kosten**.

Hauptbestandteil des zu fertigenden Erzeugnisses

BEISPIELE

- Holz zur Herstellung von Türen
- Edelmetall zur Herstellung von Schmuck
- Stahlblech zur Herstellung von Karosserien
- Rohlatex zur Herstellung von Autoreifen
- Mehl für Backwaren

- **Betriebsstoffe**: Sie gehen nicht in das Endprodukt ein, werden aber zur Herstellung verbraucht. Betriebsstoffe sind **Kostenstelleneinzelkosten oder Kostenträgergemeinkosten**. Die Kosten können der verursachenden Stelle zugeordnet werden, nicht aber dem Produkt selbst.

Gehen nicht in das Endprodukt ein

BEISPIELE

- Energie
- Schmierstoffe
- Wärme
- Wasser

- **Hilfsstoffe**: Sie werden bei der Herstellung des Produktes verbraucht und gehen ganz oder teilweise in das Erzeugnis mit ein. Hilfsstoffe erfüllen eher eine Hilfsfunktion. Ihr Anteil am Produkt ist im Verhältnis zum Rohstoff eher gering. Hilfsstoffe gehören zu den **Kostenstelleneinzelkosten** und zu den **Kostenträgergemeinkosten**.

Gehen in das Erzeugnis ein

- Leim, Lack, Bänder, Türgriffe und Schrauben für die Türherstellung
- Lötmaterial zur Schmuckherstellung
- Nieten zur Blechbefestigung
- Hefe zum Backen

- **Zulieferteile**: Diese können einen unterschiedlich hohen Reifegrad ausweisen. In der Fertigung werden weitere Veredelungen durchgeführt oder das Zulieferteil geht als eigenständige, fertige Komponente in das Endprodukt ein. Zulieferteile können den Rohstoffen zugerechnet werden und sind **Einzelkosten**.

- Elektromotoren für Digitalkameras
- Gehäuse für Fernsehmonitore
- Tastaturen für Computer

Erweiterung der Produktpalette
- **Handelsware**: Zur Erweiterung der eigenen Produktpalette werden komplett gefertigte Produkte zugekauft. Eine eigene Bearbeitung erfolgt nicht. Handelsware sind **Einzelkosten** und **variable Kosten**.

- Ein Hersteller von Rennrädern kauft Mountainbikes dazu, um seine eigenen Produkte zu ergänzen.
- Eine Kaffeeröster-Handelskette kauft Haushaltsgeräte dazu, um ihr Angebot attraktiver zu gestalten.

Maschinen oder Werkzeuge, die für die Fertigung benötigt werden
- **Betriebsmittel**: Sie dienen als Maschinen und Werkzeuge den Fertigungszwecken. Betriebsmittel sind Investitionen, welche nach den Kriterien für Neu- oder Ersatzinvestitionen beschafft werden.

- Eine Kapazitätsausweitung erfordert eine neue Maschine.
- Eine alte Maschine muss ersetzt werden.

> - Bei einer defekten Maschine lohnt sich die Reparatur nicht mehr.
> - Die moderne Fertigungstechnik erfordert eine entsprechende Maschine, da die Produkte im alten Verfahren nicht mehr abgesetzt werden können.

- **Dienstleistungen**: Bestimmte Dienste werden nicht mehr selbst erbracht, sondern bezogen. Mit Blick auf die Kostenstruktur der Betriebe wird „Outsourcing", also die Auslagerung von Leistungen, immer bedeutsamer. Durch die Auslagerung verfügt der Betrieb über ein überschaubares und klares Kostenkonzept, ohne die personellen Risiken zu tragen.

Auslagerung von Dienstleistungen

BEISPIELE

- Wartungs- und Instandsetzungsarbeiten
- Gebäudereinigung
- Wachdienste
- Beratungsleistungen
- Qualitätssicherung
- DV-Leistungen

Auch bei immer wiederkehrenden Lieferungen von Werkstoffen wird der Fertigungsteilprozess „ausgelagert" und die Risiken an den Lieferanten übertragen. Hierzu zählen auch Subunternehmerleistungen, also Dienste eines Unterunternehmens, das in den Fertigungsprozess eingebunden ist. Subunternehmerleistungen werden häufig auch im Rahmen von Kooperationen (Arbeitsgemeinschaften) durchgeführt.

Auslagerung von Fertigungsteilprozessen

BEISPIEL

Ein General-Bauunternehmer vergibt Unteraufträge an eine Zimmerei, einen Stukkateur, einen Malerbetrieb, einen Elektriker, einen Heizungsbauer, einen Sanitärinstallateur usw.

- Erzeugnisse werden unterschieden in Fertigerzeugnisse und unfertige (halbfertige) Erzeugnisse. Es sind selbst gefertigte Vorräte.
  - **Fertigerzeugnisse** sind zur Auslieferung bereit.
  - **Halbfertigerzeugnisse** (oder unfertige Erzeugnisse) haben im Produktionsprozess bereits Kosten verursacht, sind aber noch nicht verkaufsfähig. Zur Fertigstellung müssen noch Fertigungsstufen abgewickelt werden.

Selbst gefertigte Vorräte

10.3   Materialdisposition

Hierunter wird die Ermittlung der Bedarfsgegenstände, der Mengen und der erforderlichen Bereitstellungstermine verstanden.

Zur Ermittlung der erforderlichen Werkstoffe sind eine enge Zusammenarbeit und ein funktionierender Informationsfluss mit zahlreichen Stellen erforderlich.

Es werden Daten benötigt u.a. aus dem Vertrieb, der Auftragsbearbeitung, der Produktionsplanung, der Arbeitsvorbereitung und dem Lager.

10.4   Materialeinkauf

Der Einkauf muss die Märkte genau kennen

Die termingerechte Bestellung und Sicherung der Versorgung im Unternehmen ist das Ergebnis des Einkaufs. Damit ist die Tätigkeit bei weitem nicht erschöpft: Der Einkauf muss über aktuelle Kenntnisse der Märkte verfügen, und zwar einerseits über adäquate **Lieferquellen** und andererseits über technische und **technologische Entwicklungen**.

Verändern sich Wünsche, Normen oder Gewohnheiten der Kunden, muss der Einkäufer darauf genau so reagieren können wie auf geänderte Materialeigenschaften und Fertigungsverfahren.

> **BEISPIEL**
>
> Wenn ein Zulieferbetrieb nicht rechtzeitig erkannt hat, dass seine Kunden bald Oberflächen in Nano-Technologie nachfragen werden, wird er in Zukunft auf diese Kunden verzichten müssen.

Der Einkäufer muss derartige Informationen im eigenen Unternehmen einbringen und die Fertigungsplanung und -steuerung muss sich rechtzeitig auf veränderte Techniken einstellen. Im Einkauf liegt also auch eine Aufgabe der **Marktforschung**.

Entwicklungsprozesse anstoßen

Ähnliches gilt bei **veränderten Normen oder Rechtsfragen**, wie beispielsweise bei neuen Umweltgesetzen, Verordnungen im Lebensmittelrecht, der Chemie usw. Der Einkauf muss die Initialzündung für den Entwicklungsprozess sein.

Zu den **administrativen Aufgaben** des Materialeinkaufs gehört die Auswahl der Lieferanten, die Preis- und Konditionenverhandlungen, die Überwachung der Termine, das Bestellwesen, die Liefervorschriften, Transportversicherungen und Zollformalitäten.

10.5 Lagerwirtschaft und Bevorratung

Die richtige Ware, zur richtigen Zeit, in der richtigen Qualität, in der richtigen Menge zu richtigen Kosten, am richtigen Ort – das sind die **Aufgaben der Bevorratungspolitik**. Aber was ist „richtig"?

Richtig bedeutet: die Materialbevorratung muss jederzeit eine **reibungslose und unterbrechungsfreie Produktion** ermöglichen. Auch dann, wenn starke Schwankungen in der Produktion oder am Beschaffungsmarkt auftreten. Gleichzeitig müssen die **Kosten** auf ein erforderliches Höchstmaß **reduziert** werden.

Die Produktion muss jederzeit möglich sein

Ein Teil der Lagerwirtschaft ist die **Wareneingangskontrolle**. Hier ist mit großer Präzision die Menge, Maßhaltigkeit und Qualität der angelieferten Waren mit den bestellten Merkmalen zu vergleichen. **Abweichungen** müssen sofort festgestellt, gemeldet und ggf. gerügt werden (siehe auch § 377 HGB).

Je nach Situation und Berechnung von Bezugskosten im Verhältnis zu Lagerkosten (Kapitalbindungskosten), Lieferrabatten usw. wird entschieden, **welche Werkstoffe in welchen Mengen am eigenen Lager** sind und welche Materialien mit möglichst sehr kurzen, besser gar keinen Lagerzeiten beschafft werden.

Angestrebt werden **fertigungssynchrone Lieferrhythmen** (just in time), d.h., die Risiken und Kosten der Lagerhaltung werden auf den Lieferanten übertragen. Der Lieferant liefert zu genau vorgegebenen Zeiten und die Ware wird direkt und sofort ohne Zwischenlagerung in dem Fertigungsprozess verarbeitet.

Lieferung just in time

Bei intensiven Lieferantenbeziehungen werden längerfristige Lieferverträge vereinbart. Der Lieferant hat in der Regel einen direkten elektronischen Zugriff zur Fertigungsplanung und Arbeitsvorbereitung, um ohne weitere Verhandlungen seine Liefertermine direkt übernehmen zu können.

Eine weitere wichtige Aufgabe der Materialwirtschaft ist die **Vermeidung** von überschüssigen Materialanteilen und Verpackungsstoffen, die Wiederaufbereitung bzw. Verwertung (**Recycling**) und die Festlegung von **Rücklieferungen** an die Lieferanten.

Die Materialwirtschaft ist für die Entsorgung verantwortlich

10.6 Logistik

Die Beschaffungs- und Materialwirtschaft wird ergänzt durch die Funktionen der Logistik.

Logistik verbindet Logik und Mathematik

Materialbereitstellung, externer Gütertransport, interner Gütertransport, Lagerung, Fertigungsfluss, Fertigprodukte, Distribution und Abfallwirtschaft lassen sich in die **wichtigsten Teilbereiche** der Logistik gliedern:

- Beschaffung
- Produktion
- Distribution
- Lager
- Entsorgung

10.6.1 Beschaffungslogistik

Im Bereich der Beschaffung befasst sich der logistische Prozess mit den Aufgaben der Materialanalyse und Definition auf den Beschaffungsmärkten (analog zum Einkauf und zur Materialwirtschaft).

Kern ist die **fertigungstechnische Sicherstellung des Materialflusses**, der Wareneingangsorganisation und die Zuführung der benötigten Stoffe vom Lager, Zwischenlager oder direkt vom Lieferanten in den Produktionsablauf.

Die **Aufgabenvielfalt** der Beschaffungslogistik stellt die Basis für die Produktion dar.

10.6.2 Produktionslogistik

Bei Stillstand der Maschinen kann man nichts verdienen

Die Produktionslogistik hat die Funktion, für einen **reibungslosen Materialfluss in den Fertigungsprozess** zu sorgen. Sämtliche erforderlichen Werkstoffe (Roh-, Hilfs- und Betriebsstoffe) sind im Bereich der Zulieferung so zu steuern, dass Unterbrechungen vermieden werden.

Unterbrechungen im Fertigungsprozess bedeuten stets teure Wartezeiten, da hohe Investitionen nutzlos sind und das untätige Personal ohne Leistung bezahlt werden muss.

Dem produktionslogistischen Prozess kommt damit die Aufgabe zu, die erforderlichen Lager- und Transportkapazitäten so zu steuern, dass **an jedem Arbeitsplatz die erforderliche Menge an Werkstoffen jederzeit verfügbar** ist. Die Fertigungszeiten an den einzelnen Arbeitsplätzen müssen in das Steuerungssystem einbezogen sein, d.h., die Bearbeitungsrhythmen geben für die nächste Bearbeitungsphase den Takt vor.

> Die unterschiedlichen Handlings- und Transportzeiten müssen so optimal aufeinander abgestimmt sein, dass Liegezeiten/Zwischenlager und Zusatztransporte vermieden werden.

Der Produktionslogistik fällt auch die Aufgabe zu, die fertig gestellten Produkte dem Auslieferungslager bzw. dem Versand zuzuführen.

Die komplexen Aufgaben der Produktionslogistik unterliegen durch hohe Einsatzkosten und die Risiken im Fertigungsprozess ganz besonders kritischen **Kontrollsystemen**. Zur Sicherung aktueller Informationsdaten und zur Unterstützung einer situationsgerechten Entscheidung stehen

computergestützte Softwaresysteme zur Verfügung (z.B. PPS – Produktionsplanung- und Steuerungssystem).

10.6.3 Distributionslogistik

Aufgabe der Distributionslogistik ist es, den **Warenfluss fertig gestellter Produkte zum Kunden** zu regeln. Insbesondere Fragen der Lagerung der Produkte, wo (Standorte) und wie (Lagerhaltung und Lagertechnik), sind **transport- und kostenoptimal** zu bestimmen.

Die Auswahl der Transportart, der Transportsicherung und der Versand an den Kunden sind wichtige Funktionen. Ebenso gehört dazu die Organisation und Durchführung eines regelmäßigen Lieferservices, wenn der Kunde zu bestimmten Zeitabschnitten Abrufmengen geordert hat.

10.6.4 Lagerlogistik

Die Lagerlogistik hängt ursächlich mit den materialwirtschaftlichen Bereichen der Beschaffung, der Produktion, der Distribution und der Entsorgung zusammen. Zur Lagerlogistik zählen die technischen Bereiche der Lagerhaltung, die organisatorischen Bestimmungen des Zugriffs, der Sortimente, der Umschlaghäufigkeit, der Vermeidung von Schwund, Verderb und Verlust.

10.6.5 Entsorgungslogistik

Dem Bereich der Entsorgungslogistik fallen alle Aufgaben der Abfallentsorgung und Wiederverwertung zu. Auch die Bearbeitung von Rücksendungen und die Rücknahme von Verpackungen (z.B. Kisten, Fässern Flaschen, Paletten) und die Wiederverwendung sind zu organisieren.

Die rechtlichen Bestimmungen, dass Hersteller zur Rücknahme bestimmter ausgedienter Produkte verpflichtet sind, erfordert im Entsorgungsbereich umfangreiche Vorkehrungen. Dabei ist es Ziel, die hohen Kosten durch eine möglichst maximale Quote der Wiederverwendung einzusparen oder durch den Abfallverkauf (z.B. Schrott) zu minimieren.

Wiederverwendungsquote maximieren

10.7 Kosten in der Materialwirtschaft

Die Kosten der Werkstoffe sind als Einzelkosten den Produkten oder den Kostenstellen oder Kostenträgern (verursachungsbezogen) zuzurechnen. Damit lassen sich die direkt im Zusammenhang mit dem Produkt entstehenden Kosten zuordnen.

Beschaffung, Transport, Lagerung, Auslieferung etc. verursachen weitere Kosten, die als **Materialbewirtschaftungskosten** bezeichnet werden. Diese Kosten setzen sich zusammen aus
- **Personalkosten**: Einkauf, Wareneingangskontrolle, Lagerwesen
- **Verwaltungskosten**: Büromaterial, EDV, Telefon, Strom, Wasser, Instandhaltung

- **Raumkosten**: Miete, Energie, Instandhaltung
- **Investitionskosten**: Abschreibungen, Wartung
- **kalkulatorischen Kosten**

Kapitalbindung im Material: Das eingesetzte Kapital hätte als Bankeinlage zumindest Zinsen gebracht.

Die am Lager und im Fertigungsprozess befindlichen Roh-, Hilfs-, Betriebsstoffe, Fertig- und Halbfertigerzeugnisse stellen einen **finanziellen Aufwand für das Unternehmen** dar, dem keine Einnahmen gegenüberstehen. Das Unternehmen muss diese Kosten mit eigenen Mitteln oder durch Kredite finanzieren.

Dieses Geld ist „im Material gebunden", es steht dem Unternehmen nicht für andere Zwecke zur Verfügung. Deshalb werden diese Werte als **Kapitalbindungskosten** bezeichnet.

> Kapitalbindungskosten sind der Wert der Materialvorräte im Verhältnis zur Dauer der Kapitalbindung.

Kapitalbindungskosten werden auch im Bereich der Investitionen berechnet. Hier wird der Wert benannt, den die Investition im Verhältnis zur Dauer der Amortisation verursacht.

10.7.1 Normen und Qualitätsmanagement

Normen und Qualitätsmanagement sollen dazu beitragen, verlässliche Eigenschaften und Verfahren zu schaffen. Ergebnisse sind Standards der Maßhaltigkeit, also Abmessungen, Gewichte, Größen, sowie Formgebung, Farben und Qualitätsmerkmale.

> Normierte Güter vereinfachen die Beschaffung und Bevorratung.

Alle Abnehmer verlangen von ihren Zulieferern lückenlose Nachweise des Fertigungsprozesses.

Gründe der Abnehmer, sich auf standardisierte Merkmale bei Produkten des Lieferanten verlassen zu können, führten zu **Regularien eines einheitlichen Qualitätsmanagements**.

Insbesondere von **Zulieferern** wird erwartet, dass ihre Produkte exakt den Anforderungen entsprechen, und zwar dergestalt, dass beim Abnehmer auf eine aufwändige Wareneingangskontrolle verzichtet werden kann und die gelieferten Teile sofort, ohne jede weitere Verzögerung, in den Fertigungsprozess einfließen können.

Das setzt voraus, dass beim Lieferanten ein lückenloser Nachweis aller Produktions- und Lieferschritte erfolgt, angefangen bei der Beschaffung der Werkstoffe bis zum Abgabetermin. Das bedeutet, dass auch die **Lieferanten des Zulieferers** entsprechende Nachweise sichern müssen.

Der **Abnehmer der Zulieferteile** muss ebenfalls eine korrekte Dokumentation seiner Verarbeitungsprozesse führen.

Da alle Beteiligten von ihren Lieferanten Qualitätsnachweise verlangen, sind organisatorische und administrative Voraussetzungen in den Betrieben unerlässlich.

Die Forderung entsprechender Dokumentationen dient bei Mängelrügen und etwaigen Regressansprüchen der Rückverfolgung bis hin zu dem „Verursacher". Allein die Forderung von Dokumentationen zu Nachweiszwecken und die damit verbundene Qualitätserwartung führen zu einem **Qualitätsstandard mit hoher Verlässlichkeit**.

„Lass uns etwas suchen, das nicht bloß dem äußeren Scheine nach gut ist."
(Seneca)

Das muss nicht unbedingt ein Gut mit allerhöchster Qualität sein, sondern es führt zu einer Qualitätsvermutung, welche den jeweiligen Erwartungen entspricht. Anders ausgedrückt: Ein Gut kann durchaus eine mindere Qualität haben und dennoch dem geforderten Qualitätsstandard entsprechen.

10.7.2 Qualitätsstandards

Die Erwartung der Märkte nach verlässlicher, standardisierter Qualität führte zu diversen einheitlichen Qualitätsmanagementsystemen. Eines der grundlegendsten Systeme ist das **Total-Quality-Management** (TQM).

Die Norm
DIN ISO EN 9000 ff.
gibt die Richtung vor

Ein Regelwerk zur Erlangung eines „Zertifikates", welches die Einhaltung der standardisierten Vorschriften bescheinigt, ist in der DIN ISO 9000 ff. beschrieben. Der „zertifizierte" Lieferant bietet dem Abnehmer die Gewähr, dass sein Produktionsprozess den Anforderungen des der Norm zugrunde liegenden Regelwerkes des Qualitätshandbuches entspricht. Die Normenreihe wurde weiterentwickelt und als DIN EN ISO 9000 ff. in ihrer Gültigkeit für Europa und Deutschland festgelegt.

Staatlich zugelassene Stellen „zertifizieren" nach der Norm DIN EN 9000 ff. mit der Normenreihe DIN ISO EN 9000 bis 9004. Die Wirksamkeit des Qualitätsmanagementsystems wird anhand von **Audits** überprüft und nach Bestehen wird die Zertifikatsurkunde ausgestellt.

Audit = systematische Überprüfung von Abläufen und Zielgrößen

Zweifellos sind die positiven Absichten der Norm wie **Transparenz, verbesserte Abläufe, Kostenreduktion** (insbesondere durch Vermeidung von Fehlerquellen), **verbesserter Informationsfluss**, Nutzung eines **Wettbewerbsvorteils** durch Zertifizierung, **vermindertes Produkthaftungsrisiko** usw. signifikant, gleichwohl neigt das Verfahren zu starren, unflexiblen und damit bürokratischen Strukturen.

QM-Systeme müssen flexibel und anpassungsfähig sein, sie müssen kreativ-innovative Entwicklungen zulassen

Den beabsichtigten Ersparnissen und Erleichterungen stehen die Kosten der wiederkehrenden Audits und der Gefahr einer erstarrenden Bürokratie entgegen.

10.8 ABC-Analyse in der Materialwirtschaft

Die ABC-Analyse ist ein Instrument, um Güter nach ausgewählten Kriterien zu klassifizieren und zu ordnen. Kriterien werden nach Menge, Wert und Art der Güter gewichtet.

Die Einteilung der Güter erfolgt, um besonders „wertvolle" Güter von Materialien mittleren Wertes und solchen von geringerem Wert unterscheiden zu können:

- **A-Güter** sind Güter mit einem besonders hohen Wertanteil. Diese Kategorie muss besonders sorgfältig geplant, gelagert und behandelt und kontrolliert werden.
- **B-Güter** haben einen mittleren Wertanteil, der nicht den gleichen hohen Aufwand wie bei den A-Gütern erfordert.
- **C-Güter** mit nur einem geringen Wertanteil erfordern einen geringen Aufwand im Verhältnis zum Erfolg, gleichwohl haben diese Güter meist einen hohen mengenmäßigen Anteil.

Kriterien werden nach Menge, Wert und Art der Güter gewichtet

Die Bereitstellung der Güter korrespondiert mit dem **benötigten Lagervolumen**, wodurch Kosten verursacht werden.

Festzulegen ist, welche Güter in welcher Menge vorhanden sein müssen. Die Einteilung der Güter in der ABC-Analyse verdeutlicht den Wert der gelagerten Güter. Damit können **Höchstgrenzen** bestimmt werden.

BEISPIEL

Material	Maximaler Wert	Höchstmenge des Bezugs
A-Güter	70 %	20 %
B-Güter	20 %	40 %
C-Güter	10 %	60 %

Material	Lagerbestand	Einstandspreis pro Stück	Wert	Rang (nach Wert)
1234	300	66,50	19.950,00	1
2345	20	170,00	3.400,00	4
3456	4.300	0,12	516,00	6
4567	230	8,80	2.024,00	5
5678	1.640	0,02	32,80	7
6789	27	305,00	8.235,00	2
7890	104	47,40	4.929,60	3

Abb. 43: Beispiel einer ABC-Analyse – Ermittlung von Werten am Lager

Die Einteilung in die Kategorien A, B und C erfolgt prozentual nach dem Wert, der Materialart und ggf. der Menge.

Die Berechnung des **Wertes** geschieht folgendermaßen:

$$\frac{\text{Wert des Materialtyps} \cdot 100}{\text{Gesamtwert der Materialtypen}}$$

Entsprechend erfolgt die Berechnung nach der **Materialart**:

$$\frac{\text{Anzahl der Materialarten} \cdot 100}{\text{Gesamtanzahl Materialarten}}$$

Und die Berechnung nach der **Menge**:

$$\frac{\text{Stückzahl je Materialtyp} \cdot 100}{\text{Gesamtstückzahl des Materials}}$$

Die prozentualen Ergebnisse ermöglichen die **Zuordnung der Güterklassen** nach den vorgegebenen Höchstwerten bzw. Höchstmengen.

Sind Güter nach Werten, Arten und Stückzahlen ermittelt bzw. festgelegt, bietet sich an, auch den **Verbrauchsverlauf** mit einzubeziehen: Werden Güter gleichmäßig oder ungleichmäßig verbraucht und welche Genauigkeit der Vorhersage der Bedarfsmengen ergibt sich daraus? (Vgl. Kluck 2002, S. 37–44)

10.9 Materialbedarf

Die **Art und Menge der benötigten Werkstoffe** und der Zeitpunkt, wann die Güter benötigt werden, ergeben sich aus dem Absatzprogramm.

Die Produkte, die hergestellt werden sollen, müssen in alle Einzelteile und Stoffe zerlegt und beschrieben werden. Das Zusammenstellen dieser Einzelteile in der zur Fertigung benötigten Anzahl erfolgt in **Stücklisten**. Diese Stücklisten bilden die **Ausgangsinformation** für die Materialbedarfsplanung.

Alles, was zur Fertigung eines Produktes erforderlich ist, wird in Stücklisten zusammengestellt

Ist der Gesamtbedarf aller Teile für einen Auftrag ermittelt, muss festgestellt werden, ob der **Lagerbestand** ausreicht. Sind die Lagerbestände ausreichend und nicht schon für andere Aufträge reserviert, wird für diesen Auftrag auf die vorhandenen Bestände zurückgegriffen. Die gleichzeitige Überprüfung des dann noch verfügbaren Lagerbestandes soll darüber informieren, ob das Lager aufgefüllt werden muss.

Sind keine oder nicht ausreichende Bestände verfügbar, muss das benötigte Material eingekauft werden. Liegen genügend Erfahrungen von gleich bleibenden Materialanforderungen vor, erhält der (Stamm-)Lieferant

Die Zeiten der Material-
bereitstellung und
Fertigung werden durch
den Auslieferungstermin
bestimmt

zumeist eine Abruforder. Werden primär unterschiedliche Kundenaufträge hergestellt oder müssen schwankende bzw. unterschiedliche Bedarfsmeldungen bearbeitet werden, ergeben sich höhere Anforderungen an den Einkauf.

Ausgangspunkt ist der Auslieferungstermin an den Kunden. Rückrechnend ergibt sich der Zeitbedarf für die Fertigung und daraus wiederum der Termin, wann die benötigten Materialien vorhanden sein müssen.

Die Beschaffung
braucht Zeit

Der Einkauf benötigt eine Vorlaufzeit für die Beschaffung. Beispielsweise für die Auswahl und Verhandlungen mit dem Lieferanten, die Bestellung, die Terminüberwachung, die Transportzeit und Warenannahme.

Die jeweils benötigten Materialbestände am Lager können dann relativ einfach prognostiziert werden, wenn die Fertigung einen konstanten Verlauf nimmt.

BEISPIEL

Die Fertigung ruft in einem Monat von einem bestimmten Material folgende Stückzahlen ab:

300 + 320 + 330 + 290 + 400 + 310

Das ergibt eine Gesamtstückzahl von 1.950. Geteilt durch die Abrufanzahl, ergibt sich: $1.950 : 6 = \varnothing\ 325$

Sind die früheren Monate vergleichbar, liegt also der Vorhersagewert bei 325 Stück pro Abruf (Mittelwertverfahren).

Das erleichtert die Disposition. Liegen derartige Erfahrungswerte nicht vor, werden die Lagerbestände nach den Absatzplänen bzw. den Kundenaufträgen aus den Stücklisten berechnet.

Hierbei sind die Beschaffungszeiten zu den Fertigungszeiten in Bezug zu setzen.

Definitionen von
Bestandsarten

Es werden nachstehende **Bestandsarten** unterschieden:
- **Lagerbestand**: körperlich verfügbare Teilmengen am Lager
- **Disponierter Bestand**: reservierter Bestand aus dem Lager für bereits festgelegte Fertigungsaufträge (muss aus dem körperlichen Bestand abgezogen werden) und bereits bestellte Menge für laufende Aufträge (muss zum körperlichen Bestand addiert werden). Lagerbestand plus/minus dispositiver Bestand ergibt tatsächlichen Bestand.
- **Buchbestand**: wertbezogener Bestand aus der Buchhaltung; kann mit tatsächlichem Bestand differieren (Buchungsfehler, Schwund)
- **Inventurbestand**: tatsächlicher Bestand, ermittelt durch Zählen, Messen, Wiegen, Schätzen und körperliche Inaugenscheinnahme

- **Eiserner Bestand** (Sicherheitsbestand): Mindestbestand, um bei Lieferausfällen oder plötzlichem Mehrbedarf die Fertigungsfähigkeit zu erhalten
- **Meldebestand**: das ist der Bestellzeitpunkt. Der Meldebestand liegt so weit über dem Sicherheitsbestand, dass der Zeitpunkt des Wareneingangs vor dem Zugriff auf den Sicherheitsbestand erfolgt.
- **Höchstbestand**: maximal zulässiger Bestand aus Gründen der Kapitalbindung und des Lagervolumens

Wenn der Meldebestand erreicht ist, muss bestellt werden

Neben der Bevorratung von Gütern am Lager und der Einzelbeschaffung, zumeist für kundenspezifische Fertigungsaufträge, wird bei großen Mengen häufig eine so genannte **fertigungssynchrone Beschaffung** durchgeführt: Hier schließt das Unternehmen mit dem Lieferanten einen Rahmenvertrag und ruft die jeweils benötigten Mengen ab. Dadurch werden die Lagerkosten erheblich minimiert bzw. auf den Lieferanten, einschließlich der Risiken, abgewälzt.

10.10 Lieferantenauswahl

Häufig ist einziges Kriterium in der Auswahl des Lieferanten der geringste Preis. Wenn es wenigstens der „günstigste" Lieferant wäre! Billig und günstig unterscheiden sich in der Lieferantenauswahl erheblich. Preise und Qualität sind nicht die einzigen Merkmale, nach denen ein guter Lieferant ausgewählt werden kann. Weitere Kriterien:

Wichtige Unterscheidung: billig oder günstig?

- Verlässlichkeit,
- die Bewältigung von Schwankungen in der Liefermenge und Lieferzeit,
- der Umgang bei eigenen Engpässen und denen des Kunden,
- die Seriosität und Professionalität des Managements.

Verschiedene Modelle der **Bewertung von Lieferanten** sollen der Entscheidungsfindung helfen.

Bei **Notensystemen** erhalten die Lieferanten für Preis, Konditionen, Liefertreue, Liefermengen, Lieferzeiten, Reklamationsmanagement usw. Noten (1 bis 6). Der Notenschnitt gibt eine einfache rechnerische Auskunft über den jeweiligen Lieferanten und erleichtert die Auswahl nach dem besten Notenschnitt.

Bewährt hat sich hier das **Punktbewertungsverfahren**. Es entspricht einer Kosten-Nutzen-Analyse. Ausgangspunkt sind die Kriterien der Lieferantenbewertung. Je nach Bedeutung dieser Merkmale erfolgt eine **Gewichtung** (1 bis 10 Punkte).

Die Lieferanten werden nach dieser Gewichtung mit **Noten** (1 = sehr schlecht, 5 = sehr gut) beurteilt. Gewichtung x Note ergibt eine **Punktzahl**.

Die Addition aller errechneten Punkte ergibt die **Gesamtgewichtung**, welche nun unter den bewerteten Lieferanten verglichen werden kann. Der Lieferant mit der höchsten Punktzahl steht auf dem ersten Platz (vgl. Wöhe 2002, S. 415–416).

Bewertungskriterien	Gewichtung · Note 1–5	Lieferant A Punktzahl	Rang
Preise und Konditionen			
Einstandspreis	7 · 3	21	
Transportkosten	7 · 2	14	
Rabatte	5 · 4	20	
Zahlungsbedingungen	6 · 2	12	
usw.			
Qualität			
Fehlerfreie Lieferung	10 · 5	50	
Produktqualität	8 · 5	40	
Zertifiziert	6 · 1	6	
Reklamationsverhalten	7 · 5	35	
usw.			
Management			
Liefertreue	6 · 5	30	
Termintreue	10 · 4	40	
Flexibilität	7 · 2	14	
usw.			
Gesamtpunktzahl		xx	x

Abb. 44: Lieferantenauswahlsystem: Gewichtung · Note = erzielte Punkte (vgl. Wöhe 2002, S. 415)

Ein Lieferantenaudit nach DIN erleichtert die Auswahl Weiterverarbeitende Betriebe und Endkunden bewerten ihre Zulieferer häufig nach den Systemen des Qualitätsmanagements (Audit) der DIN ISO EN 9000 ff. und setzen eine Zertifizierung als wesentlich voraus.

10.11 Auftragsbearbeitung und Logistik

In der Praxis wird selten nur ein einziger Auftrag abgewickelt und dann der nächste. Meist stehen parallele Aufgaben der Auftragsabwicklung an. Planerischer Ausgangspunkt **oberster Priorität** ist der **Auslieferungstermin** des Kundenauftrags.

Je nach Fertigungsart können jedoch auch **andere Prioritäten** bestimmt sein, z.B.:

- Aufträge werden nach dem **Eingangsdatum** abgewickelt: „FiFo" – First in First out. (Analog zum Lagerumschlag: die zuerst eingelagerten Waren müssen auch wieder als Erste heraus.)
- Aufträge mit nur **kurzer Bearbeitungsdauer** werden gleich bearbeitet
- Bei Aufträgen mit **sehr großer Bearbeitungszeit** beginnt der Fertigungsvorgang sofort
- Aufträge mit nur **sehr geringer Zeit** bis zum Liefertermin werden bevorzugt

Bevor mit dem Fertigungsprozess begonnen werden kann, müssen die Fertigungsabläufe aller Aufträge so koordiniert werden, dass eine kostengünstige und möglichst hohe Auslastung der vorhandenen Kapazitäten möglich ist und die benötigten Ressourcen zur Verfügung stehen.

Kapazität ist das verfügbare, rechnerisch maximale Fertigungsvermögen eines Unternehmens

Nach Festlegung der Reihenfolge im Fertigungsprozess (Prioritäten) sind hier folgende Fragen zu beantworten:

- Sind alle disponierten Materialien in den benötigten Mengen und der erforderlichen Qualität vorhanden?
- Sind die erforderlichen Mitarbeiter vorhanden und einsatzbereit?
- Stehen die benötigten Betriebsmittel zur Verfügung?
- Sind die Maschinen nach den Erfordernissen eingerichtet und einsatzbereit?
- Stehen die benötigten Werkzeuge zur Verfügung?
- Sind die Transportmöglichkeiten vorhanden, um den Materialfluss zu sichern?
- Stehen an den Arbeitsplätzen alle Informationen wie Stücklisten, Arbeitspläne, Prüfdaten usw. zur Verfügung?
- Sind die Mechanismen der Auftragsüberwachung vorbereitet? Die ständige Information über den Fertigungsverlauf soll bei Störungen helfen, erforderliche Gegenmaßnahmen einzuleiten.
- Ist die Qualitäts- bzw. Gütekontrolle mit den Informationen zur Abnahme ausgestattet?
- Steht der Lagerplatz zur Auslieferung zur Verfügung?
- Ist die gesamte Dokumentation der Fertigung gesichert?
- Ist der Informationsfluss über Fertigstellung, Kennzeichnung, Lagerort an die Auftragsbearbeitung gesichert?

10.12 Güterbeförderung

Die logistischen Prozesse haben die Transporte der angelieferten Güter, der innerbetrieblichen Verteilung und der Auslieferung zu regeln. Es ergeben sich insbesondere bei der Auslieferung Überlegungen des Nutzens und der Kosten, ob dies mit eigenem Fuhrpark, einer Kombination von eigenem und externem Transport oder gänzlich über Transportunternehmen erfolgen soll.

> **PRAXISTIPP**
>
> Sind die auszuliefernden Mengen hoch, die Transportziele weit gestreut und international, lohnt sich kaum ein eigener Fuhrpark.

Moderne Speditionen sind keineswegs nur auf die Transportleistung beschränkt, sie übernehmen **wesentliche Logistikfunktionen**:
- Auswahl der geeigneten Transportmittel (Bahn, LKW, Schiff, Flugzeug)
- Einhaltung fester Zuliefertermine (z.B. 24-Stunden-Service)
- Fracht- und Zollabwicklung
- Lagerung, Kommissionierung
- Informationssysteme (jederzeitige Information, wo sich die Ware gerade befindet)
- Information der Anlieferung an den Kunden
- Verpackung
- Versicherung (Beschädigung, Verluste)
- Verantwortung (für Verluste)
- Liefernachweise
- Einbindung in Lieferbedingungen, auch Zolldeklaration und Verzollung

Liefer- und Versandbedingungen regeln den **Gefahrübergang** und die **Transportkosten**: ab Werk, frachtfrei Empfangsstation, frei Verladung, frei Haus (mit oder ohne Abladen), unfrei.

Incoterms bei internationalen Geschäften

Bei internationalen Handelsgeschäften gelten allgemein anerkannte Handelsklauseln (**Incoterms**):
- **C-Klauseln**: Gefahrübergang am Lieferort, Kostenübergang am Bestimmungsort. Beispiel: cif (cost, insurance and freight) – Kosten, Versicherung und Fracht frei Bestimmungshafen
- **D-Klauseln**: Kosten und Gefahrübergang am Bestimmungsort, der Lieferort ist. Beispiel: daf (delivered at frontier) – frei Grenzort
- **E-Klauseln**: Kosten und Gefahrübergang ab Werk. Beispiel: exw (ex works) – ab Werk Ortsbezeichnung
- **F-Klauseln**: Kosten und Gefahrübergang am Lieferort. Beispiel: fob (free on board) – frei an Bord Verschiffungshafen

11 Projektmanagement

Einmalige Prozesse, deren Zielvorgaben von einem Anfangstermin und einem Abschlusstermin bestimmt sind, werden als Projekt bezeichnet (vgl. DIN 69901).

Projekte werden unterschieden in:

- **Interne Projekte**: diese betreffen beispielsweise die Einführung neuer Verfahren in Fertigung, Marketing, Verwaltung

---

BEISPIELE

- Umsetzung einer Marketingkonzeption
- Einführung eines Controlling-Systems
- Umstellung des Rechnungswesens
- Einführung eines computergestützten Produktions- oder Logistiksystems
- Umstellung des Fertigungsflusses
- Einführung neuer Produktionsverfahren oder neuer Maschinen usw.

- **Externe Projekte**: diese betreffen beispielsweise die Abwicklung von spezifischen Kundenaufträgen

---

BEISPIELE

- Anlagenbau
- Baustellenabwicklung
- Sondermaschinen
- oder spezielle Dienstleistungen usw.

Projekte werden sinngemäß durchgeführt wie ein „Unternehmen im Unternehmen". Das bedeutet, dass entsprechende organisatorische Voraussetzungen erfüllt sein müssen. Ein Projekt ähnelt einer Matrix-Organisation (vgl. Schierenbeck 2000, S. 110 f.).

Führungs- und Fachkompetenzen werden für die Laufzeit des Projektes gebündelt. Neben den personellen Ressourcen werden Fragen der **Ausstattung** und des **Budgets** bestimmt.

Zur Erfüllung des Projektes wird ein **Projektleiter** bestimmt, der verantwortlich ist und über die notwendigen Kompetenzen verfügen muss. Der Projektleiter stellt aus den erforderlichen Fachbereichen Spezialisten zu einem Team zusammen. Damit beginnen die ersten Schwierigkeiten, da diese Spezialisten von ihren eigenen Aufgaben „abgezogen" werden.

Das **Projektteam** erstellt dann einen detaillierten Ablaufplan mit terminlichen Fixpunkten. Festgelegt werden:

Festlegung terminlicher Fixpunkte

- **Zielplan** als Gesamtplanung mit zeitlicher Phasenstruktur, personellem Einsatz und Möglichkeiten, technischem, kaufmännischem und finanziellem Aufwand (Strukturplan)

- Chanceneinschätzung
- Projektbeginn (Kick-off)
- Projekt-Detailplanung mit Terminabschnitten, Ressourceneinsatz und Kostenplanung (Netzplan)
- Projektcontrolling
- Risikoeinschätzung und Vorsorgeprogramm

Analyse nach
Projektabschluss

Nach Abschluss des Projektes werden die Ergebnisse mit den Soll-Zielen verglichen und analysiert. Die Projektdaten werden dokumentiert und archiviert. Das Projektteam löst sich wieder auf und kehrt zu den individuellen Aufgaben zurück (vgl. Lessel 2005, S 16 ff.).

11.1   Merkmale eines Projektes

Von den Routineaufgaben eines Unternehmens kann ein Projekt im Wesentlichen abgegrenzt werden durch:

- die **Einmaligkeit** der Aufgabe mit außergewöhnlichen Zielvorgaben (gleiche oder vergleichbare Aufgaben wurden bisher noch nicht durchgeführt, es handelt sich um ein innovatives Ziel);
- eine zeitliche, personelle und finanzielle **Begrenzung**, Mitglieder des Teams müssen von ihren bisherigen Aufgaben abgestellt werden;
- eine **eigenständige Organisation**, das Lösungsziel erfordert eine interdisziplinäre Zusammenarbeit;
- **komplexe Aufgaben**, d.h. der Lösungsweg ist unklar und noch nicht vollständig festgelegt;
- **vernetzte Teilaufgaben** im Sinne einer Ablauforganisation mit komplexen Ergebnissen,
- das große Volumen der Gesamtaufgabe;
- das relativ hohe finanzielle Risiko.

11.2   Projektziele

Die Formulierung von Projektzielen kann mithilfe der **„SMART-Methode"** erfolgen (Quelle: Markus Lemme, Seminar 2006):
  S = spezifisch, konkret, genau
  M = messbar, Ergebnisbewertung
  A = aktiv, Kompetenzen des Projektteams
  R = realistisch, anspruchsvoll aber erreichbar
  T = Termine, festgelegte Etappen- und Gesamtziele

Erfolgsfaktoren

Entscheidend für den Erfolg eines Projektes ist
- die verbindliche Festschreibung des Projektziels,
- die inhaltliche und zeitliche Festlegung der Teilziele,
- das methodische Vorgehen,
- die Fixierung der Kompetenzen,

- die Festlegung der Teamsitzungen,
- die Erstellung und Überwachung der Protokolle,
- die Vorgehensweise bei Planabweichungen,
- die Budgetkontrolle,
- der Informationsfluss,
- die Ergebnisfortschreibung, Sicherung und Dokumentation,
- die Motivation und Führung in der Teamarbeit,
- die Konfliktbewältigung.

11.3   Projektdurchführung

Die verantwortliche Steuerung und Durchführung von Projekten erfolgt nach hierarchischen Regeln. Projektmanager sind übergeordnete Führungskräfte, welche in der Regel für mehrere Projekte verantwortlich sind.

> **BEISPIELE**
>
> Bekannt sind derartige Positionen beispielsweise:
> - im Anlagen- oder Sondermaschinenbau: der Projektmanager betreut parallel mehrere komplexe Kundenaufträge
> - oder im Bereich der Forschung und Entwicklung: mehrere Entwicklungsaufgaben müssen bearbeitet und gelöst werden
> - oder in der Entwicklungshilfe: es werden gleichzeitig Projekte in einer Region zur Selbstständigkeit, zur Infrastruktur, zu Bildung und zur Lebensmittelsicherung durchgeführt

Die Position des **Projektleiters** ist auf die Durchführung eines einzelnen Projektes ausgerichtet. Der Projektleiter ist inhaltlich, finanziell und terminlich für die Projektdurchführung und das Ergebnis verantwortlich. Er führt sein Team, dessen Vorgesetzter er während der Projektlaufzeit ist.

Projektleiter ist für die Durchführung und das Ergebnis verantwortlich

Das **Projektteam** setzt sich aus den vollzeitlichen, teilzeitlichen, internen und externen Mitarbeitern und Beratern zusammen. Die Auswahl der Teammitglieder orientiert sich an der erforderlichen **Fachkompetenz** und dem vermuteten **Kreativpotenzial**.

Einen wesentlichen Einfluss auf den Erfolg des Projektes hat auch die Anzahl der Teamangehörigen.
- **Sehr kleine Gruppen** können partnerschaftlich und damit effektiv arbeiten. Das Fachwissen beschränkt sich auf Kenntnisse und Fähigkeiten der wenigen Mitglieder. Rivalitäten sind nicht ausgeschlossen.
- **Mittlere Gruppen** von etwa drei bis sechs Personen versprechen das ergiebigste Potenzial.

- **Größere Gruppen** erschweren die Kommunikation, erhöhen den Verwaltungsaufwand und bergen die Gefahr der mangelnden Teambereitschaft einzelner Mitglieder.

> **PRAXISTIPP**
>
> Sind größere Teilnehmergruppen erforderlich, empfiehlt sich die Aufteilung in Teilprojekte.

11.4   Projektplanung

Die Planung muss immer wieder angepasst werden an die aktuellen Gegebenheiten

Die Bewältigung einer Projektaufgabe ist stets neu. Das bedeutet, dass der Planungsprozess, bedingt durch die Einflüsse und Erkenntnisse während der Projektphase, stets neu angepasst werden muss. Um das Projekt jedoch starten zu können, muss eine Gesamt- und Detailplanung (Phasenplanung) darüber erfolgen, wie das Projektziel erreicht werden soll.

In den Planungsprozess fließen ein:
- Projektphasen, das sind die „Meilensteine" bzw. Zwischenergebnisse
- zeitliche Gesamt- und Phasenplanung, z.B. in Form eines Balkendiagramms
- Arbeitsphasen, Aktivitäten
- Termine
- Kapazitäten
- Ressourcen
- Mitglieder des Teams
- Bedarf an internen und externen Beratern
- Finanzplanung, Kostenplanung
- Qualitätsziele
- Informationsbedarf
- Berichtswesen

Fehlen Erkenntnisse oder Zusagen in der Gesamtplanung, ergeben sich zwangsläufig Engpasssituationen, welche den Erfolg gefährden können.

Bei der Erstellung des Ablaufplanes sollen die ungeklärten Ressourcen und fehlenden Informationen verdeutlicht werden, damit der Projektleiter die damit verbundenen Abweichungs- und Verzögerungsrisiken verdeutlichen kann.

TEIL D

Alles, was Recht ist!

12   Grundwissen der Rechtsstruktur für Unternehmen

Ethisch-moralische Werte begründen die Rechtsauffassung der Demokratie

Die biblischen Zehn Gebote sollten als göttliches Gesetz das menschliche Verhalten regeln und Klarheit darüber schaffen, was der Mensch darf und was nicht. Noch heute sind diese Zehn Gebote Inhalt einer kulturellen Wertegemeinschaft. Würden sich alle strikt daran halten, würden sich manche der tausenden und abertausenden Gesetzesvorschriften erheblich reduzieren. Da das nicht so ist, bringt die deutsche Gründlichkeit Unmengen von Gesetzen und Vorschriften hervor, die von Nichtjuristen kaum zu überblicken und zu verstehen sind.

Wenn man alle Gesetze studieren wollte, so hätte man gar keine Zeit, sie zu übertreten" (Johann Wolfgang von Goethe)

„Alles", was Recht ist, kann mithin nicht behandelt werden. Das wäre auch unsinnig und langweilig. Unternehmer, Manager und Kaufleute müssen jedoch ein Mindestmaß an Rechtsverständnis haben. Unzählige Aufgaben im Betrieb erfordern jeden Tag gesetzeskonforme Entscheidungen und Handlungen.

> Der Unternehmer muss die Rechtssituation und die möglichen Risiken einschätzen können.

12.1   Rechtsbegriffe

Alle betrieblichen Handlungen geschehen stets auch auf einem rechtlichen Hintergrund – bewusst oder unbewusst

Unter **objektivem Recht** wird die Summe aller Rechtsnormen und Rechtsgrundsätze verstanden. **Subjektives Recht** bezeichnet die Befugnisse, welche sich aus dem objektiven Recht ableiten lassen.

BEISPIELE

- Der Eigentümer kann mit seinem Eigentum nach Belieben verfahren
- Der Käufer hat das Recht auf mangelfreie Lieferung
- Der Verkäufer das Recht auf Zahlung usw.

Das objektive Recht, also die Rechtsnormen, wird in zwei Bereiche eingeteilt:

- **öffentliches Recht**: Regelung hoheitsrechtlicher Rechte (zwischen Staat, Ländern, Kommunen, Kirchen)
- **Privatrecht**: Regelung der Rechtsverhältnisse von Personen zueinander (nicht hoheitsrechtliche Gebiete wie Ehe, Familie etc.)

Nichtigkeit bei Verletzung der Formvorschriften, §§ 125, 126 BGB

Zu unterscheiden sind ferner

- **zwingendes Recht**: Rechtsnormen, die nicht geändert werden dürfen, wie z.B. Formvorschriften, und

- **dispositives Recht**: Gestaltungsfreiheit von Vereinbarungen (Vertrags-autonomie), soweit sie zwingenden gesetzlichen Bestimmungen nicht widersprechen. Dispositives Recht gilt immer nur im Einzelfall. Sind keine abweichenden Vereinbarungen getroffen, gelten die gesetzlichen Bestimmungen.

Privatrecht		Öffentliches Recht	
Zivilrecht	Sonderrecht	Materielles Recht	Verfahrensrecht
Bürgerliches Recht BGB	Handelsrecht HGB	Völker- und Europarecht	Gerichts-verfassungsrecht
		Staats- und Verfassungsrecht	
Nebengesetze	**Nebengesetze**	Verwaltungsrecht	**Prozessrecht:**
WEG	AktG	Strafrecht	ZPO
InfVO	GmbHG	Kirchenrecht	StPO
PHG	UmwG	Polizeirecht	VwGO
UKlgG	WechselG	Baurecht	InsO
BeurkG	ScheckG	Schulrecht	
Wohnungs-eigentumsG	PatG	Gewerberecht	**Arbeitsrecht:**
ErbbVO	UWG	Steuerrecht	ArbGG
GewaltschG	Konzernrecht	Sozialrecht	
	Wertpapier-recht	Umweltrecht	
	Bank- und Börsenrecht		
	Versicherungs-recht	**Arbeitsrecht:**	
	Wettbewerbs-recht	EntgeltFG	
	Urheberrecht	KSchG	
	Arbeitsrecht	GewO	
	Verkehrsrecht	MuSchG	
		ArbeitszeitG	
		BUrlG	
		BertrVG	
		TVG	

Abb. 45: Rechtsgebiete

Rechtsquellen der Gesetze sind die gesetzgebenden Organe, die so genannte **Legislative** wie Bundestag und Landtage. Rechtsverord-nungen werden durch Regierungsorgane (**Exekutive**) zur Konkreti-sierung von Gesetzen erlassen.

Legislative:
gesetzgebende Gewalt
Exekutive:
ausführende Gewalt

Die wichtigsten Rechtsgebiete für die Unternehmen sind das BGB und das HGB nebst den jeweiligen Nebengesetzen.

Das BGB ist das Mutterrecht. Es regelt die privatrechtlichen Bestimmungen grundsätzlich. Das HGB und alle Nebengesetze sind Sondergesetze, die im Falle ihrer Anwendbarkeit das BGB ergänzen und dann Vorrang vor dem BGB haben.

12.2 Systematik des BGB

Auch wenn alles in einem Buch zusammengefasst ist, das BGB hat fünf Bücher (Teile)

Das BGB ist in fünf Bücher eingeteilt:
- 1. Buch: Allgemeiner Teil (§§ 1–240)
- 2. Buch: Recht der Schuldverhältnisse (§§ 241–853)
  - Abschnitt 1–7 = allgemeines Schuldrecht
  - Abschnitt 8–27 = besonderes Schuldrecht
- 3. Buch: Sachenrecht (§§ 854–1296)
- 4. Buch: Familienrecht (§§ 1297–1921)
- 5. Buch: Erbrecht (§§ 1922–2385)

Hat man die Methodik des BGB und die Einteilung der Bücher verstanden, sind die für die betriebliche Abwicklung erforderlichen Kenntnisse gar nicht so schwierig.

Die wichtigsten Fragen ergeben sich aus den **Rechten und Pflichten gegenseitiger Verträge**. Mit familien- und erbrechtlichen Fragen hat man im Betriebsalltag normalerweise nichts zu tun. Damit reduziert sich der für Betriebe relevante Teil auf die ersten drei Bücher:

- **1. Buch – Allgemeiner Teil**: Die Bestimmungen des allgemeinen Teils gelten grundsätzlich für alle anderen Bücher.

> **BEISPIEL**
>
> Schließt eine geschäftsunfähige Person einen Kaufvertrag (2. Buch, Schuldrecht, § 433 f. BGB) ab, dann kann der Kaufvertrag noch so formvollendet sein, er ist nichtig, da im allgemeinen Teil des BGB in § 105 die Nichtigkeit bestimmt ist. Diese Vorschrift ist zwingend und kann nicht verändert werden.

- **2. Buch – Schuldrecht**: Die Unterteilung in das allgemeine und besondere Schuldrecht erleichtert die Handhabung.
  - Im **allgemeinen Schuldrecht** (§§ 241–432 BGB) werden Inhalt, Entstehen und Erlöschen von Schuldverhältnissen geregelt. Diese Rechtsvorschriften gelten für alle Schuldverhältnisse des 2. Buches, wenn im besonderen Schuldrecht keine abweichenden Bestimmungen geregelt sind. Ein Schuldverhältnis entsteht, wenn ein Gläubiger von einem Schuldner eine Leistung fordern kann (vgl. § 241

BGB). Die Ursache, dass für den Schuldner eine Verpflichtung entsteht und für den Gläubiger eine Forderung besteht, resultiert aus vertraglichen Beziehungen.

– Diese Vorschriften sind im **besonderen Teil** des Schuldrechts geregelt. Einzelne Schuldverhältnisse aus Verträgen wie Kauf, Miete, Pacht, Leihe, Darlehen, Schenkung, Dienstleistung, Werkleistung sind mit Rechten und Pflichten für die Vertragsparteien gesondert geregelt. Ebenso sind Sonderregelungen wie z. B. BGB-Gesellschaften (§ 705), Bürgschaften (§§ 765 f.), Herausgabeanspruch bei ungerechtfertigter Bereicherung (§ 812 f.) und unerlaubte Handlungen (§ 823 f.) Vorschriften des besonderen Schuldrechts.

ZuRECHTfinden

- **3. Buch – Sachenrecht**: Hier werden dingliche Rechte wie Besitz und Eigentum geregelt. Es finden sich Vorschriften über die Eigentumsübertragung, z.B. bei Grundstücken oder Dienstbarkeiten, Nießbrauch, Hypotheken und Grundschulden sowie pfandrechtliche Vorschriften.

12.3   Systematik des HGB

Wie das BGB besteht auch das HGB aus fünf Büchern:

Auch das HGB besteht aus fünf Büchern

- **1. Buch – Handelsstand** (§§ 1–104): Geregelt sind Vorschriften der Kaufmannseigenschaft, des Handelsregisters, der Begriff einer Firma, Handlungsvollmachten, Handlungsgehilfen, Handelsvertreter usw.

- **2. Buch – Handelsgesellschaften** (§§ 105–236): enthält die Rechtsvorschriften über Personengesellschaften, Kapitalgesellschaften und der stillen Gesellschaft

- **3. Buch – Handelsbücher** (§§ 238–342e): enthält die Vorschriften der Buchführung und Bilanzierung

- **4. Buch – Handelsgeschäfte** (§§ 343–475h): enthält Sonderregelungen (für Kaufleute) in Ergänzung zum Schuld- und Sachenrecht des BGB; ebenso Sonderregelungen für Kommissionäre, Spediteure, Frachtführer, Eisenbahn

„Wer Recht erkennen will, muss zuvor in richtiger Weise gezweifelt haben.“ (Aristoteles)

- **5. Buch – Seehandel** (§§ 476–905): Vorschriften für Reeder und Reederei, Seefracht und Beförderung von Gütern und Reisenden, Versicherungen gegen die Gefahren der Seefahrt, Haverei (= Havarie), Hilfsleistungen in Seenot usw.

12.4   Träger von Rechten – Rechtssubjekte

Als Rechtssubjekte werden rechtsfähige natürliche Personen und juristische Personen bezeichnet.

Vom Rechtssubjekt zu unterscheiden sind das jeweilige Recht selbst und der Gegenstand des jeweiligen Rechts, das so genannte Rechtsobjekt, s.u.

12.5 Rechtsfähigkeit

Die Rechtsfähigkeit des Menschen beginnt mit Vollendung der Geburt und endet mit dem Tod (§ 1 BGB).

Rechtsfähigkeit ist nach deutschem Recht die Fähigkeit, Träger von Rechten und Pflichten zu sein.

12.6 Handlungsfähigkeit

Der Begriff der Handlungsfähigkeit findet sich im Gesetz nicht. Unter Handlungsfähigkeit wird die Eigenschaft verstanden, dass eine Person rechtswirksam handeln und die Folgen verantworten kann.

12.7 Geschäftsfähigkeit

Das Gesetz unterscheidet zwischen
- Geschäftsunfähigkeit,
- beschränkter Geschäftsfähigkeit und
- unbeschränkter Geschäftsfähigkeit.

Geschäftsunfähig sind Kinder bis zur Vollendung des 7. Lebensjahres, ihre Willenserklärungen sind von Anfang an nichtig (§§ 104, 105 BGB).

Minderjährige zwischen dem vollendeten 7. bis zum vollendeten 18. Lebensjahr sind **beschränkt geschäftsfähig**. Die Willenserklärung eines beschränkt Geschäftsfähigen ist schwebend unwirksam, sie bedarf zur Wirksamkeit die Einwilligung der Eltern (§§ 106, 107 BGB).

Eine Ausnahme benennt § 107 BGB, wonach ein Minderjähriger eine wirksame Willenserklärung abgeben darf, wenn sie ihm nur einen **rechtlichen Vorteil** bringt.

BEISPIEL

Er darf z.B. wirksam ein Geschenk annehmen. Ist das „Geschenk" jedoch mit einer Bedingung verbunden, wie z.B.: „Wenn du den Rasen gemäht hast, bekommst du ...", ist die Willenserklärung schwebend unwirksam. Das Mähen des Rasens ist eine Gegenleistung und damit ein rechtlicher Nachteil.

Ausnahme:
Taschengeldparagraf

Eine weitere Ausnahme bestimmt § 110 BGB, der **„Taschengeldparagraf"**. Danach kann der Minderjährige wirksam über das Geld verfügen, das ihm „zu diesem Zweck" und „zur freien Verfügung" überlassen worden ist.

12.7.1 Volle Geschäftsfähigkeit

Eine Person erwirbt mit Vollendung des 18. Lebensjahres die Volljährigkeit und die uneingeschränkte Geschäftsfähigkeit.

12.7.2 Deliktsfähigkeit

Deliktsfähig ist eine Person, die nach dem Privatrecht für einen von ihr vorsätzlich oder fahrlässig angerichteten Schaden Ersatz leisten muss (§§ 823, 827 ff. BGB).

Deliktsfähig heißt: verantwortlich sein

Die Deliktsfähigkeit korrespondiert mit der Geschäftsfähigkeit, hier wird unterschieden:
- nicht deliktsfähig (§§ 828 I, II, 829 BGB),
- beschränkt deliktsfähig § 828 II, III, 829 BGB),
- voll deliktsfähig (Volljährigkeit).

12.8 Juristische Personen

Juristische Personen sind Personenvereinigungen oder Vermögensmassen als „von der Rechtsordnung anerkannte Gebilde, die Träger von Rechten und Pflichten sein können" (Danne/Keil 2005, S. 29), sie besitzen die eigene Rechtsfähigkeit.

Die Erlangung der Rechtsfähigkeit erfolgt durch **Eintragung in ein amtliches Register** oder durch **staatliche Verleihung**.

Amtliche Register sind beispielsweise Vereinsregister, Handelsregister, Genossenschaftsregister. Die amtlichen Register werden bei den Registergerichten der Amtsgerichte geführt.

Unterschieden werden juristische Personen des Privatrechts und des öffentlichen Rechts.

Juristische Personen des Privatrechts sind:
- Verein: eingetragener Verein gem. §§ 21, 22 BGB
- Stiftung gem. § 80 BGB
- gemäß HGB: AG, GmbH, KGaA, eG, bergrechtliche Gewerkschaft, VVaG

Juristische Personen des öffentlichen Rechts:
- **Körperschaften**:
  - Gebietskörperschaften (Bund, Länder, Kreise, Gemeinden);
  - Personalkörperschaften (Kammern, Innungen);
  - Realkörperschaften (Wasserverband, Betriebskörperschaft).
- **Anstalten**: öffentliche Rundfunkanstalten, Bundesbank, kommunale Sparkassen, Rentenversicherungsanstalten
- **Stiftungen**

Juristische Personen können, wie natürliche Personen auch, am Rechtsverkehr teilnehmen, sie können Rechte erwerben, Verbindlichkeiten eingehen, erben und vererben, Gesellschaften gründen und stilllegen, klagen und verklagt werden.

12.8.1 Verein

Nicht eingetragene Vereine sind nicht rechtsfähig (§ 54 BGB). Die Regeln für Vereine entsprechen denen der BGB-Gesellschaft (§§ 705 ff. BGB) mit der Ausnahme, dass die **Haftung auf das Vereinsvermögen beschränkt** ist.

12.8.2 Rechtsfähige Personengesellschaften

Diese sind mit der Fähigkeit ausgestattet, Rechte zu erwerben und Verbindlichkeiten einzugehen (§ 14 II BGB). Dazu gehören die OHG (Offene Handelsgesellschaft) gem. § 124 I BGB und die KG (Kommanditgesellschaft) gem. § 162 II i.V.m. § 124 I BGB).

Rechtsfähige Personengesellschaften können mithin am Rechtsverkehr teilnehmen.

12.9   Die Kaufmannseigenschaft des Handelsrechts

Kaufmannsrecht ist strenger und setzt bestimmte Eigenschaften voraus

Der Begriff des Kaufmanns umschreibt die besonderen Charakterzüge der Kaufmannseigenschaft nach den Bestimmungen des HGB. Kaufmann kann sowohl eine natürliche als auch eine juristische Person oder eine Personenvereinigung sein.

Ist das Unternehmen ein „Kaufmann", obliegen ihm besondere Rechte und Pflichten.

Die **Kaufmannseigenschaft** entsteht durch
- das Betreiben eines Gewerbebetriebes gem. § 1 HGB
- die Eintragung im Handelsregister (§ 8 HGB)
- die Rechtsform der Gesellschaft (§ 6 HGB).

Wann ist ein Unternehmen „Kaufmann" im Sinne des HGB?

Kaufmann ist, wer ein Handelsgewerbe betreibt (§ 1 HGB) und damit als Ist-Kaufmann bezeichnet wird. Ein Handelsgewerbe erfordert einen **kaufmännischen Geschäftsbetrieb** (§ 1 II HGB).

Ein Kleingewerbebetrieb, wie z.B. ein Kiosk, ein kleines Ladengeschäft etc., ist in der Regel kein Kaufmann. Die Abgrenzung ist nicht einfach, besonders dann, wenn kleine Gewerbetreibende im Laufe der Zeit wachsen und der Betrieb einen „kaufmännischen Umfang" annimmt.

Bemessungsgrößen für die Kaufmannseigenschaft sind:
- Umsatz,
- Handelsgüter,
- Fertigungsstufen,

- Mitarbeiteranzahl,
- Vermögensstruktur usw..

Nicht im Handelsregister eingetragene Kleingewerbebetriebe tragen die Beweislast, dass sie keine Kaufleute sind und die Art und der Umfang ihres Geschäftes eine kaufmännische Einrichtung nicht erfordert.

Die Kaufmannseigenschaft setzt voraus:
- einen angemeldeten Gewerbebetrieb
- Selbstständigkeit
- wirtschaftliche Tätigkeit
- Gewinnerzielungsabsicht

Keine Kaufleute sind Freiberufler wie z.B. Wissenschaftler, Künstler, Berater, Architekten, Ärzte, Rechtsanwälte, Steuerberater, Wirtschaftsprüfer, Journalisten etc.

Viele Freiberufler sind keine Kaufleute

Die freien Berufe haben im Allgemeinen auf der Grundlage besonderer beruflicher Qualifikation oder schöpferischer Begabung die persönliche, eigenverantwortliche und fachlich unabhängige Erbringung von Dienstleistungen höherer Art im Interesse der Auftraggeber und der Allgemeinheit zum Inhalt, d.h. hier steht die Gewinnerzielungsabsicht nicht im Vordergrund.

Ein gewerbliches Unternehmen, das nicht oder noch nicht die Voraussetzungen des § 1 HGB erfüllt, den Betrieb jedoch nach kaufmännischen Grundsätzen führt, kann sich eintragen lassen. Das HGB bezeichnet dies in § 2 als **Kann-Kaufmann**. Mit der Eintragung muss der Betrieb die Regeln des HGB einhalten. Für land- und forstwirtschaftliche Betriebe sieht das HGB in § 3 die Regelung des Kann-Kaufmanns vor.

Kaufmann kraft Eintragung besagt, dass ein im Handelsregister eingetragener Betrieb Kaufmann ist. Einwände dagegen können nicht geltend gemacht werden (vgl. § 5 HGB).

Kaufleute sind alle Kapitalgesellschaften kraft Rechtsform. Sie werden als **Form-Kaufmann** bezeichnet (§ 6 HGB). Dabei spielt der Gegenstand des Gewerbes keine Rolle. Kapitalgesellschaften sind immer Vollkaufleute durch die konstitutive Eintragung im Handelsregister.

Als **Kaufmann kraft Rechtsscheins** werden unberechtigte Eintragungen im Handelsregister verstanden.

Schein- oder Fiktiv-Kaufleute müssen die im Gesetz geltenden Regeln gegen sich gelten lassen. Dazu zählen unberechtigte Firmierungen und falsche Gesellschaftsbezeichnungen.

> **PRAXISTIPP**
>
> Schein-Kaufleute können auch entstehen, wenn Rechtsänderungen nicht im Handelsregister eingetragen sind. Solange Änderungen im Handelsregister nicht eingetragen und veröffentlicht sind, können sie einem Dritten auch nicht entgegengesetzt werden (§ 15 HGB). Verantwortlich bleibt der Schein-Kaufmann.

12.9.1   Begriff der Firma

„Die Firma eines Kaufmanns ist der Name, unter dem er seine Geschäfte betreibt und die Unterschrift abgibt." (§ 17 I HGB)

Die Bezeichnung „Firma" steht nur dem Kaufmann zu

Im allgemeinen Sprachgebrauch wird der Begriff „Firma" meist ohne Einschränkung gebraucht. Die Bezeichnung „Firma XYZ" verweist auf die Eigenschaft eines Kaufmanns.

> **BEISPIEL**
>
> Wird der Begriff z.B. bei dem nicht eingetragenen Kleinbetrieb „Firma Franz Klein, Hausmeisterdienst" angewandt, dann geschieht das missbräuchlich.

Die Firma des Kaufmanns kann **klagen und verklagt werden** (§ 17 II HGB).

Bei der **Namensgebung** der Firma (§§ 19 ff. HGB) kann unterschieden werden in:
- **Personenfirma**, wie Adam Opel, Bilfinger & Berger, Otto, Breuninger, Deichmann
- **Sachfirma**, wie Volksbank, BASF, T-Com
- **Fantasiefirma**, wie Demeter, Eismann, Bofrost
- **Mischfirma**, wie Autoteile Unger, Reifen Pneuhage, Siemens Elektro, Buchhandel Holzer

12.9.2   Handelsregister

„Das bei den Amtsgerichten geführte Handelsregister ist ein öffentlich einsehbares Verzeichnis, in welches wesentliche Rechtsverhältnisse und Tatsachen kaufmännischer Unternehmen eingetragen werden (§§ 8, 9 HGB)" (Danne/Keil 2005, S. 36).

Handelsregistereintragungen sind grundsätzlich **deklaratorisch** (eine öffentliche Erklärung abgebend) und **konstitutiv** (festlegend, gründend):
- deklaratorisch ist die Bestellung eines Geschäftführers oder die Erteilung einer Prokura
- konstitutiv ist die Eintragung der Kaufmannseigenschaft

Handelsrechtliche Gesellschaften erlangen eine **eigene Rechtspersönlichkeit** bzw. werden zur juristischen Person, z.B. Aktiengesellschaft (AG), Kommanditgesellschaft auf Aktien (KGaA), Gesellschaft mit beschränkter Haftung (GmbH), eingetragene Genossenschaft (eG), Versicherungsvereine auf Gegenseitigkeit (VVaG).

Personengesellschaften entstehen mit dem Zeitpunkt der Eintragung (§ 123 I HGB). Nimmt die Gesellschaft ihre Tätigkeit bereits vor der Eintragung auf, so beginnt die Wirksamkeit mit dem Geschäftsbeginn (§ 123 II HGB).

Bei **Kapitalgesellschaften** beginnt die Rechtspersönlichkeit mit der Eintragung. Nimmt die Gesellschaft schon vorher die Geschäftstätigkeit auf, haftet sie wie eine Personengesellschaft bis zur Eintragung.

12.10 Rechtsobjekte

Rechtssubjekte sind die Träger von Rechten und Pflichten, sie besitzen Herrschaftsmacht. Rechtsobjekte sind die Gegenstände, die der Herrschaftsmacht unterliegen. Ein Rechtssubjekt kann ein ihm zugeordnetes Rechtsobjekt beherrschen oder über es verfügen und dessen Rechtslage verändern.

Rechtssubjekte haben Berechtigungen, Rechtsobjekte sind Rechtsnormen

Zu den Rechtsobjekten gehören Sachen, Tiere, Rechte sowie Sach- und Rechtsgesamtheiten.

12.11 Sachen

Sachen sind nur körperliche Gegenstände (§ 90 BGB). Tiere sind zwar keine Sachen, für sie gelten aber die sachenrechtlichen Vorschriften (§ 90 a BGB).

Sachen im Sinne des Gesetzes lassen sich unterscheiden in:
- **unbewegliche Sachen**: Grundstücke, mit dem Grundstück fest verbundene Sachen wie Gebäude, Zäune, Pflanzen
- **bewegliche Sachen**: alles, was nicht fest mit dem Grundstück verbunden und beweglich ist

Das Gesetz unterscheidet weiter:
- **Vertretbare Sachen**, die im Verkehr nach Zahl, Maß oder Gewicht bestimmt werden (§ 91 BGB). Kennzeichen vertretbarer Sachen ist die **Austauschbarkeit**.

> **BEISPIELE**
>
> - Serienprodukte
> - Obst und Gemüse
> - Bargeld

- **Nicht vertretbare Sachen** sind Einzelstücke.

> **BEISPIELE**
>
> - ein Gemälde
> - eine bestimmte Milchkuh
> - ein gebrauchtes Segelboot

- **Verbrauchbare Sachen** sind bewegliche Gegenstände, deren Bestimmung im Verbrauch oder der Veräußerung besteht (§ 92 BGB).

> **BEISPIELE**
>
> - Lebensmittel
> - Tierfutter
> - Trinkwasser
> - Heizöl

- **Nicht verbrauchbare Sachen** kennzeichnen sich durch eine normale Abnutzung.

> **BEISPIELE**
>
> - Auto
> - Staubsauger
> - Waschmaschine
> - Werkzeug

Unterscheiden zwischen Stückschuld und Gattungsschuld

Diese Unterscheidungen sind für die schuldrechtlichen Verhältnisse von Bedeutung. So sind vertretbare Sachen stets eine **Gattungsschuld** (§ 243 BGB). Nicht vertretbare Sachen, also Unikate, sind eine **Stückschuld**.

Wesentliche Bestandteile einer Sache sind solche Bestandteile, die voneinander nicht getrennt werden können, ohne dass ein Teil zerstört oder in seinem Wesen verändert wird (§ 93 BGB).

> **BEISPIEL**
>
> Der Schreiner liefert Türen an eine Baustelle und montiert sie. Damit sind die Türen „wesentlicher Bestandteil" des Gebäudes geworden. Auch dann, wenn die Türen unter Eigentumsvorbehalt geliefert wurden und der Kunde nicht

> bezahlt. Der Schreiner kann die Türen nicht wieder zurückholen (§ 94 II BGB).

Zubehör ist kein wesentlicher Bestandteil der Sache, dient aber dem Hauptzweck der Sache und gehört „dazu" (§ 97 BGB).

BEISPIELE

- Transformator zum Laptop
- Wagenheber zum Auto
- Schwimmweste zum Boot
- Griffe zum Fenster

12.12 Unkörperliche Rechte

Die subjektiven Rechte lassen sich unterteilen:
- **Absolute Rechte** wirken gegen jedermann, sie bieten einen absoluten Schutz gegen rechtswidrige und schuldhafte Verletzung von dinglichen Rechten wie Handelsrechte, immaterielle Güterrechte wie Warenzeichenrechte, Patent-, Gebrauchsmuster-, Geschmacksmuster- und Urheberrechte. Die schuldhafte Verletzung führt zu Schadensersatzansprüchen gem. § 823 BGB.   *Absolute Rechte verjähren nicht*
- **Relative Rechte** bestehen zwischen einzelnen bestimmten Personen, z.B. zwischen Vertragspartnern. Die aus einem Schuldverhältnis resultierenden Ansprüche auf Leistung und Gegenleistung gehören zu den relativen Rechten.

12.13 Verjährung

Relative Rechte können durch Zeitablauf verjähren. Das bedeutet, ein Gläubiger kann einen verjährten Anspruch nicht mehr durchsetzen (§ 194 I BGB), auch nicht mit gerichtlicher Hilfe.

Formal bedeutet das aber nicht, dass der Anspruch untergegangen ist. Der Schuldner kann lediglich nach Eintritt der Verjährung die Leistung verweigern (§ 214 I BGB). Der Schuldner kann auch verjährte Leistungen noch erfüllen (möglich, wenn auch wenig realistisch). Leistet der Schuldner noch nach der Verjährung, ohne dass er den Verjährungszeitpunkt kannte, kann er die Leistung auch nicht zurückfordern (§ 214 II BGB).

Der Gläubiger kann auch mit einer Gegenleistung aufrechnen, wenn diese noch nicht verjährt ist (§ 215 BGB).

12.13.1 Verjährungsfristen

Verjährung von
Mängelansprüchen
– beim Kaufvertrag,
§ 438 BGB
– beim Werkvertrag,
§ 634 a BGB

Grundsätzlich gelten folgende Verjährungsfristen:
- Die regelmäßige Verjährungsfrist beträgt drei Jahre (§ 195 BGB).
- Rechte an einem Grundstück verjähren in zehn Jahren (§ 196 BGB).
- In 30 Jahren verjähren alle Ansprüche, für die das Gesetz keine kürzeren Verjährungsfristen vorgesehen hat (§ 197 BGB).

Die dreijährige Verjährungsfrist beginnt mit dem Schluss des Jahres, in dem der Anspruch entstanden ist (§ 199 I BGB)

BEISPIEL

Beide Forderungen, die zu unterschiedlichen Zeiten, aber im gleichen Jahr entstanden sind, verjähren gleichzeitig:
- V sendet an K eine Rechnung am 9. Januar 2007: Die Verjährungsfrist beginnt am 01.01.2008, die Forderung verjährt am 31.12.2010.
- V sendet an K eine Rechnung am 14. Dezember 2007: Die Verjährungsfrist beginnt am 01.01.2008, die Forderung verjährt am 31.12.2010.

12.13.2 Hemmung der Verjährung

Kaufmännische
Mahnungen unterbrechen
die Verjährung nicht, nur
Klage oder ein gerichtlicher
Mahnbescheid

Das Gesetz sieht eine Reihe von Ereignissen vor, welche den Zeitablauf der Verjährung „hemmen", also ruhen lassen bzw. verzögern (§§ 203 ff. BGB).

Besonders wichtig für Forderungen eines Unternehmens oder sonstige Leistungsansprüche:
- die Hemmung durch Erhebung der Klage
- die Hemmung durch gerichtliches Mahnverfahren (Mahnbescheid)

Der Zeitraum der „Hemmung" wird auf den Verjährungszeitraum nicht angerechnet (§ 209 BGB). Hat der Schuldner die Forderung durch Abschlagszahlung oder in anderer Weise anerkannt, beginnt die Verjährungsfrist erneut (§ 212 I BGB).

12.14 Merkmale des Sachenrechts

Die wichtigsten Merkmale des Sachenrechts sind die folgenden:
- Sachenrechte sind **absolute Rechte**. Sie gelten generell gegen und für jede Person.
- **Dingliche Rechte** sind offenkundig durch Merkmale wie Eigentum oder Besitz erkennbar. Bei beweglichen Sachen ist die Übergabe und die Übereignung erforderlich, bei Grundstücken der Eintrag im Grundbuch.
- **Zwingendes Recht**: Für sachenrechtliche Obliegenheiten gibt es keine Gestaltungsfreiheit wie im Vertragsrecht.

12.15 Rechtsgeschäfte

Die deutsche Rechtsordnung basiert auf dem Gedanken der Privatautonomie. Das bedeutet im Privatrecht (Zivilrecht), dass jeder die Befugnis hat, seine Rechtsgeschäfte weitgehend selbst zu bestimmen. Das Rechtsgeschäft ist ein Instrument, das **jeder nach seinem Willen** bestimmen kann.

Wichtigstes zweiseitiges Rechtsgeschäft ist ein **Vertrag**. Die Parteien können im Sinne der Vertragsfreiheit bestimmen,
* ob, wann und mit wem eine rechtsgeschäftliche Beziehung eingegangen werden soll
* und in welcher Form und mit welchem Inhalt ein Vertrag gestaltet wird.

> **PRAXISTIPP**
>
> Die Abschluss- und Gestaltungsfreiheit wird durch einige gesetzliche Ge- und Verbote eingeschränkt bzw. es sind Vorschriften zu beachten (z.B. Formvorschriften § 126 BGB, sittenwidrige Geschäfte § 138 BGB, Treu und Glauben § 242 BGB).

12.15.1 Willenserklärung

> Eine Willenserklärung (§§ 116 ff. BGB) ist eine rechtsverbindliche Äußerung mit dem Ziel, eine Änderung herbeizuführen.

Unterschieden werden einseitige und mehrseitige Willenserklärungen zum Zweck eines einseitigen oder mehrseitigen Rechtsgeschäftes.

* **Einseitige Willenserklärungen** bewirken Rechtsgeschäfte, bei denen keine andere Person zustimmen muss.

> **BEISPIEL**
>
> * Der Chef spricht eine Kündigung aus (§§ 620 II, 621, 622, 626, 627 BGB)
> * In einem Testament werden Regelungen getroffen (§§ 2064 ff., 2087 ff. BGB).
> * Der Unternehmer erteilt oder widerruft eine Vollmacht (§§ 167, 168 BGB)

* Übereinstimmende Willenserklärungen von mindestens zwei oder mehreren Personen führen zu **mehrseitigen oder zweiseitigen Rechtsgeschäften**.

> **BEISPIEL**
>
> - Mehrseitig:
>   - Die Eigentümergemeinschaft eines Grundstücks verpachtet dieses
>   - Ein Ehepaar schließt gemeinsam einen Darlehensvertrag
> - Zweiseitig: Alle Vertragsformen

Eine Willenserklärung kann mündlich, schriftlich oder durch schlüssiges Handeln – **konkludentes Verhalten** – abgegeben werden.

> **BEISPIELE**
>
> Konkludentes Verhalten ist z.B.:
> - Der Landwirt bringt jede Woche 20 frische Eier und stellt sie vor die Tür, wenn niemand da ist.
> - Der Student holt jeden Morgen beim gleichen Bäcker zwei Croissants; ohne ein Wort zu sagen, legt er das Geld auf die Theke, die Verkäuferin gibt das Gebäck in die Tüte und legt es auf den Tresen.
> - Firma V liefert seit Jahren monatlich an die Firma K 1000 gleiche Teile; K müsste es sagen, wenn er keine Lieferungen mehr wünschte.
> - Am Parkautomaten wird ein Ticket gezogen.

Die **Absicht**, die hinter einer Willenserklärung steht, und nicht der Ausdruck soll **Maßstab der Erklärung** sein (§ 133 BGB).

Da Personen unterschiedliche Vorstellungen von einer Erklärung haben können oder andere Ausdrücke verwenden, soll nur das gelten, was wirklicher Inhalt der Willenserklärung ist bzw. als Absicht zu vermuten ist.

Prinzipien von Treu und Glauben beachten

Dabei sind die Prinzipien von Treu und Glauben zu beachten und nach der Verkehrssitte auszulegen (§ 157 BGB).

Empfangsbedürftige Willenserklärungen sind stets an einen Empfänger gerichtet. Damit die Erklärung wirksam werden kann, muss sie abgegeben werden und dem Empfänger zugehen.

Eine **Willenserklärung unter Anwesenden** wird wirksam, wenn der Empfänger sie vernimmt.

> **BEISPIEL**
>
> Student sagt zur Verkäuferin „Bitte zwei Brötchen". Damit hat der Student seine Willenserklärung „unter Anwesenden" wirksam abgegeben.

Wird eine **schriftliche Erklärung unter Anwesenden** abgegeben, gilt sie durch die Übergabe des Schriftstücks als zugegangen.

Erklärungen am Telefon gelten als zugegangen, wenn der Gesprächspartner sie vernommen hat.

Eine **schriftliche Willenserklärung unter Abwesenden** wird wirksam mit dem Zugang (§ 130 I BGB). Dabei kommt es nicht darauf an, ob der Empfänger von der Erklärung Kenntnis nimmt.

Mündliche Erklärungen unter Abwesenden bedürfen zur Übermittlung eines Boten, damit die Erklärung zugeht.

Eine schuldhafte Verhinderung des Zugangs muss der Empfänger gegen sich gelten lassen.

> **BEISPIEL**
>
> Die Firma X kündigt dem Y, der allerdings für mehrere Wochen unerreichbar verreist ist. Mit Zugang der Kündigung in den „Machtbereich" des Y, nämlich in seinen Briefkasten, ist der Zugang erfolgt. Hat Y keine gültige Anschrift mehr, gilt die Kündigung dennoch als zugegangen.

12.15.2 Angebot und Annahme

Ein zweiseitiges Rechtsgeschäft entsteht durch zwei vollkommen übereinstimmende Willenserklärungen, nämlich **Angebot und Annahme**.

Zwei vollkommen übereinstimmende Willenserklärungen

> **BEISPIEL**
>
> Der Student sagt zur Verkäuferin „Bitte zwei Brötchen" – die Willenserklärung ist sein Angebot (Antrag), er möchte zwei Brötchen kaufen.
> Die Verkäuferin sagt „Gern", damit hat sie ihre Willenserklärung geäußert (sie stimmt mit dem Antrag des Studenten überein): „Ich will Ihnen diese Brötchen verkaufen", das ist die Annahme. Ein Kaufvertrag ist entstanden.

Nach dem Grundsatz der Formfreiheit ist die Abgabe einer Willenserklärung, ob mündlich, schriftlich oder in welcher Weise und Formulierung auch immer, nicht vorgeschrieben. Es bestehen jedoch zahlreiche Ausnahmen, die zur Wirksamkeit bestimmter Rechtsgeschäfte erforderlich sind.

12.15.3 Formvorschriften

„Rechtsgeschäfte sind also grundsätzlich formfrei möglich. Nur in besonders wichtigen Fällen, vor allem zum Schutz vor Übereilung und zum Zwecke der Beweissicherung, ist gesetzlich eine bestimmte Form vorgeschrieben." (Danne/Keil 2005, S. 47)

Folgende Formvorschriften gibt es:

- **Gesetzliche Schriftform**, die eine eigenhändige Unterschrift oder ein notariell beglaubigtes Handzeichen erfordert (§ 126 I BGB). Beim Vertrag muss die Unterzeichnung der Parteien auf derselben Urkunde erfolgen (§ 126 II 1 BGB).
- Bei der **öffentlichen Beglaubigung** muss nach § 129 BGB die Erklärung schriftlich abgefasst und die Unterschrift von einem Notar beglaubigt sein.
- Bei der **notariellen Beurkundung** wird das gesamte Rechtsgeschäft vor dem Notar vollzogen. Es genügt, wenn zunächst der Antrag und dann die Annahme des Antrags beurkundet wird (§ 128 BGB).

BEISPIELE FÜR FORMVORSCHRIFTEN

- Entstehung einer Stiftung: § 81 BGB
- Mietvertrag: § 550 BGB, länger als ein Jahr; Kündigung des Mietvertrages § 568 BGB
- Gültigkeit einer Bürgschaft: § 766 BGB
- Gültigkeit eines Schuldversprechens: § 780 BGB
- Gültigkeit eines Schuldanerkenntnisses: § 781 BGB
- Eine Anmeldung zum Vereinsregister erfordert eine beglaubigte Erklärung: § 77 BGB
- Anmeldungen zum Handelsregister müssen öffentlich beglaubigt sein: § 12 HGB
- Abtretungsurkunden (auf Verlangen): § 403, 409 I BGB
- Gehaltsabtretung von Beamten: § 411 BGB
- Grundstücksübertragung durch notarielle Beurkundung: § 311 b BGB
- Darlehensvertrag: § 492 BGB
- Ratenlieferungsvertrag: § 505 II BGB
- Schenkungsversprechen, notarielle Beurkundung: § 518 BGB
- Ein Testament muss eigenhändig geschrieben und unterschrieben sein, § 2247 BGB
- Erbschaftsausschlagung, Niederschrift des Nachlassgerichts oder öffentliche Beglaubigung, § 1945 BGB

Folgen der Formverletzung Ein Rechtsgeschäft, das die vorgeschriebene Form nicht einhält, ist **nichtig** gemäß § 125 BGB.

Neben der Nichtigkeit von Rechtsgeschäften wegen Formmangel sind folgende Willenserklärungen nichtig:

- Willenserklärungen, die sich gegen ein gesetzliches Verbot richten (§ 134 BGB),
- Willenserklärungen, die gegen die guten Sitten verstoßen (§ 138 BGB),
- Willenserklärungen, die Scheingeschäfte sind (§ 117 BGB),

- Geschäfte, denen es an Ernsthaftigkeit mangelt (§ 118 BGB),
- ein auf eine unmögliche Leistung ausgerichtetes Rechtsgeschäft (§ 275 BGB)
- und Willensmangel durch Geschäftsunfähigkeit (§ 105 BGB).

Nichtigkeit von
Willenserklärungen

12.15.4 Anfechtung von Willenserklärungen

Willenserklärungen sind grundsätzlich wirksam. Ist ein Vertrag durch zwei übereinstimmende Willenserklärungen zustande gekommen, dann ist es ein wirksamer Vertrag, den man nicht einfach wieder lösen kann. Der Vertrag verpflichtet und muss von beiden Seiten erfüllt werden. In Ausnahmefällen jedoch erlaubt das Gesetz eine **Auflösung des Vertrags**.

Die Auflösung erfolgt durch eine **wirksame Anfechtungserklärung** bei
- Irrtum über den Inhalt oder die Eigenschaft einer Sache (§ 119 BGB)
- falscher Übermittlung (§ 120 BGB),
- arglistiger Täuschung (§ 123 BGB),
- widerrechtlicher Drohung (§ 123 BGB).

Unterscheiden lassen sich beispielsweise:

- **Inhaltsirrtum**: Der Erklärende hat eine falsche Vorstellung von dem Inhalt, der Bedeutung oder Tragweite seiner Erklärung.

> **BEISPIELE**
>
> - Der Kunde kauft Klebefilm und war der Annahme, es handele sich um einen Kamerafilm.
> - Der Kunde denkt fälschlicherweise, ein gekauftes Kabel passe zu seiner Kamera.

- **Erklärungsirrtum**: Die Erklärung beruht auf einem Verschreiben, Versprechen, Verhören.

> **BEISPIELE**
>
> - Die Sekretärin schreibt versehentlich 1.000 Stück anstelle von 100 Stück in eine Bestellung.
> - Der Verkäufer sagt, das kostet 2.300 Euro, meinte aber 3.200 Euro.
> - Der Kunde hat „blau" verstanden, der Verkäufer sagte aber „grau".

- **Eigenschaftsirrtum**: Die tatsächlich vereinbarten Eigenschaften stimmen nicht überein.

Landwirte K und V gehen auf die Weide, weil K von V eine Milchkuh kaufen will. Vom Rand der Weide aus zeigt K auf ein bestimmtes Rind, das er haben möchte. Als V am nächsten Tag das Rind bringt, stellt K fest, es ist keine Kuh, es ist ein Ochse.

In diesen Fällen kann das Rechtsgeschäft angefochten werden, da die Willenserklärung gar nicht so abgegeben worden wäre, wenn die Tatsache gleich erkannt wäre.

Die Anfechtung muss unverzüglich erfolgen (§ 121 BGB). Sie muss dem Anfechtungsgegner erklärt werden (§ 143 BGB).

Wer sich irrt, zahlt auch

Wird das Rechtsgeschäft angefochten, ist es **von Anfang an** als **nichtig** anzusehen (§ 142 BGB). Die Kosten, welche durch die Anfechtung wegen Irrtum entstanden sind, muss der Anfechtende übernehmen.

Als **arglistige Täuschung** bezeichnet man ein Rechtsgeschäft, das durch Vorspiegelung falscher Tatsachen oder Verschweigen wesentlicher Tatsachen begründet wird.

- Der Gebrauchtwagenhändler verspricht: „Der Wagen ist unfallfrei und hat erst 50.000 km." – Es stellt sich heraus, dass es sich um einen Unfallwagen handelt, der bereits 150.000 km Fahrleistung hinter sich hat.
- Frau U bewirbt sich als Kassiererin im Geschäft G und wird eingestellt. Sie hat verschwiegen, dass sie wegen Unterschlagung bereits vorbestraft ist.
- Herr K kauft beim Galeristen B ein „garantiert echtes Bild des Künstlers X" (wider besseren Wissens des B). K erfährt, dass es eine Fälschung ist.

Wenn jemand zum Abschluss eines Vertrages in eine psychische Zwangslage gebracht wird, ist das eine **widerrechtliche Drohung**.

- „Wenn du diesen Vertrag nicht unterschreibst, sage ich deiner Frau, dass du ..."
- „Sie sollten das Geschäft machen, sonst könnte Ihr Chef erfahren, dass ..."

Nach § 124 I BGB muss die Anfechtung innerhalb eines Jahres erfolgen. Die **Frist** beginnt bei der arglistigen Täuschung zum Zeitpunkt, wenn die Täuschung entdeckt wird, bei der Drohung mit Beendigung der Zwangslage (§ 124 II BGB).

12.15.5 Bindung an das Angebot

Die **Abgabe eines wirksamen Angebotes** erfolgt stets als fester Wille, dieses Angebot zu erfüllen, wenn durch die Annahme des anderen und damit durch dessen festen Willen, seinen Teil zu erfüllen, ein Vertrag zustande kommt.

An das Angebot ist man gebunden gemäß § 145 BGB, es sei denn, die Gebundenheit ist ausgeschlossen. Der Ausschluss kann erfolgen durch Hinweise im Angebot wie „freibleibend" oder „solange der Vorrat reicht".

„Wenn man einem Menschen trauen kann, erübrigt sich ein Vertrag. Wenn man ihm nicht trauen kann, ist ein Vertrag nutzlos." (Jean Paul Getty)

ANGEBOTSGELTUNG

Ein einem **Anwesenden** gemachtes Angebot kann nur sofort angenommen werden (§ 147 I BGB). Wird es abgelehnt, erlischt das Angebot (§ 146 BGB).
Ein Angebot an **Abwesende** gilt so lange, bis eine Antwort erwartet werden darf (§ 147 II BGB), oder bis zum Zeitpunkt einer angegebenen Frist nach § 148 BGB.

Die **Annahme eines Angebotes** ist eine empfangsbedürftige Willenserklärung. Hat der Antragende auf eine Annahmeerklärung verzichtet oder entspricht es der Verkehrssitte, kommt der Vertrag zustande.

BEISPIEL

K bestellt beim Versandhaus V Waren. Die Bestellung des K ist das Angebot (Antrag) an V: „Ich möchte diese Waren kaufen." Nach der Verkehrssitte bestätigt V die Annahme des Angebotes nicht. V versendet die Ware und hat dadurch das Angebot des K angenommen bei gleichzeitiger Verpflichtungserfüllung.

V handelt schlüssig, „schweigt" also nicht. Wie im Beispiel versendet V die Ware innerhalb des Zeitraums gemäß § 147 II BGB. Gelingt V das nicht (z.B. aufgrund eines Lieferengpasses), muss er dem K das mitteilen, worauf K neu entscheiden kann.

Schweigen bedeutet, es erfolgt keine Willensäußerung. Erhält K ein Angebot und reagiert nicht darauf, hat er das Angebot nicht angenommen, nichts geschieht.

Ausnahme: Im **Handelsrecht**, also unter Kaufleuten, gilt gemäß § 362 HGB Schweigen als Annahme eines Angebotes, wenn die Geschäftspartner in Verbindung stehen.

BEISPIEL

Die Zahnradfabrik Z liefert regelmäßig an den Maschinenbauer M Zahnräder auf Bestellung. Z sendet an M ein Angebot über Zahnräder mit verbesserten Oberflächen. Wenn M nicht reagiert, bedeutet „Schweigen" die Annahme des Angebotes, Z kann liefern.

12.15.6 Abstraktionsprinzip

Ein Rechtsgeschäft besteht aus einem Verpflichtungsgeschäft und einem Verfügungsgeschäft. Das heißt, es wird unterschieden zwischen der **schuldrechtlichen Verpflichtung** und der **sachenrechtlichen Verfügung**.

Käufer und Verkäufer haben sowohl Pflichten als auch Ansprüche

Durch den **Kaufvertrag** wird ein Schuldverhältnis begründet, bei dem beide Seiten Pflichten und Ansprüche haben:

- **Schuldrechtlich** verpflichtet ein Kaufvertrag zur Erfüllung von Lieferung und Übereignung durch den Verkäufer und zur Annahme und Zahlung durch den Käufer.
- **Sachenrechtlich** müssen Verfügungen erfolgen, nämlich die Lieferung der Ware und die Eigentumsübertragung durch den Verkäufer sowie die Annahme der Ware und die Bezahlung und Übereignung des Geldes an den Verkäufer.

Durch das (sachenrechtliche) Verfügungsgeschäft wird das (schuldrechtliche) Verpflichtungsgeschäft erfüllt.

Ein Kaufvertrag besteht aus **sechs Rechtsgeschäften**: Der Bindungswille gemäß § 145 BGB über **zwei übereinstimmende Willenserklärungen** – Angebot und Annahme – führt zu vier eigenständigen Rechtsgeschäften, nämlich **zwei Verpflichtungsgeschäften**- und **zwei Verfügungsgeschäften**.

	Verpflichtungsgeschäft	Verfügungsgeschäft
Lieferung der Ware an den Käufer	Der Verkäufer ist verpflichtet, die Ware zu liefern.	Der Verkäufer verfügt über die Auslieferung der Ware an den Käufer.
Übereignung der Ware an den Käufer	Der Verkäufer ist verpflichtet, dem Käufer das Eigentum an der Ware zu übertragen.	Der Verkäufer verfügt den Eigentumsübergang an den Käufer. (Solange er es nicht tut, ist der Käufer nur Besitzer und hat keine absolute Verfügungsgewalt über die Ware.)

	Verpflichtungsgeschäft	**Verfügungsgeschäft**
Annahme der Ware durch den Käufer	Der Käufer ist verpflichtet, die Ware anzunehmen.	Der Käufer verfügt über die Annahme der Ware und nimmt sie in Besitz.
Bezahlung der Ware an den Verkäufer	Der Käufer ist verpflichtet, dem Verkäufer den Kaufpreis zu bezahlen.	Der Käufer verfügt über die Bezahlung und überträgt das Geld in das Eigentum des Verkäufers.

Abb. 46: Verpflichtungs- und Verfügungsgeschäfte im Kaufvertrag

Durch das Prinzip der Trennung von Verpflichtungs- und Verfügungsgeschäften ergeben sich Sachverhalte, die insbesondere im betrieblichen Geschäftsverkehr wichtig sein können.

BEISPIELE

Beispiel 1:
V liefert an K Ware und übereignet sie an K. Dieser nimmt die Ware an, bezahlt aber nicht. Aus diesem Vertrag sind also drei Rechtsgeschäfte durchgeführt, lediglich die Verpflichtung des K, die Ware zu bezahlen, ist nicht erfüllt.
Hier gilt: Da V nicht unter Eigentumsvorbehalt geliefert hat, kann K als Eigentümer mit der Sache nach Belieben verfahren. V muss sehen, wie er K dazu bringt, seiner Zahlungspflicht nachzukommen.

Beispiel 2:
V hat an K Ware übereignet. Dann wird der Vertrag wegen Irrtums angefochten, d.h., der Vertrag ist nichtig.
K ist aber Eigentümer geworden. Er hat mithin „ohne rechtlichen Grund", nämlich ohne wirksamen Vertrag, Eigentum erworben. V kann seine Ware nach § 812 BGB zurückfordern.

12.16 Stellvertretung

Stellvertretung ist das **Handeln im Namen eines anderen**. Die Willenserklärung eines Stellvertreters wirkt unmittelbar für oder gegen den Vertretenen, so als ob er selbst die Erklärung abgegeben hätte.

Voraussetzung ist die Vertretungsmacht, im Namen des Vertretenen zu handeln, § 164 BGB.

Erteilt der Vertretene dem Vertreter eine **Vollmacht** nach § 167 BGB, so kann er das Rechtsgeschäft durch seine Vertretungsmacht ausüben (§ 166 II BGB).

12.17 Vollmachten des Handelsrechts

Das Handelsrecht als Sonderrecht für Kaufleute unterscheidet handels-
rechtliche Vollmachten:
- Prokura (§ 48 ff. HGB)
- Handlungsvollmacht (§§ 54 ff. HGB)

Die **Prokura** ist die am weitesten reichende Vollmacht, sie berechtigt zu
allen Arten von Rechtshandlungen nach innen und nach außen, „die der
Betrieb eines Handelsgewerbes mit sich bringt" (vgl. § 49 HGB). Damit
beschränkt sich die Vollmacht auf das Einstellen oder Veräußern des
Betriebes, die Eröffnung eines Insolvenzverfahrens und die Aufnahme
weiterer Gesellschafter. Ob der Prokurist Grundstücke veräußern oder
belasten darf, ergibt sich aus seiner Befugnis (§ 49 II HGB).

Im **Innenverhältnis** kann die Prokura beschränkt sein auf:
- nur bestimmte Geschäfte
- nur bestimmte Geschäftsteile oder Orte
- nur bestimmte Art oder Höhen der Verpflichtung
- Handeln nur in Gemeinsamkeit mit einem weiteren Geschäftsführer
  oder Prokuristen
- und weitere individuelle Regelungen

Im **Außenverhältnis** gelten solche Beschränkungen nicht, vgl. § 50 I
HGB.

Prokuristen müssen   Damit erkennbar ist, dass es sich bei dem Unterzeichnenden um einen
erkennbar sein   Prokuristen handelt und dadurch die Vollmacht ersichtlich wird, muss der
Prokurist seine **Unterschrift kenntlich machen** (§ 51 HGB). Üblich ist der
Zusatz: „ppa." (per procura).
   Die Prokura kann nur der Inhaber bzw. der gesetzliche Vertreter (Vor-
stand, Geschäftsführer) eines Unternehmens erteilen (§ 48 HGB). Die
Erteilung muss **im Handelsregister eingetragen** und veröffentlicht wer-
den, ebenso die Löschung (§ 53 HGB).

Die Handlungsvollmacht ist im Gegensatz zur Prokura eine **einge-
schränkte Vollmacht**. Sie kann sehr weit gefasst oder auf einzelne Geschäfte
beschränkt sein (§ 54 HGB).

Unterschieden werden die Vollmachten des Handlungsbevollmächtigten
nach:
- **Einzelvollmacht**: Diese gilt für einzelne oder ein einziges Rechtsgeschäft.
- **Artvollmacht** (auch Gattungsvollmacht): Sie gilt für bestimmte Arten
  von Geschäften.

- **Generalvollmacht**: Sie erstreckt sich auf alle üblicherweise vorkommenden Rechtsgeschäfte eines Handelsbetriebes, vgl. § 54 I HGB.

  Der Handlungsbevollmächtigte darf nur, wenn er über weitere Vollmachten verfügt, Grundstücke belasten oder verkaufen, Wechselverbindlichkeiten eingehen, Darlehen aufnehmen, Prozesse führen.

Handlungsbevollmächtigte müssen bei der Unterzeichnung ihre **Vollmacht kenntlich** machen (§ 57 HGB). Das erfolgt üblicherweise durch den Zusatz i.Vm. / i.V. (in Vollmacht oder in Vertretung).

SONDERFALL LADENVOLLMACHT

§ 56 HGB bestimmt, dass Angestellte, die in einem Ladengeschäft oder Verkaufsraum usw. tätig sind, zu Tätigkeiten ermächtigt sind, die dort gewöhnlich entstehen. Aus Gründen des Verkehrsschutzes gilt die Vermutung, dass Angestellte diese Geschäfte wirksam durchführen dürfen bzw. dafür bevollmächtigt sind.

12.18 Schuldverhältnisse

Schuldverhältnisse entstehen aus Rechtsbeziehungen, aus denen die Beteiligten Rechte und Pflichten herleiten. Berechtigte sind Gläubiger, Verpflichtete sind Schuldner. Bei Verträgen sind beide Parteien gleichzeitig Gläubiger und Schuldner.

Rechte und Pflichten der Beteiligten

Der Gläubiger ist berechtigt, von dem Schuldner eine **Leistung** zu fordern (§ 241 I S. 1 BGB).

Das rechtsgeschäftliche Schuldverhältnis wird insbesondere begründet durch Verträge, vgl. § 311 I BGB, oder aufgrund gesetzlicher Bestimmungen, z.B. §§ 812 ff., 823 ff. BGB.

12.19 Erfüllungsort

Im Regelfall ist der Erfüllungsort („Leistungsort", vgl. § 269 BGB) der Wohnsitz des Schuldners.

Das heißt, der Gläubiger (Käufer) muss die Ware beim Schuldner (Verkäufer) abholen. Diese „Holschuld" kann vertraglich anders vereinbart werden.

Die Bezahlung muss zur Erfüllung an den Wohnsitz des Gläubigers (Verkäufers) erfolgen (§ 270 I BGB), dies wird als **Schickschuld** bezeichnet.

Im **Werkvertrag** nach §§ 631 ff. BGB muss die Leistung am Ort oder am Gegenstand erfüllt werden. Arbeiten an einem Grundstück müssen dort verrichtet werden, es handelt sich um eine **Bringschuld**.

12.20 Gefahrübergang

Mit der Übergabe der Ware geht die Gefahr auf den Käufer über. Wird die Ware an den Käufer versandt, geht die Gefahr bei Übergabe an das Transportunternehmen auf den Käufer über (§§ 446, 447 BGB).

Auch andere Regelungen können zwischen den Parteien vereinbart werden.

12.21 Verletzung vertraglicher Pflichten – Leistungsstörungen

Schuldverhältnisse erlöschen durch die Erfüllung der Pflichten. Leistet eine Partei nicht oder nur teilweise, liegt eine Pflichtverletzung vor (§ 280 BGB).

Schuldner haftet nur, wenn er die Vertragsverletzung zu vertreten hat

Da die Haftung grundsätzlich vom **Verschuldensprinzip** ausgeht, haftet der Schuldner nur, wenn er die Verletzung auch zu vertreten hat. Ist die **Leistung** für den Schuldner **unmöglich** geworden, trifft ihn kein Verschulden, dann wird er von der Leistung frei (§ 275 I BGB).

Lässt der Schuldner es jedoch an der **erforderlichen Sorgfalt** fehlen, handelt also fahrlässig, oder handelt er vorsätzlich, so ist er verantwortlich und muss haften (§ 276 BGB).

MÖGLICHE LEISTUNGSSTÖRUNGEN

- Unmöglichkeit der Leistung
- Schuldnerverzug
- Nichterfüllung oder Schlechterfüllung
- Annahmeverzug

12.21.1 Unmöglichkeit der Leistung

Von der Unmöglichkeit einer Leistung wird gesprochen, wenn die geschuldete Leistung tatsächlich nicht erbracht werden kann.

BEISPIELE

K vereinbart mit V, dass er am folgenden Tag das gebrauchte Auto fertig gestellt haben und es an K übergeben wird. In der Nacht wird die Autowerkstatt durch Blitzschlag mitsamt dem Auto, das für K bestimmt ist, vernichtet. V kann also objektiv nicht mehr liefern, da dieses Auto (Stückschuld) vernichtet ist.

Oder: K will nachmittags eine bestellte wertvolle chinesische Vase (ein Unikat) bei V abholen. Beim Herrichten fällt dem Lehrling die Vase herunter und zerbricht in tausend Scherben. Für V ist die Übergabe unmöglich geworden.

Bei **objektiver Unmöglichkeit** liegt eine **Stückschuld** vor, die niemand erbringen kann. Der Schuldner wird hier aus seiner Leistungspflicht frei gemäß § 275 I BGB. Mögliche Schadensersatzansprüche regeln sich nach den Bestimmungen §§ 280 ff. BGB.

Objektive und subjektive Unmöglichkeit

Unter **subjektiver Unmöglichkeit** wird verstanden, dass es sich um eine **Gattungsschuld** handelt, die anderweitig erbracht werden könnte, oder um eine Stückschuld, bei der der Schuldner über die Sache nicht verfügen kann.

BEISPIELE

Die Hühnerfarm H hat sich verpflichtet, 100 Hühner an den Landwirt L zu liefern. Durch die plötzlich aufgetretene Geflügelpest mussten der Betrieb geschlossen und die Hühner getötet werden. Der Landwirt L kann nun nicht mehr liefern, aber Hühner gibt es immer noch (Gattungsschuld).

Oder: V hat sich dem K verpflichtet, ein gebrauchtes Motorrad am folgenden Tag zu übergeben. In der Nacht wird das Motorrad gestohlen. Da es sich um eine Stückschuld, ein Einzelstück, handelt, ist es V unmöglich geworden, dieses Motorrad auszuliefern. Er kann den Dieb nicht ermitteln, obwohl es das Motorrad möglicherweise noch gibt.

Bei einer **Gattungsschuld** nach § 243 BGB wird der Schuldner gemäß § 311a I BGB nicht frei.

Die Wirksamkeit des Vertrages bleibt bestehen und der Schuldner muss eine Sache mittlerer Art und Güte leisten.

12.21.2 Schuldnerverzug

Ist jemand in Verzug, so ist er „schuld". Wer also schuldhaft handelt, muss immer auch für die Folgen dieses schuldhaften Handelns aufkommen. Wie kommt der Schuldner in Verzug?

> **BEISPIEL**
>
> Zahlungsverzug:
> Die Zahlung ist fällig am 07.03.200x. Handelt es sich um eine „normale"
> Rechnung mit normaler Fälligkeit, so muss der Schuldner gemahnt werden.
> § 286 I BGB besagt, dass der Schuldner durch die Mahnung in Verzug gerät.
> War hingegen fest vereinbart „Zahlung am 07.03.200x", dann gerät der Schuld-
> ner automatisch am 08.03. um 00.00 Uhr in Verzug.

Bei absoluten Fixterminen muss nicht gemahnt werden, um den
Schuldner in Verzug zu setzen (§ 286 II Nr. 1 BGB).

Ergänzung für
Kleinbetriebe

Da insbesondere Kleinbetriebe häufig versäumen, den Schuldner in
Verzug zu setzen, hat der Gesetzgeber den § 286 III BGB eingeführt:
Danach kommt der Schuldner 30 Tage nach Fälligkeit und Zugang der
Rechnung automatisch in Verzug.

Das trifft auf Schuldner zu, die Betriebe sind – Privatkunden müssen
auf diese Regelung hingewiesen werden.

Die **Rechtsfolge** des Schuldnerverzugs besteht darin, dass der Schuldner
während des Verzugs **haftet** und der Gläubiger **Verzugszinsen** verlangen
kann §§ 287 ff. BGB.

12.21.3 Nichterfüllung oder Schlechterfüllung

Die Bestimmungen gehen von der Vermutung aus, dass der **Schuldner die
Pflichtverletzung zu vertreten** hat. Folglich muss er für die Folgen aufkommen, vgl. §§ 280, 276, 278 BGB.

Liegen Mängel in der Sache vor, richten sich die Ansprüche des Gläubigers nach den Bestimmungen des jeweiligen Vertragsrechts.

12.21.4 Annahmeverzug (Gläubigerverzug)

Der Schuldner wird von der Leistungspflicht frei, wenn die dem Gläubiger
angebotene Sache nicht angenommen wird.

Der Schuldner hat hier nur Vorsatz und grobe Fahrlässigkeit zu vertreten.
Die Leistungsgefahr geht auf den Gläubiger über, vgl. § 300 I, II BGB.

12.22 Allgemeine Geschäftsbedingungen (AGB)

AGB ausdrücklich
einbeziehen

Allgemeine Geschäftsbedingungen gelten nur, wenn sie bei der Vertrags-
verhandlung ausdrücklich einbezogen worden sind und grundsätzlich ein
Hinweis darauf erfolgt.

Die Vorschriften zur Einbeziehung von AGB in den Vertrag sind im
BGB in den §§ 305 ff. geregelt.

13 Vertragsformen und Anspruchsgrundlagen

13.1 Vertragstypen im BGB

Im zweiten Teil der Schuldverhältnisse regelt das Gesetz Pflichten und Rechte besonderer Rechtsgeschäfte.

13.1.1 Kaufvertrag – §§ 433 ff. BGB

Der Kaufvertrag ist ein gegenseitiger Vertrag, bei dem **Leistung und Gegenleistung** in einem Austauschverhältnis stehen. Der Verkäufer wird zur Übergabe und zur Eigentumsübertragung, der Käufer zur Abnahme und Bezahlung verpflichtet.

Daneben ergeben sich **Nebenpflichten**, wie z.B. Auskunftspflicht oder Kostenübernahme (§§ 444, 448 BGB).

„Der Verkäufer hat dem Käufer die Sache frei von Rechtsmängeln zu verschaffen" (§ 433 I, 2 BGB) – erfüllt der Verkäufer diese **Leistungpflicht** nicht, stehen dem Käufer **Gewährleistungsrechte** zu (§ 437 BGB):

Rechte bei mangelhafter Lieferung

- **Nacherfüllung** gemäß § 439 BGB: Beseitigung des Mangels oder mangelfreie Lieferung
- **Rücktritt** gemäß § 440 BGB: Gelingt die Nacherfüllung nicht oder der Verkäufer verweigert diese, kann der Käufer vom Vertrag zurücktreten, vgl. § 323 BGB.
- **Minderung** gemäß § 441 BGB: Der Käufer vereinbart mit dem Verkäufer einen geringeren Preis als Ausgleich für den Mangel.
- **Schadensersatz** gemäß § 440: Bei vergeblicher Mangelbeseitigung und wenn dem Käufer ein Schaden entstanden ist, kann dieser Schadensersatz verlangen, vgl. §§ 280, 281 BGB.

Die **Verjährung der Mängelansprüche** ist in § 438 BGB geregelt. Dingliche Rechte und Grundbuchrechte verjähren in 30 Jahren, Ansprüche an einem Bauwerk in fünf Jahren und übrige Mängel in zwei Jahren.

13.1.2 Tauschvertrag – § 480 BGB

Beim Tauschgeschäft besteht die Gegenleistung nicht in Geld, sondern in Sachen oder Rechten. Die Bestimmungen des Kaufvertrags gelten entsprechend.

13.1.3 Darlehensvertrag – § 488 BGB

Der Darlehensvertrag beinhaltet die Übereignung von Geld oder anderen Sachen. Nach Ablauf der vereinbarten Zeit sind Geld oder Sachen in vergleichbarer Art, Güte und Menge zurückzuerstatten.

Der Darlehensnehmer ist verpflichtet, die vereinbarten **Zinsen** zu bezahlen.

13.1.4 Schenkungsvertrag – § 516 BGB

Schenkung muss angenommen werden

Schenkungen sind unentgeltliche Zuwendungen. Beide Teile müssen sich darüber einig sein (der Beschenkte muss die Schenkung annehmen).

Ein Schenkungsversprechen, bei dem eine Vermögenszuwendung dem Beschenkten zugesagt wird, bedarf der **notariellen Beurkundung** gemäß § 518 BGB.

13.1.5 Miet- und Pachtverträge – § 535 BGB

Ein Mietvertrag regelt die zeitlich begrenzte Überlassung einer Sache zum Gebrauch gegen Entgelt (**Mietzins**). Mietgegenstände können bewegliche Sachen sein, z.B. Auto, Wohnwagen, Werbeflächen, oder unbewegliche Sachen wie Wohnungen, Häuser, Büroräume oder Garagen.

Pachtverträge beinhalten den so genannten „**Fruchtgenuss**", d.h., der Pächter darf den Ertrag nutzen, z.B. eine Obstwiese, einen Fischteich u.Ä. Der Pächter entrichtet dafür einen Pachtzins.

Der Vermieter verpflichtet sich, dem Mieter die Sache zu **überlassen**. Der Mieter verpflichtet sich zur **Zahlung** des Mietzinses und zur **Rückgabe** der Sache nach Beendigung des Mietvertrages.

13.1.6 Dienstvertrag – § 611 BGB

Der Dienstvertrag verpflichtet zur Leistung eines Dienstes gegen Entgelt. Der Dienstverpflichtete schuldet die **Arbeitsleistung** und erhält dafür eine **Vergütung**.

„Gegenstand des Dienstvertrages können Dienste jeder Art sein" (§ 611 II BGB), das sind z.B. Leistungen eines Arztes, eines Therapeuten, eines Steuerberaters, eines Rechtsanwaltes, eines Dozenten, eines Beraters usw. Dienste sind ebenfalls Leistungen der Arbeitnehmer nach einem Arbeitsvertrag.

Für Dienstleistungen gibt es keine Garantie oder Gewährleistung

Dienstleistungen können nur persönlich erbracht werden und sind nicht reproduzierbar. Gegenstand der Dienstleistung ist die Schaffenskraft und die damit verbundene **zeitliche Inanspruchnahme**.

Ein Erfolg wird nicht versprochen. Es muss auch bei Misserfolg die Leistung (Zeit) bezahlt werden.

> **BEISPIEL**
>
> Der Rechtsanwalt sagt zu seinem Mandanten: „Den Prozess gewinnen wir bestimmt." – Auch wenn der Prozess verloren wird, muss der Mandant die Anwaltsleistung bezahlen.

Schlechtleistungen im Dienstvertrag können nach §§ 280 ff. BGB zu einem **Schadensersatzanspruch** führen.

13.1.7 Werkvertrag – § 631 BGB

Durch den Werkvertrag verpflichtet sich der Unternehmer zur **Herstellung des versprochenen Werkes**. Der Besteller ist verpflichtet, dem Unternehmer die vereinbarte Vergütung zu bezahlen.

„Werke" meint die Herstellung oder Veränderung eines Werkes. Im Unterschied zum Dienstvertrag, bei dem die Arbeitszeit geschuldet wird, verlangt der Werkvertrag stets auch den Erfolg der Leistung.

Erfolg der Leistung ist entscheidend

BEISPIELE

- Der Bau eines Hauses auf dem Grundstück des Bauherren geschieht über einen Werkvertrag. Das Haus muss den getroffenen Vereinbarungen (Vertragsinhalt, Bauplänen, Statik etc.) entsprechen.
- An der Terrasse wird eine Sonnenmarkise mit elektrischem Antrieb montiert. Die Montage und Funktion muss den Absprachen gemäß sein.
- Das Auto soll repariert werden. Die Reparatur nach dem Werkvertrag verlangt, dass die Reparatur ordnungsgemäß, absprachegemäß und voll funktionstüchtig durchgeführt wird.

Die Herstellung des Werkes muss frei von Sach- oder Rechtsmängeln sein, § 633 BGB.

Ist das Werk mangelhaft, kann der Besteller **Nacherfüllung** verlangen. Der Unternehmer muss den Mangel beseitigen oder ein neues Werk herstellen, §§ 634, 635 I BGB.

Kommt der Unternehmer seiner Nachbesserungspflicht nicht nach, kann der Besteller den Mangel selbst beseitigen und sich die Aufwendungen von dem Unternehmer ersetzen lassen, §§ 634, 637 BGB.

Der Besteller hat in den Fällen der Unzumutbarkeit, der fehlgeschlagenen Nacherfüllung oder der Verweigerung durch den Unternehmer folgende Rechte:

Rechte bei mangelhafter Leistung

- Er kann **vom Vertrag zurücktreten**, §§ 634, 636 BGB.
- Anstelle des Rücktritts kann der Besteller den **Preis mindern**, §§ 634, 638 BGB.
- Ist dem Besteller ein Schaden entstanden, kann er **Schadensersatz** nach §§ 634, 636, 281, 323 BGB verlangen.

Die **Verjährung** von Mängelansprüchen ist in § 634a BGB geregelt. Die Ansprüche verjähren bei einem Werk in zwei Jahren und bei Bauleistungen in fünf Jahren.

13.1.8 Bürgschaftsvertrag – § 765 BGB

In einem Bürgschaftsvertrag übernimmt der Bürge gegenüber dem Gläubiger die Haftung dafür, dass der Hauptschuldner seine Verbindlichkeiten erfüllt. Durch die Bürgschaft erhält der Gläubiger also eine **zusätzliche Sicherheit**. Der Bürge geht jedoch das Risiko ein, gegebenenfalls für den Ausfall zu haften.

Bei Ausfall des Schuldners haftet der Bürge

> Die Bürgschaft muss schriftlich erteilt werden (§ 766 BGB).

Das strengere Recht der Kaufleute sieht eine Formfreiheit nach § 350 HGB vor: Dort gelten auch mündliche und fernmündliche Bürgschaftserklärungen. Bei internationalen Handelsgeschäften ist es durchaus üblich, dass z.B. eine Handelsgesellschaft eine Bürgschaft für einen Kommissionär telefonisch übernimmt.

Der Bürge kann die Befriedigung des Gläubigers verweigern durch
- die **Einrede der Anfechtung** nach § 770 I oder
- die **Einrede der Aufrechnung** nach § 770 II BGB, wenn der Gläubiger mit einer fälligen Forderung aufrechnen kann, oder
- die **Einrede der Vorausklage** nach § 771 BGB, das bedeutet, dass der Bürge erst dann bezahlen muss, wenn der Hauptschuldner erfolglos ausgeklagt ist, das Zwangsvollstreckungsverfahren also fruchtlos war.

Bei einer **selbstschuldnerischen Bürgschaft** verzichtet der Bürge auf die Einrede der Vorausklage (§ 773 BGB): Gegenüber dem Gläubiger tritt er „selbstschuldnerisch" auf, das heißt, der Gläubiger kann sich ohne Umwege direkt an den Bürgen zur Befriedigung seiner Forderungen wenden.

> Hat der Bürge geleistet, geht die Forderung auf ihn über (§ 774 BGB). Damit kann der Bürge vom Schuldner die Zahlung verlangen.

Bei der selbstschuldnerischen Bürgschaft ist der Bürge selbst in vollem Umfang für die Verbindlichkeit eingetreten, er kann vom Schuldner die Zahlung aus „ungerechtfertigter Bereicherung" nach § 812 BGB verlangen.

13.1.9 Weitere Vertragstypen

Weitere Vertragstypen sieht das BGB (und andere Gesetze) vor für
- den Reisevertrag, § 651a,
- Maklervertrag, § 652,
- Geschäftsbesorgungsvertrag, § 675,
- Verwahrungsvertrag, § 688,
- Gesellschaftsvertrag, § 705,
- Leihvertrag, § 598.

13.2   Besondere Verträge im HGB

13.2.1   Handelsvertretervertrag – §§ 84 ff. HGB

Der Handelsvertreter ist ein Absatzmittler, der für ein Unternehmen Geschäfte vermittelt und in dessen Namen abschließt (§ 84 HGB). Er ist ein **selbstständiger Unternehmer**, d.h., auch bei kleingewerblichen Handelsvertretern gilt das Handelsrecht.

Selbstständig bedeutet, der Handelsvertreter bestimmt und entscheidet selbst über den Umfang und die Art seiner Tätigkeit. Er ist nicht an Anweisungen im Sinne eines Arbeitsvertrages gebunden.

Umfang und Art seiner Tätigkeit bestimmt allein der Handelsvertreter

Im Vertrag zwischen Unternehmen und Handelsvertreter werden jedoch üblicherweise **vertriebs- und produktspezifische Vereinbarungen** getroffen (§ 86 I HGB).

> Der Handelsvertreter kann exklusiv für ein Unternehmen oder für mehrere Hersteller bzw. Produkte tätig werden.

Hauptaufgabe des Handelsvertreters ist die **Vermittlung** und der **Abschluss** von Geschäften, die **Informationspflicht** über seine vermittelnde Tätigkeit und die Führung seiner Geschäfte nach der **Sorgfalt eines Kaufmanns** (§ 86 I–III HGB).

Der Unternehmer, für den der Handelsvertreter tätig ist, muss diesen mit den notwendigen Unterlagen ausstatten und ihm die Annahme oder Verweigerung von Aufträgen unverzüglich mitteilen (§ 86a HGB).

Für seine Tätigkeit erhält der Handelsvertreter vom Unternehmen eine **Provision** (§§ 87 ff. HGB) und ggf. einen Betrag für seine **Geschäftsaufwendungen** (§ 87d HGB).

13.2.2   Handelsmakler – § 93 HGB

Im Unterschied zum Handelsvertreter, der durch Vertrag an ein (oder mehrere) Unternehmen gebunden ist, vermittelt der Handelsmakler frei, also **ohne Vertragsbindung**. Der Handelsmakler vermittelt An- und Verkauf von Waren oder Leistungen.

Handelsmakler vermittelt An- und Verkauf von Waren oder Dienstleistungen

BEISPIELE

- Schiffsfrachten
- Börsen- und Finanzgeschäfte
- Versicherungs- und Warentermingeschäfte

Das Recht der Handelsmakler unterscheidet sich von anderen Maklergeschäften, wie z.B. die Vermittlungen des Immobilienmaklers (§§ 652 ff.

BGB, s. Makler- und Bauträgerverordnung), Darlehensvermittlung (§ 655a BGB) oder der Heiratsvermittlung (§ 656 BGB).

13.2.3   Kommissionsgeschäft – § 383 HGB

Kommissionäre sind Gewerbetreibende, die **im eigenen Namen**, aber für **Rechnung des Auftraggebers**, Waren oder Wertpapiere kaufen und/oder verkaufen (§ 383 HGB). Der Kommissionär übernimmt ein Geschäft seines Auftraggebers und muss in dessen Interesse das Geschäft verkaufen.

Üblich sind Kommissionsgeschäfte bei **Warengeschäften** (häufig Rohstoffe, pflanzliche und tierische Produkte) und insbesondere bei **Wertpapieren**.

Für seine Tätigkeit hat der Kommissionär einen **Provisionsanspruch** gemäß § 396 HGB.

13.3   Gesetzliche Schuldverhältnisse

Gegenseitige Ansprüche bei zweiseitigen Rechtsgeschäften

Schuldrechtliche Ansprüche des Privatrechts entstehen durch Vertrag. Bei **einseitigen Rechtsgeschäften** verpflichtet sich nur eine Seite dem anderen Teil gegenüber (z.B. Bürgschaft), bei **zweiseitigen Rechtsgeschäften** haben Gläubiger und Schuldner gegenseitige Ansprüche.

Diese Ansprüche mit ihren Rechten und Pflichten resultieren also aus dem Vertragsverhältnis und sind **„vertragliche Ansprüche"**.

Ansprüche einer Partei gegen eine andere können aber auch aus **gesetzlicher Haftung** für Schäden bzw. für Verschulden entstehen.

Voraussetzung für Haftung ist stets ein Delikt oder eine Gefährdung oder ein ungerechtfertigter Vermögenszuwachs.

13.3.1   Ungerechtfertigte Bereicherung – § 812 BGB

Wenn jemand „ohne rechtlichen Grund" aus dem Vermögen eines anderen bereichert worden ist, muss er den Vermögensgegenstand wieder herausgeben.

BEISPIELE

- V liefert an K die Ware gleich zweimal, berechnet aber nur einmal
- K überweist eine Rechnung doppelt
- Nach Übereignung wird ein Vertrag durch Anfechtung nichtig

In allen diesen Beispielen fehlt der „Rechtsgrund", die Herausgabe kann verlangt werden.

13.3.2   Unerlaubte Handlungen – §§ 823 ff. BGB

Schadensersatzansprüche setzen voraus:

- einen Schaden und
- einen Haftungsgrund.

Eine unerlaubte Handlung ist die **schuldhafte und widerrechtliche Verletzung eines absoluten Rechtsgutes**. Die Verletzung kann durch Taten oder durch Unterlassen entstehen. Wer ein solches Rechtsgut verletzt, muss den Schaden ersetzen.

> **BEISPIELE**
>
> - Der Bauleiter verzichtet fahrlässig auf die Absicherung einer Baugrube und ein Passant verletzt sich
> - Randalierer zerstören ein Auto
> - Beim Ballspielen geht eine Fensterscheibe kaputt

Kurz: Rechtsgutverletzungen sind alle deliktischen Schäden, sowohl Körperverletzungen, Verletzungen der Gesundheit als auch der Freiheit oder Sachbeschädigungen (vgl. §§ 823–853 BGB).

13.3.3   Gefährdungshaftung

Die Gefährdungshaftung gilt für alle Schäden, die durch eine für die Allgemeinheit gefährliche Tätigkeit oder der Unterhaltung von Gefahrquellen entstehen. Zahlreiche **Einzelgesetze** regeln die Haftung, z.B. für: *Haftungsrisiken versichern*

- Tierhaltung: § 833 BGB
- Unfälle im Luftverkehr: Luftverkehrsgesetz
- Wildschäden: Bundesjagdgesetz
- Kraftfahrzeughaltung: Straßenverkehrsgesetz
- radioaktive Stoffe: Atomgesetz
- Wasser: Wasserhaushaltsgesetz
- Energie: Haftpflichtgesetz
- Bahn: Haftpflichtgesetz
- Umwelt: Umwelthaftungsgesetz
- Arznei: Arzneimittelgesetz
- Produktfolgeschäden: Produkthaftungsgesetz

Gegen die Haftungsgefahren können oder müssen sich die Anwender durch eine **Haftpflichtversicherung** absichern.

Für Unternehmen von besonderer Bedeutung ist das **Produkthaftungsrecht** (ProdHaftG §§ 1–19). Der Hersteller haftet für die ihm obliegenden **Sicherungspflichten**. Dazu gehören die Planungs-, Konstruktions-, Fertigungs-, und Materialfehler und ebenso die Instruktionsfehler, wie mangelnde, unverständliche oder unvollständige Gebrauchsanweisungen und Informationen über den bestimmungsgemäßen Gebrauch und die Eigenschaften und ggf. Gefahren des Produktes oder Materials.

13.4 Sachenrechtliche Pflichten und Rechte – §§ 854–1296 BGB

Besitz und Eigentum unterscheiden

Im dritten Buch des BGB werden dingliche Rechte geregelt. Wichtigste Unterscheidung ist der Status von Besitz und Eigentum.

Der **Besitz** gemäß § 854 BGB bedeutet, dass der „Besitzer" die tatsächliche Gewalt über eine Sache hat.

> **BEISPIELE**
>
> - B fährt einen Mietwagen – er ist Besitzer des Fahrzeugs und hat die tatsächliche Gewalt
> - B wohnt bei E zur Miete – B ist Besitzer der Wohnung und kann diese einrichten, wie er will, und bestimmungsgemäß darin wohnen
> - E leiht B seinen Rasenmäher – B ist Besitzer und kann den Rasenmäher nutzen

Vom Besitz unterscheidet sich das **Eigentum** (§ 903 BGB) dadurch, dass der Eigentümer mit der Sache nach Belieben verfahren kann. Das heißt, der Eigentümer kann die Sache dem Besitzer überlassen oder auch nicht, er kann die Sache verkaufen, verschenken oder vernichten.

Der Eigentümer kann von dem Besitzer auch die **Herausgabe** nach § 985 BGB verlangen.

Eigentum bedeutet die tatsächliche Herrschaftsmacht über eine Sache.

So wird man Eigentümer

Eigentum an beweglichen Sachen wird erworben durch die Übertragung des Eigentumsrechts an den Erwerber gemäß § 929 BGB. Bei Grundstücken erfolgt der **Eigentumsübergang** durch die Eintragung im Grundbuch gemäß §§ 925, 873 BGB.

Zu den sachenrechtlichen Bestimmungen zählen ebenfalls die **Nutzungsrechte und die Sicherungsrechte**.

Nutzungsrechte sind
- Nießbrauch, § 1030 ff. BGB
- Grunddienstbarkeiten, §§ 1018 ff. BGB
- Erbbaurecht, §§ 1 ff. ErbbauVO

Sicherungsrechte sind:

- Pfandrechte
  - Hypothek, § 1113 BGB
  - Grundschuld, § 1191 BGB
  - Rentenschuld, § 1199 BGB
  - an beweglichen Sachen, § 1204 BGB
  - an Rechten, § 1273 BGB
- Vorkaufsrecht, § 1094 BGB
- Sicherungsübereignung, Abtretung und Eigentumsvorbehalt, Unternehmerpfandrecht, Sicherungshypothek u.a.

14 Gesellschaftsformen

Will man sich im modernen Wirtschaftsverkehr unernehmersich betätigen, spielt neben einer Reihe anderer zu berücksichtigender Faktoren die Wahl der geeigneten Rechtsform des Unternehmens eine entscheidende Rolle.

14.1 Privatrechtliche Formen

Die folgende Tabelle gibt einen Überblick über die häufigsten privatrechtlichen Gesellschaftsformen.

Bezeichnung	Mindest-kapital	Haftung	Mindest-anzahl Gründungs-mitglieder	Sonstiges
Einzelunter-nehmung	–	unbeschränkt	1 (höchstens)	–
Personen-gesellschaften				
Gesellschaft bürgerlichen Rechts GbR	–	Alle Mitglieder persönlich und unbeschränkt	2	§§ 705 ff. BGB
Offene Handels-gesellschaft OHG		Alle Gesellschafter haften unbeschränkt und solidarisch	2	Eintragung im Handels-register
Kommandit-Gesellschaft KG	–	Komplementär haftet unbeschränkt und persönlich, Kommanditisten haften mit ihrer Einlage	mind. 2: Komplementär und Kommanditist	Eintragung im Handels-register
Stille Gesellschaft	–	Mit dem eingelegten Kapital	–	Nur Vermögens-einlage

Bezeichnung	Mindest-kapital	Haftung	Mindest-anzahl Gründungs-mitglieder	Sonstiges
Reederei	–	Persönlich und unbeschränkt	1	–
Kapitalgesell-schaften				Alle im Handelsregister einzutragen
Aktiengesell-schaft AG	50.000 Euro Grund-kapital	Gesellschaftsvermö-gen; Aktionäre mit ihrer Einlage	1; § 2 AktG	–
Gesellschaft mit be-schränkter Haftung GmbH	25.000 Euro Stamm-kapital	Gesellschaftsvermö-gen; Gesellschafter mit ihrer Einlage	1; § 1 GmbHG	–
Bergrechtliche Gewerkschaft		Vereinigung von Mit-eigentümern; haften mit der Kux, ihrem Anteil	Beteiligungen im Bergbau	Hat an Bedeu-tung verloren, wurden zu-meist in AG umgewandelt
Kommandit-Gesellschaft auf Aktien KGaA	50.000 Euro Grund-kapital	Kommanditist persönlich und unbe-schränkt; Gesell-schaftsvermögen; Aktionäre mit ihrer Einlage	5; § 280 AktG	–
Mischformen				Kombina-tionen von Personen und Kapitalgesell-schaften
AG & Co. KG GmbH & Co. KG		Jede Gesellschafts-form haftet einzeln. Komplementäre un-beschränkt und per-sönlich. Das Vermö-gen der AG bzw. GmbH haftet als Komplementär. Akti-onäre, Gesellschafter, Kommanditisten mit ihrer Einlage		AG oder GmbH sind die Kom-plementäre
Doppel-Gesellschaft		Betriebsaufspaltung in Besitz- und Ver-triebsgesellschaft bzw. Produktionsge-sellschaft: Trennung von Vermögens- und Leistungsbereich		Besitzgesell-schaft als Per-sonengesell-schaft; Vertriebsge-sellschaft als Kapitalgesell-schaft ohne persönliche Haftung

Abb. 47: Überblick über privatrechtliche Gesellschaftsformen

14.2 Weitere privatrechtliche Formen

Weitere privatrechtliche Gesellschaftsformen sind z.B. die Genossenschaft, Versicherungsvereine auf Gegenseitigkeit und privatrechtliche Stiftungen.

- **Genossenschaft** – eG: Zusammenschluss von (wechselnden) Mitgliedern (Genossen) zu einem wirtschaftlichen Zweck. Das **Kapital** setzt sich aus den Einlagen der Mitglieder zusammen. Die **Haftung** ist auf das Genossenschaftsvermögen beschränkt.

> **BEISPIELE**
>
> - Landwirtschaftliche Genossenschaften
> - Fischereigenossenschaften
> - Verkehrsgenossenschaften
> - Kreditgenossenschaften
> - Baugenossenschaften
> - Einkaufsgenossenschaften

- **Versicherungsvereine auf Gegenseitigkeit** – VVaG: Diese besitzen Merkmale der Genossenschaft und der Gesellschaft bürgerlichen Rechts (GbR §§ 705 ff. BGB). Das Kapital wird u.a. von Vereinsmitgliedern eingebracht. Mitglieder sind die Versicherungsnehmer.

- **Privatrechtliche Stiftungen**, z.B. Steinbeis-Stiftung, Lidl-Stiftung, Bertelsmann-Stiftung, Krupp-Stiftung, Björn-Steiger-Stiftung usw.

14.3 Öffentliche Formen

Hier lassen sich **Betriebe ohne und Betriebe mit eigener Rechtspersönlichkeit** unterscheiden.

Betriebe **ohne** eigene Rechtspersönlichkeit:
- Regiebetriebe: z.B. städtischer Bauhof, städt. Gartenbau, Müllabfuhr
- Eigenbetriebe: Museum, Schauspielhaus, Oper
- Sondervermögen: städtischer Wohnungsbesitz, Siedlungen

Betriebe **mit** eigener Rechtspersönlichkeit:
- öffentlich-rechtliche Körperschaften: Kammern, Ortskrankenkasse
- Anstalten: Sparkasse, „Kinderaufbewahrungsanstalt" (gab es noch vor weniger als hundert Jahren), Krankenanstalt, Rentenversicherungsanstalt

- Stiftungen: Denkmalstiftungen, Forschungsstiftungen, politische Stiftungen

15 Arbeitsrecht

15.1 Teilbereiche des Arbeitsrechts

Unter Arbeitsrecht werden die **Rechtsbeziehungen zwischen Arbeitgebern und den unselbstständigen Arbeitnehmern** verstanden.

Das Arbeitsrecht besteht aus einer Vielzahl von Gesetzen und Vorschriften

Es gibt kein eigenständiges Arbeitsgesetz. Die Gesamtheit des Arbeitsrechts hat sich aus einer Vielzahl von Gesetzen und Vorschriften entwickelt. Die Vorschriften sind zusammengefasst in „Arbeitsgesetzen", diese umfassen arbeitsrechtliche Vorschriften des Europarechts, des Grundgesetzes, der Bundes- und Landesgesetze und weiterer Verordnungen.

Folgende Teilbereiche werden unterschieden:
- **Individualarbeitsrecht**:
  Es regelt die Beziehungen zwischen Arbeitgeber und Arbeitnehmer. Dazu gehören die Begründung und Beendigung des Arbeitsverhältnisses, das Arbeitsvertragsrecht, der Schutz und die Haftung.

BEISPIELE

- Dienstvertrag
- Arbeitsvertragsrecht
- Bundesurlaubsgesetz
- Kündigungsschutzgesetz
- Arbeitszeitgesetz u.a.

- **Kollektives Arbeitsrecht**:
  Es regelt Mitbestimmungsrechte und Tarifvertragsrechte, die zwischen Arbeitgeberverbänden oder Unternehmern und Gewerkschaften/Arbeitnehmervertretungen bestimmt werden.

BEISPIELE

- Grundgesetz
- Mitbestimmungsgesetz

- Betriebsverfassungsgesetz
- Tarifvertragsgesetz u.a.

- **Arbeitsschutzrecht**:
  Es beschäftigt sich mit sicheren Arbeitsbedingungen, dem Gesundheitsschutz und dem personenbezogenen Schutz bei der Arbeit.

BEISPIELE

- Arbeitsschutzgesetz
- Mutterschutzgesetz
- Jugendarbeitsschutzgesetz

- **Arbeitsgerichtsverfahren**:
  Es regelt die Zuständigkeit und die Instanzen der Arbeitsgerichtsverfahren.

BEISPIELE

- Arbeitsgerichtsgesetz
- Zivilprozessordnung

15.2 Rechtsquellen

Das **Europarecht** und das **Grundgesetz** bilden Normen für die Rechtsprechung im Arbeitsrecht. Diese Grundrechte wirken sich auf die einzelnen Gesetze aus.

Normen für die Rechtsprechung

BEISPIELE

- Gleichheitsgrundsatz
- Berufsfreiheit

Arbeitsgesetze sind zumeist **Bundesgesetze** und gelten damit in allen Bundesländern gleichermaßen. Unterschiede durch **Ländergesetze** gibt es z.B. bei den gesetzlichen Feiertagen.

*Tarifverträge sind
kollektive Vereinbarungen*

Tarifverträge sind keine Gesetze, sondern kollektive Vereinbarungen, die dem Vertragsrecht des BGB zuzuordnen sind. Die Bedingungen des Tarifvertrages gelten zwingend für die tarifgebundenen Arbeitgeber und Arbeitnehmer.

> Tarifgebunden sind Arbeitgeber, die Mitglied des tarifschließenden Verbandes sind, und Arbeitnehmer, die Mitglied der tarifschließenden Gewerkschaft sind.

Tarifverträge können als „allgemeinverbindlich" erklärt werden (§ 5 TVG). Dadurch entfällt die Tarifbindung der Parteien, d.h., nicht tarifgebundene Arbeitgeber müssen den Tarifvertrag einhalten, nicht tarifgebundene Arbeitnehmer sind ebenfalls an die Bedingungen gebunden und profitieren zumeist davon.

Betriebsvereinbarungen sind bindende Verträge zwischen dem Arbeitgeber und der betrieblichen Arbeitnehmervertretung, dem Betriebsrat.

*Abweichungen von Arbeits-
gesetzen zugunsten des
Arbeitnehmers möglich*

Abweichungen von Arbeitsgesetzen: Arbeitsgesetze beschreiben Mindeststandards. Abweichungen zugunsten des Arbeitnehmers können individuell oder kollektiv vereinbart werden.

Direktionsrecht bezeichnet ein Weisungsrecht, das der Arbeitgeber gegenüber dem Arbeitnehmer hat (§ 106 GewO), das betrifft die Art und Ausführung, den Ort und die Zeit der Tätigkeit.

> Der Arbeitnehmer muss den rechtmäßigen Weisungen des Arbeitgebers nachkommen.

15.3   Bewerbungsverfahren

Um die passenden Mitarbeiter zu finden, werden verschiedene Auswahlverfahren eingesetzt, z.B. Fragebögen, Assessment-Center, Eignungstests und natürlich das persönliche Bewerbungsgespräch.

> Bei allen diesen Verfahren muss die Privatsphäre geachtet werden.

*Bei verbotenen Fragen
ist Lügen erlaubt*

Grundsätzlich sind nur Fragen erlaubt, die für die Tätigkeit und den Arbeitsplatz von Interesse sind. Beantwortet der Bewerber Fragen nach Zugehörigkeit zu einer Gewerkschaft, nach politischen, religiösen oder weltanschaulichen Vereinigungen oder nach einer Schwangerschaft falsch, so hat der Arbeitgeber keinerlei Rechte auf Anfechtung des Arbeitsvertrags. Der Arbeitgeber soll danach nicht fragen, wenn er es doch tut, darf der Arbeitnehmer lügen.

Ist der Bewerber zu einem **Vorstellungsgespräch** eingeladen, muss der Arbeitgeber ihm die **Kosten**, die hierdurch entstehen, nach steuerlichen Regeln **erstatten**. Dazu zählen Fahrkosten und gegebenenfalls auch Verpflegungs- und Übernachtungskosten.

Kommt der Bewerber ohne Aufforderung, muss der Arbeitgeber keine Reisekosten erstatten

Besteht in dem Betrieb ein **Betriebsrat**, hat dieser ein **Beteiligungsrecht** an dem Auswahlverfahren. Der Betriebsrat muss

* vor der Ausschreibung unterrichtet werden,
* die Bewerbungsunterlagen vorgelegt bekommen,
* über die Absichten des Arbeitgebers informiert sein
* und seine Entscheidung treffen.

Betriebsräte müssen nicht Mitglieder einer Gewerkschaft sein

BETRIEBSRAT

Angestellte von Betrieben mit mehr als fünf Wahlberechtigten und mindestens drei wählbaren Mitarbeitern können einen Betriebsrat wählen (§§ 1 ff. BetrVG). Der Betriebsrat ist die Vertretung der Arbeitnehmer mit dem Ziel einer „vertrauensvollen Zusammenarbeit mit dem Arbeitgeber zum gesamtbetrieblichen Wohl".

Die Bildung eines Betriebsrats ist eine „Kann-Bestimmung" und keineswegs eine „Muss-Bestimmung". Liegen die Voraussetzungen vor, muss der Arbeitgeber jedoch die Bildung eines Betriebsrates dulden und die Kosten, wie z.B. Sitzungsgeld, Arbeitsausfall usw., übernehmen.

15.4 Begründung des Arbeitsverhältnisses

Ein **Arbeitsvertrag** wird begründet durch die Einigung zwischen dem Arbeitgeber, diesen Bewerber einzustellen, und dem Arbeitnehmer, die angebotene Arbeit gegen Entgelt zu leisten.

Im Rahmen der Vertragsfreiheit kann die Vereinbarung alle betrieblich **generellen** oder einzelvertraglich **individuellen Regeln** und Details beschreiben, die zwischen den Parteien vereinbart und wichtig sind.

Bestandteile des Arbeitsvertrages sind der Zeitpunkt der Arbeitsaufnahme, die Tätigkeitsbeschreibung und der Umfang und die zu zahlende Vergütung.

Ist die Vergütung nicht vereinbart, so gilt § 612 II BGB

Der Arbeitsvertrag ist **mündlich, konkludent oder schriftlich** in gleicher Weise gültig. Aus Gründen der **Nachweissicherheit** ist jedoch die schriftliche Form zu bevorzugen.

Bei befristeten Arbeitsverträgen **muss** ein schriftlicher Arbeitsvertrag bestehen, da widrigenfalls die Befristung nichtig ist (mangelnde Formvorschrift, § 125 BGB) und der Arbeitsvertrag als unbefristet anzusehen ist (§ 14 IV TzBfG).

> **PRAXISTIPP**
>
> Aufgrund des EU-Rechts wurde das so genannte **Nachweisgesetz** erlassen. Es verpflichtet den Arbeitgeber, spätestens einen Monat nach Beginn des Arbeitsverhältnisses die wesentlichen Bedingungen schriftlich niederzulegen. Der Mindestinhalt ist in § 2 NachwG vorgeschrieben. Ist zwischen Arbeitgeber und Arbeitnehmer bereits ein schriftlicher Arbeitsvertrag geschlossen, sind die Bedingungen erfüllt.

15.5   Pflichten und Rechte aus dem Arbeitsvertrag

Hauptpflichten und
Nebenpflichten

Hauptpflicht des Arbeitnehmers ist „die Leistung der versprochenen Dienste" (§ 611 BGB), also die **Arbeitsleistung**.

Hauptpflicht des Arbeitgebers ist die **Bezahlung der vereinbarten Vergütung**.

Zur Erfüllung des Arbeitsvertrages bedarf es der Beachtung vieler Nebenpflichten, sie ergeben sich aus dem **Grundsatz von Treu und Glauben** gemäß § 242 BGB. Damit ist der Schutz von Rechtsgütern gemeint, die Wahrung der Interessen beider Parteien.

Für den **Arbeitnehmer** bedeutet das insbesondere:
* sorgsamer Umgang mit der Geschäftsausstattung und den Materialien,
* Verschwiegenheitspflicht
* und die Loyalität zum Betrieb.

Für den **Arbeitgeber** bedeutet das:
* Fürsorgepflicht gegenüber dem Arbeitnehmer
* und Schutz des Arbeitnehmers vor Gefahren.

Neben der Vergütung hat der Arbeitgeber die **gesetzlichen Sozialversicherungsbeiträge** zu erbringen und den Arbeitnehmer bei Krankheit, an Feiertagen und im Urlaub weiterzubezahlen.

Der **Urlaubsanspruch** regelt sich nach dem BUrlG und beträgt 24 Arbeitstage (bei 6-Tage-Woche) bzw. 20 Arbeitstage (bei 5-Tage-Woche). Die meisten Betriebe gewähren jedoch wesentlich mehr Urlaubstage oder der Urlaubsanspruch richtet sich nach den Tarifverträgen. Der volle Urlaubsanspruch entsteht bei Einstellungen erstmalig nach sechs Monaten.

Das **Urlaubsentgelt** wird nach dem durchschnittlichen Arbeitsverdienst der letzten 13 Wochen berechnet. Urlaubsentgelt ist der Betrag, den der Arbeitgeber während des Urlaubes als Fortzahlung leisten muss.

Die **Entgeltfortzahlung im Krankheitsfall** verpflichtet den Arbeitgeber zur Weiterzahlung des Lohnes/Gehaltes bis zur Dauer von sechs Wochen (§ 3 EfzG). Nach Ablauf von sechs Wochen leistet die Krankenversicherung Krankengeld.

Der Arbeitgeber muss im Krankheitsfall sofort, am ersten Tag, informiert werden

Der Arbeitnehmer muss dem Arbeitgeber seine **Arbeitsunfähigkeit unverzüglich mitteilen**. Eine Arbeitsunfähigkeitsbescheinigung muss innerhalb von ein bis drei Tagen (je nach geltendem Vertrag) vorgelegt werden.

Ist der Arbeitgeber mit der Leistung des Arbeitnehmers **unzufrieden** oder ist die Arbeit mangelhaft, kann der Arbeitgeber den Lohn wegen Schlechtleistung nicht kürzen. Der Arbeitgeber muss also auch eine **schlechte Arbeitsleistung** bezahlen.

Bezahlt wird nicht die Güte der Arbeit, sondern die Zeit

Verursacht ein Arbeitnehmer Schäden, so bestimmt sich die **Arbeitnehmerhaftung** nach der Fahrlässigkeit:
- **leichte Fahrlässigkeit**: keine Haftung des Arbeitnehmers
- **mittlere Fahrlässigkeit**: Teilung des Schadens
- **grobe Fahrlässigkeit und Vorsatz**: Arbeitnehmer ist voll schadensersatzpflichtig gemäß §§ 280 I, 823 BGB

15.6 Befristete Arbeitsverträge

Befristete Arbeitsverträge sind nur zulässig, wenn sachliche Gründe vorliegen.

BEISPIELE

- Saisonarbeit
- Vertretung
- Sonderarbeit, die innerhalb eines Zeitraums abgeschlossen ist usw.

Bei Neueinstellungen ist eine Befristung ohne Nennung eines Sachgrundes möglich. Eine bis zu dreimalige Verlängerung ist erlaubt.

Befristete Arbeitsverträge bedürfen der Schriftform.

15.7 Beendigung des Arbeitsverhältnisses

Das Arbeitsverhältnis endet u.a. durch:
- Befristung (Zeitablauf)
- Aufhebungsvertrag
- Kündigung

- Erreichung der Altersgrenze des Arbeitnehmers
- Tod des Arbeitnehmers

Ein **Aufhebungsvertrag** mit wirksamen Vereinbarungen zur Beendigung des Arbeitsverhältnisses kann im Zuge der Vertragsfreiheit zwischen den Parteien getroffen werden. Dieser Aufhebungsvertrag muss schriftlich erfolgen. Die sonst geltenden Kündigungsschutzregeln gelten nicht.

Bei der **Kündigung** werden unterschieden:
- ordentliche Kündigung
- außerordentliche Kündigung

Kündigungen müssen schriftlich erfolgen

Die Kündigung ist eine **einseitige empfangsbedürftige Willenserklärung**. Die Kündigung muss eindeutig und unmissverständlich zum Ausdruck bringen, dass das Arbeitsverhältnis gekündigt ist.

Außerordentliche Kündigungen müssen den Kündigungsgrund benennen. **Betriebsbedingte Kündigungen** müssen erklären, wie die Entscheidung im Sinne der Sozialauswahl getroffen worden ist.

Hat der Betrieb einen **Betriebsrat**, muss dieser vor der Kündigung gehört werden (§ 102 BetrVG).

Eine Kündigung ohne Anhörung des Betriebsrates ist unwirksam.

Der Betriebsrat kann der Kündigung zustimmen, Bedenken äußern oder widersprechen. Stimmt der Betriebsrat einer Kündigung nicht zu, muss er dies schriftlich dem Arbeitgeber mitteilen. Die **Erwiderung** muss
- bei ordentlicher Kündigung innerhalb von einer Woche,
- bei fristloser Kündigung innerhalb von drei Tagen erfolgen.

Erfolgt innerhalb dieser Frist keine Reaktion, gilt Schweigen als Zustimmung. Erhebt der Betriebsrat einen Widerspruch gegen die Kündigung, hat das formal keine Auswirkungen auf das Kündigungsrecht des Arbeitgebers. Es kommt lediglich auf das ordnungsgemäße Anhörungsverfahren an.

Der Arbeitnehmer kann beim Arbeitsgericht eine **Kündigungsschutzklage** einreichen und einen **Weiterbeschäftigungsanspruch** geltend machen.

15.8   Kündigungsfristen

§ 622 BGB regelt die Kündigungsfristen. Danach kann ein Arbeitsverhältnis mit einer Frist von vier Wochen zum Monatsende oder zum 15. des Monats gekündigt werden.

Der Arbeitgeber hat längere Fristen zu beachten, wenn der Arbeitnehmer längere Zeit beschäftigt war, siehe § 622 II BGB, oder wenn im Tarifvertrag besondere Regelungen getroffen worden sind.

Bei einem **wichtigen Grund** kann das Arbeitsverhältnis **fristlos**, also mit sofortiger Wirkung, gekündigt und damit beendet werden.

Es kommt auf den Einzelfall an

Voraussetzung ist, dass die Kündigung innerhalb von zwei Wochen nach Kenntnis ausgesprochen wird. Eine fristlose Kündigung kann auch eine Abmahnung voraussetzen.

BEISPIELE

- Fristlose Kündigung **ohne Abmahnung**:
  - Treuepflichtverletzung,
  - strafbare Handlungen (Diebstahl im Betrieb, Unterschlagung).
- Fristlose Kündigung **mit Abmahnung**:
  - Arbeitsverweigerung,
  - ständige Unpünktlichkeit,
  - Alkoholmissbrauch während der Arbeit,
  - Verstoß gegen arbeitsvertragliche Regelungen usw.

15.9 Abmahnung

Bevor eine Kündigung ausgesprochen wird, hat der Arbeitgeber nach dem Grundsatz seiner Fürsorgepflicht den Arbeitnehmer zu verwarnen. Die Abmahnung soll dem Arbeitnehmer sein missbräuchliches und schädigendes Verhalten deutlich machen und ihn klar darauf hinweisen, dass das Unternehmen nicht gewillt ist, dies ohne ernste Konsequenzen weiter hinzunehmen.

Die **Abmahnung** muss enthalten
- die Angabe, welche vertraglichen Pflichten verletzt wurden,
- die Aufforderung, sich ab sofort vertragskonform zu verhalten,
- die Drohung, bei Fortsetzung des vertragswidrigen Verhaltens das Arbeitsverhältnis zu kündigen.

PRAXISTIPP

Die Abmahnung hat eine ernste **Warnfunktion**. Erhält der Arbeitnehmer mehrere Abmahnungen, ohne dass Konsequenzen seitens des Arbeitgebers folgen, kann das ein Hinderungsgrund für eine Kündigung sein. Der Arbeitnehmer kann dann von einer mehrfachen Duldung ausgehen und die

Ernsthaftigkeit anzweifeln. In diesem Fall muss der Arbeitgeber dann vorsorg-
lich eine allerletzte, „geharnischte" Abmahnung formulieren und durchsetzen.

15.10 Kündigungsschutz

Die Kündigung eines Arbeitsverhältnisses durch den Arbeitgeber ist durch
eine Reihe von **Kündigungsschutzbestimmungen** eingeschränkt. Die
Bestimmungen ergeben sich aus dem Kündigungsschutzgesetz.

Für **ordentliche Kündigungen** gilt: Der Kündigungsschutz gilt für
Beschäftigte, die länger als sechs Monate im Betrieb beschäftigt sind.

Der allgemeine Kündigungsschutz gilt für Arbeitnehmer in Betrieben,
die regelmäßig mehr als fünf Arbeitnehmer beschäftigen, siehe § 23 I 2
KSchG, Sonderregelung § 23 I 3 KSchG.

Betriebsbedingte Kündigungen bedürfen der Sozialauswahl. Hier
sind personenbezogene und betriebliche Gründe gegeneinander abzuwägen, § 1 III KSchG.

Sonderbestimmungen   Besondere Vorschriften, die beachtet werden müssen, gelten bei
beachten
* Beschäftigung und Kündigungsschutz werdender Mütter,
* Elternzeit,
* Schwerbehinderten,
* älteren Mitarbeitern,
* Kinder- und Jugendarbeitsschutz,
* Arbeitnehmerüberlassung,
* Arbeitserlaubnis ausländischer Personen u.v.a.m.

15.11 Klage vor dem Arbeitsgericht

Hat der gekündigte Arbeitnehmer die Auffassung, die Kündigung sei nicht
rechtens, kann er innerhalb von drei Wochen beim zuständigen Arbeitsgericht Klage auf Unwirksamkeit der Kündigung einreichen.

15.12 Zeugnisanspruch

Der Arbeitnehmer hat nach Beendigung seiner Beschäftigung einen
Anspruch auf ein schriftliches Arbeitszeugnis:
* Das **einfache Zeugnis** bescheinigt die Art und Dauer des Arbeits-
  verhältnisses.
* Auf Verlangen muss der Arbeitgeber ein **qualifiziertes Zeugnis** ausstel-
  len. Es enthält zusätzlich Angaben über die Leistung und Führung.

Das qualifizierte Zeugnis muss **klar und verständlich** sein. Es muss **wahr** sein, ohne diskriminierende Inhalte, darf aber **kritisch** formuliert sein. Es soll loben ohne „Lobhudelei" und besondere Eigenschaften oder Leistungen hervorheben.

Sachlich falsche Angaben kann der Arbeitnehmer berichtigen lassen. Er hat allerdings kein Recht auf die Formulierung.

Formulierungen im Zeugnis: Nicht Gesagtes sagt viel – Gesagtes auch

Mit **Beendigung des Arbeitsverhältnisses** muss der Arbeitgeber dem Arbeitnehmer die **Arbeitspapiere** herausgeben. Das sind:

- Arbeitsbescheinigung,
- Lohnsteuerkarte,
- Urlaubsbescheinigung,
- Bescheinigung zur Meldung an die Sozialversicherungen
- sowie ggf. Sozialversicherungsausweis und Arbeitserlaubnis.

Teil E

Office-Management

16   Büropraxis

16.1   Das Büro

Zentrale, Dreh- und Angelpunkt, ja Herzstück eines Unternehmens ist das Büro, insbesondere das Chefbüro. Zahlreiche Entscheidungen werden hier vorbereitet, überwacht und die Umsetzung koordiniert. Besonders in klein- und mittelständischen Betrieben ist das Büro eine **bedeutende Schaltzentrale** mit einem hohen Verantwortungsbereich.

In einem solchen Büro geht es um sehr viel mehr als um Schreibarbeiten. Die Sekretariatsarbeit ist umfassend, verlangt professionelle Kenntnisse des Betriebsablaufs und der kaufmännischen Praxis und ist damit eine echte Managementaufgabe.

Da die Spannbreite des erforderlichen Wissens groß ist, gehören auch die kleinen, alltäglichen Aufgaben dazu. Alles in allem formt das die **Chefassistenz eines Sekretariates**.

Um die **Unternehmensleitung wirksam entlasten und unterstützen** zu können, muss man den Chef, die Unternehmensziele, die Zusammenhänge von unternehmerischen Ursachen und Wirkungen verstehen und benötigt ein großes Maß an Einsatzbereitschaft, Loyalität, Empathie und Fingerspitzengefühl.

Chefentscheidungen müssen sorgfältig vorbereitet werden. Das wäre ohne umfassende Kenntnisse gar nicht möglich. Trotz des hohen Anspruchs, der notwendigen Sorgfalt und Motivation nimmt sich die Chefassistenz zurück und sieht ihre Aufgabe als Platzhalter des Chefs.

> Selbstständiges Planen und Beherrschen der Office-Funktionen sind unerlässlich.

Konkret heißt das: Das Chefbüro
- unterstützt bei der Führung der Termine,
- erinnert rechtzeitig und bereitet die Termine vor,
- selektiert Informationen für den Chef,
- überwacht und kontrolliert die Erledigung von Aufgaben,
- knüpft und hält Kontakte nach außen und innen,
- bereitet Besprechungen vor,
- organisiert Veranstaltungen und Reisen,
- kümmert sich um den Schriftverkehr,
- filtert Chefsachen von anderen und schirmt den Chef von Unwichtigem ab,
- ist Mittler in sozialen Fragen des Personals,
- hat ein erstklassig organisiertes Büro
- und repräsentiert.

16.2 Repräsentation im Office – der erste Eindruck

Stellen Sie sich vor: Sie kommen in ein Ihnen bisher unbekanntes Büro. Sofort erfassen Sie bewusst oder unbewusst die **Atmosphäre**. Die Sinne nehmen auf: freundlich, aufmerksam, aufgeschlossen oder unaufmerksam, lässig, uninteressiert, abgewandt, unpassend. Dazu zählt der optische Eindruck von Helligkeit, geordneter Geschäftigkeit, Sauberkeit – oder eben das Gegenteil.

Soziale Kompetenz: kooperationsfähig, kollegial, feinfühlig, kontaktfreudig mit positiver Distanz, verschwiegen, vertrauenswürdig, freundlich, hilfsbereit

> Dieser erste Eindruck, der nur wenige Sekunden braucht, um sich festzusetzen, stimmt wesentlich auf das Anliegen und das kommende Gespräch ein.

„Öffnet" der erste Eindruck, wird das Gespräch freundlich verlaufen und die eigenen Ziele sind greifbarer. Ist die Stimmung schon von Anfang an unfreundlich, beginnt auch so das Gefühl für ein Gespräch.

PRAXISTIPP

Auch Äußerlichkeiten lassen auf das Geschäft schließen: Welchen Eindruck würde eine schmutzige, kitschige, unstrukturierte Visitenkarte auf einen Geschäftspartner machen? Genau so eine Visitenkarte ist das Büro.

Natürlich macht auch ein hochmodernes, unpersönliches, aufgeräumtes, teures (meist steriles) Büro nicht automatisch einen positiven Eindruck – entscheidend sind die Menschen und der Umgang miteinander, der Gesamteindruck.

16.3 Protokolle

Protokolle dienen dem Nachweis und der Information und sind Grundlage für festgelegte Arbeitsaufgaben. Anders als im öffentlichen Sektor werden Protokolle in Unternehmen meist nicht Wort für Wort (**Wortprotokolle**, Verlaufsprotokolle) benötigt.

BEISPIEL

Herr Schulze äußert um 10:15 Uhr: „Ich kann mich nicht erinnern, jemals das Vorhaben unterstützt zu haben."
Frau Meier: „Doch, Sie wissen es ganz genau! …"

Im Unternehmen kommt es auf die Ergebnisse an. Es werden **nur die wichtigsten Rahmendaten**, die zu einem Ergebnis geführt haben, und natürlich das Ergebnis selbst festgehalten (**Ergebnisprotokoll**). Das Protokoll kann auch Hinweise enthalten, wer und bis wann welche Aufgaben zu erledigen hat.

Auch Beschlüsse wichtiger Sitzungen werden häufig als Ergebnisprotokolle niedergeschrieben oder als Kombination aus Verlaufs- und Ergebnisprotokoll gefertigt.

Ergebnisprotokolle enthalten:
- Bezeichnung der Sitzung/Besprechung
- Ort und Datum
- Uhrzeiten von Beginn und Ende
- Thema
- Namen der anwesenden und der entschuldigten Teilnehmer
- gegliederte Besprechungspunkte mit den wichtigsten Daten und Rahmenangaben sowie das Ergebnis
- Hinweise zur Aufgabenverteilung mit Termin, wer bis wann was zu erledigen hat
- Unterschrift Protokollführer/-in
- Unterschrift Sitzungsleiter/-in (Genehmigungsvermerk)
- Datum
- Verteiler (Auflistung, wer das Protokoll erhält)

„Die Sache halte fest, die Worte werden sich dann schon einstellen."
(Cato der Ältere)

Das Office-Management wird meist mit der Protokollführung betraut. Das geht nur, wenn der Protokollführende hiermit vertraut ist. Der Platz des Protokollführers ist neben dem Sitzungsleiter, damit er ggf. Fragen direkt klären kann.

PRAXISTIPP

Protokolle werden in der Gegenwartsform geschrieben. Bei wichtigen Themen werden Beschlussanträge und Ergebnisse wörtlich übernommen.

Bevor Protokolle an die Verteiler versandt werden, muss der Sitzungsleiter die Aufzeichnungen **genehmigen**. Das soll verhindern, dass möglicherweise irrtümliche Formulierungen oder Fehlinterpretationen verteilt werden. In den Unternehmen gibt es dazu interne Regeln.

16.4   Wiedervorlage und Ordnung

Die **Terminüberwachung und -steuerung** ist eine zentrale Aufgabe des Office-Managements. Alle übergeordneten Termine, sämtliche Cheftermine müssen geführt, koordiniert und vorbereitet werden. Termine anderer Stellen müssen überwacht und kontrolliert werden, da die Bearbeitungsergebnisse für Führungsentscheidungen benötigt werden.

Wie die Termine geführt werden, ist individuell von den persönlichen Vorlieben und von den betrieblichen Gepflogenheiten abhängig. Neben dem „eigenen" Terminkalender empfiehlt es sich, einen **Extra-Kalender für Cheftermine** zu führen. Dieser Doppelkalender muss ständig mit dem Kalender des Chefs abgeglichen werden, damit Terminänderungen und neue Termine übernommen werden können. Die Führung elektronischer Kalender vereinfacht den Abgleich zwischen Chef und Sekretariat über den PC.

Neben der Terminüberwachung im eigenen und im Chef-Kalender empfiehlt es sich, **Wiedervorlagetermine** in einer Hängemappe nach Alphabet oder nach Datum zu führen.

Sind größere Mengen zu überwachen, eignet sich besonders eine **Hängeregistratur** von A bis Z, damit man die Vorgänge schneller auffinden kann. Die Terminvorgabe muss dann separat geführt werden, z.B. in einem wöchentlichen Tischkalender. Alternativ ist die Terminüberwachung der diversen Vorgänge auch über ein **Computerprogramm** möglich. Dies erfordert natürlich eine lückenlose Eingabe und Pflege. Das Programm erinnert dann an die jeweilige Erledigung eines Vorganges. Die Führung der Termine in einem Kalender und nach Alphabet erlaubt eine schnelle Zuordnung und den Aktenzugriff, quasi eine doppelte Sicherung, sofern die alphabetisch sortierten Mappen regelmäßig überprüft und aktualisiert werden.

„Verschiebe nicht auf morgen, was genauso gut auf übermorgen verschoben werden kann."
(Mark Twain)

Die Terminführung und Kontrolle der Erledigung bzw. der Wiedervorlagen muss die jeweilige Urlaubsplanung bzw. die dienstliche Abwesenheit berücksichtigen. Im Chefoffice muss ein entsprechender **Abwesenheitsplan** geführt werden.

Ordnung im Office – das ist so eine Sache. Die Flut von Papier und Vorgängen muss bewältigt werden, Informationen selektiert, Post verteilt, Besucher und Telefonanrufer bedient, Sitzungen vorbereitet, Schreibarbeiten erledigt, der Chef zufrieden gestellt, Anliegen der Kollegen gesteuert und nicht zuletzt die eigentliche Arbeit erledigt werden. Die Fülle macht Ordnunghalten schwer, doch dies ist die Voraussetzung dafür, dass die Aufgaben rationell und richtig erledigt werden können.

Alles weg, alles raus, was man nicht unbedingt häufig braucht. Alles weg, was hindert. Das schafft allein noch keine klare Ordnung, aber es schafft Luft.

Für die täglich zu bearbeitenden Aufgaben eignet sich eine Arbeitsmappe. Eine ähnliche Mappe gehört ins Chefbüro, darin sind alle wichtigen Akten, die der Chef sehen oder bearbeiten muss. Auch mehrere Mappen, z.B. für Diktate, Wiedervorlagen, Besprechungen, Sitzungen usw., sind möglich.

Es sollten aber nicht zu viele Differenzierungen erfolgen, damit die Übersicht nicht verloren geht. Ansonsten können gleich die Ordner mit den Vorgängen genutzt werden.

Ordner stehen für Ordnung. Je nach Zugriffsbedarf können Ordner oder Mappen liegend (Schnellhefter), stehend (Ordner), hängend (Hängemappen/Pendelmappen) oder als Stapelkästen (für lange Lagerung) als Registratursystem eingerichtet werden.

Zum täglichen Gebrauch eignen sich meist Mappen, Hängemappen und Ordner. Diese können nach Gruppen eingeteilt und bezeichnet werden.

BEISPIEL

1 Unternehmensführung
2 Jahresabschlüsse
3 Rechnungswesen
4 Personal
5 Beschaffung
6 Fertigung
7 Verwaltung
8 Vertrieb

Zu diesen Hauptgruppen werden dann bedarfsweise Untergruppen gebildet, die im gleichen Nummernsystem eine klare Zuordnung ermöglichen.

BEISPIEL

51 Lieferanten Rohstoffe
    511   Lieferanten A–K
    512   Lieferanten L–Z
52 Lieferanten Hilfsstoffe
53 Lieferanten Halbfertigerzeugnisse
54 Subunternehmer
    541   Subunternehmer Veredelung
    542   Subunternehmer Fräsen

Eine solche Aktenordnung ist gleichzeitig Grundlage für einen im Betrieb allgemein gültigen Aktenplan und eine Hilfe zur richtigen Ablage und zum Wiederfinden.

Ob das Schriftgut in den jeweiligen Kategorien nach Stichworten, Nummern, Alphabet, (z.B. Vorgang, Kundenname), chronologisch oder streng nach Aktenplan abgeheftet wird, kommt auf das Unternehmen und die beste Handhabbarkeit an. Je nach Umfang und Geschäftsmodell werden auch Ordner nach Projekten, Kunden oder diversen Vorgängen angelegt.

Das festgelegte Ordnungsmodell ist notwendig, um ein späteres rasches Auffinden zu ermöglichen. Wird die Akte nicht mehr aktuell benötigt, wird sie im Registraturraum deponiert.

PRAXISTIPP

Neben dem eigenen Interesse an einer sinnvollen Aufbewahrungsdauer sind die rechtlichen Aufbewahrungsfristen für allgemeinen Schriftverkehr von sechs Jahren und für Jahresabschlüsse von zehn Jahren zu beachten.

16.5 Das Büro – immer auf Draht!

Zweifellos ist das **Telefon** eines der wichtigsten Kommunikationsmittel im Unternehmen. Deshalb ist eine sorgfältige und effektive Organisation des Telefonverkehrs von großer Bedeutung. Es geht um Image, Zeitaufwand und Kosten, aber auch um Kundenbindung und Informationsgewinnung.

> Die „Telefonordnung" und deren konsequente Einhaltung ist eine Führungsaufgabe.

Wie lange muss ein Anrufer warten, bis der Hörer abgenommen wird? Mehr als dreimal klingeln lassen wirkt unhöflich. Egal, wer der Anrufer ist. Es könnte gerade ein wichtiger Kunde sein, eine Geschäftsanbahnung oder eine Reklamation. Anrufe sind im Sinne eines persönlichen Empfangs zu verstehen, man lässt ja auch niemanden, der uns besucht, einfach rumstehen. *Einfach warten lassen?*

Der Betrieb muss für eine funktionierende Besetzung der Telefone sorgen. Ist die Telefonzentrale nicht besetzt, müssen die Anrufe weitergeleitet werden. Das gilt auch bei Durchwahlnummern, wenn die Stelle längere Zeit nicht besetzt ist.

Erwartet der Betrieb ständig sehr viele Anrufe, bleibt es nicht aus, dass alle Leitungen besetzt sind. Technische Hilfen informieren den Anrufer entsprechend: *„Bitte legen Sie nicht auf, Sie werden an den nächsten freien Platz vermittelt"*, oder, schlechter: *„Bitte rufen Sie später noch einmal an."* Hilfreich ist die Einrichtung entsprechender Anrufbeantworter mit dem Hinweis, dass schnellstmöglich zurückgerufen wird.

Wenn Sie das Telefongespräch entgegennehmen, sollten Sie sich freundlich und klar melden:
„Handelshaus Müller, guten Morgen, Sie sprechen mit Christa Reicher, was kann ich für Sie tun?"

Ist das zu lang, dann mindestens:
„Handelshaus Müller, Sie sprechen mit Christa Reicher, guten Morgen."

Auch Mitarbeiter mit Durchwahlnummern nennen die Firmenbezeichnung und ihren Vor- und Zunamen. Der Anrufer kann den Namen besser verstehen und weiß, mit wem er es zu tun hat.

Wünscht der Anrufer verbunden zu werden, wird ihm gesagt:
„Moment bitte, ich verbinde Sie mit Frau Weiser aus dem Personalbüro."

Die Ansage „müssen Sie" ist eine grobe Verhaltenssünde, insbesondere bei Kunden

Ist der gewünschte Gesprächsteilnehmer nicht zu erreichen, sollten Sie vermeiden, einen Satz zu sagen, wie
„Da müssen Sie später nochmal anrufen."

Stattdessen sollten Sie reagieren:
„Bitte geben Sie mir Ihre Telefonnummer, wir rufen Sie zurück, sobald Frau Weiser wieder da ist."

Das muss man dann aber auch tun und die nötigen organisatorischen Abläufe im Griff haben. Zu empfehlen sind einfache Telefonnotizen (Notizblock), die dann aber auch Priorität haben müssen, damit die Anrufe erledigt werden.

„Unangenehme" Anrufe oder Anrufer werden genau so höflich behandelt wie andere auch. Ausflüchte wie *„Ich bin nicht da"* sind manchmal im Tagesstress verständlich, lösen ein Problem aber nicht.

> Sind die ankommenden Gespräche gut organisiert, ist für die Visitenkarte, das Image des Unternehmens, schon viel getan.

„Sprich nur das Notwendige und kurz."
(Epiktet)

Eigene Anrufe werden entsprechend geführt. Nach der Vorstellung mit Firma und Namen und einem Gruß wird das Anliegen besprochen.

Um ein Telefongespräch erfolgreich führen zu können, bedarf es der **Vorbereitung**:
- Welche Informationen möchte ich haben, was will ich erreichen?
- Habe ich mir die Unterlagen nochmal angesehen und sind sie griffbereit?
- Welche Einwände muss ich erwarten und wie kann ich darauf reagieren?

- Was ist das Maximum bzw. Minimum, auf das ich mich im schlechtesten Fall einlasse?
- Habe ich dafür gesorgt, dass ich nicht gestört werde?
- Ist der Zeitpunkt günstig?

Jedes Telefongespräch ist eine Störung. Deshalb muss der Gesprächspartner „in Stimmung" gesetzt werden. Ein paar freundliche Worte helfen, um dann zur Sache zu kommen.

„Einmal entsandt, fliegt das Wort unwiderruflich dahin." (Horaz)

Schwierige Gespräche erfordern zwangsläufig eine Vorbereitung. Hilfreich ist eine Aufstellung der Fragen und Besprechungspunkte, damit nichts vergessen wird.

Zuhören ist genau so wichtig wie die eigene Stimmlage und der „Ton". Der Name des Gesprächspartners sollte öfter genannt werden. Ist das Gespräch emotional sehr belastet, empfiehlt es sich, aufzustehen. Das bringt mehr Sicherheit und Kraft in die Stimme.

Ist alles besprochen, so wird das Gespräch freundlich beendet, man bedankt sich und wünscht einen schönen Tag (wenn's passt). Sind wichtige Vereinbarungen getroffen, wird der Gesprächsinhalt notiert und das Ergebnis dem Gesprächspartner schriftlich bestätigt.

Eine erfolgreiche Gesprächsführung am Telefon hat die gleichen Regeln wie Verkaufsgespräche. Hierzu gehören Fragetechnik, Einwandbehandlung, Argumentationstechnik.

Der wesentliche Unterschied besteht in dem mangelnden Blickkontakt mit dem Gegenüber, das muss mit der Stimme, dem Ton und der Wortwahl ausgeglichen werden.

16.6 Versicherungen

Selbstverständlich muss das Unternehmen einige Versicherungen abschließen, um sich vor bedrohlichen Risiken weitestgehend zu schützen. Einige Versicherungen sind Pflicht, wie z.B. die Unfallversicherung für Arbeitnehmer, welche von den Berufsgenossenschaften getragen werden.

Eine Haftpflichtversicherung ist unerlässlich. Ebenso die Altersvorsorge des Unternehmers und die Vorsorge des Ausfalls durch Krankheit oder Unfall.

BEISPIEL

Ein Unternehmen beschäftigt 50 Mitarbeiter und fertigt termingebundene Aufträge für einen Kunden des Maschinenbaus. Durch Blitzschlag wird die

> Fertigungshalle völlig zerstört mit der Folge, dass das Unternehmen nicht mehr weiterarbeiten und natürlich auch seine Lieferverpflichtungen nicht mehr erfüllen kann. Die Gefahr für den Fortbestand des Unternehmens ist enorm.
>
> Ist das Gebäude, vielleicht auch das Inventar, versichert, dann erfolgt hierfür die materielle Entschädigung. Was aber ist mit den 50 Mitarbeitern? Diese haben trotz Blitzeinschlag ihren Lohnanspruch.
>
> Da das Unternehmen für lange Zeit nicht mehr produzieren kann, aber Zahlungen leisten muss, entsteht ein bedrohliches finanzielles Vakuum.

Einen solchen Fall kann man mit einer **Betriebsunterbrechungsversicherung** absichern. Diese übernimmt im Schadensfall die Verbindlichkeiten gegenüber den Gläubigern und die Lohnzahlungen.

Das Unternehmen kann wieder auf die Beine kommen, wenngleich es vielleicht schwierig sein wird, die alten Kunden zurückzugewinnen, die sich zwischenzeitlich anderweitig orientieren mussten. Das bleibt unternehmerisches Risiko.

> Das Office-Management muss solche Risiken erkennen und abwägen, ob eine Versicherung erfolgen soll oder nicht.

Einige unternehmerische Risiken lassen sich ebenfalls versichern. Dazu wird eine kompetente fachliche Beratung benötigt. Versicherungsagenturen sind meist auf die Versicherungsprodukte ihrer Gesellschaft beschränkt, was die Vergleichbarkeit mit Wettbewerbsprodukten erschwert. **Versicherungsmakler** hingegen sind neutral und unabhängig und bieten meistens mit kompetentem Sachverstand Vergleiche an. Weiterer Vorteil: die Versicherungsmakler kümmern sich auch um die Abwicklung im Schadensfall.

17   Business-Knigge

Adolph Freiherr von Knigge („Über den Umgang mit Menschen", 1788) begründete Anstands-, Umgangs- und Höflichkeitsregeln, deren Grundgedanken noch heute die Gesellschaftsnorm prägen

Höflichkeit und Umgangsformen prägen entscheidend den Eindruck über den Mitmenschen und über das Niveau eines Unternehmens. Nach einigen Jahren der „Vernachlässigung" gesellschaftlicher Regeln – es war „schick, nicht angepasst zu sein" – werden **Benimmregeln und Rituale** des menschlichen Miteinanders wieder ernst genommen und wichtiger.

Die **internationalen Beziehungen** zwingen Firmen, ihre Mitarbeiter sorgfältig auszuwählen und zu schulen, wenn diese das Unternehmen repräsentieren, also vertreten sollen. Zu den Anforderungen der eigenen „Wohlerzogenheit" kommen die Sensibilität und das Wissen über gesellschaftliche Gepflogenheiten im Ausland hinzu. Kennt man die Regeln nicht, bleibt schnell ein „schlechter Eindruck" und der Erfolg des Projektes wird fraglich.

Eindrücke geschehen auf emotionalen Wegen und sind keineswegs nur rational begründet.

Das äußere Erscheinungsbild eines Mitmenschen wird wesentlich bestimmt durch Kleidung, Körperpflege und Umgangsformen. Höflichkeit zielt auf ein harmonisches Miteinander und drückt **Respekt und Achtung** aus. Das Gegenteil, Rücksichtslosigkeit, bezeugt Missachtung und wird nie zu einer positiven Empfindung bei Mitmenschen führen, bestimmt jedoch zur Antipathie.

„Gutes Aussehen ist eine schweigende Empfehlung."
(Publilius Syrus)

Die beste Schule ist ein höfliches und freundliches Elternhaus. Die häufig „unkonventionelle" Erziehung hat da viel versäumt. Haben Erwachsene es als Kinder von ihren Eltern nicht gelernt, müssen sie die Regeln kennen lernen und tagtäglich üben, bis diese zur Selbstverständlichkeit ihrer Persönlichkeit geworden sind.

> Höflichkeit und Freundlichkeit fördern Sympathie und Akzeptanz, Gewandtheit und Selbstsicherheit, Angenommensein und Karrierechancen (vgl. Tautz-Wiessner 1993, S. 68 ff.)

17.1 Der erste Kontakt, die Begrüßung, das Zusammentreffen

Im Geschäftsumfeld gilt die hierarchische Regel: Der Höhergestellte reicht immer zuerst die Hand – egal, welchen Alters und Geschlechts. Tut er das nicht, dann kommt es nicht zum Händeschütteln.

Höflichkeit darf nicht aufgesetzt sein, sie ist Teil einer Persönlichkeit

In allen anderen Situationen reicht zuerst die Hand
- die Dame dem Herrn,
- der Ältere dem Jüngeren,
- die Sekretärin dem Mitarbeiter,
- der/die Mitarbeiter/-in dem Auszubildenden,
- „höhere" Persönlichkeiten den anderen Persönlichkeiten.

Stellt man sich selbst vor, ist es angebracht, Vor- und Nachnamen zu nennen: *„Mein Name ist Max Maier"* oder *„Ich heiße Max Maier"* oder je nach Situation auch nur *„Max Maier"*. Wenn es angebracht ist, wird die Firma hinzugefügt: *„Max Maier, Firma Holzbau Haller"*.

Bei der eigenen Vorstellung werden keine akademischen Grade, Berufsbezeichnungen oder Ehrentitel genannt. Also nicht: *„Diplom-Kaufmann Max Meier"*, auch nicht *„Professor"* oder *„Dr. Max Meier"*. Niemals: *„Ich bin*

Frau/Herr ... " oder *„Ich heiße Frau/Herr ...* " – man kann doch hoffentlich erkennen, um welches Geschlecht es sich handelt. Adelstitel können genannt werden. Stellt man sich selbst vor, immer zuerst der Herr der Dame, der Jüngere dem Älteren usw.

Wird man vorgestellt, so gilt auch hier: Die/der Höhergestellte stellt den Tiefergestellten vor. Stellt ein Dritter zwei oder mehreren Personen jemandem vor, dann wird zuerst der Tiefergestellte dem Höhergestellten vorgestellt, dann der Höhergestellte dem Tiefergestellten.

> Dem Höhergestellten steht gewissermaßen das „Recht" zu, zuerst zu erfahren, wer ihm vorgestellt wird, deshalb muss zuerst der Tiefergestellte genannt werden. Ebenso gilt: der Jüngere wird dem Älteren vorgestellt und der Herr der Dame.

Vorstellen ist bekanntmachen

Wer jemanden vorstellt, ergänzt stets auch akademische Titel und gibt einen Hinweis zur Person oder zur Firma, z.B.: *„Ich möchte Ihnen Dr. Max Maier vorstellen, er hat an der Entwicklung von ... wesentlich Anteil"* oder *„Ich möchte Sie mit Herrn Professor Maier von der Fachhochschule bekanntmachen"* oder *„Herr Max Maier leitet bei uns die Abteilung ..."*

Hin und wieder hört man auch noch *„Darf ich Ihnen meine Gattin vorstellen"*, oder sogar *„... meine Frau Gemahlin"* – das sagt man heutzutage nicht mehr, es heißt einfach nur *„meine Frau"* respektive *„mein Mann"* (vgl. Tautz-Wiessner 1993, S. 117 ff.).

Auch ein Thema ist, wer wann aufsteht bei der Begrüßung: **Herren** stehen immer auf – egal wann, bei wem und zu welchem Anlass. Eine sitzende **Dame** sollte zur Begrüßung einer stehenden Dame aufstehen. Eine sitzende Dame muss aufstehen bei höhergestellten Personen oder einer älteren Dame. Eine sitzende Dame kann ansonsten zur Begrüßung eines Herrn sitzen bleiben.

Bei einem etwas längeren Gespräch mit einer Person, die steht, bleibt man nicht sitzen. Man bietet einen Platz an oder steht auch auf.

Wer einen **Raum betritt,** grüßt zuerst. Im Betrieb begrüßt zuerst der Tiefergestellte den Höhergestellten, der Jüngere den Älteren, der Herr die Dame usw. Werden Hände geschüttelt, dann kurz und fest, aber nicht wie eine Hydraulikpresse. Handschuhe werden ausgezogen.

GARDEROBE

Der Herr hilft der Dame, Damen und Herren dürfen älteren oder hochgestellten Personen helfen – wenn diese das akzeptieren. Den Mantel zur Garderobe bringen und wieder holen, sollte zur freundlichen Geste gehören.

17.2   Besucher und Empfang

Wenn ein Besucher erwartet wird, sollte das dem Empfang (Zentrale, Pförtner) mitgeteilt werden, damit dieser die Ankunft des Gastes gleich richtig weiterleiten kann und den Gast mit Namen kennt. Das vermittelt den Eindruck einer freundlich erwarteten Ankunft.

Den Gast mit Namen ansprechen

Idealerweise wird der Gast abgeholt. Besuch für den Chef holt die Sekretärin oder ein Mitarbeiter des Chefbüros ab. Nach kurzer Vorstellung gibt es auf dem Weg zur Besprechung die Gelegenheit zu einem Smalltalk.

> ### SMALLTALK
>
> Man kann der Freude über den Besuch Ausdruck geben, über die Anreise sprechen, erwähnen, wer noch erwartet wird, usw. Kennt man sich schon, sind die Themen vielfältiger.

Der Gast wird zu einem Warteplatz (Besprechungszimmer) begleitet. Man bietet einen Platz an und eine Erfrischung, wenn noch etwas Zeit bis zur Besprechung bleibt. Auf dem Besuchertisch liegen die Tageszeitung und ein Firmenprospekt.

Verzögert sich die Besprechung, wird dem Gast die ungefähre **Wartezeit** und der Grund genannt. Man bietet Getränke an und reicht dazu etwas Gebäck. Der Gast wird stets mit dem Namen angesprochen und ggf. nach seinen Wünschen gefragt.

Verschiebt sich der Besprechungsbeginn deutlich nach hinten, kann dem Gast evtl. die Firma gezeigt werden oder bei längerem Aufenthalt etwas über den Ort, das Hotel oder Ähnliches erzählt werden. Dem Chefbüro muss etwas „einfallen", Gastfreundschaft wird ernst genommen.

Auch wenn die Bedeutung der Besucher für das Unternehmen sehr unterschiedlich sein kann, jeder Gast sollte **freundlich behandelt** werden. Die Intensität der Betreuung hängt von der jeweiligen Situation ab und muss angemessen bewältigt werden.

Kommen **unangemeldete Besucher**, muss ebenfalls von Fall zu Fall entschieden werden, ob der Chef das Gespräch führen möchte und Zeit hat oder ob eine entsprechende Vereinbarung für einen anderen Termin oder Kontakt getroffen wird. Die Freundlichkeit bleibt auch hier die gleiche.

Kann das Gespräch beim Chef beginnen, begleitet die Sekretärin den Gast in das Chefbüro oder in das Besprechungszimmer. Idealerweise sind Tischgetränke bereits eingedeckt.

Besprechung möglichst
ohne Störung

Solange der Gast anwesend ist, sollte nur in ganz dringenden Fällen gestört werden, denn jetzt ist nichts wichtiger als dieser Gast. Alle Gespräche sollten blockiert bzw. für einen späteren Rückruf notiert werden.

Die Verabschiedung erfolgt genau so aufmerksam wie der Empfang. Der Gast erhält seine Garderobe, evtl. ein kleines Präsent und wird zum Ausgang begleitet. Auf dem Weg kann die Fahrstrecke erklärt werden, man bedankt sich für den Besuch und verabschiedet sich mit guten Wünschen für die Reise.

Der letzte Eindruck bestätigt einen hoffentlich positiven Gesamteindruck.

17.3   Anreden

Akademische Grade Professor und Doktor werden stets mit dem Namen genannt: *„Frau Dr. Weiß, Herr Professor Schwarz"*. Bei einem Professor genügt auch die Anrede „Herr Professor". Unter Gleichgestellten der gleichen Disziplin entfällt der Titel.

Persönlichkeiten des öffentlichen Lebens werden mit ihrer Amtsbezeichnung angesprochen.

BEISPIELE

- „Frau Oberbürgermeisterin"
- „Herr Senator"
- „Herr Bischof"
- „Frau Ministerin"
- „Herr Bundespräsident"
- „Herr Botschafter" (eigenes Land)
- „Exzellenz" (fremdes Land)

Akademische Berufsbezeichnungen werden im Schriftverkehr genannt, jedoch nicht mehr in der persönlichen Anrede.

BEISPIELE

- Magister
- Diplom-Kaufmann

- Diplom-Ingenieur
- Rechtsanwalt

In Österreich gelten hier noch andere Traditionen, der Titel wird genannt: „Herr Ingenieur", „Frau Hofrat" etc.

Andere Länder, andere Sitten

Adelstitel gehören zum Namen, „Frau" oder „Herr" entfällt in diesen Fällen, die Anrede beginnt direkt mit dem Adelstitel.

BEISPIELE

- „Freiherr von ..."
- „Baron ..."
- „Herzog von ..."

17.4   Distanz und Distanzzonen

Keine Frage: Im Chefbüro ist man stets freundlich, verbindlich, kollegial, hilfsbereit, tolerant – aber mit einer gesunden Distanz.

Besteht kein „Unternehmenszwang" sollte das „Du" dem privaten Bereich vorbehalten bleiben. Das „Sie" ist respektvoll und wahrt die nötige Distanz.

Das gilt im übertragenen Sinne auch für die Distanzzonen: Man sollte immer ca. einen Meter Abstand halten zum Gegenüber.

Auch sollten Sie es vermeiden, jemandem, der am Schreibtisch sitzt, über die Schultern zu sehen, oder sich über fremde Schreibtische zu beugen oder gar etwas zu „befingern".

Der persönliche Arbeitsplatz ist stets eine Tabuzone für andere.

17.5   Kon-Takt

Für ein Gespräch gelten bestimmte Regeln:
- Bei einem Gespräch Blickkontakt halten
- So natürlich wie möglich dem Gespräch folgen, ohne zu unterbrechen
- Zuhören!
- Interesse zeigen durch Fragen zum Thema oder ggf. versuchen, das (uninteressante) Gespräch in eine andere Richtung führen

- Lächeln, wenn es angebracht ist
- Aufmerksam sein
- Peinliche Situationen taktvoll übersehen bzw. überhören
- Unsensible Äußerungen („Sie sehen aber schlecht aus") unkommentiert übergehen

Pünktlichkeit, Zuverlässigkeit und Selbstbeherrschung sind bedeutend für ein taktvolles Miteinander.

17.6   Kleider machen Leute

Kleidungsvorschriften sind in Firmen – insbesondere bei Kundenkontakt – nicht selten

Was eine angemessene Businesskleidung ist, hängt vom Unternehmen und dessen Erwartungen, dem Rang, der Stelle und der Persönlichkeit ab. Dezent, bequem und gleichzeitig zurückhaltend sollte die Kleidung grundsätzlich sein. Es gilt: schick ist besser als schrill, grell, hochmodisch und extravagant.

Damen tragen vorzugsweise Röcke, Blusen, Kostüme oder Bundfaltenhosen oder auch Hosenanzüge. Die Farben sollten zur Person passen. Von reinem Schwarz ist abzuraten, da sonst vielleicht ein Trauerfall assoziiert wird. Schwarze Kleidung sollte daher mit farblichen Accessoires oder Blusen „aufgehellt" werden.

Eine gute Farb- und Stilberatung kann hilfreich sein

Zu vermeiden sind zu enge Jeans, zu kurze Röcke, nackte Bäuche, Nasenringe oder sonstiger sichtbarer Piercing-Schmuck und Tattoos (gilt im Business nicht als modisch, sondern eher als dekadent).

Ansonsten gilt:
- Schuhe müssen zur Kleidung passen
- Schmuck sollte dezent gewählt werden, damit er nicht überladen wirkt
- Make-up sollte sorg- und sparsam verwendet werden
- zu offiziellen Anlässen wird dunkle Kleidung bevorzugt

Korrekt gekleidete **Herren** tragen Anzug oder eine Kombination. Die Krawatte ist farblich abgestimmt auf die Jacke und das Hemd. Die Socken und Schuhe sind dunkler als die Hose.

Je nach Unternehmen und dem dortigen Stil können auch Polohemden zum Anzug bzw. zur Jacke getragen werden. Zu offiziellen Anlässen ist der Anzug dunkel (anthrazit, dunkelgrau, dunkelblau) und die Krawatte ein Muss.

Handelt es sich nicht gerade um eine Piratenfirma oder einen Zimmermannsbetrieb, sind Ohrringe tabu. Ebenfalls alle anderen sichtbaren Kettchen oder sonstiger Schmuck– abgesehen natürlich vom Ehering. Der Mann trägt nur Armbanduhr, Manschettenknöpfe und – so er will – eine Krawattennadel.

17.7 Frisuren

Die Frisur sollte zum Typ passen, regelmäßige Haarpflege ist selbstverständlich. Körperpflege muss ein Bedürfnis sein, denn sie unterstützt die Selbstsicherheit. Die Fingernägel der Damen sollten nicht aufdringlich sein, bei Herren sind die Nägel gestutzt. Der Mann ist gut rasiert oder hat einen gepflegten Bart. Parfum oder Rasierwasser darf nicht aufdringlich sein und wird sparsam benutzt.

17.8 Wohin mit den Händen?

Bei Begegnungen, Vorstellungen, Besprechungen, Ansprachen usw. gehören die Hände nicht in die Taschen. Anders bei entspannten Gesprächssituationen, da ist es unter „Gleichen" durchaus erlaubt. Ebenso in anderen Ländern wie Großbritannien und Nordamerika, da gelten Hände in der Tasche nicht als unhöflich.

Kann man sich an nichts (Handtaschen oder Akten) festhalten, bleiben die Hände in mittlerer Körperhöhe und unterstützen das Gespräch durch leichte Gesten. Samy Molcho schreibt hierzu: „Wer glaubt, er spräche ohne Hände, der spricht vielleicht ohne Oberarm. [...] Die Hände jedoch sind immer mit einbezogen. Genau wie andere Körperteile auch, sind sie nicht nur ausführende Organe von Verstand und Gefühl. [...] Wer zum Beispiel die Hände dort lässt, wo die Natur sie angebracht hat, nämlich an den Armen rechts und links vom Körper hängend, wird sich mit diesem Hängenlassen wie von selbst [...] in eine unbewegte, monotone Stimmung versetzen, die sich sofort auch auf Stimme und Tonfall überträgt." (Molcho 1988, S. 35)

Große Bedeutung der Arm- bzw. Handhaltung

Arme und Hände signalisieren die **Haltung zum Gespräch**, z.B.:

- Arme hängen nach unten: willenlos, ohne Spannung
- Arme angewinkelt, Kopf gerade, offener Blick: positiv
- verschränkte Arme: Abwehr, Barriere
- Arme hinter dem Rücken: Unsicherheit, Halt suchend
- Arme gestützt in den Hüften: Überlegenheit, Dominanz, Arroganz

17.9 Körpersprache, Körperhaltung

Sprache und Bewegung können nicht getrennt werden. Lediglich die Wahrnehmung ist different. Das Gespräch am Telefon oder der Bericht über das Radio erfolgt einseitig ohne visuellen Einfluss. Ganz anders das Gespräch von Angesicht zu Angesicht.

Eine Fülle von **Bewegungssignalen** vermittelt etwas über die Intensität, den Gehalt und die Bedeutung des Gesagten. „Empfindungen und Gefühle haben die Eigenschaft, dass sie sich weder messen noch teilen lassen [...]. Sie sind ganzheitliche Erscheinungen." (Molcho 1988, S. 48)

Sprache, Mimik und Gestik sind mithin stets ein Ganzes und werden vom Gegenüber wahrgenommen und interpretiert. „Nonverbale Kommunikation, also Körpersprache im weitesten Sinn, ist vor allem Ausdruck unserer Empfindungen." (Molcho 1988, S. 49) Zur Deutung der körpersprachlichen Signale gehört **Erfahrung**, Menschenkenntnis und das Wissen vom Menschen und dessen Verhalten.

Leichtfertige Deutungen der Körpersprache sollten unterlassen werden. Dennoch bleibt stets ein Eindruck aus einem Gespräch, und dieses „Bauchgefühl" ist gar nicht so schlecht, da die Signale auch ohne korrekte Deutung in unserem Unter-/Bewusstsein aufgenommen und quantifiziert werden. Die Basis unserer eigenen Signale und Empfindungen ist ja gleich, unser Körper versteht das.

17.10 Geschäftsessen

Bei Tisch offenbart sich eine „gute Kinderstube"

Was du isst, zeigt, wie du bist, wie du isst, zeigt, was du bist.

Die Teilnahme an einem Geschäftsessen hinterlässt einen deutlichen Eindruck über Anstand, Umgangsformen und den gesellschaftlichen Status.

Nach Möglichkeit hat der Gastgeber einen Tisch reservieren lassen. Bei Betreten des Lokals geht der Gastgeber voran. Der Herr nimmt der Dame den Mantel ab. Den besten Platz erhält die Dame oder der Gast. Zuerst setzt sich die Dame, zuletzt der Gastgeber.

Empfiehlt der Gastgeber ein Gericht, sollte das gewählt werden. Wird nach der Karte bestellt, wählt der Gast ein Gericht mittlerer Preislage. Ist ein Fleischgericht vorbestellt und man möchte fleischlos essen, darf man das sagen.

Gibt es ein Buffet, wird der Teller sparsam belegt und keinesfalls mit großen Portionen überladen. Man kann jedoch mehrfach zum Buffet gehen (solange der Gastgeber selbst noch isst). Werden Schüsseln herumgereicht, hält man diese dem Tischnachbarn links, und lädt sich dann natürlich selbst eine Portion auf. Wird das Essen gereicht, beginnt das Herumreichen bei der Dame bzw. dem Gast und geht weiter im Uhrzeigersinn.

PRAXISTIPP

Gibt es exotische Gerichte, die man nicht kennt, oder Speisen, die man noch nie gegessen hat (Schalentiere, Artischocken, Austern), schaut man dem Gastgeber zu und macht es ihm einfach nach.

Für einige **Gerichte** gelten ganz konkrete Verzehrregeln:
- Wird zu Beginn Brot gereicht, vielleicht mit Schmalz, wird das Brot nicht direkt ganz bestrichen, sondern jeweils nur abgebrochene, mundgerechte Bissen.
- Bei Fischgerichten wird das Fischbesteck benutzt.
- Geflügel wird nicht in die Hand genommen, wenn keine Tücher und Zitronenwasser gedeckt wurden.
- Kartoffeln werden nicht in der Soße zerdrückt.
- Spaghetti werden nicht geschnitten, sondern um die Gabel gedreht.
- Weiche Speisen wie Rühreier, Pfannkuchen werden mit der Gabel zerkleinert.
- Frühstückseier werden nicht geköpft.
- Spargel darf geschnitten werden.

Die **Getränke** wählt man nach der Empfehlung des Gastgebers oder passend zum Gericht. Wein sucht der Gastgeber oder der Herr für die Dame aus.

> Stielgläser werden grundsätzlich nur am Stiel angefasst.

Die **Serviette** gehört auf den Schoß und nicht um den Hals. Stoffservietten legt man nach Gebrauch links neben den Teller.

Das benutzte **Besteck** bleibt immer auf dem Teller, hängt auch nicht über den Tellerrand. Messer und Gabel über Kreuz im vorderen Drittel des Tellers bedeutet für den Kellner: „Bitte nachlegen", zusammengelegt, schräg vom rechten Tellerrand zu Mitte: „Ich möchte nichts mehr, kann abgeräumt werden".

Muss man zur **Toilette**, entschuldigt man sich kurz und geht. **Mobiltelefone** bei Tisch sind absolut tabu. Wenn man unbedingt gerade jetzt telefonieren muss, dann nicht im Lokal, sondern in der Diele oder im Freien.

> Rauchen ist nur möglich, wenn es im Restaurant generell und an diesem Platz erlaubt ist, der Gastgeber auch raucht und die Dame bzw. andere Personen am Tisch es gestatten.

Den **Kellnern** gibt man ein Handzeichen, wenn man etwas wünscht. Werden Gäste eingeladen, geht der Gastgeber zum Kellner und zahlt diskret bei ihm. Natürlich gibt er ein angemessenes Trinkgeld, etwa 10 % des Rechnungsbetrages. Beim Verlassen des Lokals hilft der Herr der Dame wieder in den Mantel, die Dame oder der Gast gehen voraus, der Gastgeber zum Schluss. (Vgl. Tautz-Wiessner 1993, S. 211 f.)

Nach Tisch oder bei der Verabschiedung bedankt sich der Gast und spricht ggf. eine Gegeneinladung aus.

18   Moderner Schriftverkehr

18.1   Ein- und Ausgangspost

Die Organisation der Postbearbeitung hängt wesentlich vom Tagesvolumen der Ein- und Ausgangspost ab. Sind große Mengen zu bearbeiten, unterhalten die Betriebe eine eigene Poststelle, welche nach einem Rationalisierungssystem der Postöffnung, Sortierung und innerbetrieblichen Weitergabe eingerichtet ist. Bei überschaubaren Mengen und in kleineren Betrieben wird die Post häufig im Sekretariat bearbeitet.

Posteingangs- oder Postausgangsbücher sind Zeitverschwendung

Grundsätzlich dürfen alle Briefe geöffnet werden, die an den Betrieb gerichtet sind, auch dann, wenn konkrete Empfängernamen hinzugefügt sind. Steht der Empfängername jedoch vor der Firmenbezeichnung, dürfen diese Briefe ebensowenig wie Privatbriefe geöffnet werden. Es ist die erste Aufgabe, die **Eingangspost** entsprechend zu **sortieren**. Unwichtige Werbesendungen werden entsorgt.

Nach dem Öffnen wird die Eingangspost mit einem Tagesstempel versehen. Der Eingangsstempel kann bereits Kennzeichen für die innerbetriebliche Verteilung haben. Überlässt der Chef dem Sekretariat die Verteilung, wird die Post an die bearbeitenden Stellen weitergegeben.

Im Sekretariat werden die für den Chef wichtigen Informationen aus der Eingangspost gesammelt bzw. aufbereitet. Die „Chefpost" landet natürlich auf dem Chefschreibtisch. Wichtige Informationen der Eingangspost müssen im Sekretariat terminlich überwacht werden.

> **PRAXISTIPP**
>
> Briefkuverts von Briefen mit relevanten Terminen oder von Behörden sollten als „Nachweis des Versendetermins" aufbewahrt werden.

Tageszeitungen werden durchgesehen und die für den Betrieb wichtigen Veröffentlichungen, wie z.B. Presseberichte über das Unternehmen oder seine Produkte, ausgeschnitten und gesammelt.

Zeitungen werden nicht länger als eine Woche aufbewahrt. Fachzeitschriften mit wichtigen Beiträgen werden archiviert und etwa zwei Jahre aufbewahrt. Für Zeitungen und Zeitschriften sollte ein Verteiler angelegt werden.

Der **Postausgang** wird ähnlich organisiert. Alle Stellen liefern die fertige und einkuvertierte Post an die Poststelle. Dort wird die Post gewogen und frankiert. Frankiermaschinen lassen sich gut einsetzen bei großen Stückzahlen. Falz- und Kuvertiermaschinen wie auch Poststraßen sind bei häufigen Massensendungen hilfreich. Sammelpost, z.B. an Filialen oder Vertreter, wird ebenfalls zentral gesammelt und in einer Sendung abgeschickt.

Ob die Post über die Deutsche Post AG oder private Dienste versandt wird, ist eine Frage des Dienstleistungsangebotes und der Kosten. Über Sendungsarten, Größen, Gewichte und Tarife gibt es übersichtliche Informationsbroschüren oder Tarife im Internet.

Frankiermaschinen oder Wertmarken verhindern Missbrauch und Verluste

18.2 Korrespondenz

Anders als bei einem gesprochenen Wort, dessen Bedeutung man durch Betonung, Stimme, Lautstärke und Körpersprache hervorheben oder mildern kann, bedarf das geschriebene Wort einer Begleitung durch **Stil** und Satzstellung.

> Wer schreibt, muss sich der Vielfalt und des Reichtums der deutschen Sprache bedienen, sich ausdrücken können, mit klaren Worten das beschreiben, was gesagt werden soll, die Regeln der Grammatik kennen und in der Orthographie erfahren sein.

Textbausteine, insbesondere im rationalisierten Schriftverkehr mit dem PC, beschleunigen die Routinepost. Anspruchsvolle und individuelle Briefe hingegen sind situationsorientiert und müssen auf die Persönlichkeit des Empfängers ausgerichtet sein.

Ein Geschäftsbrief ist immer höflich!

Der Korrespondenzstil sollte zudem dem **Image des Unternehmens** angepasst sein und die im Brief gewählten Ausdrücke sollte der Empfänger verstehen. Fachausdrücke (wissenschaftliche, technische) sind nur unter Fachleuten anzuwenden, fachlichen Laien muss man den Inhalt umschreiben.

18.3 Die Normung des Geschäftsbriefes DIN 5008

Neben den textlich-stilistischen Inhalten eines Briefes sind im Geschäftsverkehr die **formalen Regeln** zu beachten. Diese sind festgelegt und genormt.

Die neue Norm (vgl. DIN 5008:2001–11/E DIN 5008/A1:2004–07) zielt auf eine **Vereinheitlichung** der nationalen und internationalen Schreibweisen.

Etwa 1,8 cm vom oberen Rand eines Briefbogens an werden die Absenderangaben positioniert. Firmenbogen enthalten bereits die erforderlichen Angaben im Briefkopf vorgedruckt oder die Daten sind im Computer in einem Vorlageordner abgelegt.

Das Datum befindet sich rechts unterhalb der Absenderangaben. Firmenbögen haben diese Positionen ebenfalls bereits eingerichtet, genauso wie die Positionen des Anschriftenfeldes, der Absendervermerke (es schreibt Ihnen ...) und der Betreffzeile.

> Wichtig: Es gibt im Anschriftenfeld keine Leerzeilen mehr! Das Anschriftenfeld hat insgesamt 9 Zeilen:

Die Zeilen 1–3 sind für **Zustellvermerke** wie z.B. „Warensendung", „Einschreiben", „Eilzustellung", „Nicht nachsenden", „Persönlich", „Luftpost", „Büchersendung", „Drucksache" etc.

Zustellvermerke mit 3 Zeilen beginnen in Zeile 1, mit 2 Zeilen in Zeile 2, mit einer Zeile in Zeile 3.

Es folgen in den weiteren 6 Zeilen die **Empfängerbezeichnungen**, die Straßenangabe mit Hausnummer bzw. die Postfachangabe, die Postleitzahl und der Ort. Bei **Auslandsanschriften** werden Orts- und Ländernamen in Großbuchstaben geschrieben. Es gibt keine Hervorhebungen, keine Unterstreichungen, keine Leerzeilen mehr.

BEISPIELE

Die Zeilennummerierung dient nur der Orientierung und wird nicht mit geschrieben.

Beispiel 1:
1
2 Eilzustellung
3 Einschreiben mit Rückschein
1 Freiburger Solargesellschaft mbH
2 Herrn Arne Müller
3 Dreisamstraße 7
4 79110 Freiburg
5
6

Beispiel 2:
1
2
3 Luftpost
1 Elaine Byron Ltd.
2 Mr. Henry Wilde
3 234 Green Lanes
4 LONDON, M 6 3 UU
5 ENGLAND
6

Bei der **Datumsangabe** sollten Monat und Tag zweistellig sein, um Verwechslungen zu vermeiden. Die DIN sieht die internationale (amerikanische) Schreibweise vor, nämlich Jahr–Monat–Tag.

BEISPIEL

DIN-Schreibweise: *2007–03–07*
Zulässig sind auch: *7. März 2007* (ohne 0 vor der 7!) oder
07.03.07

Weitere Schreibregeln:

- Der **Titel** Professor wird stets als akademischer Grad verstanden und gehört zum Namen. Im Anschriftenfeld kann der Titel gekürzt werden, z.B. „Prof. Dr. Thomas Klug".

- **Geldbeträge** können bei mehr als drei Ziffern, also ab 1.000, durch einen Punkt gegliedert werden.

- **Uhrzeiten** werden durch einen Doppelpunkt gekennzeichnet.

BEISPIELE

- „17:15 Uhr" oder „07:30 Uhr"
- „Die Dauer beträgt 01:44:15 Stunden"
- „Die Besprechung geht von 09:00 bis 12:00 Uhr"
- „Der Termin ist 09:00–12:00 Uhr"

- Lautet die Anschrift z.B. „Handelsgesellschaft" oder „Tiefbau GmbH", wird auf die Bezeichnung „Firma" verzichtet, da ersichtlich ist, dass es sich um eine Firma handelt.

- Ebenso entfällt „zu Händen", der Name genügt.

- **Postfachangaben** werden von rechts nach links in Zweierordnung geschrieben, z.B. 1 09 77.

- Nach dem Anschriftenfeld und dem Datum kommt die **Bezugszeichenzeile**. Sie enthält Angaben zum letzten Schriftwechsel, die Kurzzeichen des Diktierenden, evtl. dessen Namen und Telefondurchwahl.

- Aus der nach zwei Leerzeilen folgenden **Betreffzeile** soll in Stichworten der Inhalt entnommen werden können. Danach folgen wiederum zwei Leerzeilen.

Die Bezeichnungen „Bezug" und „Betreff" werden nicht ausgeschrieben und der Betreff wird nicht unterstrichen

> **BEISPIEL**
>
> „Ihr Lieferangebot einer Plattensäge vom ...“

18.4   Die Anrede

Ist der Name bekannt, wird dieser selbstverständlich ausgeschrieben. Wenn nicht, lautet die förmliche Anrede „Sehr geehrte Damen und Herren“, danach folgt üblicherweise ein Komma und es wird klein (außer bei Substantiven) weitergeschrieben.

Akademische Titel wie Professor und Dr. werden auch in der Anrede geschrieben. Magister, Diplome, Rechtsanwaltstitel gehören zum Namen, werden aber nicht mehr in der Anrede genannt.

> **BEISPIELE**
>
> | Anschrift | Anrede |
> |---|---|
> | Herrn
Universitätsprof.
Dr. Thomas Klug | Sehr geehrter Herr Professor Dr. Klug, |
> | Frau
Prof. Dr. Franca Steel | Sehr geehrte Frau Professor Dr. Steel, |
> | Frau
Dr. Gudrun Vogel | Sehr geehrte Frau Dr. Vogel, |
> | Herrn
Mag. Arne Freiberg | Sehr geehrter Herr Freiberg, |
> | Herrn
Dipl.-Kfm. Ulrich Best | Sehr geehrter Herr Best, |

Die Schreib- und Gestaltungsregeln wie Randbreite, Einrücken, Absatzregeln, Zeilenbreite sind in der DIN beschrieben und allgemein bekannt

Nach einer weiteren Leerzeile folgt der Text. Der Text soll in zusammenhängenden Textabschnitten gegliedert und durch **Absätze** aufgeteilt sein. Absätze werden durch eine Leerzeile getrennt.

Werden wichtige Textteile durch **Einrücken** hervorgehoben, muss vor und nach diesem Abschnitt eine Leerzeile erfolgen.

Bei kurzen Briefen oder Schreiben mit schwierigen Inhalten, die besonders gut lesbar sein sollen, kann die Zeilenschaltung auf 1,5 eingestellt werden.

Nach dem Text erfolgt eine Leerzeile, danach die Grußformel und die Funktionsbezeichnung.

BEISPIELE

Beispiel 1:

Mit freundlichen Grüßen

(1 x Leerzeile)

Handelshaus Profit AG

(3 x Leerzeile)

Friedhelm Kohler
Ressortleiter

Beispiel 2:

Es grüßt Sie

ppa.

Friedhelm Kohler

Die Grußformel kann auch etwas persönlicher sein, wenn man den Adressaten kennt, z.B. *„Viele Grüße aus …“*, *„Wir senden Ihnen beste Grüße“* etc.

Grußformel und Anrede sollten zueinander passen, z.B. *„Liebe Frau X“* und *„Viele Grüße“* oder *„Herzliche Grüße“* oder *„Guten Tag Herr Müller“* und *„Beste Grüße aus/nach“* oder *„Wir wünschen Ihnen einen schönen Tag“* u. Ä.

18.5 Anlagen, Formulierungen und Briefaufbau

Anlagen verweisen auf dem Schreiben beigefügte Schriftstücke, diese können auch benannt werden.

Besteht das Schreiben aus mehreren Seiten, empfiehlt es sich, die Seiten zu nummerieren. Der Seitenwechsel erfolgt bei Erreichen der fünften Zeile vor Blattende.

Für Ihre **Textformulierung** empfehle ich Ihnen:
- Auf alles Gekünstelte, Bürokratische, Aufgesetzte verzichten
- aus der Sicht des Empfängers formulieren, um ihn in den Text einzubeziehen
- Überflüssiges, Phrasen und Floskeln weglassen

- kurze, prägnante Sätze verwenden
- immer höflich (auch wenn´s schwerfällt) und wenn möglich freundlich bleiben
- Amtsdeutsch meiden

Der **Aufbau des Briefes** gestaltet sich folgendermaßen:
- Zunächst kommen die beschriebenen postalischen Angaben sowie Datum und Bezugszeichen. Es folgen:
- Anrede
- Einleitung
- Überleitung
- Inhalt, z.B. Entscheidung, Bestätigung, Begründung, Fragen, Erwartung
- Gruß
- Unterschrift
- darunter maschinengeschriebener Name
- Anlage
- Postskriptum (Nachsatz, enthält stichwortartig eine Heraushebung, Frage oder Besonderheit des Briefes)

18.6   Elektronische Post – E-Mails

Routineschriftwechsel per E-Mail erleichtert wesentlich die Korrespondenz, da die Mitarbeiter schnell und ohne Umwege den Informationsaustausch bewältigen können. Im internen Schriftverkehr kann das auf einfache Weise erfolgen, im externen Schriftverkehr geht das nicht.

> E-Mails nach draußen, an Geschäftspartner und Kunden, müssen mit der gleichen Sorgfalt bearbeitet werden wie ein Brief per Post. Ein Unternehmen präsentiert sich ja auch im elektronischen Schriftverkehr und will sein Image wahren.

Der Vorteil von E-Mails liegt in der Schnelligkeit der Übermittlung und der Kostenersparnis. Nicht aber in der Ersparnis von Höflichkeit. Auch in einer E-Mail wird
- die **Anrede** wie in einem normalen Geschäftsbrief geschrieben,
- auf grammatikalisch **korrekte Schreibweise** geachtet,
- die **Groß- und Kleinschreibung** beachtet.

BEISPIEL

Also nicht: „sgh herr müller, die montagearbeiten können am montag beginnen. mfg fritz klein".

E-Mails müssen die kompletten **Absenderangaben** enthalten, diese kann man sich im E-Mail-Programm als **Signatur** fest einrichten. **Anlagen** sollten nicht zu umfangreich sein, um die Zeit des Empfängers durch das Herunterladen und ggf. den Ausdruck nicht allzu sehr zu beanspruchen.

Am Ende der E-Mail folgt auch hier ein freundlicher Gruß und der Name des Schreibers.

Der Nachteil von E-Mails ist ihr Zugang bzw. die Rückmeldung darüber, ob der Empfänger das Schreiben überhaupt erhalten oder geöffnet hat. Wird eine Antwort erwartet, muss das zur **Nachverfolgung** terminiert werden.

Für persönliche Nachrichten im Geschäftsverkehr, die Respekt, Wertschätzung und Achtung ausdrücken sollen, eignet sich dieses Medium nicht so gut.

E-Mails im Business sind sachlich, freundlich und schnell

BEISPIEL

Das Unternehmen schickt an Hunderte oder Tausende Empfänger die gleich lautende E-Mail: „Wir bedanken uns für die gute Zusammenarbeit auch in diesem Jahr und wünschen Ihnen und Ihrer Familie ein frohes Weihnachtsfest und ein gutes neues Jahr." – Wie ernst kann der Empfänger einen solchen „persönlichen" Gruß nehmen?

Deshalb: Geburtstagsgrüße und alle anderen persönlichen Gratulationen oder Wünsche im Business gehören nicht in eine E-Mail, sondern werden per Post versandt, kondoliert wird sogar handschriftlich.

18.7   Diktat und Texterfassung

Erfahrenen Sekretärinnen und Sachbearbeitern gibt der Chef allgemeine Stichworte, anhand derer sie selbst Briefe erstellen oder Antworten formulieren.

Schwierige Texte werden durch Unterlagen ergänzt oder diktiert. Kleine, meist eilige Texte werden direkt in den PC geschrieben.

Sekretärinnen mit Kenntnissen in Stenografie haben den großen Vorteil, im direkten Gespräch bzw. Diktat die Texte in Windeseile aufnehmen zu können. Viele Chefs bevorzugen den direkten Kontakt mit dem Sekretariat, da gleichzeitig der Sachverhalt besprochen werden kann und die entsprechende Person dann über die Vorgänge so gut informiert ist, dass sie im Sinne des Chefs den Vorgang weiter bearbeiten kann.

Das schließt **Phonodiktate** nicht aus. Auf Geschäftsreisen oder bei entsprechenden Arbeitsweisen werden Briefe auf Datenträger gesprochen. Der Brief sollte möglichst „schreibgerecht" formuliert sein und die Anweisungen für Absätze, Hervorhebungen und Satzzeichen enthalten. Zum Phonodiktat muss der Diktierende die entsprechenden Unterlagen hinzufügen.

Moderne Diktataufnahmen über Telefon, zentrale Diktaterfassungssysteme zum Schreibbüro oder digitalisierte Sprachsysteme direkt in den Computer können bedarfsgerecht eingesetzt werden.

Zur Rationalisierung der Korrespondenz werden insbesondere für häufig wiederkehrende Texte **Kurzbriefe** oder **Textbausteine** eingesetzt. Erhält eine Vielzahl von Empfängern inhaltlich gleiche bzw. sehr ähnliche Briefe, werden Textbausteine mit **Serienbriefen** und Adressen kombiniert. Die individuellen (von anderen Briefen abweichenden) Daten werden jeweils als Variable eingefügt (vgl. Fugel u.a. 1997, S.118).

19 Sitzungen, Besprechungen, Konferenzen

Der Teilnehmerkreis muss vernünftig bestimmt werden

Jede dienstliche Besprechung bindet Ressourcen von Zeit und Geld. Deshalb ist es das oberste Gebot einer Zusammenkunft, eine hohe Effizienz zu erreichen. Dazu gehören die Vorbereitung der Besprechung und die richtige Auswahl der Besprechungsteilnehmer.

Folgende Arten von Zusammenkünften lassen sich grundsätzlich unterscheiden:

- **Fachliche Besprechungen**

BEISPIELE

- Vor- und Nachteile eines neuen Verfahrens
- Einsatz einer anderen Qualität
- Auswahl eines Lieferanten

Diese bringen meist ein Ergebnis hervor, da der Teilnehmerkreis aus Fachleuten besteht. Hat die Entscheidung Auswirkungen auf andere Abteilungen und diese wurden nicht gefragt, muss hier allerdings mit Widerstand gerechnet werden. In diesem Fall sollten lieber von vornherein alle mit einbezogen werden, mit dem Risiko, dass vieles zerredet wird.

> **PRAXISTIPP**
>
> Für solche Besprechungen ist ein von allen akzeptierter und kompetenter Moderator zu empfehlen. Er wird die Besprechungsergebnisse schrittweise zum Ergebnis führen.

- **Allgemeine Informationsbesprechungen**, z.B. mit einem ausgewählten hierarchischen Kreis von Führungskräften, sind für den einen informativ, für andere langweilig. Was tut man dagegen?

> **PRAXISTIPP**
>
> Es sollten ein oder zwei Hauptthemen festgelegt werden, die gut vorbereitet werden und über die dann diskutiert wird. Den Vorsitz von Routinesitzungen kann man reihum organisieren und der jeweilige Leitende muss das Hauptthema vorbereiten und moderieren.

Natürlich muss das Thema immer die Perspektive einer Verbesserung der Tätigkeit haben. Der Zwang, sich vorzubereiten, und die Einbeziehung aller in das Thema spornt an und ersetzt die Langeweile. Die vom Chef ohnehin vorgesehenen Informationen oder das Reihumgespräch erfolgen trotzdem, werden aber als Nebensache behandelt.

Die Besprechungszeit sollte vorher festgesetzt und auch eingehalten werden.

Zum Schluss erfolgt eine kurze Zusammenfassung und die Perspektive für die nächste Zusammenkunft.

- **Konferenzen** sind weniger häufig, dienen aber einem meist übergeordneten Zweck. Es kann um eine Berichterstattung gehen, eine Neuorientierung, die Mitwirkung für wichtige Veränderungen, Einbeziehung der Teilnehmer in neue Abläufe, Produktinformationen, Erschließung neuer Märkte usw.

  Konferenzen sollen frühzeitig terminlich angekündigt werden, damit die Adressaten den Termin frei halten können. Etwa drei bis vier Wochen vor dem Zeitpunkt erfolgt die konkrete Einladung mit den vorgesehenen Besprechungspunkten und dem Zeitraster. Die Einladung enthält den genauen Ort, ggf. eine Anfahrtsskizze, Parkmöglichkeiten und die Telefonnummer für etwaige Nachfragen. Soweit erforderlich, werden der Einladung Unterlagen beigefügt, damit sich die Teilnehmer entsprechend vorbereiten können.

Konferenzen sehr früh ankündigen

Damit die Konferenz gut organisiert werden kann, muss man die genaue Teilnehmerzahl kennen. Ein Hinweis für Absagen ist erforderlich.

Das Office-Management organisiert die Konferenz. Dabei ist vieles zu bedenken:

– Handelt es sich nur um interne Teilnehmer, die sich alle kennen, oder auch um externe Personen?
– Je nach Größe, Inhalt und Dauer der Konferenz muss ein geeigneter Raum zur Verfügung stehen. Der Raum muss störungsfrei sein und die erforderliche Tagungstechnik enthalten.
– Tischgetränke und Gebäck muss eingedeckt sein und/oder Kaffeepausen organisiert werden.
– Kennen sich nicht alle Personen, sind Namensschilder auf dem Platz oder zum Anheften an das Jackett erforderlich.
– Wird zum Mittagessen eingeladen, muss das zeitlich gut vorbereitet sein und der Service exakt arbeiten. Ist ein Buffet vorgesehen, müssen genügend Tische/Plätze vorhanden sein.
– Wichtig ist die Betreuung der Gäste: Garderobe, Entgegennahme von Anrufen, Hotel- und Fahrtauskünfte, kleine Gefälligkeiten (Knopf ab: kein Problem), also Aufmerksamkeit.

Eine gute Vorbereitung trägt genauso zum Erfolg der Konferenz bei wie das Thema selbst.

Das Ziel solcher Veranstaltungen ist immer ein Besprechungserfolg und ein positives Meinungsbild: „Das war wirklich klasse!"

• **Tagungen und Kongresse** sind größer, gemessen an der Anzahl der Teilnehmer. Es gelten sinngemäß jedoch die gleichen Regeln. Die Teilnehmer erhalten ein detailliertes Tagungsprogramm und beim Empfang ihre Tagungsmappe mit Unterlagen und einem Namensschild.

Je nach Veranstaltungsziel wird eine herausragende Persönlichkeit oder ein sonstiger Prominenter zur Eröffnung sprechen oder später als Höhepunkt eine Festansprache halten. Solche Großveranstaltungen heißen heute „Event" und werden als solche organisiert (siehe Kapitel 19.4 Events).

Unerlässlich ist **Pünktlichkeit**. Jeder, der zu einer Konferenz oder sonstigen Veranstaltung eingeladen ist, muss pünktlich sein. Unpünktlichkeit ist eine Missachtung der Veranstalter und der übrigen Teilnehmer. Der Veranstalter sollte auch pünktlich anfangen. Nur bei großen Veranstaltungen ist die Wartezeit des „akademischen Viertels" nötigenfalls angebracht.

Um Unpünktlichkeit weitestgehend zu vermeiden, sollte auf der Einladung immer ein Zeitpunkt 30 Minuten vor dem eigentlichen Beginn angegeben sein, z.B. „Eintreffen der Teilnehmer" oder „Empfang um 9:30 Uhr". Zur Begrüßung gibt es eine Erfrischung, fünf bis zehn Minuten vor Beginn werden die Gäste zum Platz gebeten, pünktlich um 10:00 Uhr beginnt dann die Veranstaltung.

Ob Besprechung, Routinesitzung, Konferenz oder Tagung – der Erfolg hängt von einer möglichst optimalen inhaltlichen Vorbereitung, einer erstklassigen Organisation und einer stimmigen Atmosphäre ab.

19.1 Geschäftsreisen

Zum Office-Management gehört auch die Detailplanung und Organisation von Geschäftsreisen.

Ausgangspunkt ist das Besuchsdatum, die Dauer und der Ort. Nun sind festzulegen und zu organisieren:

- Wer aus dem Unternehmen reist mit?
- Wer vertritt den Chef während der Abwesenheit?
- Sind andere Termine darauf abgestimmt?
- Was muss vor dem Reiseantritt noch erledigt werden (z.B. wichtige Unterschriften)?
- Geht die Reise ins Ausland: Ist der Pass noch gültig? Wird ein Visum verlangt? Sind Gesundheitsvorschriften (Impfungen) zu beachten?
- Welche Unterlagen müssen mitgenommen werden?
- Werden ausländische Währungen benötigt?
- Welche Reisemöglichkeiten werden bevorzugt – Pkw, Bahn, Flugzeug – und welche Klassen?
- Welche Unterbringung wird gewünscht? Hotelklasse, Raucher oder Nichtraucher?

Wenn die wichtigsten Informationen vorliegen, kann die **Detailplanung** beginnen, die Tickets können besorgt und die Hotels gebucht werden.

Gibt es im Unternehmen **Reiserichtlinien**, müssen diese bei den Reservierungen beachtet werden. Reisen mehrere Personen, können Fahrgemeinschaften gebildet werden.

Wird die Reise im Pkw durchgeführt, werden ein Streckenplan, eine Anfahrtsskizze und die genaue Anschrift mit Telefonnummern vorbereitet.

Erfolgt die Reise per Bahn, wird die zeitlich günstigste Verbindung gebucht. Die Verbindungen können unter www.bahn.de ausgewählt und der Fahrausweis direkt über das Internet gebucht werden. Wird am Zielbahnhof ein Mietwagen benötigt, kann dieser ebenfalls direkt bestellt werden.

Führt der Weg zum Flughafen, ist die Bahnanreise oft bequem, da bei Großflughäfen meist gute Bahnanbindungen bestehen. An den meisten Flughäfen ist die Anmietung oder Rückgabe von Mietwagen ebenfalls problemlos.

Die Auswahl des Fluges hängt wieder von den Reisegewohnheiten und Vorlieben des Reisenden ab. Reservierungen können ebenfalls über das Internet erfolgen. Preiswerte Flüge der „Billigflieger" sind ebenfalls im Internet zu finden. Unter rein ökonomischen Gesichtspunkten kann sich auf europäischen und innerdeutschen Strecken die Wahl eines „Billigfliegers" lohnen. Die großen Fluggesellschaften bieten inzwischen ebenfalls preiswerte Kontingente an.

Arbeitet der Betrieb mit einem Reisebüro zusammen, kann dort die gesamte Reiseplanung durchgeführt werden.

Die Auswahl des Hotels ist wiederum eine Frage der Kosten und der persönlichen Vorlieben. Hotelauswahl und Buchung kann auch über das Internet erfolgen, z.B. www.hrs.de.

Alle Daten der Reise werden in einem **Reiseplan** zusammengestellt. Die Geschäftsunterlagen der einzelnen Stationen sind in Mappen ebenfalls beigefügt.

Reiseplan für Herrn Robert Koch				
Termin	Ziel	Bespre-chung	Unterlagen	Hinweise
09.07.				
08:22	Hbf Frankfurt ICE 17, Gleis 8		Reservierung Wagen 22 Platz 19	
09:34 ca. 09:45	Würzburg Hbf Taxi Frankenland GmbH, Residenz-str. 16	Herr Dr. Simon	Akte Gutachten	Tel. 01234/5678
11:45	Hbf Würzburg ICE 321 Gleis 3		Ticket, Reservierung Wagen 14 Platz 92	
12:55	Stuttgart Hbf Fußweg Hotel am Schlossgarten		Zimmer reserviert	schräg gegenü-ber vom Hbf.
13:45 14:00	Taxi Schwabengold AG Heilbronner Str. 12	Herren Glück, Ortler, Kaminsky	Akten, Proto-kolle, Berechnungen	Tel. 0711/444456

10.07.				
09:02	Hbf Stuttgart CisAlpino 4 Gleis 11		Reservierung Wagen 24 Platz 22	
11:55 ca. 12.30	Zürich Hbf Taxi Hilton Hotel Treffen im Restaurant	Frau Dr. Krümli, Herr Pfeil	Auftrags- Besprechung Akte	Tel. 0041/001-123456
17:00 18:40	Taxi Flughafen Zürich Terminal A SR 765		Ticket	Swiss Tel. 001-9887766
19:30 20:05 20:35	Frankfurt Flughafen S Bahn Gleis 8 Frankfurt Hbf			

Abb. 48: Beispiel eines Reiseplanes

19.2 Man muss sich Zeit nehmen, um Zeit zu haben

Ein **effektives Zeitmanagement** ist sinnvoll und notwendig. „Zeit managen heißt, die Zeit in den Griff zu bekommen, die Zeit besser einzuteilen, unnötige Zeitverluste zu reduzieren und vor allem unproduktive und nebensächliche Arbeiten zu reduzieren. Das ist das Hauptziel von Zeitmanagement" (Zeichen 1991, S. 8).

Zeitmangel erzeugt Zeitdruck und damit Stress. Ständiger Zeitmangel führt unweigerlich zu gesundheitlicher Beeinträchtigung und muss daher ernst genommen werden. Die vielen Zeitplanungsmodelle mögen hilfreich sein, doch meist bleibt im Alltag von den schicken Modellen nicht viel übrig, da wieder der Zeitdruck, der nicht zu verhindernde Druck, der von außen auf einen einwirkt, nicht dauerhaft bewältigt wird. Oder kann man zum Kunden sagen: „Jetzt nicht, ich habe gerade etwas anderes geplant, als mit Ihnen zu reden? Oder Ähnliches zum Vorgesetzten?

Der Druck von außen ist nur bedingt abzustellen, aber den eigenen Druck, die Zeitplanung, die kann man in den Griff bekommen.

Eine gute Zeitplanung ist auch aktive Stressbewältigung!

Neben den zeitlichen An- oder Überforderungen des Aufgabenvolumens und der damit verbundenen Verantwortung wirken weitere **Stressfaktoren** auf den Menschen ein. Dazu zählen Ereignisse im persönlichen Umfeld, von Familienproblemen über finanzielle Schwierigkeiten, gesellschaftliche Fragen bis zur Sorge um den sicheren Arbeitsplatz.

„Es ist nicht wenig Zeit, die wir zur Verfügung haben, sondern es ist viel Zeit, die wir nicht nützen." (Seneca)

„Es gibt Diebe, die nicht bestraft werden und einem doch das Kostbarste stehlen: die Zeit." (Napoleon)

Die Stressforschung unterscheidet zwischen **positivem**, also beflügelndem Stress und dem **belastenden Stress**, der das Gefühl des Ausgebranntseins hinterlässt. Je stärker die Situation und insbesondere die Arbeitsumwelt als belastend empfunden wird, desto mehr neigt man zu Fehlern, die wiederum neuen Stress erzeugen, und so potenziert sich nach und nach der Zustand, der sein Ventil in Krankheit oder Kurzschlusshandlungen findet.

Was kann man tun? Ein **Antistressplan** beginnt im Betrieb mit der Aufstellung von strikten Arbeitsabläufen. Alles auf einmal kann meist nicht umgesetzt werden, aber schrittweise ist das möglich. Hier ist jedoch Konsequenz nötig, ein Punkt nach dem anderen muss abgearbeitet werden.

Es beginnt mit der Einteilung des täglichen Arbeitsablaufs und einer Gewichtung: Was ist besonders wichtig, was weniger dringend, was kann warten? Diese Einteilung erfolgt im Sinne einer **ABC-Analyse** (vgl. Etti/ Kramer 2002, S. 55):

- **A-Aufgaben**: wichtig und dringend, **Muss-Aufgaben**
- **B-Aufgaben**: wichtig, aber weniger dringend, **Kann-Aufgaben**
- **C-Aufgaben**: weniger wichtig, aber dringend
- **D-Aufgaben**: weniger wichtig und weniger dringend

So lassen sich Prioritäten setzen. Der Tagesplan sollte zur eigenen Kontrolle schriftlich festgehalten werden, damit nichts vergessen wird. Hierfür sind Hilfswerkzeuge wie Kalender, Arbeitspläne oder ein Computerprogramm sinnvoll.

BEISPIEL

Ein Tagesablauf in einem Sekretariat kann beispielsweise folgendermaßen aussehen:

- Posteingang und Postbesprechung
- Terminbesprechung mit dem Chef und anderen Abteilungen
- Führung der Jahres-, Monats-, Wochen- und Tagestermine (Terminplanung)
- Wiedervorlagen
- Schriftwechsel
- Telefonate
- Koordinationsaufgaben
- Erledigung der Tagesaufgaben nach der ABC-Analyse
- Besprechungen
- Korrespondenz
- Unterschriften vom Chef
- Postversand
- wichtige Vorbereitungen für den nächsten Tag

Bei der ABC-Analyse kann überlegt werden, ob man das alles tatsächlich auch selbst machen muss. **Aufgaben sinnvoll zu delegieren**, gehört auch zu einem guten Office-Management. Delegierte Aufgaben müssen allerdings terminlich überwacht werden.

„Denke daran, seit wie langer Zeit du diese Dinge aufschiebst." (Marc Aurel)

Ähnlich wie die eigene Arbeitsplanung müssen auch die vom Chef zu erledigenden, zu bestimmenden oder zu entscheidenden Aufgaben eingeteilt werden. Im Sekretariat werden diese Aufgaben sortiert und nach Dringlichkeit zur Bearbeitung vorgelegt.

PRAXISTIPP

Die Terminplanung muss Raum für Unvorhergesehenes lassen. Und es muss Pufferzeiten geben, d.h., nicht jede Minute darf übergangslos verplant werden. Man muss sich Ruhe- und kreative Denkpausen gönnen, um die Arbeitsproduktivität zu erhöhen.

Zeitplanung und persönliche Arbeitstechnik sind eng miteinander verbunden. Umständliches Arbeiten und langes Aufschieben erfordert einen zu hohen Energieaufwand und belastet psychisch wie physisch. Große Berge von Arbeit werden kleiner, wenn sie in **kleine Einheiten**, kleine Erledigungsschritte aufgeteilt werden.

Eigene Schwächen und Schwachstellen der Arbeitsabläufe im Unternehmen sollten offensichtlich gemacht werden. Nur dann kann man die Schwächen bekämpfen.

19.3   Wer etwas zu sagen hat, muss auch reden können

Menschen, die gut sprechen, argumentieren und Gespräche zielgerichtet führen können, haben unzweifelhaft Vorteile, wenn es darum geht, andere überzeugen zu können. Sprechen bedeutet auch, **Einfluss** auszuüben, Meinungen zu initiieren, das geht bis hin zur Manipulation.

Dies ist sehr gut nachvollziehbar, wenn man an gute Redner denkt, denen man gerne zuhört, oder an Wahlveranstaltungen: Nicht das möglicherweise sinnvollste Programm wird gewählt, sondern Personen mit rednerischer Begabung. Nicht anders ist das bei betrieblichen Anlässen.

Körpersprache sind nicht nur große Gesten, sondern auch kaum merkbare Muskelreflexe. Diese können nicht unterdrückt werden, sind aber verräterisch

Egal ob bei Versammlungen, Ansprachen oder Besprechungen: die rhetorische Begabung übt einen großen Einfluss aus. Inhaltlich muss das unterstützt werden durch:

* gute Vorbereitung
* angemessenes Äußeres (Kleidung)

- die Kenntnis rhetorischer Tipps und Tricks (Sprach- und Sprechtechnik, Stimmlage, Betonung usw.)
- Zuhören
- Frage- und Argumentationstechnik
- und die Körpersprache

PRAXISTIPP

Die Unternehmensführung muss darauf achten, dass alle Personen in Führungspositionen oder mit Kundenkontakten rhetorisch geschult sind und sich weiterentwickeln.

19.4   Events

Große Tagungen, Kongresse oder besondere Veranstaltungen heißen heute des öfteren modern „Event". Man geht zum „Event", nicht zur Tagung.

Große Ereignisse werfen ihre Schatten voraus

Ein solches Event verlangt einen großen Einsatz der damit betrauten Personen. Eine **frühzeitige und sehr sorgfältige Planung** ist erforderlich, wenn die Veranstaltung nicht daneben gehen soll.

Klar werden muss man sich beispielsweise über folgende Fragen:
- Was ist der Anlass?
- Was ist das Ziel?
- Wie lässt sich das Ziel erreichen?
- Wer ist die Zielgruppe oder sind die Zielgruppen?
- Ist es eine Image-, eine Werbe- oder eine Verkaufsveranstaltung?
- Welchen Zweck verfolgen wir weiter?
- Wann soll die Veranstaltung stattfinden?
- Wo soll sie durchgeführt werden?
- Wie viele Personen sollen eingeladen werden und wie viele werden erwartet?
- Was ist der Zeitrahmen?
- Wie sehen die Tagesordnungspunkte aus?
- Wer moderiert?
- Wer redet?
- Welche Persönlichkeit oder Gruppe soll sprechen oder zur Unterhaltung eingeladen werden?
- Werden externe Referenten benötigt?
- Welcher Raum wird benötigt?
- Wie soll die Verpflegung erfolgen?
- Wie ist die Anreise und gibt es Parkmöglichkeiten?
- Welche Tagungstechnik ist erforderlich?
- Welches Personal übernimmt welche Aufgaben?

- Welches Budget steht zur Verfügung?
- Soll alles selbst organisiert werden oder soll ganz oder teilweise eine Event-Agentur beauftragt werden?
- Welche Details sind zu klären und wie sieht die Ablaufplanung aus?

Das sind nur einige der Fragen, die vorab zu klären sind. Es empfiehlt sich, die Vorbereitung und Durchführung eines Events einer **Projektgruppe** zu übertragen. Wie bei allen Projekten wird ein Team zusammengestellt und es werden klare Vorgaben zum Inhalt, der Projektlaufzeit und den finanziellen Mitteln festgelegt. Die Projektleitung berichtet dann über den jeweiligen Fortschritt.

19.5   E-Business

Anfangs leicht belächelt, hat sich E-Business zum festen Bestandteil des Geschäftlebens entwickelt und ist unaufhaltsam auf dem Vormarsch. Nicht zuletzt bedingt durch die grenzüberschreitenden Wirtschafts- und Geschäftsbeziehungen (**Globalisierung**) werden die elektronischen Medien kosten- und zeitsparend eingesetzt. „E-Business bezeichnet die Abwicklung von Geschäftsaktivitäten im Internet. [...] E-Business umfasst nicht nur den Handel mit Produkten und Dienstleistungen, sondern auch Geschäftsprozesse wie z.B. Supply-Management [...] und After-Sales-Services" (Behrens-Schneider 2002, S. 14).

So wie es in den Betrieben heute selbstverständlich ist, dass die Arbeitsplätze über einen Computer und einen Internetanschluss verfügen, so selbstverständlich wird das Internet auch für die Abwicklung von Geschäftsprozessen genutzt.

Ein- und Verkauf verzeichnen Vorteile aus Sicht der Marktgröße, der Geschwindigkeit, der Vergleichbarkeit von Angeboten, der Kostenersparnis bei der Bestell- und Verkaufsabwicklung.

Elektronische Marktplätze erleichtern das Handeln mit Produkten und Leistungen (http://www.netplanet.org). Zulieferbetriebe sind in den Fertigungsprozess ihres Kunden elektronisch eingebunden und die Produktions- und Transportphasen werden zeitgleich gesteuert.

Die rasante Entwicklung lässt sich auch im privaten Bereich ablesen, z.B. bei den Internetauktionen, den Buch- und Musikhändlern.

Für das Office-Management bietet das Internet eine Fülle von **Informationsmöglichkeiten**. Nahezu zu allen Stichworten bieten die Suchmaschinen Verweise. Die Menge macht es eher schwierig, die Verlässlichkeit und Verwertbarkeit der Information richtig einzuschätzen. Die großen allgemeinen Suchmaschinen sind Altavista, Google, Infoseek, Lycos und Yahoo.

Suchmaschinen zu bestimmten Bereichen sind u.a.:

- Office:
  www.sekretariat.net
  www.sekretaerin.de
  www.workingoffice.de
  www.die-sekretaerin.de
- Literatur:
  www.leselupe.de
  www.versalia.de
- Bilder:
  www.visoo.de
  www.fotomarktplatz.de

Es gibt Suchmaschinen für nahezu alle Themenbereiche, von der Wissenschaft bis zum Haushalt.

TEIL F

Marketing

20 Marketing – Definition und Grundlagen

20.1 Definition

Marketing ist ein Synonym für ein alles umfassendes Management

Der Begriff „Marketing" ist weit verbreitet und „modern". Gern wird von Marketing gesprochen, wenn es um Verkauf oder Werbung geht. Dabei ist Marketing sehr viel mehr und steht als Synonym für ein alles umfassendes Management.

Sinngemäß übersetzt kann Marketing als „einen Markt machen" bezeichnet werden (make a market). Darin steckt die Aufforderung nach dynamischem Handeln: „Lass dir etwas einfallen, jammere nicht herum, sondern tu' etwas!" Hier wird schon ein Grundgedanke des Marketings deutlich, nämlich die **Forderung nach permanentem aktivem und dynamischem Handeln.**

Mehr als 200 Definitionen des Begriffs Marketing sind in der Literatur beschrieben (vgl. Lettau 1999, S. 12). Das zeigt, wie schwierig es ist, den alles umfassenden Begriff des Marketings in einer allgemein verständlichen Erklärung wiederzugeben. Marketing ist ein ganzheitliches, also **alle Bereiche umfassendes Führungskonzept** eines Unternehmens. Diese Auffassung hat sich in den letzten Jahren entwickelt. War der Marketinggedanke anfangs lediglich auf den Absatz ausgerichtet, ist in der modernen Unternehmensführung klar geworden, dass auch alle anderen Aktivitäten eines Betriebes wie Einkauf, Produktion usw. letztlich dem Absatz und damit den Unternehmenszielen dienen. Deshalb wird bei einem marketingorientierten Unternehmen von **„ganzheitlichem Marketing"** gesprochen.

Unter den vielen Begriffserklärungen hat sich in der Lehre des Marketings folgende Formel bewährt:

Marketing = marktorientierte Unternehmensführung

In dieser Definition stecken bereits wesentliche Elemente:

Marketing geschieht gleichermaßen auf dem Beschaffungs- und dem Absatzmarkt

- **Markt:** Als Markt wird das Zusammentreffen von Angebot und Nachfrage verstanden. Der Marketing-Anwender sieht in diesem Markt stets den Beschaffungssektor mit gleicher Intensität wie den Absatzsektor. Nicht nur über den Verkauf soll die Ertragskraft erreicht werden, sondern auch über die Beschaffung. Jeder im Einkauf nicht ausgegebene Euro ist ein Euro mehr im Gewinn! Selbstverständlich zählen dazu auch die Prozesse der Logistik und der Produktion.

- **Orientierung** ist die Aufforderung, stets wachsam zu sein und alle Sinne auszurichten auf das Marktgeschehen, die Umwelt, den Wettbewerb, die Entwicklung, die Forschung, die Trends, die Gesellschaft, die Politik. Kurzum, Orientierung heißt, wissend zu sein – selbstverständlich zunächst einmal und ganz besonders in der eigenen Branche, aber auch in Fragen des Zeitgeschehens, der technologischen Entwicklungen und des tendenziellen sozialen wie gesellschaftlichen Verhaltens.

- **Unternehmen:** Marketing in einem Unternehmen zielt stets auf das Erreichen von Marktvorteilen, also auf die Ausweitung des eigenen Marktanteils, die Sicherung der Unternehmensexistenz und letztlich auf eine kontinuierliche Ertragssteigerung (also auf eine möglichst hohe Rendite).

Marketing ist jedoch keineswegs nur auf Unternehmen beschränkt. Da Marketing auch auf Manipulation von Menschen ausgerichtet ist, Normen und Meinungen bildet und Einflüsse auf das Verhalten ausübt, werden die Mechanismen des Marketings auch in Institutionen angewandt, die nicht primär eine Gewinnmaximierung zum Ziel haben.

„Non-Profit-Marketing" kann in nahezu allen Bereichen angewandt werden, um Meinungen zu bilden und Verhaltensweisen zu beeinflussen: in der Politik, bei religiösen Vereinigungen oder bei Einrichtungen mit kulturellem, spirituellem, gesundheitlichem, sozialem und anderem Hintergrund.

Marketing in Non-Profit-Einrichtungen

Auch wenn das existenzielle Ziel dieser Institutionen nicht in der Maximierung von Gewinn besteht, werden finanzielle Mittel dennoch benötigt, um die (ideellen) Ziele erreichen zu können. Non-Profit-Einrichtungen bedienen sich mithin der Instrumente des Marketings, um ihre Planungen umzusetzen. Auf Non-Profit-Marketing wird hier nicht weiter eingegangen.

20.2 Führung

Entscheidend für den Erfolg oder eben das Misslingen des Marketings ist die Führung. Nur wenn das oberste Management etwas von Marketing versteht, die Prozesse trägt, vorbildlich agiert und aktiv führt, können die Marketingziele erreicht werden.

Marketingverantwortung heißt auch Gesamtverantwortung; Marketingverantwortliche sind daher stets an der Führungsspitze eines Unternehmens

Es genügt nicht, einfach eine „Abteilung Marketing" zu installieren, ohne selbst marketingbewusst zu sein. Marketing kann nicht einfach delegiert werden, da es **eine oberste Aufgabe der Unternehmensführung** ist. Delegiert werden können nur die Ausführung, das operative Geschäft und die Detailarbeit.

20.3   Einordnung

Marketing gehört zum Studium der Wirtschaftswissenschaften und bildet einen Teilbereich der Betriebswirtschaft. Doch ganz so einfach ist diese Zuordnung nicht. Die klassische Betriebswirtschaftslehre ist eine stets rational beschreibbare, belegbare und berechenbare Disziplin. Dem widerspricht der Ansatz des Marketings: Hier werden eben nicht nur die pragmatischen Größen, sondern auch Emotionen, Gefühle, Moden, Trends – also „weiche Faktoren" – angewandt. Wie aber sollen solche Werte exakt beschrieben werden?

„Wovor der Mensch am meisten Angst hat: einen neuen Weg zu gehen, ein persönlich nie gehörtes Wort zu sprechen."
(Fjodor Dostojewskij)

In diesem Zusammenhang muss Marketing als eine **interdisziplinäre Wissenschaft** verstanden werden: Der Marketinganwender muss etwas verstehen von Psychologie, Soziologie, Anthropologie, Pädagogik usw. Wie will man Einfluss auf Menschen nehmen, wenn man sie nicht versteht?

> Wer keine Ahnung vom Menschen und von menschlichem Verhalten hat, kann Menschen auch nicht für sich gewinnen.

Marketing geht mithin weit über allgemeines betriebswirtschaftliches Wissen hinaus. Marketing ist eine Geisteshaltung, ein geistiger Prozess. Das heißt natürlich nicht, dass Marketing etwas für Träumer ist – und doch: **Fantasie und Vorstellungsvermögen** sind genau so unerlässlich wie **betriebswirtschaftlicher Pragmatismus.** Marketing ist demnach zweigeteilt:

* Es geht zum einen individuell-persönlichkeitsbezogen um eine Geisteshaltung, Persönlichkeit, Intellekt, visuelle Fähigkeit,
* und zum anderen um formales Marketingwissen als Lehr- und Lernstoff.

20.4   Mögliche Widerstände gegen Marketing, insbesondere in kleinen Unternehmen

Die Marketing-Literatur bezieht sich so gut wie gar nicht auf kleine und mittelständische Unternehmen. Das hat seine Ursachen in der oft mangelnden Attraktivität von Forschungsaufträgen und den verfügbaren finanziellen Mitteln in diesem Bereich.

Eine erfolgreiche Marketingkonzeption für den Bäcker Maier in X-Dorf oder die Dreherei Müller in A-Stadt bringt für ein Marketinginstitut natürlich nicht den gleichen Reputationsgewinn wie eine Veröffentlichung über renommierte Firmen, sei es über eine Automarke, Finanzanlagen, Urlaubsreisen oder den Massenartikel eines Waschmittelkonzerns, ein modernes Getränk, Sportschuhe, Kopfschmerztabletten, Popmusik u.Ä.

Kleine Unternehmen sind deshalb oftmals der Auffassung, Marketing sei nur etwas für die Großen. Welch ein Irrtum! **Kleine und mittelständische Unternehmen können von den Großen lernen.** Große wissen, dass Marketing etwas mit der Überlebensstrategie eines Unternehmens zu tun hat.

Kleine und mittelständische Unternehmer haben in Bezug auf Marketing häufig Einwände und Bedenken, die es auszuräumen gilt:

- Ein häufiger Einwand der Bedenkenträger lautet: „Marketing ist teuer!" Welch ein Unsinn! Marketing kostet kein Geld. Nur Hirnschmalz! Marketing ist ein geistiger Prozess, eine Frage der Führung und damit erst einmal kostenneutral, nein, eher sogar kostensenkend und in jedem Fall jedoch **ertragssteigernd.**

  „Ewiges Zögern lässt nie etwas zustande kommen."
  (Demokrit)

- Viele meinen außerdem: „Marketing haben wir früher nicht gemacht, das brauchen wir auch heute nicht." Welch eine Ignoranz! Zahlreiche Studien haben bewiesen, dass angewandtes Marketing die **Überlebensfähigkeit** eines Unternehmens gerade in Krisenzeiten sichert. Marketing trägt zu einem gesunden Wachstum bei und hilft, die Wettbewerbssituation nachhaltig zu verbessern. Das allein ist schon ein Grund, weshalb sich Führungskräfte mit Marketing auseinandersetzen müssen. Alles, was dem Unternehmen dient, ist Aufgabe des Managements. Marketing hat darin eine prioritäre Stellung.

- Der nächste oft vernommene Einwand: „Wir haben keine **Zeit,** das ist zu kompliziert." Da ist was dran. In guten Zeiten, wenn die Auftragsbücher voll sind, wird zu wenig über die Zukunftsgestaltung nachgedacht, „es geht ja gut", die Zeit ist knapp, und die Zukunft liegt in weiter Ferne. Sind die Zeiten schlecht, muss man alles daransetzen, Aufträge zu bekommen, der Liquidität hinterherrennen – und so bleibt wieder keine Zeit. Sieht man bewundernd zur Konkurrenz, erkennt man vielleicht: „Hätten wir uns nur mal mit Marketing beschäftigt." Beginnt man die Selbstständigkeit erst, hätte man die besten Chancen, von Anfang an nach den Kriterien eines Marketingkonzepts zu arbeiten. Das wird jedoch häufig nicht gemacht, da entweder wieder die Zeit fehlt – man muss für Aufträge sorgen – oder Marketing unbekannt ist und die Zukunft blauäugig durch die rosarote Brille betrachtet wird.

  „Lehre mich die Kunst der kleinen Schritte!"
  (Antoine de Saint-Exupéry)

Hat die Unternehmensleitung erkannt, dass Marketing ein Führungsinstrument ist, um das Unternehmen in eine bessere Wettbewerbsposition zu bringen und damit seine Existenz zu sichern, soll Marketing eingeführt werden. Aber wie? Einem bestehenden Unternehmen kann man Marketing nicht einfach überstülpen. Es bedarf einer umfassenden **Bestandsaufnahme,** einer klaren **Zielorientierung,** einer darauf ausgerichteten **Marketingkonzeption** und einer **schrittweisen Einführung.** Aber konsequent. Marketing kann und muss im Unternehmen „wachsen" und nach und nach zur Selbstverständlichkeit aller Aktivitäten werden.

Einführung des Marketings: Step by Step

20.5   Prognosen und Abweichungen

Wenn nun gesagt ist, dass der Marketinganwender auch „weiche Werte", also Emotionen, Modetrends usw. berücksichtigen muss, dann heißt das nicht, dass Marketing planlos ist. Im Gegenteil. Es gilt, wie in der klassischen Betriebswirtschaftlehre auch, eine **klare Planungsgrundlage** zu schaffen. Die „weichen" Faktoren werden dabei natürlich in der Unternehmensplanung berücksichtigt.

Dem Marketing-Anwender ist aber bewusst, dass sich weiche Faktoren schnell ändern können. Diese **Veränderungswahrscheinlichkeit** wird in den Prognoseprozess sorgfältig mit einbezogen, Abweichungen im Voraus überlegt und alternativ so vorausbestimmt, dass im Bedarfs- oder Krisenfall klar ist, was zu tun ist. Der Marketing-Anwender hat stets vorgesorgt und ist hoch flexibel, selbstverständlich ohne hektische Schnellschüsse.

20.6   Ziele des Marketings

Wenn wir von der einfachen Definition des Marketinggedankens – „Marketing = marktorientierte Unternehmensführung" – ausgehen, wird offensichtlich, dass Marketing nicht mit den Aufgaben einer Abteilung gleichzusetzen ist.

In der (europäischen) **Geschichte des Marketings** war das noch vor wenigen Jahrzehnten so: Der Begriff des Marketings wurde vielfach ersetzt oder ergänzt durch Verkauf. Nach und nach wurden dem Verkauf weitere Aufgaben zugeordnet, wie u.a. die Werbung und Verkaufsförderung, und schließlich alle Aktivitäten, die zum Absatz der Erzeugnisse und Dienstleistungen dienten. Der Fokus war auf Absatz bzw. auf den gesamten Bereich der Absatzwirtschaft ausgerichtet. In zahlreichen Aufzeichnungen ist auch gegenwärtig noch der reine Absatzgedanke Inhalt der Definition des Marketingbegriffs.

Philip Kotler hat in seinem Standardwerk „Grundlagen des Marketing" den Gedanken weiter gefasst als „eine menschliche Tätigkeit, die darauf abzielt, durch Austauschprozesse Bedürfnisse und Wünsche zu befriedigen und zu erfüllen" (vgl. Kotler 1989, S. 19).

Menschliche Tätigkeit, Austauschprozesse, Bedürfnisse und Wünsche stehen im Mittelpunkt und nicht nur der reine Verkaufsgedanke.

Damit wurde klar, dass Marketing umfassender verstanden werden kann. Es kommen Gestaltungselemente hinzu, welche den geistigen Prozess, nämlich Bedürfnisse und Wünsche (Kunden, Mitarbeiter, Geschäftspartner), einbeziehen und ebenso Austauschprozesse (Märkte, Organisation, Beschaffung, Produktion, Absatz, Logistik) wie auch die menschliche Tätigkeit selbst.

Mit zahlreichen Definitionen des Marketing-Begriffs wurde versucht, diesen umfassenden Gedanken weiter zu präzisieren. Ernsthafte Erklärungen führen dabei stets auf die Ebene der Unternehmensführung.

In der Folge löst sich der Begriff des Marketings von einer reinen Abteilungstätigkeit hin zu einer **ganzheitlich orientierten, primären Aufgabe und Funktion des obersten Managements.** Ganzheitlich bedeutet in diesem Zusammenhang, dass das gesamte Unternehmen mit all seinen Tätigkeiten und Funktionen auf die Prinzipien und Gestaltungselemente des modernen Marketings ausgerichtet ist.

„Nur wer sein Ziel kennt, findet den Weg."
(Laotse)

Marketing ist also eine oberste Führungsaufgabe und umfasst das gesamte Unternehmen mit seinen Merkmalen und Elementen nach innen wie seinen Bezügen nach außen. Markt-orientierte Unternehmensführung!

ERFOLGREICHES MARKETING

Ziele	Voraussetzung
• Deckungsbeiträge garantieren	• Das Denken verändern
• Vorteile im Verdrängungs- wettbewerb	• Perspektiven erkennen
• Existenzsicherung	• Wägen und wagen
• Kontinuierliches Wachstum	• Das Wissen mehren
	• Führen!

„Der Kopf ist rund, damit man die Richtung des Denkens verändern kann."
(Unbekannter Verfasser)

20.6.1 Käuferverhalten

Kaufentscheidungen werden nach Bedürfnissen getroffen. Dabei sind rationale Entscheidungen stets verbunden mit dem Bedürfnis einer Problemlösung bzw. eines Nutzens.

Kaufentscheidungen lassen sich wie folgt klassifizieren:
• Wiederkehrende Kaufentscheidungen, die keinen besonderen Informationsbedarf mehr notwendig machen, werden als **habituelles Kaufverhalten** bezeichnet.
• Reaktionen auf spontane Kaufanreize werden als **impulsgesteuertes Kaufverhalten** bezeichnet.
• Einen wichtigen Raum nehmen (vermeintliche) Werte und Normen ein. Käufer orientieren sich an anderen, an Marken, Meinungen. Diesen Mitläufereffekt nennt man **sozial abhängiges Käuferverhalten.**

Aufgabe der Marketingaktivitäten ist es, Beziehungen zu den Käufern in ihrem Kaufverhalten herzustellen. Durch diese Beziehungen soll das menschliche Verhalten stimuliert oder/und das Grundbedürfnis des Menschen so gesteuert werden, dass es gezielt auf den Anbieter reagiert.

„Die einzige gesellschaftliche Verpflichtung des Unternehmens ist es, Kunden zufrieden zu stellen."
(Peter Drucker)

Beeinflussung und Mittel zur Stimulanz des Käufers kann man auch als Elemente der **Manipulation** bezeichnen. Zahlreiche Beispiele von Manipulation und Beeinflussung (Suggestion) lassen sich mühelos nachvollziehen, wenn das Konsumverhalten der Verbraucher, insbesondere der „Massen", einmal nüchtern betrachtet wird.

> Entscheidend im Marketing ist es, den Käufer schnell und wirksam zu „gewinnen".

Vorausgesetzt, das Unternehmen beherrscht die Klaviatur der **Kundenbindung,** wird es ein Konkurrent sehr schwer haben, diesen Kunden abzuwerben. „Eine der sinnlosesten Beschäftigungen im heutigen Marketing ist der Versuch, den Menschen zu ändern. Wenn sich jemand erst einmal für eine Sache entschieden hat, ist es nämlich so gut wie unmöglich, ihn vom Gegenteil zu überzeugen" (Ries 1986, S. 47). Mit einer objektiven Beurteilung des Kunden hat das nichts zu tun, es ist ein kaum erschütterbares, eingeprägtes Meinungsbild. „Wahrheit ist das, was der potentielle Kunde glaubt" (ebd. S. 47).

Massendekadenz ist gut Die **Stimulanz des Käufers** unterliegt bestimmten **Einflussfaktoren.**
fürs Massenmarketing Dazu zählen …
- die endogenen und exogenen Empfindungen und
- die individuellen ökonomischen, psychologischen, soziologischen, politischen, kulturellen und technischen Einflüsse.

Sie sind Ausgangspunkt des Kaufverhaltens. Dabei können das Konsumverhalten und der Entscheidungsprozess selbst nicht bestimmt (beobachtet, eingesehen) werden. Der Entscheidungsprozess ist geprägt von der Persönlichkeit des Käufers mit seinen Einstellungen, seiner Wahrnehmung, seiner Motivation, seiner Prägung und seinem Lebensstil.

Die Frage, welche Faktoren den Entscheidungsprozess mitbestimmen – ob es kognitive Faktoren sind oder der Informationsgrad, Alternativenbewertung oder die Kauferfahrung –, ist aus der Sicht des Anbieters ebenfalls nicht zu beantworten.

Diese psychischen Beweggründe der Kaufentscheidung, die nicht wahrnehmbar bzw. bestimmbar sind, werden als **Black Box** bezeichnet: Man weiß, *dass* etwas funktioniert (dass Käufer z.B. bestimmte Kaufentscheidungen treffen), aber nicht, *wie* es funktioniert (warum sie bestimmte Kaufentscheidungen treffen). (Zur Veranschaulichung ein Beispiel aus einem anderen Bereich: Ein normaler Computernutzer weiß, dass der Computer komplizierte Aufgaben löst, aber nicht, wie er das macht – er muss es auch nicht wissen.)

Ein Black-Box-Modell erklärt drei Bereiche des Käuferverhaltens (vgl. Weis 1999, S. 51), wie Abb. 49 zeigt.

Stimuli	Black Box	Response
Input	Einflussfaktoren Konsument	Konsumverhalten
• Marketing-Instrumente (Anreize) • Endogene und exogene Bedürfnisse • Umwelteinflüsse • Wettbewerbseinflüsse	• Individuelle Verhaltenseinflüsse • Individuelle Entscheidungseinflüsse	• Entscheidungen über Kauf, bei welchem Anbieter, Zeitpunkt, Menge, Preis

Abb. 49: Black-Box-Modell (vgl. Weis 1999, S. 51)

Kaufentscheidungen basieren auf Empfindungszuständen. Diese können ökonomischen Bedürfnissen oder psychischen Vorgängen (oder einer Kombination aus beidem) entstammen. Emotionale Faktoren bilden die zentrale Mitte der Entscheidungen.

Emotionen (Gefühle, Empfindungen, Affekte) bilden Schlüsselanreize, die bei der Gestaltung von Marketingaktivitäten vorrangig beachtet werden müssen.

„Der hohe Wert, den sich die Menschheit durch Sittlichkeit verschaffen kann und soll, besteht nicht bloß in Handlungen, sondern in Gesinnungen."
(Immanuel Kant)

Emotionen und Motive liegen eng beieinander. Motive führen zu einer Handlung, Emotionen aktivieren Handlungen und bestimmen die Wahrnehmung.

Wissen und Gefühle sind Bestandteil der **Theorie der „kognitiven Dissonanz"**. Diese Theorie beschreibt den als unangenehm empfundenen Spannungszustand, in dem sich eine Person befindet, die sich zwischen zwei Elementen befindet.

BEISPIEL

Ein Käufer entscheidet sich für ein modernes Fernsehgerät. Nach dem Kauf werden ihm die vielen Vorteile der Konkurrenzprodukte deutlich. Er zweifelt an der Richtigkeit seiner Kaufentscheidung.

Diese **„Nachkaufdissonanz"** ist ein wichtiger Faktor, der beachtet werden sollte, um den Kunden nach dem Kauf in der Richtigkeit seiner Entscheidung zu bestätigen. Das sind Aufgaben von Service und Kundenbindung. Je anspruchsvoller (teurer) ein Produkt ist, desto wichtiger wird diese Form der „Werbung nach dem Kauf".

„Du glaubst zu schieben und wirst geschoben."
(Johann Wolfgang von Goethe)

Sowohl in den Formen der Stimulanz als auch in der Kundenbindung spielt – und das gilt für die gesamten Marketingaktivitäten – **die Wahrnehmung als kognitive Repräsentation im Bewusstsein des Kunden** die alles entscheidende Rolle.

Das bedeutet, wie wir auch schon früher festgestellt haben, dass nur derjenige etwas verkaufen kann, der auch eine Ahnung vom Kunden und von menschlichem Verhalten hat. Ein ständiger Prozess der Informationspolitik, des Lernens und des Wissensmanagements ist ebenso erforderlich wie die Aufrechterhaltung des Kommunikationsniveaus.

20.6.2   Formen des Marketings

Zahlreiche **Auswüchse in der Verwendung des Marketingbegriffs** legen den Verdacht nahe, dass viele weniger vom ganzheitlichen Führungsgedanken eines marketingorientierten Unternehmens ausgehen, sondern vielmehr einfach eine „moderne" Bezeichnung oder Variante eines Tätigkeitsfeldes wünschen. So werden Bezeichnungen wie Personalmarketing, Finanzmarketing, Bankmarketing, Aktienmarketing, Fondsmarketing, Versicherungsmarketing, Vermögensmarketing, Bildungsmarketing, Ethnomarketing, Stadtmarketing, Selbstmarketing, Webmarketing, Tourismusmarketing usw. genannt. Sieht man sich Stellenangebote wie „Wir suchen jemanden fürs Marketing" näher an, stellt sich oft schnell heraus: Es geht um einen Job im Verkauf.

Bei den zahlreichen Bezeichnungen darf man vermuten, dass Elemente des klassischen Marketings für spezifische Aufgaben einer Branche angewandt werden sollen. Ganzheitliches Marketing ist eine gesamtheitliche oberste Führungsaufgabe und nicht nur auf eine Zielgruppe oder einen Vertriebs- bzw. Absatzweg ausgerichtet.

Kategorien des Marketings   Hingegen betreffen folgende Unterscheidungen nicht einzelne Abteilungen oder Tätigkeitsmerkmale, sondern sie beziehen sich auf **spezifische Bedürfnisse, Herausforderungen und Ziele einer gesamten Kategorie von Gütern und Leistungen.** So unterscheidet man:

- Konsumgütermarketing
- Handelsmarketing
- Investitionsgütermarketing
- Dienstleistungsmarketing
- Internationales Marketing
- Non-Profit-Marketing

Spezifische Ziele, wie sie z.B. in den Begriffen Tourismusmarketing oder Versicherungsmarketing benannt sind, können dem Sektor „Dienstleistungsmarketing" zugeordnet werden. Ähnlich verhält es sich mit anderen Bezeichnungen, die einem der obigen Begriffe zuzuordnen sind.

In der folgenden Übersicht werden die einzelnen Ausprägungen des Marketings kurz beleuchtet.

FORMEN DES MARKETINGS

Konsumgütermarketing

Die wissenschaftlichen Theorien des Marketings haben sich mit Blick auf den Endverbraucher bzw. den privaten Konsumenten entwickelt. Konsumgütermarketing ist **das klassische Marketing der Massenmärkte.** Merkmal ist die direkte Marktbearbeitung. Der Konsument soll die angebotenen Produkte oder Leistungen beim Handel nachfragen (**Pull-Strategie:** „In den Markt ziehen").

Merkmal des Konsumgütermarketings ist die direkte Marktbearbeitung

Richten sich die Marketingaktivitäten an den Handel, z.B. durch aktive Verkaufsmaßnahmen, durch Anreize, Druck usw., soll erreicht werden, dass der Handel die Produkte listet und dem Endverbraucher anbietet (**Push-Strategie:** „In den Markt drücken").

Handelsmarketing

Das Handelmarketing unterscheidet sich nicht wesentlich vom Konsumgütermarketing. Es können dieselben Strategien eingesetzt werden. Besonderheit des Handelsmarketings ist die **enge Verwandtschaft zur Dienstleistung** und ebenso die **Nähe zum Verbraucher.** Daraus ergeben sich spezifisch-konzeptionelle Elemente der Ausgestaltung des Marketings. Der Einzelhandel hat einen differenzierteren Bedarf an Informationen wie u.a. Standortfragen, Kundenanalysen, Wettbewerbssituation, Preisgestaltung usw.

Die Möglichkeiten hängen auch wesentlich davon ab, in welcher Form der Einzelhandel am Markt tätig ist, ob es sich also um stationären Handel mit Ladengeschäften handelt, um Versandhandel (auch Internet) oder um ambulanten Handel wie Märkte, Messen usw.

Die Möglichkeiten des Handelsmarketings hängen u.a. davon ab, wie der Einzelhandel am Markt tätig ist

Eine weitere Rolle spielt, ob es sich um ein Filialgeschäft, eine Handelskette, eine Einkaufsgenossenschaft oder einen freiwilligen Zusammenschluss handelt.

Investitionsgütermarketing

Der Begriff des Investitionsgutes geht zurück auf die **Transaktionskostentheorie.** Danach sind Investitionsgüter für bestimmte Transaktionen bestimmt, einfacher ausgedrückt: Sie verkörpern einen Wert. Der Einsatz von Investitionsgütern erfolgt auf der Grundlage technischer bzw. technologischer Bedürfnisse als Mittel zur Stoffumwandlung und letztlich zur Schaffung neuer Güter (Produkte und Leistungen). Investitionsgüter sind gekennzeichnet durch den Spezialisierungsgrad ihrer Bestimmung. Man kann Investitionsgüter mithin auch als **zweckgebundene Sachwerte** bezeichnen.

Für den Käufer stellt der Erwerb eines solchen Gutes stets eine Investition dar. Im Marketing muss der Verkäufer neben dem Einsatz der klassischen Instrumente auch die **Anlagenintensität** und die **Kapitalanlagetätigkeit** berücksichtigen. Die Absatzpolitik wird erheblich von den technischen und technologischen Bestimmungsfaktoren bestimmt. Eine sehr enge Beziehung und Kenntnis der Märkte des Kunden ist i.d.R. unerlässlich.

Business-to-Business-Marketing: Zusammenwirken anbietender und nachfragender Organisationen

Investitionsgütermarketing wird, da es Geschäfte zwischen Unternehmen bzw. Organisationen betrifft, auch als **Business-to-Business-Marketing** bezeichnet. Damit ist das Zusammenwirken anbietender und nachfragender Organisationen gemeint.

Im allgemeinen Sprachgebrauch wird der Begriff Investition (Invest) auch im Bereich privater Geschäfte angewandt, z.B. in der Immobilienwirtschaft, im Automobilbau, im Bootsbau etc.

Merkmale des klassischen Investitionsgütermarketings:
- Als Nachfrager treten Organisationen und keine Konsumenten (private Haushalte) auf.
- Zweck der Investition ist die Herstellung weiterer Güter (Leistungen).
- Die Nachfrage orientiert sich an den qualitativen und quantitativen Bedürfnissen der Produkte (Leistungen), welche mit dem Investitionsgut hergestellt werden sollen und vom Verbraucher (Konsumenten) in diesen Eigenschaften nachgefragt werden.
- Die Beschaffung von Investitionsgütern erfolgt sehr stark ausgeprägt nach den organisatorischen Bestimmungen des Kunden und dessen Investitionspolitik.
- Investitionsgüter sind stets im Zusammenhang mit den gesamten Leistungen des Nachfragers und seinen ökonomischen Möglichkeiten wie auch seinen technischen und technologischen Gegebenheiten zu sehen. Investitionsgüter dienen meist dem Zweck komplexer Problemlösungen des Nachfragers.

Dienstleistungsmarketing

Alle immateriellen Aktivitäten, welche auf dem **Einsatz von Zeit** beruhen, sind Dienstleistungen. Im Gegensatz zu materiellen Gütern sind Dienstleistungen nicht greifbar, sie beruhen auf den Potenzialen der Wahrnehmung.

Dienstleistungen werden dem „Nutzer" „direkt" vom Leistenden erbracht. Diese Leistungen sind im Allgemeinen **nicht exakt reproduzierbar.** Dienste sind nicht beliebig verfügbar, nicht lagerfähig, nicht „besitzbar".

Dienstleister können allein durch ihre „Marke" Vorteile bewirken. Dienstleistungsmarketing beruht neben den klassischen Instrumenten ganz besonders auf den Bereichen der **Servicepolitik** und der **Kommunikationspolitik.**

Im Dienstleistungssektor sind zahlreiche Kombinationen von Diensten und materiellem Einsatz bekannt, z.B. Restaurant, Friseur, Zahnarzt usw.

20.7 Gestaltung des Marketings

Die planerische und konzeptionelle Gestaltung des Marketings im Unternehmen bedarf einer hierarchischen Orientierung. Damit soll gesagt sein, dass sich letztlich alle Merkmale des Marketings auf die existenziellen Ziele des Unternehmens ausrichten müssen. Marketing kann nicht losgelöst von den übergeordneten Unternehmenszielen gestaltet werden. Es orientiert sich vor allem ...

- an der **Unternehmensphilosophie,** die auf Dauer ausgerichtet ist und u.a. Grundziele (siehe Kapitel 1.2) beschreibt, und
- am **Unternehmensleitbild,** das ebenfalls auf Dauer ausgerichtet ist und einzelne Handlungsziele aus der Unternehmensphilosophie konkretisiert.

Unternehmensphilosophie und Unternehmensleitbild prägen die Unternehmenskultur

In seiner Gesamtheit lässt sich das Aufgabengebiet des Marketings in drei Teilbereiche einteilen:

- **Strategisches Marketing** (siehe Kapitel 21) entspricht der langfristigen betriebswirtschaftlichen strategischen Planung, erfolgt jedoch nach Gesichtspunkten des Marketings. Die zentrale Fragestellung lautet: Wie werden wir auf welchen Wegen und mit welchen Mitteln unsere Marktziele erreichen?

Strategisches Marketing = Wege zum Ziel

- **Konzeptionelles Marketing** bezeichnet die Umsetzung der strategischen Zielvorgaben in mittelfristige Handlungsschritte. Damit entspricht es teilweise der betriebswirtschaftlichen taktischen Planung (die Bezeichnung taktisches Marketing wird selten gebraucht).

Konzeptionelles Marketing = Vorgabe und Ausrichtung der Tätigkeiten

- **Operatives Marketing** (siehe Kapitel 23) befasst sich mit kurzfristigen Zeiträumen von einer Dauer bis zu einem Jahr und steht für das tägliche zielgerichtete Handeln in allen Unternehmensbereichen und für alle Aufgaben. Operatives Marketing ist die konkrete Umsetzung und Durchführung der Marketingvorgaben.

Operatives Marketing = Machen

Die Gestaltungselemente und Prinzipien des Marketings sind in den drei Teilbereichen weitgehend identisch. Sie unterscheiden sich im Angebot des Unternehmens lediglich danach, ob es sich um
- Konsum- bzw. Handelsgüter (Konsumgütermarketing, Handelsmarketing),
- Investitionsgüter (Investitionsgütermarketing) oder
- Dienstleistungen (Dienstleistungsmarketing) handelt.

Marketingbezeichnungen nach Zielgruppen (Ethnomarketing, Sportmarketing) oder nach Regionen (Internationales Marketing, Stadtmarketing) stellen lediglich Differenzierungen innerhalb der drei Hauptgruppen dar.

21   Strategisches Marketing

Die strategische Planung bildet die Grundlage für die Vorgehensweise des Unternehmens, um längerfristige Ziele zu erreichen. Taktische und operative Handlungsfelder bilden die (nachgeordneten) mittel- und kurzfristigen Aufgaben, welche ihre Umsetzung mithilfe der Gestaltungselemente des **Marketing-Mix** erfüllen. Als Marketing-Mix bezeichnet man den kombinierten Einsatz der Marketinginstrumente Produkt- und Dienstleistungspolitik, Preis- und Konditionspolitik, Distributionspolitik und Kommunikationspolitik zur Durchsetzung marktorientierter unternehmerischer Zielsetzungen und Strategien – dazu mehr in Kapitel 23.

Im strategischen Marketing werden als Orientierungshilfen konzeptionelle Verfahren festgelegt. Diese bilden den verbindlichen Planungs- und Handlungsrahmen für das ganze Unternehmen und seine Partner.

21.1   Marketing-Strategie

Entscheidend in der Umsetzung marketingorientierten Handelns ist der Stellenwert, den das Marketing im organisatorischen Gefüge des Unternehmens einnimmt.

> Wenn wir Marketing ganzheitlich verstehen, kann es nur in absolut übergeordneter Linienfunktion angesiedelt werden, da Entscheidungen des Marketings alle und alles berühren, beeinflussen und umfassen.

Ideal ist es in jedem Fall, wenn der Unternehmer selbst eine ausgeprägte Präferenzen für das Marketing hat oder wenn die Marketingentscheidungen im Topmanagement bzw. auf der Vorstandsebene des Unternehmens getroffen werden.

Strategische Entscheidungen führen zu Zielen, die erst langfristig quantifizierbar sind

Strategische, also langfristige Entscheidungen führen zu Zielen, die nicht heute zu messen sind, sondern die erst im Laufe der fortschreitenden Entwicklung nach und nach erkennbar und quantifizierbar werden. Dabei ist außerdem zu bedenken, dass sich Marketingziele keineswegs statisch auf einen Zeitpunkt beziehen, sondern permanent fortgeschrieben werden (siehe analog: „Rollierende Planung", Abb. 29).

Diese **langfristige Orientierung** führt in zahlreichen Unternehmen – zumal, wenn die Marketingabteilung hierarchisch untergeordnet ist – zu einer ablehnenden Haltung gegenüber strategischem Marketing, da die Verantwortlichen kurzfristig messbare Erfolge erwarten. Das wird insbesondere in wirtschaftlich schwierigen Zeiten immer wieder deutlich. Die daraus oftmals resultierende Nervosität des Managements verlangt kurzfristige Erfolge und führt zu Mittelkürzungen im „Bereich Marketing".

Dieses Vorgehen wiederum führt zur Vernachlässigung der mittel- und längerfristigen Marktziele. Es setzt auf den Erfolg kurzfristiger Kampagnen, die leicht messbar sind und dadurch zu dem Irrglauben verleiten, die kurzsichtige Denkweise sei die bessere.

Dabei wird das Aufgabengebiet des Marketings oftmals fälschlicherweise mit dem des Verkaufs verwechselt oder gleichgesetzt, was häufig beispielsweise mit der gegenwärtig in einigen Branchen zu erkennenden totalen Veränderung der **Distribution** (siehe Beschaffungs- und Absatzwegepolitik, Kapitel 23.4) zusammenhängt:

Hersteller unterliegen dem Diktat der Handelskonzerne

BEISPIEL

Früher galt die Macht der Hersteller als gegeben; heute schwindet ihr Einfluss gravierend, und die Handelswege gewinnen an ihrer Stelle zunehmend an Dominanz – man denke nur an die großen Direktvermarkter, Einzelhandelsketten oder an das E-Business.

Dieser Einfluss durch sich verändernde Vertriebswege birgt eine Gefahr für den Hersteller, nämlich den Verlust seiner Markenpositionierung. Andererseits eröffnet er ihm die Chance auf erhebliche Absatzsteigerungen, allerdings unter dem Diktat seiner Großabnehmer: Viele Hersteller machen ihre Umsatzanteile nur mit wenigen Kunden, was wiederum zu veränderten Aufgaben des Vertriebs führt (vom Verkäufer zum Vertriebsmanager). Vertriebsmanager betreuen diese Schlüsselkunden, verantworten ein Budget und sind ergebnisverantwortlich. Diese Fokussierung auf das Customer Relationship Management (CRM) verleitet dazu, Marketingaufgaben zu reduzieren oder zu vernachlässigen.

Das Unternehmen braucht ein scharfes, unverwechselbares Profil

Die Aufgaben des Vertriebsmanagers sind eher kurz- bis höchstens mittelfristiger Natur. Sie konzentrieren sich auf die Zusammenarbeit mit dem Handelsunternehmen, Aktivitäten vor Ort und die Steigerung des Umsatzes. Dadurch gehen dem Unternehmen Marketingkompetenz und -fähigkeiten verloren.

Dieses Beispiel macht zweierlei deutlich:

- Zum einen zeigt es, dass Marketing eher langfristig, Verkauf eher kurzfristig orientiert ist.
- Und zum anderen wird klar, wie wichtig es ist, **Verkauf und Marketing deutlich voneinander abzugrenzen:** Im strategischen Marketing muss organisatorisch deutlich werden, wo die Aufgaben des ganzheitlich-unternehmerisch bezogenen Marketingdenkens und -handelns liegen und welches die Aufgaben des Verkaufs sind.

Die Marktforschung ergibt auch Erkenntnisse über Marketingerfolge

Wie schon erwähnt, lassen sich Erfolge des Verkaufs sehr schnell messen und beurteilen. Wie aber werden Marketingerfolge gemessen?

Marketingerfolge lassen sich messen an …
- Markenbekanntheit,
- Produktqualität aus Kundensicht,
- Kundenzufriedenheit,
- Kundenbindung,
- Marken- und Kundenloyalität,
- Marktanteile, Marktwachstum.

Beliebte Beurteilungsmodelle sind zudem **Ertragskennzahlen** und die **Einflussgrößen von Investitionen und Verfahren** (vgl. Kapitel 7).

Die langfristige Ertragskraft eines Unternehmens hängt wesentlich mit seiner Fähigkeit zur Produktentwicklung und Innovation zusammen. Diese Fähigkeit setzt die Erkenntnis im Marketing voraus, dass die Absatzchancen mit erfolgreichen Innovationen zunehmen. Voraussetzung dafür wiederum ist, dass die Entwicklungsarbeit auf aktuellen, verlässlichen Daten begründet ist (vgl. Kapitel 22):
- Welche Bedürfnisse hat der Kunde?
- Was sind die konkreten Kundenwünsche?
- Welches sind die Präferenzen?
- Wie ist das Kaufverhalten?

Kennzeichen von Marken:
CI = Corporate Identity
CD = Corporate Design

Die Analyse solcher Erkenntnisse ist eine zentrale Marketingaufgabe. Daraus kann dann die Produktentwicklung unter Beachtung der Marke, der Corporate Identity (CI), des Corporate Design (CD) und der strategischen Ziele abgeleitet werden.

Der hohe Stellenwert, der dem Marketing also zukommt, bedarf einer ausgeprägten Voraus- und Weitsicht des Unternehmens und macht es erforderlich,
- die organisatorische und hierarchische Stellung genau festzulegen und
- die Funktionen genau zu definieren.

Durch diese Funktionsbestimmung kann erst die Festlegung der Zusammenarbeit mit den über das ganze Unternehmen verteilten Aufgaben und Elementen erfolgen.

21.1.1 Formen des strategischen Marketings

Strategische Modelle sind Denkmodelle mit dem Ziel einer Marktbeeinflussung. Die Kombination mehrerer Modelle miteinander ist durchaus möglich. Im Folgenden werden diese Strategien vorgestellt:
- Preis-Mengen-Strategie
- Qualitätsstrategie

- Marktsegmentierungsstrategie
- Internationalisierungsstrategien
- Kooperationsstrategien
- Innovationsstrategien

21.1.1.1 Preis-Mengen-Strategie

Soll der Verbraucher primär durch günstige Preise beeinflusst werden, spricht man von einer Discountstrategie oder „Preis-Mengen-Strategie". Ziel dabei ist es, große Mengen des Produkts zu niedrig kalkulierten Preisen abzusetzen.

„Der Weg des Denkens ist der Umweg."
(G.W.F. Hegel)

MERKMALE DER PREIS-MENGEN-STRATEGIE

- Undifferenzierte Produkte stehen im Wettbewerb zueinander
- Die Positionierung erfolgt ausschließlich über den Preis
- Niedrige Preise sind leicht kommunizierbar
- Das Image ist leicht aufzubauen (z.B. Discounter)
- Die Kundenbindung ist eher schwach
- Preisaggressiver Wettbewerb erweist sich als problematisch, wenn die eigene Preisuntergrenze aus dem Blick gerät
- Sonderverkauf und Rabattaktionen dienen als Stimuli

21.1.1.2 Qualitätsstrategie

Von einer „Qualitätsstrategie", auch Präferenzstrategie genannt, wird dann gesprochen, wenn der Käufer vom Design und von der Werbung auf einen hohen Qualitätsstandard – vermeintlich – einzigartiger Produkte schließt.

MERKMALE DER QUALITÄTSSTRATEGIE

Es geht um die Schaffung eines Alleinstellungsmerkmals, auch USP (Unique Selling Proposition) genannt, eines unverwechselbaren Images. Dabei ist der Preis eher Nebensache. Der Vorteil für den Verbraucher liegt in der hohen Qualität und den damit verbundenen Vorzügen: Design, Marke (Prestige), Beratung, Kundendienst, Ersatzteilversorgung usw. (s. Produkt- und Sortimentspolitik Kap. 23.3).

21.1.1.3 Marktsegmentierungsstrategie

Die „Marktsegmentierungsstrategie" orientiert sich an dem definierten Zielmarkt (Zielgruppe) und der für diesen Markt erforderlichen Marktbearbeitung:

Ausprägungen der Markt-segmentierungsstrategie

- Die so genannte *undifferenzierte Marktbearbeitung* konzentriert sich darauf, die Zielgruppe nur mit einem Marketingprogramm anzusprechen. Unterschiedliche Verbrauchererwartungen werden bewusst nicht berücksichtigt. Man spricht auch vom Massenmarketing.

- In der *Nischenstrategie* konzentriert man sich auf Zielgruppen, welche den höchsten Zielerreichungsgrad versprechen.
- Bei der *differenzierten Marktbearbeitung* setzt man auf selektive Zielgruppen, welche am Gesamtmarkt eine jeweils eigene Marketingbearbeitung erfordern.

Bei der Marktsegmentierung besteht die **Gefahr der zu großen Aufspaltung der Zielgruppen.** Einerseits sind die Marktbearbeitungskosten für jede Zielgruppe zu finanzieren und andererseits bestehen Wettbewerbszwänge, welche sich bei zu geringer Zielgruppenanzahl als problematisch erweisen. Eine **ausreichende Segmentgröße** ist daher bei diesem strategischen Ansatz erforderlich.

Relevante Marktdaten für die Auswahl von Zielgruppen

Die Größen der jeweiligen Segmente und ihrer Strukturen werden mihilfe der **Marktforschung** ermittelt. Aus den Daten werden die erfolgsversprechenden Zielgruppen ausgewählt.

MARKTFORSCHUNG ZUR ZIELGRUPPENERMITTLUNG

Wenn man unter den **Endverbrauchern** eine Zielgruppe ermitteln möchte, sind u.a. folgende Daten hilfreich:

- Soziodemografische Größen: Einkommen, Schulbildung, Geschlecht, Alter, Wohnort, Eigentum
- Psychografische Merkmale: Wünsche, Lebensstile, Persönlichkeitsstrukturen, Einstellungen, Präferenzen
- Verhaltensbezogene Merkmale: Preisverhalten, Mediennutzung, Einkaufsstättenwahl, Produktwahl

Sind die gesuchten Zielgruppen **Unternehmen,** werden beispielsweise folgende Daten ermittelt:

- Organisatorische Merkmale: Branche, Größe, Stand der Technologien, Bestellmengen
- Einkaufsentscheidungen: Größe, Machtstrukturen, Vergabekriterien
- Personelle Merkmale der beteiligten Personen: Beruf, Ausbildung, Motive, Einstellungen, Risikobereitschaft, ggf. persönliche Vorlieben (vgl. Kotler u.a. 2003, S. 466 ff.)

21.1.1.4 Internationalisierungsstrategien

Früher waren internationale Handelsbeziehungen eher bei großen Firmen zu finden. Dies hat sich grundlegend geändert, denn heutzutage werfen auch kleine und mittelständische Unternehmen einen „Blick über die Grenzen".

Der europäische Binnenmarkt, die EU-Erweiterung – insbesondere mit der Öffnung nach Osteuropa – haben eine **neue regionale Wirtschaftszone** geschaffen. Dadurch bietet sich auch kleinen und mittelständischen Unternehmen ein Umfeld mit neuen Absatzchancen, was nicht zuletzt Deregulierungs- und Zollabkommen, dem durch elektronische Techniken weltweit zugänglichen „Markt" und der wirtschaftspolitische Förderung des Exports zu verdanken ist.

Die Entscheidung, internationale Märkte zu bedienen, bedarf einer sehr **sorgfältigen Planung und Vorgehensweise bei klarer Erkenntnis der Risikosituation.**

EINTRITT IN DEN INTERNATIONALEN MARKT

Wer einen Eintritt in den internationalen Markt plant, sollte sich grundsätzlich diese Fragen beantworten:

- Eigener Markteintritt oder indirekter Markteintritt?
- Auf welchen Märkten soll man tätig werden?
- Wie soll die Marktbearbeitung erfolgen?

21.1.1.5 Kooperationsstrategien

Kooperationsstrategien sind insbesondere bei großen Konzernen bekannt. Um sich den Kooperationspartner zu sichern, werden häufig Beteiligungen an dessen Kapital gehalten. Folgende Ausprägungen vonKooperationsstrategien gibt es:

Ausprägungen der Kooperationssstrategien

- Kooperationen auf *Dauer,* befristet oder unbefristet, z.B. Arbeitsgemeinschaften
- Unter *horizontalen Kooperationen* sind Kooperationen zu verstehen, die zwischen Unternehmen auf der gleichen Ebene oder aus der gleichen Branche geschlossen werden.
- *Vertikale Kooperationen* sind Kooperationen zwischen Unternehmen, deren Produktionsstufen bzw. Leistungsstufen aufeinander folgen.
- Als *heterogene Kooperationen* bezeichnet man z.B. Kooperation zwischen einem Unternehmen und einem Bildungsinstitut (etwa zur Ausbildung von Führungskräften).

21.1.1.6 Innovationsstrategien

Innovationsstrategien sind Zukunfts- und Schrittmachertechnologien, die eine Pionierstellung begründen, sowie alle Maßnahmen, die …
- der Verbesserung der Leistungserstellung dienen (Prozessinnovation),
- den Einsatz neuer technologischer Verfahren und damit der Möglichkeit, neue, ggf. verbesserte Produkte herzustellen, begründen,
- neue Anwendungen mit vorhandenen technischen Lösungen verbinden.

Beim Einsatz von Innovationsstrategien ist zu bedenken, dass der verschärfte Wettbewerb um die Pionierposition zu einer raschen Verkürzung der Produktlebenszyklen führt: Nur ein sehr früher Markteintritt bei innovativen Angeboten sichert dem Pionier einen ausreichenden Erfolg. Sobald der Wettbewerb nachgezogen hat, schwindet der Marktvorteil (als Alleinstellungsmerkmal). Diese Entwicklung hat automatisch zur Folge, dass nun andere Strategien verfolgt werden müssen.

Der Begriff **„Marktlebenszyklus"** beschreibt die Entwicklungsphasen eines Produktes im Zeitverlauf. Strategisch sind die Zyklen und ihre Erneuerungspotenziale bzw. der Produktniedergang von Bedeutung (vgl. Kap. 23.2.3, Abb. 56; siehe auch Produkt- und Sortimentspolitik, Kap. 23.2).

21.1.2 Strategische Grundsätze

Folgende Grundsätze sind für die Wirkungsweise von Strategien von Bedeutung (Pümpin 1983, S. 129):
* Konzentration der Kräfte
* Aufbau von Stärken / Vermeiden von Schwächen
* Ausnützung von Umfeld- und Marktchancen
* Geschickte Innovation
* Ausnützung von Synergiepotenzialen
* Abstimmung von Zielen und Mitteln
* Risikoausgleich
* Einheitlichkeit der Lehre
* Indirektes Vorgehen
* Differenzierung
* Imageprofilierung

Diese strategischen Grundsätze basieren auf einer Analyse von 40 überdurchschnittlich erfolgreichen Unternehmen. Ausgangspunkt sind die Determinanten der strategischen Kriegsführung (vgl. Ries/Trout 1986, S. 221 ff.). Der Strategie-Begriff ist militärischen Ursprungs und umschreibt das Denken, Handeln und Entscheiden.

21.2 Produkt-Markt-Matrix

Eines der bekannten Denkmodelle im Marketing, namentlich die Produkt-Markt-Matrix, wurde von Ansoff (vgl. Ansoff 1966, S. 132) entwickelt. Diese Matrix veranschaulicht die Zusammenhänge der bestehenden und neuen Märkte mit vorhandenen und neuen Produkten. Daraus kann abgelesen werden, welche strategischen Maßnahmen eingeleitet werden sollten.

Abb. 50 zeigt das Grundschema der Produkt-Markt-Matrix; die einzelnen Bestandteile werden im Folgenden erläutert.

Produkte \ Märkte	bestehende	neue
vorhandene	Marktdurchdringung	Marktentwicklung
neue	Produktentwicklung	Diversifikation

Abb. 50: Produkt-Markt-Matrix nach Ansoff

21.2.1 Marktdurchdringung

Mit den bisherigen Produkten soll auf bestehenden Märkten eine weitere Durchdringung erzielt werden. Dies erfordert einen intensiven operativen Einsatz, es zielt auf die Erhöhung des Marktanteils.

- Bei den Abnehmern sollen die Verwendungsmöglichkeiten erhöht werden.
- Neue Kunden sollen durch Preissenkung, intensive Werbung und Verkaufsförderungsmaßnahmen gewonnen werden.

21.2.2 Marktentwicklung

Bestehende Produkte werden auf neuen Märkten angeboten:

- Gewinnung neuer Abnehmergruppen, auch in bestehenden Absatzgebieten
- Variationen des Produkts
- Erschließung neuer geografischer Märkte
- Nutzung neuer Absatzwege
- Weitere Marktsegmentierung

21.2.3 Produktentwicklung

Neue Produkte kommen auf bisherige Märkte, es gibt also Lösungen, welche bisher nicht am Markt angeboten wurden. Produktdifferenzierungen können erfolgen durch …

- echte Innovation (völlig neue Produktentwicklungen),
- Weiterentwicklung bereits vorhandener Produkte, neuartige Produkte, andersartige Produkte,
- Me-too-Produkte (Nachahmerprodukte: Bereits am Markt vorhandenen Produkten wird ein weiteres hinzugefügt).

21.2.4 Diversifikation

Neue Produkte werden auf neuen Märkten angeboten. Verfolgte Ziele sind Wachstum, verbesserte Wettbewerbsfähigkeit, Risikostreuung, verbesserte Wirtschaftlichkeit. Man unterscheidet dabei wie folgt:

Formen der Diversifikation

- *Horizontale Diversifikation:* erweitertes Leistungsspektrum auf gleicher Wirtschaftsstufe
- *Vertikale Diversifikation:* Ausdehnung des Leistungsangebotes, z.B. von der Beschaffung über die Produktion, den Handel bis zum Endverbraucher
- *Laterale Diversifikation:* Erweiterung des Leistungsprogramms ohne sachlichen Zusammenhang mit der bisherigen Tätigkeit (z.B. Mischkonzerne)

BEISPIEL: PRODUKT-MARKT-MATRIX

Märkte / Produkte	Alter Markt	Neuer Markt
Altes Produkt	Marktdurchdringung: • Was tun, damit mehr Bier getrunken wird? • Weintrinker sollen Bier bevorzugen.	Marktentwicklung: • Süddeutsches Bier soll nach Norddeutschland verkauft werden. • Große und ganz kleine Flaschen; Geschmacksrichtungen bitter, süß, fruchtig. • Zielgruppe: Abstinenzler.
Neues Produkt	Produktentwicklung: • Bier mit Zusatz. • Me-too-Weißbier. • Schwarzwald-Schwarzbier.	Diversifikation: • *Horizontal:* Bier in anderen Gebinden; andere Getränke. • *Vertikal:* Anbau von Hopfen und Gerste; Vermarktung, Ketten. • *Lateral:* Fuhrleistungen für Güter; Herstellung und/oder Vertrieb von Spielzeug.

21.3   Portfolio-Methode

Der Begriff Portfolio stammt eigentlich aus dem Bankwesen. Er beschreibt beispielsweise die Mischung von Finanzanlagen, mit der ein Anleger eine möglichst hohe Ertragskraft bei möglichst geringem Risiko zu erzielen versucht.

Ganz in diesem Sinne wird die Portfolio-Methode auch im Marketing angewandt, nämlich **um strategische Geschäftsfelder darzustellen und zu überprüfen.**

Das „**Marktwachstums-Marktanteil-Portfolio**", welches von der Boston Consulting Group (BCG) entwickelt wurde, kombiniert in seiner Matrix sehr anschaulich die Verhältnisse des Produktlebenszyklus und die Erfahrungskurve mit Erkenntnissen und verdeutlicht die Kostensenkungs- und Erfolgspotenziale. Es ist in Abbildung 51 dargestellt und wird anschließend näher erläutert. (Vgl. auch Kap. 23.2.3.2)

Marktwachstums-Marktanteil-Portfolio

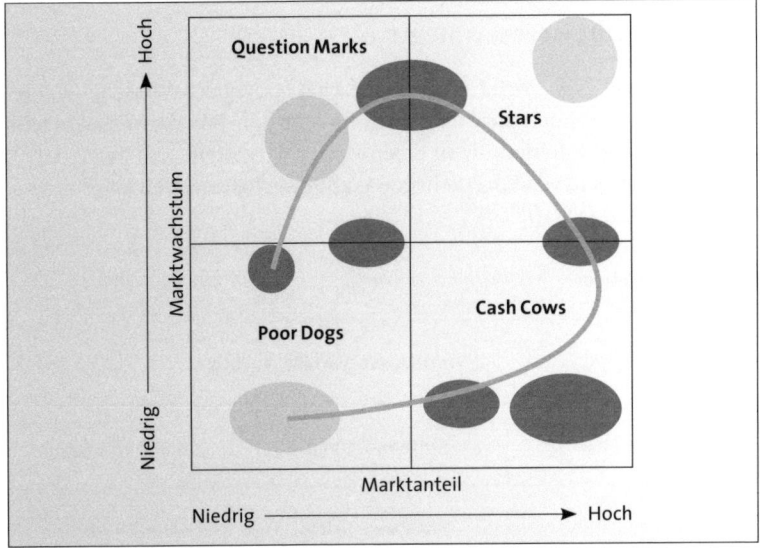

Abb. 51: Portfolio-Matrix nach BCG. Die Zuordnungen verdeutlichen den Stand der Produkte in den Marktwachstums-/Marktanteilrelationen.

21.3.1 Question Marks („Fragezeichen")

Damit bezeichnet man Produkte bzw. Leistungen, die sich in der Einführungsphase bzw. frühen Wachstumsphase befinden. Hier besteht ein hoher Finanzmittelbedarf bei keinen oder schmalen Gewinnen.

Wenn diese Produkte sich als aussichtsreich erweisen, wird ihr Marktanteil deutlich erhöht. Erscheint die Marktsituation wenig aussichtsreich, gilt es, den Marktanteil zu senken bzw. aufzugeben (Offensivstrategie).

Offensivstrategie

21.3.2 Stars („Sterne")

Dies sind Produkte in der Wachstumsphase, in starker Marktstellung; sie tragen sich selbst und erwirtschaften ausgeglichene Ergebnisse bzw. erste Gewinne.

Hier gilt es, den Marktanteil zu halten und weiter auszubauen (Wachstumsstrategie).

Wachstumsstrategie

21.3.3 Poor Dogs („arme Hunde")

In diese Kategorie fallen Produkte mit geringem Wachstum und schwacher Marktstellung, der Cashflow ist negativ bis ausgeglichen.

Zu empfehlen ist in diesem Fall, keine Investitionen mehr zu tätigen, die Produkte nur nötigenfalls zu erhalten und sie ansonsten zu eliminieren (verkaufen).

21.3.4 Cash Cows („Milchkühe")

Dies sind Produkte in starker Marktstellung, die deutliche Gewinne bringen. Hier versucht man den Marktanteil zu halten.

21.4 Wettbewerbsstrategie

„Wer gut die Feinde zu besiegen weiß, kämpft nicht mit ihnen."
(Laotse)

Michael Porter (vgl. Porter 1989, S. 32 f.) hat strategische Geschäftsfelder entwickelt. Es handelt sich dabei um die Größen **Wettbewerbsvorteile** und **Wettbewerbsfelder,** die in einer Matrix dargestellt und beschrieben werden. Daraus werden drei zentrale Wettbewerbsstrategien abgeleitet:

*   Kostenführerschaft
*   Differenzierung
*   Konzentration

Wettbewerbsvorteile		
Kostenführerschaft	**Differenzierung**	**Konzentration**
Wettbewerbsfeld		
Hauptziel: Kosten	Hauptziel: Unterscheidung	Hauptziel: Spezialisierung

Abb. 52: Wettbewerbsvorteile

Merkmale der Kostenführerschaft

21.4.1 Kostenführerschaft

*   **Fähigkeiten und Mittel:** Es besteht ein hoher Kapitalbedarf. Ständige Verfahrensoptimierung und Innovation sind gefordert, ebenso wie intensives Personalcontrolling, unkomplizierte Herstellungsverfahren und eine kostengünstige Distribution.
*   **Organisation:** Intensive Kostenkontrolle ist nötig, die mithilfe detaillierter Kontrollberichte geschieht. Es bestehen eine klare Führungsstruktur und eine feste Zuordnung der Verantwortlichkeiten. Anreizsysteme werden eingesetzt.
*   **Anforderungen:** Eine Konzentration auf Großkunden ist günstig. Auf generelle Kostenminimierung ist zu achten.

- **Vorteile:** Der Kostenführer besitzt eine starke preispolitische Macht. Eine hohe Gewinnerzielung ist auch bei starkem Wettbewerb gegeben.
- **Gefahren:** Erfahrungen gehen verloren. Der Wettbewerb lernt ebenbürtige Verfahren. Produkt- und Marktänderungen werden zu spät erkannt und Kostenrisiken falsch eingeschätzt.

21.4.2 Differenzierung

- **Fähigkeiten:** Nötig ist vor allem gutes Marketing. Schwerpunkte liegen weiterhin in den Bereichen Produkt-Engineering, Forschung und Entwicklung, Image, Qualität, Technologie. Branchenerfahrung ist gefragt. Beschaffungs- und Absatzpolitik geschieht im Marketing-Mix.
- **Organisation:** Es sollte eine gute Koordination zwischen Forschung und Entwicklung und Marketing bestehen. Subjektive Beurteilung und Anreize anstelle quantitativer Kriterien spielen eine große Rolle, denn es gilt, ein geeignetes Umfeld für hoch qualifizierte Arbeitskräfte zu schaffen (Klima, Atmosphäre, Privilegien).
- **Sonstiges:** Intensive Öffentlichkeitsarbeit ist ein Muss.
- **Vorteile:** Durch die Differenzierung kommt es zu einer hohen Markenbindung und Kundenloyalität und damit auf Dauer zu einer starken Position gegenüber Lieferanten und Geschäftspartnern. Spezialisten sind wenig preisempfindlich, da es wenig Alternativen gibt. Der Wettbewerb hält sich eher zurück.
- **Gefahren:** Nachahmer mit Me-Too-Produkten können die Marktposition schwächen. Den Kapitaleignern ist eine Kostenführerschaft deutlicher (zeitnah) als Differenzierungen (mittel- bis langfristig). Differenzierungen verlieren im Zeitverlauf.

Merkmale der Differenzierung

21.4.3 Konzentration

Konzentrationsoptionen sind in weiten Bereichen eine Kombination aus Kostenführerschaft und Differenzierungsstrategie. Sie unterscheiden sich insbesondere durch …

Merkmale der Konzentration

- gezielte Spezialisierung (Konzentration),
- zielgruppenspezifische Marktbearbeitung,
- homogenere Bedürfnisstrukturen,
- höhere Kundenloyalität.

22   Marktforschung

Wenn man von der Definition des Marketingbegriffs als „marktorientierte Unternehmensführung" ausgeht, ergibt sich für die Marktforschung bereits der Ansatz aus dem Begriff **„Marktorientierung"**:

> Unter **Markt** kann der Ort verstanden werden, an dem Angebot und Nachfrage zusammentreffen.

Beschaffung und Absatz   Der ganzheitliche Gedanke des Marktes beinhaltet unter den Begriffen „Angebot" und „Nachfrage" alles, was mit den Bereichen Beschaffung und Absatz in Verbindung steht. Zwischen den Sektoren Beschaffung und Absatz steht der gesamte Leistungsprozess des Unternehmens.

Beschaffung umfasst die Bereiche
*   Roh-, Hilfs- und Betriebsstoffe,
*   Arbeitskraft/Personal,
*   Kapital/Finanzierung.

Absatz beschreibt
*   die Produkte und Leistungen,
*   die Zielgruppen,
*   die Absatzwege,
*   die Absatzmittler,
*   die Absatzorte/Regionen.

Wer viel weiß, kann bessere   Beschaffung und Absatz werden nach relevanten Erkenntnissen über die
Entscheidungen treffen   Marktbeschaffenheit bestimmt.

> **Orientierung** bedeutet demnach nichts anderes als aktuelles Wissen um und über die Märkte.

Das bezieht sich sowohl auf die spezifischen Märkte, also die Bereiche, mit denen das Unternehmen direkt zu tun hat, als auch auf allgemeine Gegebenheiten des politischen, sozialen und kulturellen Umfelds und der Normen, Meinungen, Trends und Moden. Orientierung bedeutet mithin „Informationen sammeln und nutzen".

Marktorientierung bedeutet folglich, durch effektive Informationsbeschaffung über die Marktbeschaffenheit das erforderliche Wissen zu erlangen, mithilfe dessen man möglichst gut fundierte und zukunftsweisende Entscheidungen treffen kann.

Folgende Fragen können dabei helfen, die relevanten Informationen zu sammeln:

FAKTOREN ZUR ERMITTLUNG DER MARKTBESCHAFFENHEIT

Informationen im Beschaffungsbereich

- Welche neuen Techniken und Technologien gibt es?
- Welche neuen Verfahrenstechniken, veränderten Anwendungen und Verarbeitungsmethoden gibt es?
- Gibt es neue Materialien und Materialeigenschaften?
- Wie ist die Situation der Rohstoffmärkte (z.B. Lieferengpässe durch Verknappung, Streiks, Konflikte; Preissituation)?
- Wie entwickeln sich die Energiemärkte?
- Wie ist die aktuelle Situation auf dem Arbeitsmarkt und bei den Tarifauseinandersetzungen?
- Wie ist die Lage auf dem Kapitalmarkt (Finanzierungsmöglichkeiten, Zinsniveau, Zahlungsverhalten und Forderungsausfälle)?
- Welche Umweltanforderungen sind zu beachten?

Informationen im Absatzbereich

- Was wollen die Kunden?
- Wann wollen es diese Kunden?
- Wer sind diese Kunden?
- Wo sind diese Kunden?
- Wie sind diese Kunden zu erreichen?
- Was ist zu tun, damit diese Kunden bei uns kaufen und nicht beim Wettbewerb?
- Können wir mit den vorhandenen Ressourcen diesen Kundenwünschen entsprechen und lässt sich daraus ein wirtschaftlicher Erfolg ableiten?
- Aus welchen Wettbewerbsdaten lässt sich für uns Nutzen ziehen?
- Welche allgemeinen Wirtschaftsdaten (u.a. über die politische, soziale Situation der Absatzmärkte und Endverbraucher) sind für uns relevant?

Marktpotenzial und Marktvolumen

Basis der unternehmerischen Marktforschung ist die allgemeine Kenntnis über das Marktpotenzial und das Marktvolumen.

Als **Marktpotenzial** bezeichnet die Menge eines Produktes, das abgesetzt werden könnte, wenn alle potenziellen Kunden das Produkt kaufen würden, also das Bedürfnis nach dem Produkt hätten und es sich leisten könnten. Das Marktpotenzial ist mithin eine denkbare Größe des höchstmöglichen Absatzes eines Produktes ohne eine gegenwärtige reale Absatzchance.

Der Begriff **Marktvolumen** bezeichnet die tatsächliche Absatzmenge eines Produktes in einer bestimmten Periode. Hier geht es also um die Frage, in welcher Menge ein Produkt insgesamt von der gesamten Branche verkauft wurde.

Sättigungsgrad
Die beiden Größen Marktpotenzial und Marktvolumen können zueinander in ein Größenverhältnis gebracht werden, das den **Sättigungsgrad** angibt. Daraus lässt sich ableiten, ob für das Produkt noch ein ausreichend großer Zielmarkt zur Verfügung steht:

$$\text{Marktsättigungsgrad} = \frac{\text{Marktvolumen}}{\text{Marktpotenzial}} \cdot 100$$

Den eigenen Marktanteil kann das Unternehmen ermitteln:

$$\text{Marktanteil} = \frac{\text{Absatz in Stück (oder Umsatz)}}{\text{Marktvolumen}} \cdot 100$$

Planvoll Informationen sammeln

Interdisziplinäres Wissen und globale Kenntnisse führen zu fundierten Entscheidungen!

Soll die Marktforschung zu verwertbaren Erkenntnissen führen, muss sie **systematisch und zielorientiert** erfolgen. Traditionell richtet sich die Marktforschung an „die Märkte", also nach außen. Die moderne Form der Marktforschung übersieht aber auch den so wichtigen Blick nach innen, also „in das Unternehmen", nicht: Die Verbindung beider Erkenntnisse bietet die Basis zur Entscheidungsfindung.

AUFGABEN DER MARKTFORSCHUNG

Marktforschung soll …

- Informationen sammeln,
- Wissen erweitern,
- Orientierung bieten,
- Analysedaten offensichtlich machen,
- differenzieren,
- systematisieren,
- selektieren.

„Ich interessiere mich vor allem für die Zukunft, denn das ist die Zeit, in der ich leben werde."
(Albert Schweitzer)

Markt + Forschung

Die Erforschung des Marktes oder der Märkte richtet sich auf Ereignisse und Erkenntnisse der Vergangenheit und reicht bis zur Gegenwart. Werden nur diese Tatbestände in ein Ergebnis einbezogen, kann man eher von einer Marktanalyse sprechen.

Forschung beinhaltet auch eine aus den Analysedaten und den Unternehmenszielen abgeleitete Prognose. Daraus ergibt sich die notwendige Akribie, also der wissenschaftliche Ansatz, sowohl der Datenermittlung als auch der Datenaufbereitung und der Ableitung in die zukünftige Entwicklung.

Marktforschung und Marketing

Die Marktforschung im Marketing folgt dem ganzheitlichen Grundsatz eines marketingorientierten Unternehmens, nämlich der absoluten Ausrichtung allen unternehmerischen Handelns auf den Markt hin. In diesem Gebilde des „Marktes" sind die Beteiligten das Unternehmen, die Lieferanten, der Kunde und der Wettbewerb.

Ziel der Marktforschung ist es, durch Erhebung und Interpretation von Daten zu fundierten Entscheidungen zu kommen. **Wie können die erforderlichen Informationen beschafft werden?** Dazu sind folgende Fragen zu beantworten:

- Was soll ermittelt werden? (Marktanteile, Umsatzgrößen, demoskopische Daten, Meinungen, Einschätzungen usw.)
- Wie sollen die Daten ermittelt werden? (Beobachtung, Befragung, Experiment, Markttests usw.)
- Welche Märkte betrifft das? (Beschaffungsmarkt, Absatzmarkt, Arbeitsmarkt, Kapitalmarkt?)
- Werden die Daten als Primär- oder als Sekundärdaten benötigt?
- Wo sollen die Daten ermittelt werden? Intern oder extern? (Bei Kunden, dem Wettbewerb, den Verkaufsstellen, den Absatzmittlern, den Lieferanten usw.)
- Welche Gebiete sollen berücksichtigt werden? (Auswahl der Orte, Regionen)
- Wann soll der Zeitpunkt der Erhebung sein?
- Wie oft soll die Erhebung erfolgen?
- Wer soll die Daten ermitteln? Eigene Datenerhebung oder über Institute?
- Welche Güter oder Leistungen betrifft die Erhebung genau?
- Werden qualitative oder quantitative Daten benötigt?
- Welchen Marketinginstrumenten dient die Datenermittlung und welche Instrumente sind betroffen?

Chancen erkennen

Eine der wichtigsten Aufgaben der Marktforschung ist es, rechtzeitig Chancen der Markt- und Bedarfsentwicklung zu erkennen. Ergebnisse der Marktforschung lassen aber nicht nur Potenziale möglicher Entwicklungen erkennen, sondern auch die Risiken. Marktforschung dient mithin auch der **Früherkennung von risikobehafteten Entwicklungen.**

Ob in der Unterhaltungsbranche, bei Reisegesellschaften, den Lebensmitteln, der Mode, der elektronischen Entwicklung, im Güterverkehr, im Maschinenbau, in der Bautechnik, der Energiewirtschaft, der Landwirtschaft – wohl jede Branche kann aufzeigen, wie rasant sich Veränderungen eingestellt haben; und genau darauf kommt es an: rechtzeitig zu erkennen, wo die Chancen sind, ob das eigene Unternehmen eine Pionierchance hat oder sich anpassen muss.

Wer hätte noch vor wenigen Jahren geglaubt, dass man Klingeltöne verkaufen kann?

Nano-Technik
Die Nano-Technik hat Einzug gehalten in einer Vielzahl von Produkten und Herstellungsverfahren. Ein Zulieferer muss wissen, welche Produkte sein Abnehmer fertigt, sonst wird er den Anschluss verpassen. Er muss wissen, welche Produkte mit welchen Eigenschaften sein Abnehmer künftig nachfragen wird.

Medizin
In der Medizin haben sich die Operationsmethoden erheblich verändert. Ein Hersteller von chirurgischen Instrumenten muss diese Methoden kennen und seine Produkte darauf ausrichten.

Automobilindustrie
Neue Antriebstechniken für die Automobilindustrie werden gesucht. Wird die Brennstoffzelle den Durchbruch schaffen? Werden bestehende Techniken so optimiert, dass sie zukunftsfähig sind? Werden Lösungen für einen konkurrenzfähigen Elektroantrieb gefunden?

Digitalfotografie
Die Digitalfotografie hat die Herstellung von Kameras total verändert. Und die Auswirkungen auf die Filmhersteller? Da hatten wohl manche den Trend nicht erkannt.

Internet
Die Nutzung des Internets für Information, Absatz und Vertrieb ist das deutlichste Beispiel für Marktchancen: Vor wenigen Jahren noch haben zahlreiche kleinere Unternehmen das Internet als modernes, aber unwichtiges Spielzeug angesehen. Heute wickeln die Firmen ihre Geschäfte zum Großteil über das Internet ab.

Luftfahrt
Die etablierten Luftfahrtunternehmen konnten sich nicht vorstellen, dass Billigflieger eine Chance hätten. So manche haben die Entwicklung verschlafen, andere gliedern sich an oder suchen neue Wege.

Bio-Lebensmittel
Bioläden und ihre Kunden wurden vielerorts belächelt. Doch inzwischen haben selbst große Discounter in diesem Bereich nachgezogen, da der Markt solche Produkte nachfragt; das Verbraucherverhalten hat sich geändert.

Erkenntnisse zum Handeln – nicht für die Schublade
Marktorientierte Informationen dienen der Entscheidungsfindung und damit der Unternehmensplanung. Dabei muss ermittelt werden, ob es sich um weit reichende, generelle Erkenntnisse handelt, die wesentliche Auswirkungen auf Entwicklungen des Unternehmens haben können. Das sind Entscheidungen strategischer Tragweite.

Zur detaillierten Planung strategischer Prozesse ist eine Fülle von **Teilinformationen** notwendig. Sie beinhaltet immer eine Analyse der aktuellen Situation, die Formulierung strategischer Ziele sowie eine Machbarkeitsstudie unter Einbeziehung der Elemente des Marketing-Mix.

Die Absicht, die strategisch festgelegten Ziele zu erreichen, erzeugt einen hohen Informationsbedarf, der mithilfe der Marktforschung erfasst werden soll. Gelingt es nicht, benötigte Informationen zu beschaffen, erhöht sich das Planungsrisiko.

Zielt die Marktforschung nur auf einzelne Erkenntnisse, wie zum Beispiel eine Analyse der Preispolitik oder von Gestaltungselementen (lieber blau statt rot, lieber rund als eckig), können die Erkenntnisse in der Gestaltung des Marketing-Mix schneller eingearbeitet und umgesetzt werden.

22.1 Ausgangspunkt für die Marktforschung

Marktforschung kann eingeteilt werden in

- permanente Marktforschung (zeitraumbezogen) und
- zielgerichtete (zeitpunktbezogene) Marktforschung.

„Die Fragen sind es, aus denen das, was bleibt, entsteht."
(Erich Kästner)

Permanente Marktforschung bedeutet die tägliche Beschaffung von Informationen über alle Gegebenheiten der Kunden und Lieferanten, des Marktes, der Branche – kurzum alles, was an Wissen nützlich sein kann.

BEISPIELE

- Warum haben wir den Auftrag nicht bekommen, sondern die Firma X?
- Wieso kann X das Angebot so viel günstiger machen als wir?
- Weshalb hat X günstigere Einkaufskonditionen als wir?
- Weshalb sind wir im Branchenvergleich nicht ganz vorne?
- Warum haben wir an X Kunden verloren?
- X ist neu am Markt mit einem neuen Konzept.
- X ist in Insolvenz gefallen – warum?

Zielgerichtete Marktforschung ist auf ein bestimmtes Ereignis bzw. eine bestimmte Erkenntnis zur Entscheidungsfindung ausgerichtet.

BEISPIELE

- Orientierung an der Konkurrenz, z.B. bei Qualitäten, Preisen, Service
- Entscheidung über neue Absatzwege, neue Produkte oder Produktlinien, neue Zielgruppen, neue Produktionsstätten
- Veränderte Beschaffungs- und Logistikprozesse
- Ausweitung von Kapazitäten oder Zusammenarbeit mit Partnerfirmen

22.1.1 Selbst machen?

Die klassische Marktforschung setzt stets an einem konkreten Bedarf von Informationen an. Je nach Informationsbedarf und Tragweite der beabsichtigten Entscheidung muss bestimmt werden, ob das Unternehmen die Informationen selbst beschaffen, aufbereiten und daraus eine Entscheidungsgrundlage ableiten kann, oder ob ganz oder teilweise die Hilfe von **Marktforschungsinstituten** erforderlich ist.

Wann ist es sinnvoll, ein Marktforschungsinstitut zu beauftragen?

Kleine und mittelständische Unternehmen verfügen meist nicht über die erforderlichen methodischen Kenntnisse und Kapazitäten, um zu gesichertem Ausgangsmaterial zu gelangen. Die eigene Marktforschung bleibt häufig auf die unmittelbare Branche, die direkte Konkurrenz oder Region beschränkt. Je nach Bedeutung der gesuchten Informationen ist das durchaus sinnvoll und ausreichend. Geht es jedoch um wesentliche, insbesondere strategisch relevante Erkenntnisse, ist die Hilfe externer Quellen oft unerlässlich.

BEISPIEL

Ein Präzisionsteilebetrieb möchte aus Kostengründen seine Produktion nach Litauen verlegen. Das Investitionsvolumen wird im siebenstelligen Bereich liegen. Welche Informationen benötigt der Unternehmer, bevor er diese Entscheidung treffen kann?

- Fragen der Ansiedlung, des Arbeitsmarkts, des Kapitalmarkts, des Gesellschafts- und Zivilrechts, der Steuern, der Bilanzierung, der Infrastruktur, der Lieferanten und, und, und.
- Können die dort gefertigten Produkte an zusätzliche Abnehmer im Land verkauft werden?
- Wer sind die Kunden? Wie das Preisniveau?
- Wie steht es mit der Landessprache? Dies ist meist ein weiteres Hemmnis, selbst die erforderlichen Informationen zu beschaffen.

Zur Aufbereitung der erforderlichen Fragen und der gezielten Informationsbeschaffung wird die Zusammenarbeit mit einem spezialisierten Marktforschungsunternehmen erforderlich sein.

BEISPIEL

Weitere mögliche Ausgangspunkte für die Informationserhebung:

- Das Unternehmen beabsichtigt eine Produktentwicklung und will die Marktchancen einschätzen.
- Oder das Unternehmen will mit einer aggressiven Preispolitik in den Markt, um die Konkurrenz das Fürchten zu lehren.
- Oder eine entscheidende Produktverbesserung soll vermarktet werden, aber an wen? Und wie? Usw.

22.1.2 Entscheidungsbedarf

Die gesuchten Informationen sollen möglichst genau beschrieben werden. Dadurch soll das Ergebnis so präzise wie möglich der Interpretation und damit dem Entscheidungsprozess dienen. Die Entscheidung selbst wird stets unter einer Auswahl von Alternativen getroffen. Im Auswahlprozess wird die gewichtete Summe der alternativen Möglichkeiten die „günstigste" Lösung aufzeigen. Bei der Ermittlung von Marktforschungsergebnissen ist es besonders wichtig, dass Einflüsse des eigenen Meinungsbildes, der betrieblichen Absichten oder Ziele nicht in die Ergebnisse einfließen.

Jede Sichtweise ist geprägt von persönlichen Erfahrungen – ein darauf beruhendes Urteil wird als Intuition bezeichnet

> Marktforschungsergebnisse sind nur dann sinnvoll, wenn sie sich vollkommen neutral darstellen.

Das spricht für eine Erhebung durch ein externes Institut. Dabei können sich jedoch fehlende Branchenkenntnisse oder die unabhängige Dienstleistung nachteilig auswirken, weil sie korrektive Anpassungen der Ergebnisse erfordert. Es ist also abzuwägen, welches Vorgehen sinnvoll ist.

22.2 Analyse der eigenen Situation – Ausgangsdaten der Marktforschung

Gesuchte Informationen, die der Entscheidung künftiger Handlungsalternativen dienen, setzen eine **Bestandsaufnahme der eigenen Ist-Situation** voraus, bei der folgende Aspekte zu beachten sind:
- *Markt:* Auf welchen Märkten sind wir vertreten?
- *Vertrieb:* Wie vertreiben wir unsere Produkte (Absatzhelfer)?
- *Produkt:*
  - Was und wem nützt unser Produkt?
  - Produzieren wir mit alten, neuen oder neuesten Technologien?
  - Wie hoch ist der Eigenfertigungsgrad (Wertschöpfung)?
- *Kunde:*
  - Wer sind unsere Kunden (Handel, Weiterverarbeiter, Endkunde)?
  - Welche Zielgruppensegmente sprechen wir an?
  - Was wollen die Kunden? Was wollen die Kunden von uns?
  - Was wissen wir von unseren Kunden? (Kundenbindung etc.)
- *Wir:*
  - Wer sind wir? Was wollen wir?
  - Was sind unsere Stärken / unsere Schwächen?
- *Wettbewerb:*
  - Wie ist unsere Position im Wettbewerb?
  - Wer ist unser wichtigster Konkurrent?
  - Was macht er besser? Wo liegen seine Schwächen?
- *Umwelt:* Entsprechen wir den modernen Umweltbedingungen?
- *Controlling:* Entspricht unsere Ist-Situation den planerischen und wirtschaftlichen Zielsetzungen?

Benchmarking: Man misst Prozesse und Ergebnisse des eigenen Unternehmens am Branchenbesten; die ermittelten Kennzahlen dienen der Selbsteinschätzung

22.3   Kunden und Wettbewerb

Was wissen wir über und von unseren Kunden? Eine Untersuchung unter 800 deutschen Unternehmen hat ergeben:

- „Weniger als ein Viertel der Unternehmen haben zufriedene Kunden,
- weniger als die Hälfte der Unternehmen sammelt systematisch Kundeninformationen,
- vier von zehn Mitarbeitern wissen nicht, welche Bedeutung ein zufriedener Kunde für ihren eigenen Arbeitsplatz hat." (Kamenz 2001, S. 30)

Kundeninformations-systeme

Sprüche wie „Der Kunde ist König", „Wir leben vom Kunden", „Kundendienst wird bei uns GROSS geschrieben" kommen wohl über das Papier selten hinaus. Wenn **Kundenorientierung** ernst genommen wird, müssen professionelle Kundeninformationssysteme eingeführt werden. Natürlich reichen die Systeme allein nicht aus, die Erkenntnisse müssen auch eingesetzt werden und das Bewusstsein der Belegschaft muss sich ändern. Die Aufbereitung qualitativer und quantitativer Daten der Kunden kann mithilfe einer **ABC-Analyse** erfolgen. Systematische Kundenanalysen sind mit Softwareunterstützung für nahezu alle Branchen erhältlich.

Kenntnisse der Konkurrenzsituation

Auch Kenntnisse der **Konkurrenz** sind für die eigene Entscheidungsfindung von Bedeutung:

- Was macht der Wettbewerb anders als wir?
- Wo liegen die Stärken und Schwächen des wichtigsten Wettbewerbers?
- Wie ist unser Marktanteil, wie der unseres größten Wettbewerbers?

MARKTFORSCHUNG IM MARKETING-MIX

Neu kann auch Erneuerung, Veränderung, Verbesserung bedeuten. Dies bedeutet bezogen auf die **Produkt- und Sortimentspolitik:**

- Neue Produkte, neue Produktlinien oder Sortimente
- Anpassung von Service oder neue Serviceleistungen
- Veränderte Produkte, Varianten; Eliminierung von Produkten

In der **Kontrahierungspolitik** geht es um die Vertragsgestaltung mit neuen Zielgruppen, um Rabatt- und Preispolitik: Hochpreissektor (Skimming- oder Marktabschöpfungsstrategie), Niedrigpreissektor (Penetrations- oder Marktdurchdringungsstrategie).

Die Distributionspolitik betrifft neue Absatzkanäle, neue Absatzmittler, logistische Fragen der Lagerung, Auslieferung und des Gütertransportes.

Kommunikationspolitik: Wie, auf welchen Wegen und mit welchen Mitteln werden die Kunden erreicht?

(Vgl. Kap. 23)

22.4 Quellen der Marktforschung

Die Marktforschung kann über vorhandene Daten verfügen oder ist auf die spezielle Erhebung von Daten angewiesen.

Daten, die vorhanden sind und entsprechend aufbereitet werden müssen, werden als **Sekundärdaten** verstanden. Daten, die originär eigens zu einer bestimmten Problemlösung ermittelt werden, bezeichnet man als **Primärdaten.**

Je nach Bedarf der gesuchten Information stehen sowohl für die Beschaffung von Sekundärdaten als auch von Primärdaten interne Quellen und externe Quellen zur Auswahl.

DATENQUELLEN		
	Sekundärmarktforschung ("desk research")	**Primärmarktforschung** ("field research")
Interne Quellen	Jahresabschluss, Daten aus dem Finanz- und Rechnungswesen, Leistungskennzahlen, Kundenstatistik, Umsatzstatistiken, Angebots- und Auftragsstatistik, Reklamationsstatistik	Befragung, Beobachtung, Experiment, durchgeführt von Mitarbeitern (Verkäufern, Handelsvertretern)
Externe Quellen	Datenbanken, Auskunfteien, Statistiken der Statischen Bundes- und Landesämter, Marktforschungsinstitute, Verbände, Veröffentlichungen von Verlagen, Firmen, Mediadaten, Adressverlage und Adressbücher	Befragung, Beobachtung, Experiment, durchgeführt von externen Experten, Lieferanten, Kunden, Absatzmittlern, Propagandisten

22.5 Die Befragung

Zur primären Datengewinnung eignen sich besonders die Methoden der Befragung, da sie sich relativ einfach durchführen lassen und durch die direkte Kommunikationsform mit dem Kunden nicht nur rationale, sondern auch (meist ungefilterte) emotional bezogene Erkenntnisse bringen. Entscheidend für die Qualität der Aussagen sind

Eine Befragung lässt sich relativ einfach durchführen und bringt rationale und emotionale Ergebnisse

- die vorbereiteten Fragen und Antwortmöglichkeiten (zur statistischen Einordnung),
- die Persönlichkeit des Interviewers,
- die Auswahl der zu befragenden Zielgruppe,
- die Befragungsform sowie
- Zeit, Ort und Atmosphäre.

Die Befragung kann auf folgenden Wegen erfolgen:

- Schriftlich (Brief mit Befragungsbogen und Rückantwort oder per Fax, was jedoch gegenüber der elektronischen Form an Bedeutung verliert; vgl. Kap. 22.5.1)
- Mündlich (Befragungsgespräch zwischen Proband und Interviewer; vgl. Kap. 22.5.2)
- Telefonisch (Befragungsgespräch ohne direktes Gegenüber; vgl. Kap. 22.5.3)
- Via Internet (schnell, preiswert, aber für den Befragten oft lästig; vgl. Kap. 22.5.4)

Vorteile der Befragung

Wenn die Befragung zu vollständigen und vergleichbaren Ergebnissen führt, sind die Aussagen gut verwertbar. Berücksicht werden muss jedoch stets, dass die Befragungen nicht frei sind von persönlichen, demografischen oder sozialen Merkmalen. Die standardisierten Fragen sind formal zwar gleich, können aber sowohl durch den Interviewer als auch durch den Probanten unterschiedlich verstanden und beantwortet werden.

22.5.1 Schriftliche Befragung

Nach Auswahl der Zielgruppe wird dieser ein freundlich formuliertes **Schreiben** per Post zugesandt mit der Bitte, den beigefügten Fragebogen ausgefüllt zurückzusenden. Der Brief sollte das Ziel der Befragung nennen, ggf. Anonymität garantieren und einen Dank enthalten. Die Aufmachung der Befragung muss ansprechend, seriös und professionell sein. Mit dem frankierten Rückumschlag soll der ausgefüllte Fragebogen bis spätestens in zwei Wochen (klares Datum setzen!) zurückgesandt werden.

Anonyme vs. offene Befragung

Bei anonymen Befragungen kann der Proband unbeeinflusst seine Meinung sagen. Bei offenen Rückantworten gilt das für ein Ergebnis nur bedingt. Welche Form der schriftlichen Befragung man wählt – ob also offen oder anonym – hängt vom Kreis der Zielgruppe ab.

Der Befragungsbogen muss **kurz, klar verständlich und auf das Wesentliche konzentriert** sein. Je mehr Zeit die Beantwortung des Probanden in Anspruch nimmt, desto weniger Rückläufe kann man erwarten. Um das zu umgehen, setzen manche Unternehmen Preise aus, die unter den Rückläufen verlost werden – natürlich kann es dann keine Anonymität geben.

Die **Rücklaufquote** ist zumeist niedrig oder gar sehr niedrig. Es kommt wesentlich auf die ausgewählte Zielgruppe und auf die Intensität der bisherigen Geschäftsbeziehung an:

- Bei eher als allgemein einzustufenden Zielgruppen können Rücklaufquoten von 5 % bis 10 %, in seltenen Fällen bis 20 % erwartet werden.
- Unter „bekannten" Zielgruppen, wie beispielsweise Geschäftspartnern, kann mit einer Quote von bis zu 50 % gerechnet werden. Das ist besonders dann der Fall, wenn den Befragten das Thema interessiert bzw. anspricht.

Interessanterweise kann die Rücklaufquote erhöht werden, wenn die gleiche Befragung an die gleichen Adressaten nach Ablauf der Rückantwortzeit nochmals versandt wird. Natürlich müssen diejenigen, die geantwortet haben (soweit nicht anonym), ausgesondert werden. Die zweite Aktion bringt nochmals etwa die gleiche Rücklaufquote.

Bei der Beantwortung des Fragebogens hat der Proband genügend Zeit, sich die Antworten zu überlegen. Darin liegt ein Vorteil.

> Wenn sich das Ziel der Befragung aus einer relativ geringen Rücklaufquote ableiten lässt und keine Stichtagserhebung notwendig ist, eignet sich die schriftliche Befragung durchaus.

„Wir legen großen Wert auf das allgemeine Urteil der Menschen, und es gilt bei uns als Beweis der Wahrheit, wenn etwas allen richtig erscheint."
(Seneca)

Alternativ zum Brief kann ein kurzer Fragebogen **per Fax** versandt werden. Er muss so verfasst sein, dass die Antwort, also das ausgefüllte Fax, einfach retourniert werden kann. Die Befragung per Fax wird aufgrund der Häufigkeit ungefragter Faxeingänge oft kritisch gesehen. Daher sollte der Befragte möglichst vorher telefonisch informiert werden. Das lässt sich natürlich nur bei einer überschaubaren Anzahl von Adressaten machen.

Natürlich besteht auch die Möglichkeit, einen Fragebogen **per E-Mail** zu verschicken – schließlich hat sich die Bearbeitung von E-Mails direkt am Schreibtisch auch für Manager durchgesetzt. Aber auch hier sollte man die Fülle ungeliebter E-Mails beachten: Nicht wenige Empfänger löschen alles Ungewollte einfach ungeöffnet weg.

22.5.2 Mündliche Befragung

Aufwändig, aber im Ergebnis bedeutsam ist die persönliche Befragung in einem Gespräch zwischen Proband und Interviewer. Unklarheiten lassen sich sofort regeln, und die Durchführung kann zeitgleich an verschiedenen Orten erfolgen, was oftmals zu besseren Vergleichsergebnissen führt.

Antworten in einem persönlichen Kontakt hängen wesentlich von der **Befragungssituation** und der **Interviewtechnik** ab. Sprache, Gestik und Sympathie können eine Rolle spielen. Die Neutralität des Interviewers ist von entscheidender Bedeutung, da er den Fragebogen ohne Mitwirkung des Befragten ausfüllt. Dieser Aspekt zeigt, dass auch das persönliche Interview nicht unproblematisch ist.

Eine persönliche Befragung kann in Warenhäusern, Supermärkten u.Ä., auf Einladung in einem Studio oder nach Absprache bei dem Probanden zu Hause erfolgen. Die auftraggebenden Firmen zahlen dem Probanden bei längeren Befragungen eine Aufwandsentschädigung.

22.5.3 Telefonische Befragung

Keine Befragungsform führt schneller und so kostengünstig zu Ergebnissen wie das Telefoninterview. Nachteilig ist, dass die Gesprächssituation des Befragten nicht einsehbar und dass der Interviewcharakter absolut minimiert ist, da der Befrager die Ergebnisse mit nur wenigen Antwortalternativen in den Computer einträgt (ja, nein, weiß nicht). Der Vorteil besteht jedoch darin, dass die Gesamtergebnisse unmittelbar nach Befragungsschluss zur Verfügung stehen.

Es empfiehlt sich, den Gesprächsteilnehmer zuvor über die beabsichtigte Befragung zu informieren – dies ist insbesondere bei Firmenbefragungen oder bei der Auswahl bestimmter Personen zu empfehlen. Eine telefonische Befragung sollte den Befragten möglichst wenig Zeit kosten. Dauert die Befragung länger als fünf Minuten, muss der Befragte im Vorfeld darauf hingewiesen werden.

22.5.4 Befragung über das Internet

Vorteil der computergestützten Befragung ist die **Unterstützung der Fragen durch visuelle Elemente.** Die sofortige Verfügbarkeit der Ergebnisse und die relativ kostengünstige Verbreitung sind ebenfalls vorteilhaft.

Nachteilig sind der hohe Grad der Unpersönlichkeit, die Distanz und die eingeschränkten Antwortmöglichkeiten. Web-Befragungen eignen sich für große Streuumfragen, wie sie z.B. von Fernsehgesellschaften durchgeführt werden.

E-Mails sind eine besondere Form der schriftlichen Befragung. Die kostengünstige und schnelle Erreichbarkeit der Adressaten ist der wesentliche Vorteil. Nachteil ist der mangelnde Persönlichkeitsbezug des Empfängers der Massenmail (siehe auch schriftliche Befragungen, Kap. 22.5.1).

22.6 Die Beobachtung

Bei der Beobachtung geht es um **Erkenntnisse des Verhaltens.** Die gesammelten Resultate müssen systematisch erfasst werden, um zu einem Ergebnis zu führen. Beobachtungen können von Personen, durch technische Hilfen und über Verhaltensmuster (z.B. Laufstudien) ermittelt werden.

BEISPIELE

- **Laufstudien** in Ladengeschäften, Kaufhäusern usw.: Dort, wo die meisten Kunden laufen, werden die rentabelsten Waren präsentiert und die Mitnahmewaren (wie an den Kassen im Supermarkt) platziert.

- **Blickstudien im Ladengeschäft:** Die rentabelste Warenplatzierung erfolgt in der Höhe, auf die die Kunden am häufigsten blicken. Wie viele Passanten blicken auf das Plakat? Wie viele Kunden nehmen das Prospekt mit? usw.

- **Greifstudien:** Welche Produkte werden am häufigsten angefasst und betrachtet (Verpackung)?

- **Besucherfrequenzen:** Wie viele Passanten blicken in das Schaufenster und besuchen das Ladengeschäft? Wie viele Passanten besuchen das Lokal, die Raststätte usw.?

Eine Kombination aus Beobachtung und Befragung besteht z.B. darin, den Käufer, der sich für ein Produkt entschieden hat, nach den Gründen zu befragen: Warum gerade dieses Produkt? Die Befragung muss ebenfalls vorbereitet sein, um Antworten wie „fand ich sympathisch", „die Verpackung ist schön", „kenne die Marke", „war preiswert", „Qualität hat ihren Preis", „hab ich in der Werbung gesehen" usw. einordnen zu können.

Kombination aus Beobachtung und Befragung

22.7   Das Experiment

Experimentelle Ergebnisse werden durch **Markttests** erhoben. Bereits das oben Gesagte, nämlich die Befragung des Kunden nach einem Kauf, entspricht Elementen eines Experiments (Feldexperiment). So kann beispielsweise in einem Ladengeschäft das gleiche Produkt in unterschiedlichen Verpackungen aufgebaut werden, um zu messen, welche Verpackung am besten „ankommt".

Experimente zielen auf Ergebnisse des Marketing-Mix, z.B. durch Tests der Produkte, der Preise, der Akquisition und der Verkaufsorte, der Kommunikation (z.B. Wahrnehmung). Tests können erfolgen im Markt, in Geschäften, auf Messen usw. oder in Teilmärkten und im Labor durch statistische Berechnungen.

22.8   Das Panel

Ein Panel stellt eine konstante Stichprobe ausgewählter, repräsentativer Auskunftspersonen dar, die über einen längeren Zeitraum hinweg regelmäßig über einen im Prinzip gleichen Gegenstand Auskunft geben. Es gibt verschiedene **Panelarten:**
- Beim Einzelhandelspanel werden Verkaufsergebnisse eines Produktes gemessen.
- Beim Haushaltspanel wird der gesamte Haushalt gemessen, also alle Waren, die im Haushalt eingekauft werden.
- Bei Einzelpersonenpanels ermittelt man bestimmte Verbraucherdaten von ausgewählten Gütern oder Leistungen, z.B. Bier-Panels, Sportartikel-Panels, Auto-Panels, Reisen-Panels usw.

Das Ziel von Panels ist die **Feststellung von Veränderungen des Verbraucherverhaltens.** Die Ergebnisse können eine Kombination aus Befragung, Beobachtung und Experiment sein.

22.9   Markttests

In einem Markttest werden die vorgesehenen Marketingmaßnahmen (z.B. alternative Preise oder alternative Verkaufsförderungsmaßnahmen) im Rahmen eines probeweisen Verkaufs von neuen bzw. variierten/modifizierten Produkten in einem geografisch abgegrenzten Markt auf ihre wirksamkeit und ihre Marktchancen für eine Markteinführung überprüft. In Experimenten werden also Einzel- und Vergleichstests durchgeführt; dabei kann es z.B. auch um die Haltbarkeit eines Produktes gehen. Es werden Eigenschaften getestet oder Verträglichkeiten usw., aber auch der Preis: Zu welchem maximalen Preis wird das Produkt noch gekauft?

Entwicklung von Produktnamen

Ein weiteres Einsatzgebiet von Markttests ist die **Findung von Produktnamen:** Testaktionen liefern Erkenntnisse darüber, welche Namen „ankommen." Dabei spielt es eine wesentliche Rolle, ob das Produkt mit einem Markennamen verbunden ist oder von einem Unternehmen mit einem hohen und positiv belegten Bekanntheitsgrad angeboten wird. Die Bildung eines Produktnamens ist in der Markenpolitik (Branding) von entscheidender Bedeutung.

Dabei ist zu beachten, ob der Name auch in den Regionen, in denen das Produkt verkauft werden soll, positiv belegt ist. In anderen **Sprachgebieten** können Bezeichnungen völlig andere Bedeutungen haben oder zu Missverständnissen führen.

Von ebenso großer Bedeutung ist die **juristische Prüfung:** Gibt es bereits Schutzrechte oder sind Namensverwechslungen möglich?

Hilfe bieten spezielle Agenturen an. Sie erarbeiten Vorschläge auf psychologisch-manipulativer Ebene, suchen Verbindungen zum Gebrauchswert oder Nutzen oder erfinden Kunstnamen. Sie überprüfen die Bedeutung des Namens in den vorgesehenen Absatzgebieten und kontrollieren die juristische Zulässigkeit.

22.10 Kreativitätstechniken und Ideenfindung

Ich muss das Rad nicht erfinden; es ist schon erfunden

Wenn kreative Lösungen gefragt sind – etwa zur Findung eines Produktnamens oder zur Entwicklung einer Marketing- oder Marktforschungsstrategie –, empfiehlt es sich, Arbeitsgruppen zu bilden und in der Gruppe so genannte Kreativitätstechniken einzusetzen. Abhängig von der Präferenz der Teilnehmer und dem Ziel der Sitzung können die in der folgenden Übersicht dargestellten Techniken hilfreich sein:

KREATIVITÄTSTECHNIKEN

Brainstorming
Eine Gruppe von bis zu sieben Teilnehmern soll innerhalb einer halben Stunde zu einem bestimmten Thema völlig frei Lösungsmöglichkeiten zu einem spezifischen Problem assoziieren. Auch absurd erscheinende Beiträge sind erlaubt. Es gibt keine Kritik, keine Hierarchie und keine Protokolle darüber, wer was gesagt hat. Diese freie Atmosphäre kann auch bei als unmöglich angesehenen Vorschlägen dennoch Lösungsansätze bringen. Wenn die Gruppe das erkannt hat, können die Details erarbeitet werden.

Geführtes Brainstorming

Das geführte Brainstorming unterscheidet sich vom einfachen Brainstorming dadurch, dass ein fachkundiger Sitzungsleiter die Problematik erläutert und über mehrere Sitzungen hinweg einen Lösungsansatz konkretisiert.

Schwächen-Sitzung

Die Schwächen-Sitzung ist ein Brainstorming, bei dem eine oder mehrere (meist zusammenhängende) Schwächen z.B. eines Produkts benannt und erläutert werden. Die Gruppe soll Lösungsansätze finden.

Die Methode 6-3-5

Bei der Methode 6-3-5 tragen sechs Teilnehmer innerhalb von fünf Minuten jeweils drei Lösungen in ein Formular ein und reichen dann die Ergebnisse weiter. Der jeweils Nächste soll nun versuchen, die schon notierten Einfälle zu ergänzen und weiter zu entwickeln.

Brainwriting

Die Technik des Brainwriting beruht auf dem Brainstorming. Sie unterscheidet sich davon insofern, als dass die Teilnehmer einzeln und in Ruhe Ideen sammeln und notieren. Anschließend werden die Einfälle in der Gruppe ausgewertet. Es besteht auch die Möglichkeit, Lösungsansätze vorzugeben und schriftlich fortführen zu lassen.

Ideen-Delphi

Das Ideen-Delphi ist eine Experten-Sitzung: In der ersten Runde werden Lösungsansätze spontan aufgezeigt. In der zweiten Runde werden die Lösungsansätze fortgeschrieben, in der dritten Runde erfolgt eine Bewertung.

Bionik

Bionik ist eine Methode, bei der Lösungsansätze aus der Natur abgeleitet werden sollen. Wie macht es die Natur, können wir daraus lernen? (z.B. Lotus-Oberflächeneffekt)

22.11 Ergebnisse

Die Qualität aller Befragungen hängt ursächlich mit den Befragungsinstrumenten, den Methoden, der Messbarkeit und Objektivität zusammen. Selten gelingt es, Befragungen völlig frei von subjektiven Einflüssen zu erhalten.

Ist die Messung frei von anderen Einflüssen? Lässt sich die Messung logisch-rational überprüfen? Wird wirklich das gemessen, was gemessen werden soll? Die Gültigkeit dieser Messung ist die Validität. Die Qualität der Messung, also ob die Ergebnisse zuverlässig sind, wird als **Reliabilität** bezeichnet. „Treffen alle Messungen ins Ziel, also das subjektiv richtige Ziel mit dem zielgenauen Instrumentarium und geringer Streuung, dann ist die Messung objektiv, valide und reliabel." (Kamenz 2001, S. 149)

23   Operatives Marketing

23.1   Marketing-Instrumente und Marketing-Mix

Zur Ausgestaltung des Marketings im Unternehmen stehen so bezeichnete Marketinginstrumente zur Verfügung. Alle Instrumente sind Denk- und Gestaltungsräume mit dem Ziel, sich von der Konkurrenz positiv abzuheben und ein **Alleinstellungsmerkmal** zu schaffen.

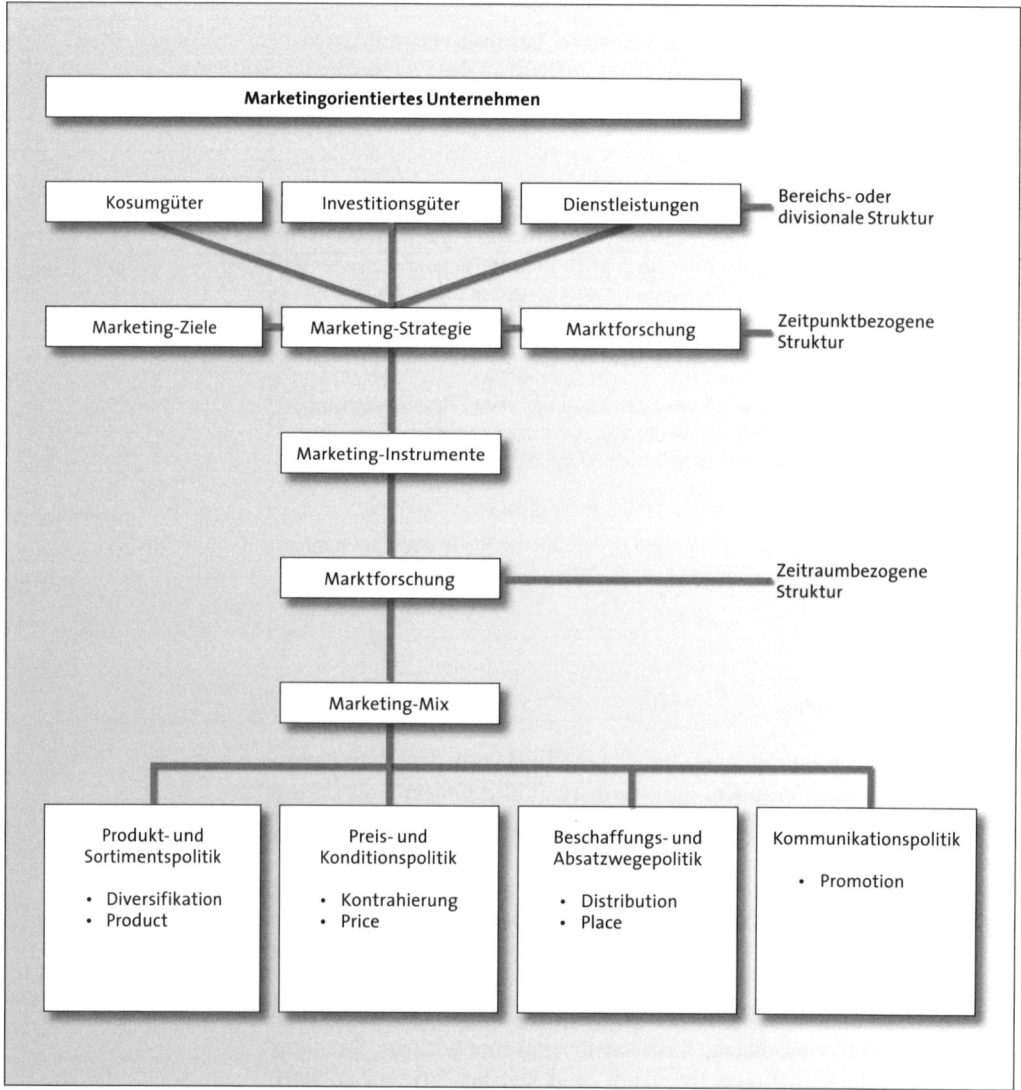

Abb. 53: Übersicht marketingorientiertes Unternehmen

Marketinginstrumente dienen der Durchsetzung marktorientierter unternehmerischer Zielsetzungen und Strategien. Der Einsatz der Marketinginstrumente erfolgt kombiniert, weshalb häufig auch der Begriff Marketing-Mix verwendet wird.

Diese Instrumente sind keineswegs statisch. Sie können individuell nach den Zielen und Bedürfnissen entwickelt werden, bleiben jedoch stets ein ausgezeichnetes Hilfsmittel zur Orientierung und Ausgestaltung des Marketings im Unternehmen.

Bereits 1976 hat Erich Gutenberg vier grundsätzliche Gestaltungselemente benannt:
- Produktgestaltung
- Preispolitik
- Absatzmethode
- Werbung

Diese Instrumente wurden weiterentwickelt und in der Betriebswirtschaft und dem Marketing nach Heribert Meffert (vgl. Meffert 1986, S. 115 ff.) gelehrt:
- Produkt- und Sortimentspolitik
- Kontrahierungspolitik
- Distributionspolitik
- Kommunikationspolitik

Man spricht in diesem Zusammenhang auch von den **„4 Ps"**, die die theoretische Grundlage zur Charakterisierung der Marketinginstrumente bilden. Der Begriff stammt aus den USA und wurde 1981 von McCarthy erstmals verwendet und später von Kotler u.a. ebenfalls aufgegriffen:

DIE „4 Ps"

- Produkt- und Sortimentspolitik (**P**roduct)
- Kontrahierungspolitik/Preisgestaltung (**P**rice)
- Distributionspolitik (**P**lace)
- Kommunikationspolitik (**P**romotion)

Aktuelle Ergänzungen der Instrumente gehen bereits von sieben Instrumenten, den „7 Ps" aus. Die drei weiteren lauten:

Die „7 Ps"

- Die Belegschaft, die Personalpolitik (**P**ersonnel/**P**ersonal)
- Die Prozessabläufe (**P**rocess Management / **P**rocess)
- Die Ausstattung (**P**hysical Facilities / **P**hysics)

Im ganzheitlichen Marketing sind diese Elemente ohnehin in der Unternehmensstruktur enthalten und müssen nicht gesondert dargestellt werden. Alle strukturellen Faktoren wirken stets auf die Marketingmaßnahmen ein (interdependente Beziehungen, siehe Unternehmensorganismus als kybernetisches System, Kap. 1.1; 1.3.4).

Marktforschung (Wissensmanagement) – ein weiteres Marketinginstrument

Es macht Sinn, gerade in der heutigen, schnelllebigen und global ausgerichteten Wirtschaft, das **Wissensmanagement** als ein weiteres Instrument den vier klassischen Instrumenten hinzuzufügen:

Die Marktforschung (vgl. Kap. 22) ist als Instrumentarium den übrigen Instrumenten vorgelagert. Sie liefert die erforderlichen Erkenntnisse, um in den nachgelagerten Instrumenten Entscheidungen treffen zu können. Je besser, informativer das erforderliche Wissen ist, desto qualifiziertere Entscheidungen können getroffen werden.

Marktforschung, Wissens- und Informationsmanagement sind miteinander verbunden. Sie stellen einen permanenten, dynamischen Informationsgewinnungsprozess dar, der auf die marketingpolitischen Instrumente direkt einwirkt.

Entscheidend bei der Betrachtung der Marketinginstrumente ist, dass alle Faktoren in die Ausgestaltung des Marketings einbezogen werden.

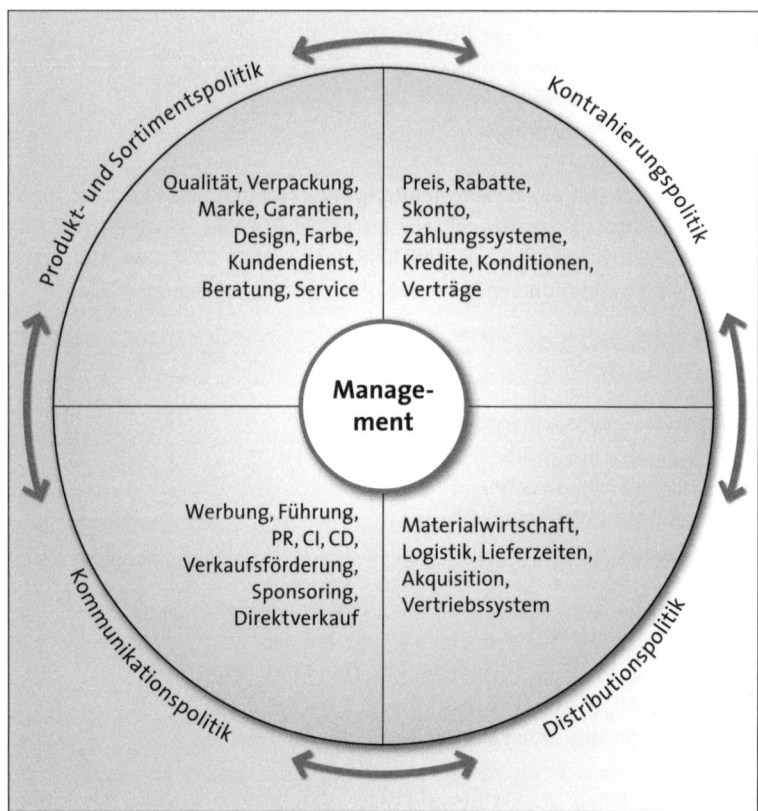

Abb. 54: Marketinginstrumente

Die wesentliche Frage ist daher nicht so sehr die Anzahl der Instrumente und ihre Bezeichnung, sondern der jeweilige Inhalt und die Kombination untereinander, zwischen allen unternehmerischen Aktivitäten (vgl. Ganzheitliches Marketing, Kap. 20.1 ff.).

War der Marketing-Fokus früher noch auf den Absatzmarkt gerichtet, beachtet modernes Marketing ganzheitliche Einflüsse (Gesamtmarkt) und Ausrichtungen. Nicht nur der Absatzmarkt spielt eine Rolle, sondern in gleicher Intensität auch der Beschaffungsmarkt und alle innerbetrieblichen strukturellen Prozesse. Die optimale Kombination der Gestaltung und des Einsatzes der Marketing-Instrumente wird gesucht und gestaltet im **Marketing-Mix.**

23.2 Produkt- und Sortimentspolitik (Diversifikation)

Im Bereich der Produkt- und Sortimentspolitik geht es um die Fragen: **Was** bieten wir an? **Welche Leistung** kann uns herausheben?

Ziel ist es, eine Spezialisierung zu finden, eine „Marke" zu werden, sich abzuheben von den Mitbewerbern, nicht einer von vielen im Allerlei, sondern „der" ganz bestimmte Betrieb zu sein:

Erfolg hat, wer auffallend anders ist

- Wenn wir sind wie jeder andere – wie soll uns der Kunde dann erkennen? Dann bleibt es Zufall, wenn der Kunde zu uns kommt. Dann besteht die Gefahr, dass wir in der Masse der Wettbewerber untergehen.
- Sind wir einer von vielen ohne erkennbare Vorzüge und Merkmale, sinkt unsere Ertragslage bis auf Null.

Es kommt darauf an, in der Produktgestaltung die Bedürfnisse des Kunden zu kennen, ihnen gerecht zu werden und ein **Alleinstellungsmerkmal** zu schaffen.

FRAGESTELLUNGEN DER PRODUKT- UND SORTIMENTSPOLITIK

Bei der Überlegung, was wir anbieten, gilt es vor allem herauszufinden:

- Gibt es ein Produkt, eine Leistung, die wir möglicherweise besser beherrschen als der Wettbewerb?
- Gibt es etwas „Besonderes", das unser Unternehmen für einen Kunden geleistet hat?

Das Ergebnis der Überlegungen muss überprüft werden:

- Haben wir die Kapazitäten dafür?
- Stimmt unser Know-how?
- Machen wir das gern, passt es in unser Portfolio?
- Gibt es eine Zielgruppe für dieses Produkt / diese Leistung?
- Wo ist diese Zielgruppe und wie können wir sie erreichen?
- Zu welchen Konditionen können wir diese Zielgruppe gewinnen?

- Welche Wettbewerber mit gleichem oder ähnlichem Angebot sind am Markt?
- Was machen wir besser oder schlechter als diese Wettbewerber? (Benchmarking)

*Dienen kommt **vor** dem Ver-dienen*

Die Ergebnisse sollen dazu führen herauszufinden, ob mit diesem Angebot eine **Exklusivität** erreicht werden kann. Dann kann das Unternehmen eine herausgehobene Stellung gegenüber dem Wettbewerb erzielen. Das heißt nicht, dass alle bisher hergestellten bzw. verkauften Produkte und Leistungen nun gestrichen sind und sich der Absatz nur noch auf das eine Produkt konzentriert. Auch wenn eine Produktbereinigung immer sinnvoll sein kann – die Palette der bisherigen Angebote bleibt durchaus erhalten. Es kommt alleine darauf an, mit der Spezialisierung eine „Marke im Hirn des Verbrauchers" zu schaffen.

Hat der Wettbewerb ein vergleichbares Angebot im Sortiment, z.B. ein bestimmtes Elektrogerät, dann muss die „Marke" (das Alleinstellungsmerkmal) über andere Leistungen erzielt werden. Das Elektrogerät bekommt man in vielfältigen Ladengeschäften, aber die individuelle Leistung nur hier. Das hat etwas mit Dienen zu tun. Bedienen!

Dem Kunden dienen durch: Aufmerksamkeit, Freundlichkeit, Kompetenz

Und das hat wiederum gar nichts mit Unterwürfigkeit zu tun, sondern mit dem klaren Bewusstsein: „Der Kunde ist der Boss!" „Nur der Kunde bezahlt mich." „Wir sind nur da, weil es den Kunden gibt." – Alles Sprüche, die wir kennen. Doch das genügt nicht, wir müssen sie leben!

Was können wir also tun, um dem Kunden zu dienen? Hier geht es um die **Serviceleistung,** die häufig auch als eigenes Marketinginstrument beschrieben wird.

23.2.1 Servicepolitik als Teilbereich der Diversifikation

Auch hier gibt es im Sprachgebrauch ein p = people: Mit welchen Handlungen beeinflussen wir die Menschen?

Im unmittelbaren Bezug zum Produkt und der Unternehmensleistung ordnen wir die Servicepolitik im Instrumentarium „Produkt- und Sortimentspolitik" ein.

Wir haben es in der Servicepolitik vorwiegend mit den „weichen" Werten zu tun (**soft skills**), also mit Bedienungselementen, die einen Einfluss auf die Wahrnehmung durch den Kunden haben.

Unser bewusstes, gesteuertes, gelenktes, aber auch emotional-sozialnatürliches Verhalten zielt darauf ab, dass der Kunde ein gutes, rundum positives Meinungsbild von uns hat.

Er ist manipuliert. Das allein ist keineswegs verwerflich. Es ist das Wissen um Wirkungen menschlichen Verhaltens.

Zur Gestaltung der Servicepolitik können fünf Bereiche beitragen:

- Kundendienst (Kap. 23.2.1.1),
- Service (Kap. 23.2.1.2),
- Problemlösungen (Kap. 23.2.1.3),
- Reklamationsmanagement (Kap. 23.2.1.4),
- Beratung (Kap. 23.2.1.5).

Nicht die Konkurrenz bekämpfen, sondern „konkurrenzlos gut" sein!

23.2.1.1 Kundendienst

Hat unser Kundendienst Elemente, die wir besonders als Wettbewerbsvorteil herausstellen können? Um das herauszufinden, helfen die in der folgenden Übersicht aufgeführten Fragen.

ANALYSE DES KUNDENDIENSTS

- Haben wir einen Kundendienst?
- Brauchen wir einen Kundendienst?
- Was verstehen wir unter „Dienst am Kunden"?
- Muss unser Kundendienst Geld verdienen?
- Muss unser Kundendienst Zusatzaufträge generieren?
- Sehen wir den Kundendienst eher als Kulanzbereich?
- Wie schnell und kompetent ist unser Kundendienst?
- Stellen wir Ersatzprodukte zur Verfügung?
- Wie und wann sind wir erreichbar?
- Wollen wir unserem Kunden wirklich helfen, haben wir das verinnerlicht? Oder sehen wir Kundendienst als notwendiges Übel?

Das Ergebnis der Überlegungen bringt möglicherweise Vorteile zum Vorschein, die wir bisher nicht oder nicht intensiv genug genutzt haben.

Die Analyse kann auch zu neuen Wegen der Kundendienstgestaltung führen. So treffen z.B. viele Betriebe keine regelmäßigen Wartungs- oder Servicevereinbarungen, sondern warten, bis der Kundendienst angefordert wird. Wenn der Kundendienst gut funktioniert, kann man den Vertrauensvorsprung nutzen und durchaus so verfahren: Wir haben den Kunden an uns „gebunden", er läuft nicht oder nur bei ernsten Gründen weg. Und schließlich sind die Wartungsaufträge Aufträge!

23.2.1.2 Service

Service ist mehr als Kundendienst. Es geht darum herauszufinden, was der Kunde zusätzlich noch gern hätte. Oder was er von uns erwarten könnte. Haben wir schon darüber nachgedacht, warum der Kunde bei uns ein Produkt kauft, es aber anderswo ergänzen, zulassen, finanzieren, versichern oder sonst was tun muss? Wir sind für den Kunden da, und unsere Aufgabe ist es, ihm alle Probleme abzunehmen, ihn rundum zu bedienen.

Nutzen bieten heißt Nutzen ernten

23.2.1.3 Problemlösungen

Der Kunde möchte nach Möglichkeit alles aus einer Hand

Kfz-Betriebe haben längst erkannt, dass es manche Kunden bevorzugen, wenn ihr Fahrzeug zur Reparatur abgeholt und später wieder zurückgebracht wird. Am besten sogar gewaschen. Das schätzen viele Kunden – und sie bezahlen es ja! Letztlich sind alle Serviceleistungen in der indirekten Kalkulation enthalten oder werden ganz offiziell berechnet.

Dem Kunden kommt es nicht allein auf den Preis an, sondern auf **das Paket, das er für diesen Preis erhält.** Auch die Mitteilung, wann das Auto zur Untersuchung muss, ist eine Serviceleistung, die gleichzeitig Umsätze generiert. Wenn der Schreiner neue Fenster liefert, dem Kunden aber sagt, das Lackieren müsse er vom Maler machen lassen, ist das vollkommen kundenunfreundlich. Der Schreiner muss dafür sorgen, dass der Maler die Fenster lackiert. Der Schreiner muss komplett liefern und berechnen. Der Kunde will es mit einem einzigen Handwerksbetrieb zu tun haben, er möchte alles aus einer Hand!

Bei Investitionsgütern ist es mittlerweile selbstverständlich, dass der Verkäufer sowohl Finanzierungsmodelle mit diversen Kreditinstituten und Leasinggesellschaften anbietet als auch die formalen Dinge für seinen Kunden erledigt. Dafür bekommt er vom Kreditgeber sogar Provision, was ja nicht verboten ist. Genauso ist es mit Vorschlägen für notwendige Versicherungen.

> **BEISPIEL**
>
> Ein Heizungsbauer sollte z.B. staatliche Förderangebote für moderne Heizungen kennen, um das Angebot an seine Kunden weiterzugeben, zu vermitteln und zu erklären. Und er muss den Antrag für seinen Kunden dabeihaben, ausfüllen und bei dem entsprechenden Amt abgeben. Dann hat er einen Auftrag – und einen zufriedenen Kunden!

Produktbegleitende Services

Bei erklärungsbedürftigen Produkten werden besondere Leistungen des „Technischen Kundendienstes" (z.B. für Installation und Kundenberatung), des „Kaufmännischen Kundendienstes" (z.B. für Kostenvoranschläge, besondere Kommissionsgeschäfte, Incentives, Events usw.) angeboten. Schulungen und Informationsangebote ergänzen diesen Fachservice.

> Service heißt mithin: Wie kann ich meinen Kunden noch bedienen, welche Problemlösung kann ich ihm anbieten, welchen Weg kann ich ihm abnehmen, was für ihn tun, das ihm lästig wäre?

Keine Angst, der Kunde wird das immer honorieren, sei es unmittelbar in Form von Geld gemäß Auftrag und Rechnung oder durch Treue und ein positives Meinungsbild – Grundlage für die Mundpropaganda.

23.2.1.4 Reklamationsmanagement

Das Reklamationsmanagement gehört nicht zu Kundendienst und Service, wenngleich alle Bereiche mit der Servicepolitik zusammenhängen. Hier geht es um den Umgang mit reklamierenden Kunden.

Was ist ein reklamierender Kunde? Lästig? Unangenehm? – Nein! Ein reklamierender Kunde ist Gold wert, da er uns jetzt die **Möglichkeit einer nachhaltigen Kundenbindung** bietet. Es ist doch gar nicht schlimm, wenn mal etwas schiefläuft, wenn etwas nicht so funktioniert, wie es vorgesehen war – es kommt nur darauf an, wie wir mit der Behebung des Falls umgehen.

Reklamationen als Chance begreifen

Als Erstes müssen wir so sensibel sein und uns klar machen: Einem Kunden, der reklamiert, ist ein Leid zugestoßen. Er ist so enttäuscht, vielleicht verärgert, dass er den auch für ihn lästigen Weg der Reklamation eingeschlagen hat: Er muss Telefonate führen, in den Betrieb oder Laden kommen, Briefe schreiben usw. Das macht niemand gerne, man hätte sicher Besseres oder Angenehmeres zu tun. Aber davon abgesehen liegen die Dinge auf der Hand: Etwas funktioniert nicht, die Reklamation hat eine Ursache.

> Nun kommt es darauf an, dem reklamierenden Kunden die Enttäuschung zu nehmen und diese in ein Gefühl des positiven Aufgehobenseins zu verwandeln.

Ehrliches Bedauern und eine verständnisvolle Zuwendung für sein Problem, den Grund der Reklamation, sind Voraussetzung. Es gilt nun, alles daranzusetzen, den Kunden zufrieden zu stellen. Der negative Eindruck muss aufgehoben werden.

Im Reklamationsmanagement ist dafür zu sorgen, wer wie mit der Reklamation beauftragt wird. Es müssen Regeln aufgestellt werden:
- Gibt es Ersatz, Umtausch, Kulanz, Zugaben, Geld zurück?
- Wie schnell wird die Reklamation bearbeitet?
- Wie entschuldigt man sich beim Kunden?

Die Prinzipien des Reklamationsmanagements hängen ursächlich mit der finanziellen Höhe und dem Ausmaß der Reklamation zusammen.

Größere Reklamationen sind grundsätzlich Chefsache. Das hat zwei Gründe:
- Zum einen kann sich der Chef so beim Kunden persönlich entschuldigen und ihm damit die Gewähr geben, dass er sich persönlich um seine Angelegenheit kümmert.
- Zum anderen kann der Chef auf diese Weise erkennen, an welchen Stellen immer wieder Fehler passieren. So hat er dann die Möglichkeit, die Fehlerquellen zu beseitigen und damit künftige Reklamationen in der gleichen Sache zu vermeiden.

Größere Reklamationen sind grundsätzlich Chefsache

Das ganze Konzept der Reklamationsbearbeitung zielt auf eine nachhaltige Kundenbindung. Werden reklamierende Kunden richtig bedient und zufrieden gestellt, werden sie das Unternehmen in allerbester Erinnerung behalten. Wenn nicht, sind sie hingegen für immer verloren.

Beim Reklamationsmanagement muss demnach ermittelt werden:

- Was kostet es, einen Kunden zu gewinnen?
- Was kostet es, einen Kunden zu verlieren?

Einen Kunden zu gewinnen, kann viele tausend Euro kosten (Werbung, Vertriebskosten, Personalkosten etc.). Was müssen wir nicht alles tun, bis wir von „unserem" Kunden sprechen können?

Einen Kunden zu verlieren „kostet" meist mangelnde Zuwendung, mangelndes Zuhören und Wahrnehmen, Ignoranz und Arroganz, Kleinlichkeit, Rechthaberei, unangemessene Worte, zu langsame Reaktion, Vorwurf statt Bedauern etc. Es geht mitunter ungeheuer schnell, einen Kunden zu verlieren, manchmal genügen wenige Sekunden unangebrachten Verhaltens.

23.2.1.5 Beratung

Personal, das Kunden berät, muss professionell sein! Der Kunde erwartet hohe **Fachkompetenz,** aber auch einen **verständnisvollen Gesprächspartner.**

Im Kundengespräch steht also das „Bedienen" im Vordergrund. Natürlich muss das am besten ausgebildete Personal an die „Front", also an den Kunden; gefragt sind sowohl fachlich als auch verkaufstechnisch und persönlich integre Mitarbeiter. Nur dort, im Gespräch mit dem Kunden, entscheidet sich, wo der Kunde sein Geld abgibt. Unternehmen neigen häufig dazu, das am wenigsten oder schlecht ausgebildete Personal auf die Kunden loszulassen, das zudem schlecht geführt und noch schlechter bezahlt wird, also häufig auch schlecht motiviert ist. Welcher Wahnsinn!

Im Beratungsgespräch muss der Kunde erspüren, dass er es hier wirklich mit einem erstklassigen Fachmann beziehungsweise mit einer erstklassigen Fachfrau zu tun hat.

> Die Qualität der Beratung entscheidet wesentlich über den Umsatz und das Image des Unternehmens mit.

Fachkompetenz   Dabei wird Fachkompetenz nicht dadurch erzeugt, dass das Verkaufspersonal ausschließlich Fachtermini verwendet, die der Kunde gar nicht versteht. Und die er auch gar nicht verstehen muss. Man kann seine fachliche Reputation nicht mit Fachausdrücken aufwerten, sondern mit **sorgsamen und umfassenden Erklärungen in einer Sprache, die der Kunde versteht.**

Zur Beratung gehört neben dem produkt- und leistungsbezogenen Fachwissen auch das Wissen über den Markt, den Wettbewerb, die Trends und die technologische Entwicklung. Auch Empfehlungstipps an den Kunden sind von zentraler Bedeutung – z.B. dann, wenn das Produkt steuerlich, gesundheitlich, rechtlich usw. relevant ist.

Der beratene Kunde muss den Eindruck gewinnen, dass er es mit einem fachkompetenten, seriösen, unverwechselbaren, erstklassigen Unternehmen zu tun hat. Das ist das Ziel – und natürlich muss man diesen Eindruck dann auch inhaltlich erfüllen. Immer! Die angestrebte und erworbene Kompetenz unterliegt einem ständigen Erhaltungs- und Entwicklungsprozess. Wenn das gelingt, haben wir für die Einmaligkeit unserer „Marke" viel erreicht.

Und dies ist insbesondere für **Unternehmen, die Standardprodukte verkaufen,** essentiell: Sie können sich nur durch eine Spezialisierung im Bereich der Servicepolitik profilieren.

Der in Deutschland weit verbreitete Begriff von der **„Servicewüste"** ist leider in vielen Bereichen bittere Realität. Wäre der Kunde König, müsste er königlich behandelt werden. Der Kunde ist aber eben leider in den Geschäften nicht König. Er hat nur eine einzige Macht: Er gibt sein Geld im Zweifelsfall woanders aus.

Wie alle Marketinginstrumente ist die Servicepolitik eng verbunden mit den anderen Instrumenten des Marketing-Mix. Es wird hier besonders deutlich die Beziehung zur Kommunikation, zum Preis und zur Vertriebspolitik.

23.2.2 Nutzen und Zusatznutzen

In der Produktpolitik gehört zu den zentralen Überlegungen zu der Frage „Was biete ich an" (also Produkte, Produktgruppen und Leistungen) die Sinn-Frage (siehe Maslow, Kap. 1.7.3). Warum kauft ein Kunde z.B. ein Fernsehgerät? Was ist der Beweggrund? Man kann auch behaupten: Kein Mensch auf der Welt will ein Fernsehgerät nur um des Gerätes willen kaufen! Die Generalfrage ist immer: Was wollen die Menschen? In unserem Beispiel: Was will der Kunde? Er will kein Fernsehgerät als solches, sondern er will fernsehen, er will unterhalten sein. Das ist etwas völlig anderes. Der Kunde will keinen Fernseher, er will den Nutzen. Dieser Nutzen wird bezeichnet als **Grundnutzen.**

Nun kommt es darauf an, diesem Bedürfnis nach dem Grundnutzen möglichst viele **Zusatznutzen** hinzuzufügen. Im Beispiel des Fernsehgerätes können Zusatznutzen sein: das Design, die Farbe, die Marke (Vertrauen), die Anzahl der zu empfangenden Programme, die Bedienbarkeit, der Preis, die Zukunftsfähigkeit, die Ausstattung, der Service, die Beratung, der Kundendienst, die Reputation des Unternehmens, die Atmosphäre des Geschäfts, die Freundlichkeit des Personals usw.

Die Summe aus Grund- und Zusatznutzen ergibt die Kaufentscheidung

Die Summe aus Grund- und Zusatznutzen ergibt die
Kaufentscheidung.

Dabei ist die Gewichtung des einzelnen Zusatznutzens individuell und von
Kunde zu Kunde verschieden. Der Verkäufer weiß nicht, was der Kunde
am höchsten gewichtet, was also letztendlich die Kaufentscheidung
bestimmt. Deshalb soll das Unternehmen dafür sorgen, dass eine möglichst hohe Rate an Zusatznutzen zur Verfügung steht und dem Kunden
auch vermittelt, ja begreiflich gemacht wird.

23.2.3   Produktpolitik

Die Produktpolitik umfasst u.a. Marke, Qualität, Verpackung, Design,
Garantien und Nachkaufgewähr. Sie geht zurück auf die strategischen
Grundausrichtungen. Dabei bietet sich die Produkt-Markt-Matrix nach
Ansoff als Ausgangspunkt an (siehe Abb. 50, vgl. Kapitel 21.2).

Eckpunkte für die
Bestimmung der Produkt-
politikstrategie

Die eingesetzte Strategie oder eine Kombination mehrerer Ausrichtungen
werden ursächlich bestimmt durch …
- die Marktsituation (wachsender, stagnierender, schrumpfender oder
  gesättigter Markt, Wettbewerbssituation; Verdrängungswettbewerb)
  und
- die Marktstellung (Marktführerschaft, Mitläufer, Marktanteil, Finanzkraft).

KOMPONENTEN DER PRODUKTPOLITIK

Die Produktpolitik umfasst
- das Produkt, die Produktfamilie, Produktvariationen,
- komplementäre Sortimente (Produkte zur Komplettierung des
  Programms),
- den Grundnutzen,
- die Zusatznutzen,
- das Design, Form und Farbe (CD),
- den Namen,
- die Marke,
- das Produktimage (CI),
- das Prestige,
- die Verpackung,
- die Qualität,
- den Kundendienst,
- die Garantien,
- die Substitutionsprodukte (austauschbare, nicht im Zusammenhang mit
  der Produktfamilie stehende Angebote).

23.2.3.1 Produktpositionierung

Die Positionierung des Produktes hängt zum einen von den Ist-Gegebenheiten und zum anderen von den Zielen, den Soll-Werten ab:

- Welche Produkteigenschaften sind für die Kaufentscheidung ausschlaggebend?
- Wie wird das Produkt von den Käufern beurteilt?
- Wie erfüllt das Produkt die Anforderungen des Kunden?

In einer einfachen Gegenüberstellung kann verdeutlicht werden, wo **die Unterschiede zwischen Soll und Ist** liegen. Die Abweichungen geben Aufschlüsse über erforderliche Anpassungen und Veränderungen.

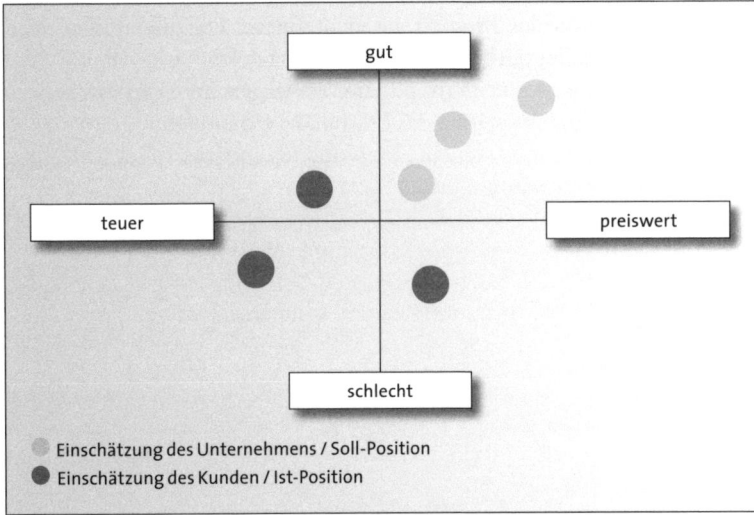

Abb. 55: Soll- und Ist-Positionierung (vgl. Weis 1999, S. 80)

Ein Kunde beurteilt die Positionierung des Produktes möglicherweise ganz anders, als es das Unternehmen selbst sieht (oder sehen möchte).

BEISPIEL

Wird beispielsweise die Qualität eines Produkts durch den Kunden eher als „schlecht" eingeordnet, kann das vielfältige Ursachen haben. Das Produkt braucht deshalb nicht zwangsläufig tatsächlich schlecht zu sein. Es können Wahrnehmungen des Kunden von vielleicht veraltetem Design, wenig attraktiven Farben, Mängel im Ansehen des Produkts (Marke), unverständliche Bedienungsanweisung u.v.a.m. sein. Entsprechendes gilt bei der Beurteilung des Preises: Wird ein Produkt als „zu teuer" eingeschätzt, hat man möglicherweise nicht klarmachen können, was alles in diesem Preis enthalten ist, oder das Image stimmt nicht (attraktive Marken sind nie zu teuer!).

23.2.3.2 Produktlebenszyklus und Portfolio-Analyse

Produktstrategien und Produktpositionierung sowie die Produktpolitik sind im Zusammenhang mit dem Produktlebenszyklus und der Portfolio-Analyse zu sehen.

Produktlebenszyklus

Der Produktlebenszyklus beschreibt die Lebensphasen eines Produktes, sein „Werden und Vergehen". Werden Parameter wie Kosten, Umsatz, Gewinn und Verlust in das Verhältnis der Lebensphasen von der Produkteinführung bis zum Ausscheiden aus dem Markt gegeneinander abgewogen, können die Ergebnisse in Grafiken dargestellt werden. Das Wissen um den Produktlebenszyklus eines Produktes gibt darüber Aufschluss, in welcher Phase sich das Produkt gerade befindet. Daraus können dann rechtzeitig marketingpolitische Maßnahmen abgeleitet werden, um neue (Ersatz-)Produkte einzuführen, Differenzierungen und Verbesserungen (Relaunch) vorzunehmen oder das Produkt zu eliminieren.

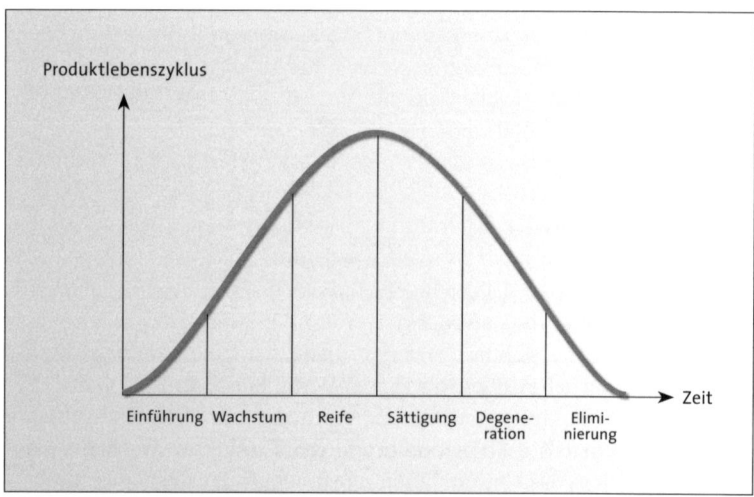

Abb. 56: Produktlebenszyklus

Einführungsphase

Die Einführungsphase bezeichnet die Zeit, in der hohen Kosten für Entwicklung, Produktion und Aufbau des Vertriebes nur geringe Umsatzerlöse gegenüberstehen. Die zeitliche Dauer der Anfangsverluste hängt davon ab, wie lange es dauert, das Produkt in ausreichender Stückzahl abzusetzen.

Völlig neue, erklärungsbedürftige Produkte auf neuen Märkten verursachen in der Regel einen höheren Zeitbedarf als z.B. attraktive Neuigkeiten auf bestehenden Märkten. Die Wettbewerbssituation und die Intensität der Werbung und Verkaufsförderung spielen eine entscheidende Rolle. Im Verlauf der sich an die Einführungsphase anschließenden Wachstumsphase wird sich erweisen, ob das Produkt überhaupt geeignet ist, die Gewinnzone zu erreichen, oder ob es ein verlustreicher „Flop" wird.

Handelt es sich um ein attraktives **„Pionierprodukt"**, also um eine echte Innovation, ergibt sich für den Anbieter eine Form der Monopolstellung. Braucht die Konkurrenz längere Zeit, um das Produkt nachzuahmen (**Me-Too-Produkte**) oder besitzt das Unternehmen entsprechende Patentrechte, kann die Wachstumsphase erreicht und der Wettbewerbsvorsprung genutzt werden. Rückt die Konkurrenz kurzzeitig nach, ist schon in der Einführung mit wachstumshemmenden Einflüssen zu rechnen, und zumeist werden dann auch teure verkaufsfördernde Korrekturen erforderlich.

Wachstumsphase

In der Wachstumsphase erreicht das Produkt die **Gewinnzone.** Werbung und Verkaufsförderung werden weiterhin intensiv betrieben.

Spätestens in der Wachstumsphase wird sich die Konkurrenzsituation verschärfen. Nachahmer versuchen ihren Marktanteil durch niedrigere Preise zu erzielen, was zu einem entsprechenden Preisdruck führt. Das rechtzeitige Erkennen der Wettbewerbs- und Marktsituation erlaubt frühzeitige Anpassungen, da der zeitliche Vorteil einer bereits eingeführten Vertriebsstruktur genutzt werden kann.

Verschärfung der Konkurrenzsituation

Reifephase

In der Reifephase erzielt das Produkt **permanente Gewinne.** Das Wachstum ist wesentlich geringer als in der Wachstumsphase und nimmt weiter ab, bis hin zum Stillstand. Gleichzeitig hat sich der Wettbewerb verschärft, zahlreiche Anbieter sind am Markt. Der harte Wettbewerb führt zu niedrigeren Preisen, was sich nun auch auf die Gewinnsituation negativ auswirkt. Das Unternehmen kann mit rechtzeitig eingeleiteten Differenzierungen des Produktes gegensteuern. Werbung und Verkaufsförderung müssen zum Erhalt der Absatzzahlen weiterhin eingesetzt werden.

Sättigungsphase

Schließlich erreicht das Produkt die Sättigungsphase. Der Markt beginnt zu schrumpfen, Wachstumsziele sind nicht mehr zu erreichen, die Umsatzerlöse sinken und damit auch die Gewinne. Über die Preispolitik wird versucht, auch noch die „letzten Käufer" zu gewinnen, der Wettbewerber hat die gleichen Schwierigkeiten, und nicht selten erfolgen „Preisschlachten", um wenigstens noch einige Stückzahlen zu erreichen.

Ein Hinauszögern der Sättigungsphase kann durch **Produktvariationen** (Modifikation) erfolgen. Es werden Veränderungen am Design, der Farbe, Ausstattung, Qualität etc. vorgenommen, um den Eindruck eines „neuen Produktes" zu erwecken und dieses, zumindest für eine gewisse Zeit, am Markt zu platzieren (Relaunch). Doch auch eine erfolgreiche Verzögerung führt unweigerlich irgendwann zur Rückgangsphase.

„Es ist zu spät, Brunnen zu graben, wenn der Durst brennt."
(Plautus)

Rückgangsphase
Es gibt kein Wachstum mehr, die Umsätze sinken weiter und mit ihnen der Gewinn. Dies setzt sich fort, bis die Gewinnschwelle zum negativen Wert erreicht ist und das Produkt eliminiert werden muss. Restbestände werden verkauft und die Produktion eingestellt.

Portfolio-Analyse
Die Portfolio-Analyse eignet sich, um die Geschäftsfelder der Produkte darzustellen und zu überprüfen. In der Gegenüberstellung und Kombination von Wachstum und Attraktivität des Produkts wird die Positionierung deutlich sichtbar (siehe Abb. 51; Kapitel 21.3).

Portfolio-Modell der Boston Consulting Group

Das in Abbildung 51 dargestellte Portfolio-Modell der Boston Consulting Group verdeutlicht die Positionen und Verhältnisse auch im Sinne des Produktlebenszyklus. Das ermöglicht Rückschlüsse auf produktpolitische Maßnahmen, um Erfolgs- und Kostensenkungspotenziale ausschöpfen zu können.

Marktwachstum niedrig und relativer Marktanteil niedrig
Produkte innerhalb dieses Matrixfeldes werden als **„Poor Dogs"**, „arme Hunde" bezeichnet. Die Marktposition ist schwach. Wachstumschancen sind nicht erkennbar. Es muss entschieden werden, ob das Produkt vom Markt genommen werden kann.

Marktwachstum hoch und relativer Marktanteil niedrig
Das Matrixfeld wird als **„Fragezeichen" (?)** bezeichnet. Es ist eben fraglich, ob das Produkt die vorgesehenen Wachstumsziele erreichen kann. Hier werden Nachwuchsprodukte platziert. Werden die Wachstumschancen als gut eingeschätzt, muss die Vermarktung forciert werden. Bei Neu- oder Ergänzungsprodukten kann nun der Eintritt in den Wachstumsmarkt erfolgen. Sind die Erfolgschancen zu schwach, muss entschieden werden, ob das Produkt vom Markt genommen werden soll.

Marktwachstum niedrig und relativer Marktanteil hoch
In diesem Feld der Matrix, das als **„Cash Cows"**, „Milchkühe", bezeichnet wird, werden die Basisprodukte dargestellt. Es sind Geschäftsfelder, die einen relativ großen Marktanteil aber nur noch ein geringes Wachstum aufweisen. Produkte in diesem Feld bringen Gewinne. Die Gefahr der Sättigung und eines schrumpfenden Marktes ist groß.

Marktwachstum hoch und relativer Marktanteil hoch:
Produkte in diesem Matrixfeld sind die **„Stars"**, die Sterne am eigenen Produkthimmel. Stars besitzen ein großes Erfolgspotenzial, die Erträge sind groß, Stars sind Zukunftsprodukte, auf deren weiteres Wachstum das Unternehmen setzen kann. Um das Wachstum zu ermöglichen, sind allerdings auch Investitionen erforderlich.

23.2.3.3 Programmpolitik

Die Zusammenfassung des Gesamtangebotes und aller Kombinationen – also der Gestaltung, der Sortimente sowie Kundendienst und Service – kann als Programmpolitik bezeichnet werden. Ausgangspunkt sind die Eigenschaften, die der potenzielle Kunde von dem Produkt erwartet, wie z.B.:

* Nutzen,
* Zusatznutzen,
* Verfügbarkeit,
* Preis,
* Qualität,
* Service,
* Lebensdauer,
* Marke, Prestige, Image,
* Verpackung,
* Umwelt, Gesundheit,
* Design, Farbe, Gestaltungsdetails,
* Ausstattung.

Die Wahrnehmungsweise eines Produkts wiederum hat einen direkten Bezug zu den Antriebskräften der **menschlichen Bedürfnisse:** Sicherheit, Gesundheit, Geborgenheit, Neugier, Besitz, Prestige, Selbstwert, Selbstverwirklichung etc. (vgl. Bedürfnispyramide nach Maslow, Abb. 3). In der Produktgestaltung sollen diese Kräfte, je nach Verwendung und Einsatz des Produktes, berücksichtigt werden.

Grundfragen der Produktgestaltung: Ursache und Wirkung

Diese Gestaltungsfragen sind verbunden mit dem **Verwendungszweck** des Produktes. Handelt es sich um Konsum- oder Investitionsgüter (bzw. im engeren Sinn um Dienstleistungen)?

Eine weitere Rolle spielt es, **auf welchen Märkten** das Produkt angeboten werden soll:

* Sind die Abnehmer Einzelpersonen, Wiederverkäufer, gewerbliche oder öffentliche Verwender oder Erzeuger?
* Sind die Produkte Rohstoffe, Halbfertigfabrikate oder Zwischenprodukte?

Die Summe der Beantwortung dieser Fragen ergibt die erforderlichen Produkteigenschaften und Produkttypen.

Produktgestaltung

Im Rahmen der Produktgestaltung muss über folgende Aspekte grundsätzlich entschieden werden:

a) **Die Qualität:** Sind bereits vergleichbare Produkte am Markt, stellt sich die Frage, ob die Qualität gleich, besser oder weniger gut sein soll. Das steht in direktem Zusammenhang mit der anvisierten Zielgruppe und der Vermarktungsstrategie.

Standardisierung vs.
Differenzierung

b) **Die Spezialisierung:** Wird das Produkt als Standarderzeugnis verstanden oder soll eine Differenzierung bzw. Spezialisierung erfolgen? Die Standardisierung verfolgt marktübliche Gegebenheiten. Sie eignet sich häufig für den Bereich der Massenprodukte. Die Differenzierung zielt auf eine Unterscheidung von einem Konkurrenzprodukt. Dies wird durch gestalterische Mittel oder individuelle Vertriebswege verfolgt.

c) **Die Flexibilität:** Werden Produktvarianten angeboten, die von Art und Stil abweichen (Differenzierung)? Welche Wirkungen für die CI müssen beachtet werden?

Teil der Produktpolitik sind außerdem Antworten auf die Fragen des **Produktdesigns.** Neben dem Grundnutzen sind ästhetische Eigenschaften, Funktionalität und eine benutzerfreundliche Bedienbarkeit besonders wirksam. Ein gutes Design vermittelt bereits einen Zusatznutzen.

Kundenbewertungen und Kaufanreize werden auch durch die **Verpackung** beeinflusst. Neben dem Schutz (Transport, Bruch, Beschädigung) sorgt die Verpackung für Haltbarkeit. Form, Farbe und Gestaltung sind Bestandteile des Produktdesigns und haben eine ästhetisch-wirksame Funktion. Verpackungen bilden ebenfalls Verkaufseinheiten (Gewichtsklassen) und sind Informationsträger. (Vgl. Hüttner u.a. 1999, S. 134)

Produktmodifikationen

Neben der Differenzierung muss eine **Produktpflege** der bereits am Markt eingeführten Produkte erfolgen. Die Produktpflege verfolgt eine schrittweise Verbesserung des Produkts und berücksichtigt Veränderungen im Kaufverhalten, insbesondere aufgrund sich verändernder Modetrends, Vorlieben und Gewohnheiten.

Produktinnovation

Eine Idee ist Voraussetzung für die Realität. Wie werden Ideen gefunden und realisiert? Effektives Wissensmanagement und Kreativitätstechniken (vgl. Kap. 22.10) bringen Ideen. Machbarkeitsstudien in logisch-rationalen Verfahren eröffnen eine detaillierte Planung und die Konkretisierung.

23.2.3.4 Garantien, Ersatzteilversorgung, Nachkaufsicherheit

Garantien, Ersatzteilversorgung und Nachkaufsicherheit – diese wichtigen Komponenten runden die Produktpolitik ab. Dabei sollte man folgende Fragen klären:
- Werden neben den gesetzlichen Gewährleistungsverpflichtungen weitere Garantien gewährt?
- Nach welchen Regeln sollen Kulanzleistungen erfolgen? Wie ist die Ersatzteilversorgung organisiert in Bezug auf Schnelligkeit (Lieferbereitschaft), Verfügbarkeit, Kostensituation und Preise?
- Wie lange wird die Nachkaufzeit des Produktes und der Ersatzteile bzw. die Instandsetzung garantiert?

23.2.4 Sortimentspolitik

In der Sortimentspolitik kann man unterscheiden zwischen komplementären Produkten und Leistungen, also solchen, die direkt zum Hauptprodukt passen, und substitutionellen, also nicht passenden Produkten.

Im Handelsmarketing wird unter „Sortimentspolitik" auch die gesamte Angebotspalette verstanden

> **BEISPIEL**
>
> Komplementäre Produkte zu einem Fahrrad sind etwa: der Helm, die Bekleidung, Satteltaschen, spezielle Luftpumpen, Reparatur- und Unfallset, Geschwindigkeits-, Strecken- und Höhenmesser, Schließsysteme, Diebstahlversicherung, Inspektionsservice, Winterlager usw.

Substitutionelle Produkte können dann angeboten werden, wenn die Kundenfrequenz dies zulässt. Es liegt der Gedanke zugrunde: „Wo viele Kunden sind, kann man auch noch mehr verkaufen."

Die Kunst, die Perspektive zu wechseln

> **BEISPIEL**
>
> Beispiel ist eine Kaffeerösterei bzw. ein Kaffeegeschäft. Der Kunde möchte vielleicht Kaffee kaufen, sieht aber im Ladengeschäft auch noch völlig andere Produkte wie Textilien, Schreibgeräte, Computerspiele, CDs, Kinderspielzeug usw. Er soll sich dadurch angesprochen fühlen, den Wunsch verspüren, diese Produkte zu besitzen und sie zu kaufen. Er bringt also vom Einkauf nicht nur den Kaffee mit (falls er ihn vor lauter Freude nicht vergessen hat), sondern auch noch Socken und eine Funkuhr.

Im Bereich der Sortimentspolitik muss also ermittelt werden: Welche Produkte kann man zusätzlich anbieten, welche Produkte bringen dem Kunden einen Nutzen oder erfüllen einen Kaufwunsch (auch einen Nutzen), was können „Mitnahmeprodukte" sein? Die Auswahl muss sorgfältig erfolgen und „getestet" werden. Es sollen keine unproduktiven Lagerkapazitäten und „Ladenhüter" geschaffen werden, sondern die Attraktivität des Geschäfts soll erweitert werden, und gleichzeitig muss man auch etwas daran verdienen können.

Das Prinzip **„Gehe dahin, wo viele sind"** passt in diese Überlegung hinein.

> **BEISPIELE**
>
> Beispiele kennen wir auch von Tankstellen: Da wird keineswegs nur Benzin und Öl verkauft, sondern eine Fülle von Waren, angefangen bei frischen Brötchen über Snacks, Süßigkeiten und Getränke bis zu Blumen und Zeitschriften. Wer tankt, soll gefälligst auch noch etwas anderes kaufen. Die Wahrscheinlichkeit, dass der Kunde das tun wird, ist hoch.

Der gleiche Gedanke lässt sich in Supermärkten ablesen. Nahezu in allen Märkten sind vor den Supermarktkassen Verkaufsstände oder Theken von Mietern mit den unterschiedlichsten Waren. Gleiche oder ähnliche Waren sind auch hinter den Kassen zu haben. Meist preiswerter. Der Verkauf vor den Kassen funktioniert nur deshalb, weil viele Menschen in den Supermarkt kommen – und wo viele sind, bleiben auch Käufer für die Mieter. Beispiel sind Bäckereien, die in sehr vielen Supermärkten als Mieter zu finden sind.

Hier wird wieder der Bezug zu den übrigen Marketing-Instrumenten deutlich, insbesondere die Absatzwegepolitik (Distribution), aber auch die Kommunikationspolitik und die Preisgestaltung.

23.2.5 Service, eine Chance für gutes Image

„Wer anderen nützt, nützt sich selber."
(Seneca)

Welche Chancen hat ein Unternehmen, sich mit der Qualität seiner Produkte vom Wettbewerb abzuheben? Was ist überhaupt Qualität?

Qualität hat sehr viel mit der Wahrnehmung des Kunden, mit seinem Meinungsbild zu tun. Reale Qualitätsunterschiede lassen sich nur sehr schwer definieren bzw. feststellen. Produkte und Leistungen sind weitestgehend vergleichbar.

Kann man sich vorstellen, dass ein Kunde, der eine Waschmaschine kaufen will, diese aufschraubt und die „Qualität" der Teile und der Verarbeitung prüft und mit anderen Modellen vergleicht? Das **Meinungsbild über Qualität** wird erzeugt durch äußere Eindrücke wie Design, Bedienbarkeit und vor allen Dingen durch das Image, die Marke des Herstellers.

Auch Leistungen eines Handwerksbetriebs sind primär vergleichbar. Der Kunde hat durchaus eine Vorstellung vom Leistungsbereich eines Schreiners oder beispielsweise eines Bäckers. Der Ruf, das Image, die Marke wird durch die Kombination von Wahrnehmung, Meinungsbild, Erfahrung und Service geprägt.

Wenn am Markt Produkte und Leistungen angeboten werden, die vergleichbar, also austauschbar sind, kann der Wettbewerbsvorteil nur über **die „Marke" als Branchenprimus** genutzt oder über die **Serviceleistung** erreicht werden.

Problemlösungen sind Gesamtlösungen; Systeme statt Produkte; das erfordert Know-how

Wie in den gesamten gestalterischen Überlegungen des Marketings zielt auch die Servicepolitik auf das Feststellen eines Mangels bei der Zielgruppe:

Welchen Engpass, welches Bedürfnis, welchen Mangel hat der Kunde und was können wir tun, um diesen Mangel besser als der Wettbewerb zu befriedigen?

Das ist die zentrale Fragestellung. Die Antwort darauf ist der Ausgangspunkt für eine Servicepolitik, in deren Mittelpunkt die optimale Überwindung des Mangels für den Kunden steht. Sichtbar! Der Vorteil, den wir der Zielgruppe gegenüber dem Mitbewerber bieten, muss spürbar sein.

Außergewöhnlich anders als alle anderen

> Relative Wettbewerbsvorteile sind nicht im Produkt, in der Produktqualität, sondern im Beherrschen von Problemlösungen der Zielgruppe begründet.

23.2.5.1 Konzentration und Spezialisierung

Einfacher ist genialer! Insbesondere große Konzerne neigen häufig dazu, immer weitere Unternehmen anderer Branchen aufzukaufen, um damit vermeintlichen Risiken des Stammgeschäftes vorzubeugen. Die Realität sieht oft ganz anders aus. Hohe Verluste zwingen die Unternehmen zum Wieder-/Weiterverkauf, und glücklicherweise müssen oft auch die Verantwortlichen für dieses großsüchtige Missmanagement ihren (leider wohlbestallten) Hut nehmen. Die Verluste des Firmenwertes, die jahrelangen Sanierungs- und Folgekosten, die Vermögensverluste der Eigner, die bitteren Einzelschicksale der entlassenen Arbeitnehmer sind die Hinterlassenschaften.

Ursachen des Scheiterns sind die unübersehbaren Folgen der Zusammenschlüsse und Fusionen, die unterschiedlichen Kulturen, die unbekannten Märkte, die verunsicherten Belegschaften (Motivation), der Verlust der Wahrnehmung einer Firma durch ihre Kunden als „das" Unternehmen, welches für etwas ganz Bestimmtes steht, welches eine ganz bestimmte Einzigartigkeit geboten und dadurch seinen hohen Bekanntheitsgrad hatte.

Diese Verzettelung ist zu vermeiden. Wenn man meint, man müsse allen Kunden für alle Fragen und Bedürfnisse alles anbieten können, begibt man sich in die Gefahr der Versandung des Erscheinungsbildes.

BEISPIEL

Ein Beispiel für die Probleme, die sich aus einem zu breiten, beliebig erscheinenden Angebot ergeben können, zeigt die Einzelhandelsbranche: Wer hätte gedacht, dass große Handelskonzerne und Kaufhäuser je in ihrer Existenz gefährdet sein könnten? Das Aus hat gewiss vielfältige Ursachen; eine davon ist, dass die Unternehmen den Zeitgeist nicht erkannt haben oder nicht erkennen wollten. Das Kaufverhalten ändert sich. Fachgeschäfte haben immer mehr typische Kaufhauskunden abgezogen. Das Kaufhaus bietet alles an und scheitert damit häufig an der Beratungsleistung und dem Dienst am Kunden. Das Fachgeschäft fokussiert und positioniert sich mit einer Produktlinie. Diese Spezialisierung vermittelt Fachkompetenz und eine größere Auswahl. Günstigere Kosten, Lagerhaltung, Service, Kundendienst und Imagevorteile lassen sich wirksam nutzen. Fachgeschäfte haben in der Regel einen kleineren Markt, aber wenig vergleichbare Konkurrenz.

> Die Konzentration des Fachgeschäfts gegenüber dem Kaufhaus beruht auf dem „Spezialisteneffekt" eines Sortimentes oder auch nur eines Produktes. Das schärft die Wahrnehmung der Kunden, das Fachgeschäft wird selbst zur „Marke".

Die Bedeutung von Markennamen

Marken verleihen dem Produkt Bedeutung. Deshalb werden auch alltägliche Dinge mit Markennamen versehen, weil der Kunde glaubt, Produkte dieser Marke seien besser (man denke etwa an Bananen von Chiquita, Orangen von Sunkist oder an Hähnchen von Wiesenhof).

Es geht darum, im Bewusstsein des Käufers die eigene Marke zu besetzen. Das bedeutet, eine Machtstellung gegenüber der Konkurrenz zu haben. Mehr als 50.000 Markennamen gibt es in Deutschland (Quelle: 27. Münchener Marketing-Symposium, 2001). Wie sollen diese Bezeichnungen alle ins Hirn des Verbrauchers, der ja kaum mehr als durchschnittlich 2.000 unterschiedliche Worte versteht? Es ist die Wahrnehmung. Der Kommunikations-Mix ist die eine Seite, die qualitative Einschätzung durch eigene Wahrnehmung die andere. Es geht also darum, „sichtbare" Kompetenz zu schaffen.

Die fachliche Spezialisierung im Zusammenwirken mit einer professionellen Kundenorientierung und einem gut eingeführten Markennamen hebt das Unternehmen aus dem Allerlei der Mitbewerber hinaus.

Grundlage für den Erfolg bietet die Konzentration. Die Konzentration auf das Wesentliche.

Wesentlich ist die **systematische Fokussierung auf Problemlösungen am Markt.** Professionell!

23.2.5.2 Servicequalität

Zurück zur Qualität: Je konzentrierter das Angebot des Unternehmens ausgeformt ist, desto klarer kann auch eine optimale, erstklassige Servicepolitik umgesetzt werden. Dazu gehört die **persönliche Dienstleistungsqualität.**

Schema zur Bewertung der Servicequalität

In einem Bewertungsschema lässt sich die Einschätzung der bestehenden Servicequalität darstellen: Darin werden Zuverlässigkeit, Pünktlichkeit, Freundlichkeit, Sicherheit, Vertrauen, Einsatz, Kompetenz, Zuwendung, Empathie, Image, Präsenz, Ehrlichkeit usw. auf der Skala mit Noten von eins bis sechs gewichtet und miteinander verbunden (vgl. Abb. 57). Das Ergebnis zeigt deutlich, was verbessert werden muss.

Die Einschätzung sollte regelmäßig durchgeführt werden, um Veränderungen rechtzeitig erkennen und an den Ergebnissen das beständige Bemühen nach immer besserem Service ablesen zu können. Die Ergebnisse und Veränderungen sind eine wichtige Grundlage für die Mitarbeiterbesprechungen.

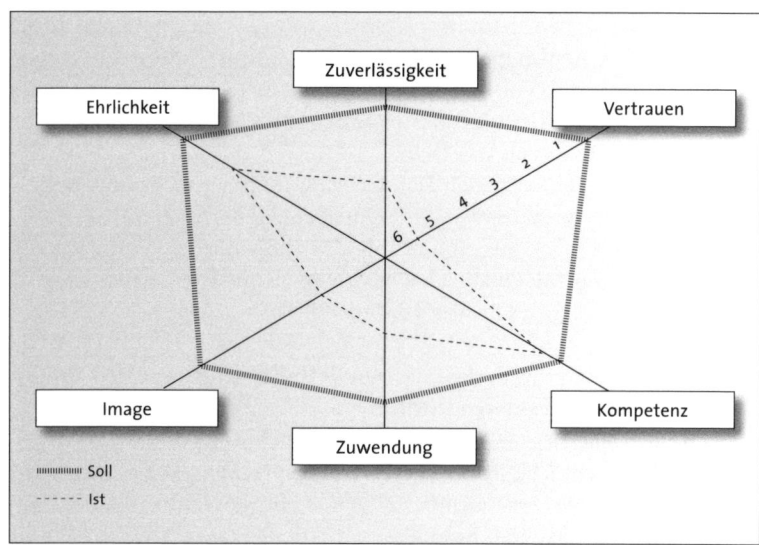

Abb. 57: Beispiel einer Bewertung von Servicequalität

Wenn man Unternehmer fragt, was man tun muss, um den Umsatz zu steigern, kommt die Antwort: Qualität und Leistung müssen verbessert werden. Der Begriff der Qualität rangiert ganz oben im unternehmerischen Bemühen: „Bessere Qualität setzt sich durch."

Die Suche nach Qualität hat höchste Akzeptanz gefunden in der Konzeption des **„Total Quality Management" (TQM),** einem Managementsystem mit weiter internationaler Verbreitung. Ziel ist es, Wettbewerbsvorteile durch „bessere Qualität" grundlegend zu nutzen und darzustellen. Die **Qualitäts-Zertifizierung** nach DIN ISO 9000 ff. bzw. der Euronorm zielt auf das gleiche Ergebnis: Qualität ist, was den Anforderungen der Zertifizierung entspricht, und ist damit ein Wettbewerbsargument.

Mit Qualität an sich hat das allerdings nur ansatzweise etwas zu tun. Im Grunde regelt die Norm, was ohnehin für ein gut geführtes Unternehmen selbstverständlich ist, nämlich ein ordentliches Managementsystem, welches Abläufe und Nachweise regelt. Nach der Norm kann ein Unternehmen durchaus ein miserables Produkt herstellen und trotzdem die Zertifizierung bekommen, wenn die Regularien exakt nach den Zertifizierungsrichtlinien eingehalten sind und die Maximen des Managementhandbuches eingehalten werden. Maximen der Qualität? Nein! Maximen der Qualität wären es, wenn man nicht so sehr auf die bürokratischen Zertifizierungsregeln achten, sondern sich intensiver um maßgeschneiderte Problemlösungen des Kunden kümmern würde.

„Qualität ist, was der Kunde will", lautet eine weit verbreitete Meinung. Richtig daran ist, dass der Kunde annimmt, sein „Wille" sei seine Kenntnis über Qualität. Dabei kann der Kunde wohl in den allermeisten Fällen den

„Menschen glauben gern, was sie glauben wollen."
(Caesar)

Unterschied zwischen mehreren ähnlichen Produkten überhaupt nicht feststellen. Viele Artikel gleichen sich, sind sich ähnlich: Ist ein Recorder von Pioneer besser als von Sony? Eine Digitalkamera von Nikon besser als von Canon? Ein Sportschuh von Adidas besser als von Nike? Ein Computer von Siemens besser als von Dell?

All das ist für den normalen Kunden schwer bis gar nicht zu entscheiden, und so bestimmen in erster Linie Unterschiede in Design, Stil, Erscheinung und Geschmack zusammen mit den individuellen Vorlieben die Kaufentscheidung. Mit Qualität hat das nichts zu tun. Der Qualitätsbegriff ist abstrakt und folglich schwer zu definieren.

Generell kann man sagen, dass der Kunde „sein" Qualitätsurteil auf der Grundlage von zwei Faktoren trifft:

- Zum einen spielen seine **persönliche Wahrnehmung** und seine **Vorlieben** eine wesentliche Rolle. Diesen zu entsprechen, ist Zusatznutzen. Der Kunde sucht stets auch bestätigende Hinweise, um zu einer Entscheidung zu gelangen. Besondere Funktionen, attraktive Preise und Argumente wie „die meistverkaufte Marke" sind besonders wirksam. Im Meinungsfeld des Kunden muss das „am meisten verkaufte Produkt" selbstverständlich auch das mit der besten Qualität sein.

Die Emotionen des Kunden wecken

- Noch wichtiger ist jedoch **die Marke an sich.** Kunden kaufen Marken, nicht Produkte. Das hat sicher auch etwas damit zu tun, dass es den Kunden überfordert, „Qualitätsunterschiede" bei immer komplexer werdenden Produkten überhaupt festzustellen. Qualitätsurteile werden häufig nach rein subjektiven Merkmalen wie „schön, angenehm, bedienungsfreundlich, modern, handlich usw." getroffen. Und wie frei sind diese Urteile vom Einfluss des Markennamens?

> „Einschätzung ist Realität. Der eigentliche Motor der Wirtschaft ist nicht Qualität, sondern die Einschätzung von Qualität." (Ries 1996, S. 108)

Wenn man feststellen kann, dass der Kunde die Qualität konkurrierender Produkte gar nicht feststellen oder nur in Ausnahmefällen messen kann, dann ist die Einschätzung, was denn qualitativ höherwertiger als das Wettbewerbsprodukt sei, von eminenter Bedeutung.

Sehr viel konkreter bei der Summierung von Einschätzungsmerkmalen durch den Kunden sind die Marke (der Name) und das gesamte Spektrum des Services. Damit ist natürlich nicht gesagt, dass man auf Qualität verzichten oder interne Qualitätskriterien vernachlässigen kann. Vergleichbar mit dem Standard der Mitbewerber müssen wir schon sein. Oder auch besser. Aber in der Qualität sind wir eben „nur" vergleichbar aus Sicht des Kunden, wir müssen die Wahrnehmung, die Einschätzung verbessern, und das ist nur möglich durch exzellenten Service und „Signale, die ankommen".

Wenn man Kunden befragt, warum sie ein bestimmtes Produkt gekauft haben, erhält man stets die Antwort: „Weil es die führende Marke ist." Und warum? „Weil sie besser sei." (Vgl. Ries 1996, S. 112) Darin liegt der große Vorteil einer führenden Marke: Der Kunde glaubt, Produkte dieser führenden Marke seien gut.

> Die hohe Qualitätseinschätzung der Kunden hängt meist auch mit dem hohen Preis der Marke zusammen. Der Kunde akzeptiert, dass er für diese Marke mehr bezahlen muss – und er tut es.

Äußere Merkmale wie Design, Farbe, Produktnamen und Verpackung unterstützen das Einschätzungspotenzial.

23.2.6 Kundenorientierung

„Die traditionellen Marketing-Organisatoren managen Produkte und Leistungen und haben noch nicht so recht verstanden, dass sie (…) nach der Jahrtausendwende ihre **Kunden** managen müssen – und nicht Produkte und Leistungen" (Busch 2000 b, S. 19).

Wenn wir Probleme der Kunden besser lösen wollen als andere, müssen wir die möglichen Probleme auch kennen. Es muss dafür gesorgt werden, dass unsere Antennen auf „Empfang" gestellt sind:

- Nehmen wir wahr, was der Kunde in einem Gespräch sagt, wünscht, bemängelt, fragt, ablehnt?
- Ziehen wir daraus Erkenntnisse, um dem Kunden in Zukunft besser dienen zu können?
- Haben wir ein System der kundenbezogenen Problemspezialisierung?

In den USA ist es in allen Branchen eine tief verwurzelte Selbstverständlichkeit, sich um den Kunden zu kümmern (**Customer Care Management**). Wir hingegen tun uns in Deutschland noch immer schwer damit, für den Kunden mehr zu tun als unbedingt „notwendig". Und aus diesem Umstand erwächst letztlich unsere eigene existenzielle Not, die darin besteht, dass wir nicht wendig genug gewesen sind. Gerade weil deutsche Unternehmen noch schlafen, haben wir eine gute Chance, jetzt zu erkennen, was der Kunde wirklich wünscht, was er zusätzlich gern hätte, wie wir ihm etwas erleichtern können, wie wir ihm nützlich sein können. Erkennen allein genügt natürlich nicht: Die Umsetzung kann ein entscheidender Wettbewerbsvorsprung sein.

„Wir sind ein merkwürdiges Volk und haben ein merkwürdiges Verständnis von Dienstleistung, wenn wir mit Freude Maschinen bedienen und Schraubenzieher drehen, aber jedes Lächeln gefriert, wenn es um das Bedienen von Menschen geht." (Roman Herzog, Berliner Rede, 1997, entnommen aus Busch 2000 b, S. 28)

Es geht schließlich darum, durch eine professionelle Kundenorientierung für eine dauerhafte Rentabilität des Unternehmens zu sorgen.

23.2.6.1 Kundenbindung und Kundenbindungssysteme

Kundenbindung hat zum Ziel, rentable Kunden zu erhalten, also dafür zu sorgen, dass diese Kunden nicht abwandern. Hinzu kommt die Gewinnung von Neukunden durch Empfehlungen vorhandener und zufriedener Kunden und damit die Verbesserung des Images.

Voraussetzung für eine **wirksame Beurteilung des Kundenwertes** ist, dass relevante Erkenntnisse über den Kunden vorhanden sind. Kriterien zur Ermittlung eines Wertes werden meist auf das Umsatzvolumen und ggf. auf Verhaltensmerkmale des Kunden (schwieriger Kunde, Nörgler usw.) bezogen. Neben dem Umsatz sollten aber auch Merkmale der Kosten einbezogen werden. Die **Ermittlung des Deckungsbeitrages** verdeutlicht den Erfolg des Kundenauftrages, wenn alle Kosten, wie auch Rabatte, Skonti, besonderer Serviceaufwand, Zugaben und die Zahlungsmoral, mit einbezogen werden.

Ein System, mit dem man aussagefähige Daten erhält, kann in einer **Kundendatenbank** bestehen. In kleineren und mittleren Unternehmen kann eine solche Datenbank mit Standardsoftware leicht selbst angelegt werden. Entscheidend ist die ständige Pflege. Alle aktuellen Erkenntnisse müssen eingetragen und Termine überwacht werden. Nach Eintragung aller relevanten Stammdaten muss ein auf die jeweiligen Bedürfnisse abgestimmtes systematisches Kundenprofil angelegt werden.

INHALTE EINES SYSTEMATISCHEN KUNDENPROFILS

Neben der Berücksichtigung von Wertfakten, wie …

- Umsatz (Stückzahlen),

- Deckungsbeitrag (Gewinn),

- Zahlungsverhalten,

- Kundendienst- und Reparatur-/Beanstandungsaufwand,

… sollten im Kundenprofil auch Erkenntnisse möglicher künftiger Geschäfte enthalten sein. Das sind

- Prognosen über den Geschäftsverlauf des Kunden (Firmenkunden) und

- den technologischen Fortschritt (und damit den künftigen Bedarf).

Wartungs- und sonstige Intervallzeiten müssen ebenso terminiert werden wie der voraussichtliche Lebenszyklus, z.B. bei Investitionsgütern. Zu den „weichen" Erkenntnissen gehören allgemeine Verhaltensmerkmale, Besonderheiten und eventuell persönliche Vorlieben.

Die Erkenntnisse aus der Nutzung der Kundendaten dienen als Basis für alle Kundengespräche und Verhandlungen, aber auch als System der Kundenbindung. Dies eröffnet die Möglichkeit, sich besser um den Kunden zu kümmern.

Die Erkenntnisse über den „Wert" eines Kunden ermöglichen eine Eintei- *A-, B- und C-Kunden*
lung in A-, B- und C-Kunden. Das erleichtert Entscheidungen über die
Kalkulationsbasis ebenso wie über die Frage der Intensität der Betreuung.
Es bedeutet aber nicht, dass Kunden, die nicht in Kategorie A fallen,
schlechter bedient werden sollen. Vielmehr vermittelt diese Kundeneintei-
lung die Erkenntnis, dass der A-Kunde mehr zum Gewinn des Unternehmens beiträgt als die B- und C-Kunden und dass man möglicherweise eine
Chance erhält, einen B- oder C-Kunden zum A-Kunden zu machen.

23.2.6.2 Beziehungsmanagement und Beziehungen
Customer Relationship Management (CRM) suggeriert als „modernes" *Beziehungsmanagement*
Managementsystem den Erfolg durch Kundenbeziehungen. Da CRM fast
immer ein Softwaresystem meint, muss die Investition ins Verhältnis zur
Größe des Unternehmens und seinen Zielen gesetzt werden. Eine computergestützte CRM-Lösung allein genügt nicht. Kundenorientierung erfolgt
nicht allein mit und auf elektronischem Weg, sie erfolgt von Mensch zu
Mensch. Gleichwohl sind inzwischen respektable Softwareprogramme auf
dem Markt, die auch für kleine Unternehmen geeignet sind. Vor der Entscheidung müssen aber Ziele, Umsetzbarkeit, Datenpflege und Folgekosten (Updates usw.) geprüft werden.

Das beste und teuerste CRM-System, ob mit oder ohne EDV, nützt gar
nichts, wenn das Unternehmen und alle seine Mitarbeiter nicht kundenbe-
wusst denken.

> Die persönlichen Beziehungen, Sympathie, Zuvorkommenheit und
> ständiges „Bemühen" (Dienen!) spielen eine ebenso große Rolle wie
> die rechnerischen Größen.

Beziehungsmanagement geht einher mit der inneren Führung im Unternehmen, den organisatorischen Voraussetzungen und dem Informationsmanagement. Nur der gut geführte, motivierte und informierte Mitarbeiter kann die erwartete Leistung auch in der Kundenbeziehung bringen.

„Informationsmanagement bedeutet im Sinne von Kundenbindung
und Kundenerfolgsmanagement ganz besonders, dass wir uns auch um die
konkreten Erwartungshaltungen unserer Kunden zu kümmern haben."
(Busch 2000 b, S. 98)

Zwei Erkenntnisse sollten erarbeitet werden:
a) Wo liegen die eigenen Stärken und Schwächen – wo liegen unsere Verbesserungschancen?
b) Was unterscheidet uns vom Wettbewerber, was machen wir besser, was
   schlechter – wo liegen unsere Verbesserungschancen?

Eine Aufstellung gegensätzlicher Faktoren hilft, um die eigene Positionierung zu erkennen:

Stärke-Schwächen-Profil		1 2 3 4 5	
Text		1 2 3 4 5	Text
Angebot	schnell		verzögert
Liefertermin	pünktlich		unpünktlich
Lieferung	vollständig		unvollständig
Preis	höher		niedriger als Wettbewerber
Qualität	zertifiziert		nicht zertifiziert
Reklamationen	selten		häufig
usw.			

Stärke-Schwächen-Profil im Konkurrenzvergleich			
Text		1 2 3 4 5	eigenes Profil: .... Konkurrent A: – – – –
Angebot	schnell		verzögert
Liefertermin	pünktlich		unpünktlich
Lieferung	vollständig		unvollständig
Preis	günstig		über Durchschnitt
Qualität	zertifiziert		nicht zertifiziert
Reklamationen	selten		häufig
usw.			

Abb. 58: Stärken-Schwächen-Profile

Mögliche Kriterien, mit deren Hilfe sich die eigene Positionierung ermitteln lässt, sind beispielsweise:

- Angebote – schnell, verspätet, genau, ungenau, korrekt, falsch
- Produkte – gut, schlecht, veraltet, aktuell, defekt, beschädigt
- Menge – falsch, richtig
- Rechnung – schnell, spät, Konditionen richtig, falsch, Abbuchung, Nachlässe
- Service – gut organisiert, schlecht, teuer, nachlässig, unpünktlich
- Beratung – fachkompetent, inkompetent
- Information – unverständlich, oberflächlich, umfassend
- Reklamationen – bedauernd, abweisend, ignorant
- Erreichbarkeit – schlecht, gut
- Korrektheit – ehrlich, unehrlich, arrogant, unqualifiziert

- Mitarbeiter – freundlich, aufmerksam, motiviert, desinteressiert, arrogant, ignorant, höflich, unhöflich, Benehmen, Kleidung, aufmerksam, kann zuhören,
- Kleinkunde – Geringschätzung deutlich
- Eindruck – verkaufen, verkaufen, verkaufen
- Beziehungsmanagement – hat aktuelle Kundendaten, weiß Bescheid u.a.m.

Zum Image bzw. zur Positionierung des Unternehmens trägt nicht nur das Management der Kundenkontakte bei, sondern das gesamte Auftreten des Unternehmens gegenüber Außenstehenden. Kunden und Mitarbeiter haben vielfältige Beziehungen zu anderen – zu Kollegen, eigenen Kunden, Geschäftpartnern und Personen im privaten Umfeld. Da kommt leicht eine vierstellige Zahl möglicher Kontakte zusammen. *Beziehungen*

Das Meinungsbild über die Firma, das in Gesprächen mit anderen Menschen gebildet wird, ist die ganz entscheidende Größe im Ruf des Unternehmens. Wir können noch so viel in die Werbung investieren, wenn die sozialen Beziehungen nicht positiv sind, wird nichts zu einem besseren Image verhelfen. Deshalb gehören die Führung im Unternehmen und die aktive Kundenorientierung zu herausgehobenen Aufgaben des Topmanagements.

23.2.6.3 Event-Marketing – Mittel zur Kundenbindung
Spaßgesellschaft. „Da ist was los." „Da müssen wir hin!" Dabei sein – beim gebotenen „Event". Das ist modern. Egal ob bei Pop, Sport, Kultur, Natur, Reisen, Wettbewerben – „Erleben" ist angesagt. Events sind in.

Die Beliebtheit von Events kann auch für Zwecke des Unternehmens genutzt werden. Viel mehr als allein mit den klassischen Mitteln der Werbung und Öffentlichkeitsarbeit können mit guten Events klar fixierte Ziele erreicht werden, ohne allzu große Streuverluste.

> Event-Marketing verfolgt kundenbindungs- und kommunikationspolitische Ziele.

Erlebnisorientierte Veranstaltungen eignen sich insbesondere, um bestimmte Adressaten zusammenzubringen zur …
- Kontaktpflege, Kontaktknüpfung, Kontaktintensivierung,
- Vermittlung neuer organisatorischer, technischer und technologischer Verfahren,
- Information über neue Produkte, Produktlinien.

Im Vordergrund steht nicht der Verkauf von Produkten, sondern eine emotionale Bindung an das Produkt und das Unternehmen. Event-Marketing zielt damit auf eine **Verhaltensbeeinflussung (Manipulation) der Zielgruppe.**

Man unterscheidet öffentliche und zielgruppenbestimmte Events:

- **Öffentliche Events (Public Events)** sind erlebnisorientierte Präsentationen, die dazu dienen, ein Produkt, eine Marke mit emotionalen Inhalten zu „vermitteln". So bieten z.B. Sport- und Pop-Veranstaltungen den Rahmen, um die Zielgruppe der Jugendlichen zu gewinnen.
- Bei **zielgruppenbestimmten Events (Corporate Events)** erfolgt die Auswahl der Zielgruppe stark fokussiert. Angesprochen werden sollen z.B. Verkäufer, Mitarbeiter, Ingenieure, Händler, A-Kunden, selektierte Anwender (Meinungsführer) usw. Das ermöglicht eine höhere Intensität der Dialogbereitschaft unter und mit den Teilnehmern und eine klare Orientierung der Veranstaltungsziele.

Drehbuch für einen Event   Entscheidend für den Erfolg eines Events ist die sehr **sorgfältige Vorbereitung und Durchführung.** Kreativität ist gefragt, eine zündende Idee für das Motto, die Ziele, den Impuls, die Interaktion, die Erwartungen. Man kann den Gesamtrahmen eines Events gut mit einem Drehbuch vergleichen. Alle Details müssen beschrieben, genau und detailliert in Szene gesetzt und geprobt werden.

Das Drehbuch muss die strategisch geplanten Erwartungen in eine inhaltliche Konzeption umsetzen. Dabei sind folgende Fragestellungen zu berücksichtigen:

- Was soll vermittelt werden?
- Was entspricht der Zielgruppe?
- Ist die Idee geeignet, die beabsichtigten Ziele zu erreichen?
- Passt es zum Prestige der Teilnehmer und zum eigenen Firmenimage?
- Was sind die Erwartungen? Wie sollen die Erwartungen anschließend gemessen bzw. beurteilt werden?
- Ist der geplante Event innovativ, kreativ, ist es etwas „Besonderes"?
- Werden die physisch-psychischen Absichten wie kurzfristige Information und langfristige emotionale Bindung vermittelt?
- Was soll die Planung beinhalten, wer führt sie durch und welche Kosten ergeben sich daraus?
- Wer führt den Event verantwortlich durch?

Die Inszenierung muss organisatorisch perfekt durchgeführt werden. Sind die Absicht und die kreative Grundidee bestimmt, empfiehlt es sich, die Veranstaltung durch ein Projektteam verantwortlich abwickeln zu lassen. Sind die Personalreserven zu sehr eingeschränkt, können Events auch ganz oder teilweise mithilfe von Event-Agenturen durchgeführt werden. Diese Agenturen verfügen u.a. auch über die notwendigen Kontakte zu Künstlern, Sportlern, Wissenschaftlern und Politikern, die für den Event als „Leitfigur" gewonnen werden sollen.

Ist die Entscheidung getroffen worden, müssen die Ideen und die Planung im Detail umgesetzt werden. Dabei sind die in folgender Übersicht dargestellten Aspekte zu beachten.

ASPEKTE DER EVENTPLANUNG

- Konzeption in Details, Veranstaltungsdesign
- Finanzierung, Sponsoring, Abrechnung, Kostenkontrolle
- Terminplanung, Inszenierung, Erlebniswelten
- Organisation, Realisation, Technik, interne Personalplanung, Einsatzplanung und Einweisung, Teilnehmerbetreuung, Ablaufplanung, Logistik, Künstler, Moderatoren
- Plätze, Räume, Bewirtung, Beschallung, Veranstaltungstechnik, Sicherheitsvorschriften, Versammlungsstättenverordnung
- Integriertes Projektmanagement, Projektarbeit
- Gästeliste, Ehrengäste, Einladungen
- Pressearbeit
- Rechtsfragen; relevantes Vertragsrecht, Bühnenarbeitsrecht, Urheberrecht, Medienrecht, Wettbewerbsrecht, GEMA und Künstlerversicherung, behördliche Genehmigungen
- Event-Agenturen, Kooperationen, Partner
- Evaluation, Nachbearbeitung, Controlling

Kundenbeziehungen, Kundenbindungsmanagement und auch Event-Marketing sind wie sämtliche Marketingaktivitäten in allen Bereichen des Marketing-Mix angesiedelt. Prioritäten werden gesetzt in der Servicepolitik und dem Kommunikations-Mix. Hier sind die Bereiche der Servicepolitik zugeordnet.

23.3 Preis- und Konditionenpolitik

Die „richtige" Festsetzung des Preises ist eine der schwierigsten Entscheidungen. Nicht nur das Kalkulationsergebnis bietet die Grundlage für einen Preis, sondern auch der Markt und die Ziele, die auf dem Markt verfolgt werden sollen.

Grundsätzlich kann die Preisfestsetzung nach zwei auseinanderliegenden Extremen eingeteilt werden:
- nah der **Hochpreispolitik,** auch Marktabschöpfung oder Skimming genannt, und
- nach der **Niedrigpreispolitik,** auch als Marktdurchdringung oder Penetrationsstrategie bezeichnet.

„Der Wert bestimmt den Preis."

(Aristoteles)

Preispolitische Entscheidungen begründen sich auf …
- Anpassung des Absatzes an die Produktion,
- Verbesserung der Kostensituation,
- Verbesserung der Kapazitätsauslastung,
- Produkteinführung,

- Erschließung neuer Segmente,
- Erzielung eines höheren Marktanteils,
- Bekämpfung von Mitbewerbern,
- Verbesserung der Rentabilität.

Preise orientieren sich an den Kosten und dem Markt

Grundsätzlich orientiert sich die Preispolitik an den wirtschaftlichen Zielen des Unternehmens. Maßstab sind die eigenen Stückkosten und die Marktchancen.

Die **Marktchancen** des Preises bestimmen sich durch die Wettbewerbssituation und die Nachfrage. Ist die Nachfrage hoch, können Kostengesichtspunkte unberücksichtigt bleiben, es gilt das Wertprinzip. Ist die Nachfrage gering oder die Konkurrenzsituation stark, werden Preise nach dem Kostenprinzip gebildet.

Bei der **Preisgestaltung nach dem Kostenprinzip** müssen Preisuntergrenzen festgelegt werden:
- *Langfristige Preisuntergrenze:* Diese bezeichnet den Preis, bei dem sämtliche Kosten gedeckt werden. Das Überleben des Unternehmens ist nur gesichert, wenn langfristig alle Kosten durch Verkaufserlöse gedeckt werden.
- *Kurzfristige Preisuntergrenze:* Mindestens alle variablen Kosten und nach Möglichkeit ein Teil der fixen Kosten (positiver Deckungsbeitrag) sind gedeckt. Die variablen Kosten markieren die unterste Stufe der kurzfristigen Preisuntergrenze.

Preisuntergrenzen sind preispolitische Entscheidungen aufgrund einer Marktsituation.

Die **Preisgestaltung nach dem Wertprinzip** ist nachfrageorientiert. Welche Werteinschätzung haben die Nachfrager, welche Bereitschaft zur Zahlung eines Preises liegt vor?

Auch die nachfrageorientierte Preisfindung folgt ökonomischen Zielen. Die Kalkulation erfolgt retrograd, d.h., ausgehend vom Preis wird „zurückgerechnet".

Preis und Mengen

Ein Unternehmen muss berücksichtigen, dass sich verändernde Absatzzahlen auf die Gesamtkosten und damit auf die Kosten pro Stück auswirken.

Im Rahmen der Preis- und Konditionenpolitik gibt es drei wesentliche Strategien:
- Marktdurchdringung bzw. Penetrationsstrategie (Kap. 23.3.1)
- Abschöpfungsstrategie bzw. Skimming (Kap. 23.3.2)
- Kontrahierungspolitik (Kap. 23.3.3)

23.3.1 Marktdurchdringung, Penetrationsstrategie

Das Ziel dieser Strategie ist es, **mit relativ niedrigen Preisen schnell Massenmärkte zu erschließen.** Der Penetrationspreis bewegt sich unterhalb der durchschnittlichen Preise des Wettbewerbs. Die geringen Stückerlöse werden mit dem hohen Gesamtumsatz zur Deckung der Gesamtkosten ausgeglichen.

Diese Preispolitik erfordert einen hohen Kapitalmitteleinsatz, hohe Kapazitäten und eine ausgezeichnete Logistik. Gelingt es einem Anbieter, den Wettbewerb preislich zu unterbieten, zieht dieser sich möglicherweise aus diesem Markt zurück, und neue Anbieter versuchen es erst gar nicht. Sind keine Mitbewerber mehr am Markt, hat der Anbieter eine beherrschende Stellung erreicht.

Bei alledem ist aber stets zu bedenken, dass der Preis nur eine Aktivität im Spektrum der Marketing-Instrumente ist. Die Preispolitik kann nicht gesondert optimiert werden, sie muss in den Marketing-Mix möglichst wirkungsvoll eingeordnet werden.

23.3.2 Abschöpfungsstrategie, Skimming

Beim Vorgehen nach dieser Strategie wird zum Markteintritt **ein sehr hoher Preis** festgesetzt, **der sukzessive gesenkt wird.**

Anfangs wird die Zielgruppe erreicht, die bereit ist, den sehr hohen Preis zu bezahlen, dann die nächste Zielgruppe mit einem etwas geringeren Preis usw. So werden nach und nach die Zielgruppen „abgeschöpft", welche bereit sind, den jeweiligen Preis zu bezahlen. Das funktioniert immer im **Luxus- und Hobbybereich,** bei exklusiven Dienstleistungen (Reisen, Hotels, Events – alles, was mit Prestige zu tun hat), Kunst und Produkteinführungen.

Sobald die Konkurrenz am selben Markt tätig wird, besteht die Gefahr des Preisverfalls. Patente oder angesehene Markennamen bleiben davon meistens verschont. Die Marktabschöpfungsstrategie erlaubt sehr hohe Stückgewinne bei konstanten Kapazitäten.

23.3.3 Kontrahierungspolitik

Konditionen, also alle Vertragsbestandteile für eine Leistung, bestimmen den Preis indirekt mit.

Dazu zählen Lieferungs- und Zahlungsbedingungen, Rabatte, Skonti, Zahlungsfristen, Zahlungsabwicklung (Akkreditiv, Kreditkarte, Lastschrift, Barzahlung), Zahlungssicherheiten (Bürgschaften, Avale), Gegengeschäfte, Umtauschrecht, Mindestmengen, Konventionalstrafen, Verpackungs- und Warenrücknahme, Porto- und Frachtkosten, Versicherungen, Garantien.

Die Determinanten der Preispolitik gelten sinngemäß auch für den gesamten Bereich der Beschaffung!

23.4 Distributionspolitik

Die Distribution kann in die Bereiche Akquisition (Wege des Verkaufs) und Verteilung (Wege des Transports; physische Distribution) gegliedert werden.

In der **Absatzwegepolitik** wird festgelegt, wie die Leistungen eines Unternehmens

- zur richtigen Zeit,
- in der richtigen Menge,
- in der richtigen Qualität,
- am richtigen Ort

verfügbar sind. Die Entscheidung über den oder die Vertriebswege wirkt sich unmittelbar auf die übrigen Marketinginstrumente aus.

23.4.1 Entscheidungsbereiche

23.4.1.1 Vertriebswege

Man unterscheidet direkte und indirekte Vertriebswege:

- Der **indirekte Vertrieb** beginnt, sobald wirtschaftlich unabhängige Organisationen mit dem Vertrieb der Produkte betraut sind. Typische Zwischenstufen sind der Großhändler und der Einzelhändler.
- Beim **Direktvertrieb** werden Produkte und Dienstleistungen eines Unternehmens direkt, ohne eine Zwischenhandelsstufe, an den Endkunden verkauft.

INDIREKTE VERTRIEBSWEGE	
Absatzmittler	**Absatzhelfer**
Einzelhandel	Handelsvertreter
Warenhäuser	Kommissionäre
Versandhäuser	Makler
Discounter	Freie Vermittler (Zuträger)
Großhandel	

DIREKTE VERTRIEBSWEGE	
Eigener Handel	**Direktverkauf**
Niederlassungen	Reisende
Eigene Geschäfte, Filialen	Propagandisten
Clubs	Werksverkauf
Flagship-Stores	Werksversand
Factory-Outlets	Fachberater

23.4.1.2 Distributionswege

Als **Distributionsstrategie** bezeichnet man die Planung des Distributionssystems unter Wahrung der eigenen Kostenziele bei gleichzeitiger optimaler Kundenbedienung. Bei den Distributionswegen kann man zum einen differenzieren zwischen direkten und indirekten Wegen und zum anderen zwischen vertikalen und horizontalen Wegen. Es handelt sich dabei um zwei verschiedene Unterteilungsblickwinkel.

Bei der Unterteilung in direkte und indirekte Distributionswege steht die Anzahl der Distributionsstufen im Fokus:

INDIREKTE DISTRIBUTIONSWEGE		
Vom Hersteller an …		
Einzelhandel an	Kunde	
Großhandel an	Einzelhandel an	Kunde
Handelsvertreter an	Einzelhandel an	Kunde
Reisender an	Einzelhandel an	Kunde
Handelsvertreter an	Kunde	
Großhandel an	Kunde	
Kommissonär an	Kunde	
Makler an	Kunde	

DIREKTE DISTRIBUTIONSWEGE	
Vom Hersteller an …	
Niederlassung an	Kunde
eigene Läden an	Kunde
Vertriebsabteilung an	Kunde
Werksverkauf an	Kunde
Internet an	Kunde

Bei der Unterteilung in vertikale und horizontale Distributionswege spielen folgende Faktoren eine Rolle:

- **Vertikale (verbundene) Vertriebssysteme** sind Unternehmensbe-
  stimmte Vertriebswege, z.B. Werksniederlassungen wie unternehmens-
  eigene Tankstellen, Imbissketten, Brauereigaststätten, zahlreiche Fran-
  chisingsysteme wie Baumärkte, Schlüsseldienste, Friseursalons, Optiker
  etc. – Herstellung, Zentrallager als Funktion des Großhandels und der
  direkte Verkauf als Funktion des Einzelhandels sind in einer gemeinsamen Struktur vereint.
  Beispiele für vertikale Vertriebssysteme sind Zusammenschlüsse zwischen Hersteller(n), Großhandel (auch Subunternehmerleistungen)
  und Verkauf an den Endverbraucher wie z.B. Fertighäuser, Automobilclubs, Reiseveranstalter, Handwerksverbünde, Kooperationsmodelle,
  stets mit dem Ziel, dass der Kunde nur einen Geschäftspartner hat.

- **Horizontale Distributionswege** sind Zusammenschlüsse mehrerer
  unterschiedlicher Hersteller bzw. Dienstleister mit der Maßgabe, dem
  Kunden weitere Leistungen anzubieten. Ziel ist es, den Kunden durch
  gemeinschaftliche Leistungen zu gewinnen, was allen Beteiligten zugute
  kommen soll.
  Beispiele: Arbeitsgemeinschaften, insbesondere bei Projekten; Banken
  haben Geldautomaten in den Tankstellen-Shops eingerichtet; Bahn
  und Fluggesellschaften bieten Mietwagen und Hotels an; Reisegesellschaften bieten Extra-Programme an; Kreditkarteninstitute offerieren
  „besonders günstige" Reisen, Versicherungen, Hotels und meist exklu-
  sive Konsumgüter; Automobilclubs werben mit Finanzdienstleistungen, Versicherungen etc.

Kombinationen von Vertriebssystemen sind üblich, z.B.: Ein Handwerksbetrieb stellt Produkte (Dienstleistungen) selbst her und verkauft
weitere bezogene Produkte an Dritte.

23.4.2 Vertriebspolitik

Distribution ist ein dynamischer, lebendiger Gestaltungsprozess. Im Mittelpunkt der Vertriebspolitik stehen folgende Fragen:
1. Was sind unsere Distributionsziele?
2. Auf welchen Vertriebswegen erreichen wir höchstmögliche Effizienz?
3. Wer ist der richtige Vertriebspartner für uns?

Distributionsziele haben stets strategischen Charakter. Es geht um die
Lösung von insbesondere zwei Grundfragen:
- Welcher Absatzweg, welche Akquisition wird ausgewählt?
- Wie gelangt die Ware zum Kunden? (Lösung des logistischen Pro-
  blems)

Distributionsziele (Vertriebsziele) können in zwei Distributionsquoten
gemessen werden:

a) Die **numerische Distribution** gibt an, in wie vielen von allen Verkaufs-stellen ein bestimmtes Produkt angeboten wird. So besagt z.B. eine numerische Distribution von 33,33 %, dass das Produkt in einem Drittel aller Verkaufsstellen geführt wird.

b) Die **gewichtete Distribution** beziffert, mit wie viel Prozent Marktanteil das Produkt vertreten ist. So besagt z.B. eine gewichtete Distribution von 50 %, dass unser Produkt in den Geschäften, in denen es vertreten ist, bereits die Hälfte des Marktvolumens erreicht hat.

Entscheidend ist die Beantwortung der Frage nach den Bedürfnissen und Erwartungen der Kunden und der Verfügbarkeit des Produktes bzw. der Leistung. Darunter ist stets auch zu verstehen: Wie sind Lieferung, Rück-nahmen (auch Verpackungen), Kundendienst, Ersatzteilversorgung usw. geregelt und sichergestellt? Welche Alternativen sind möglich?

Entscheidend: die Bedürf-nisse und Erwartungen des Kunden und die Verfügbar-keit des Produkts / der Leistung

23.4.3 Handelsformen

23.4.3.1 Indirekter Vertrieb

Handelsformen des indirekten Vertriebswegs sind Einzelhandel, Groß-handel und Absatzhelfer. Dazu ist im Einzelnen Folgendes zu sagen:

Einzelhandel

Der Einzelhandel in seiner traditionellen Warenverteilungsfunktion erlebt einen starken Wandel hin zu Discount- und Erlebnis-Handelsformen.

Einzelhandelstypen lassen sich unterteilen in Warenhaus, Kaufhaus, Fachgeschäfte, Fachhaus, Fachmarkt, SB-Warenhaus, Verbrauchermarkt, Supermarkt, Discounter, Versender, Convenience-Store, Kiosk.

Dieser Handelstyp hat für den Hersteller eine herausragende Bedeu-tung, insbesondere im Hinblick auf

- die unterschiedliche Machtkonstellation,
- die unterschiedlich erwarteten Serviceleistungen,
- die unterschiedlichen Handelsspannen,
- die unterschiedlichen Sortimentsstrukturen.

Großhandel

Die Aufgabe des Großhandels ist es, Waren vom Hersteller in großen Men-gen abzunehmen und in kleinen Mengen an den Einzelhandel weiterzu-verkaufen. Auch im Großhandel gibt es

- Handelsformen, die die komplette Betreuung im Sortimentsbereich übernehmen, wie z.B. Regalpflege, und
- Cash-and-carry-Betriebe, die, vergleichbar mit den Discountern im Einzelhandel, kaum Service anbieten, sondern Selbstbedienung.

Die Einrichtungen von nationalen und regionalen Zentrallagern der Großkonzerne haben einen Rückgang des Großhandels bewirkt.

Absatzhelfer

Absatzhelfer sind Vermittler. Sie sind rechtlich und wirtschaftlich selbstständige Personen und Institutionen zur Erledigung von Aufgaben im Distributionsprozess. Ihre Hauptaufgabe ist die Akquisition.

ABSATZHELFER

Handelsvertreter

Dies sind selbstständige Gewerbetreibende (§ 84 HGB), die für mindestens ein Unternehmen tätig sind. In der Regel handelt es sich um eine langfristige Zusammenarbeit. Als Ansprechpartner für Hersteller und Kunden haben sie die Funktion eines Mittlers. Der Handelsvertreter wickelt die Auftragsakquisition ab und erhält als Vergütung eine umsatzabhängige Provision.

Makler

In der Regel geht es bei deren Tätigkeit um einmalige Aktionen, z.B. darum, einen Geschäftspartner ausfindig zu machen. Mit dem Nachweis ist die Tätigkeit beendet. Der Makler erhält für seinen Dienst eine Provision bzw. eine Maklergebühr (§ 93 f. HGB).

Kommissionär

Dieser wird im eigenen Namen auf Rechnung des Auftraggebers tätig (§ 383 HGB). Der Hersteller übergibt dem Kommissionär die Ware, für welche er einen Abnehmer sucht. Dafür erhält der Kommissionär eine Kommission (Provision). Diese Form der Absatzhilfe wird häufig bei Auslandsgeschäften, bei Agrarprodukten und im Wertpapierhandel eingesetzt.

Franchising

Franchisenehmer sind zwar selbstständig, aber ihre Gestaltungsmöglichkeiten sind sehr gering, vergleichbar denen einer Firmenniederlassung.
- *Aufgaben des Franchisegebers:* Bereitstellung von Produkten, Firmen- und Markenzeichen, Gesamtsystem, Finanzierungs- und Gründungs- bzw. Aufbauhilfen; Werbung, Sortimentsplanung, Verkaufsförderung; Aus- und Weiterbildung, Beratung; Wettbewerbspolitik; Gebietsschutz.
- *Aufgaben des Franchisenehmers:* Geschäftsführung nach vorgegebenen Richtlinien; Warenbezug (nahezu) ausschließlich vom Franchisegeber; Markennamen, Firmenzeichen, Signets, Erscheinungsbild nach Vorschriften des Franchisegebers; fixe und variable Gebühren sind an den Franchisegeber abzuführen; Geheimhaltungspflichten; laufende Ergebnismeldungen; Duldung von Weisungs- und Kontrollrechten durch den Franchisegeber.

Indirekte Vertriebswege sind einerseits sehr flexibel, andererseits aber seitens des Herstellers schwer zu beeinflussen und zu kontrollieren. Die Hersteller versuchen durch entsprechende vertragliche Regelungen, Einfluss auf die Politik des Händlers zu nehmen. Hier einige Beispiele:

- **Exklusivvertrieb:** Der Händler darf ausschließlich das Produkt des Herstellers vertreiben, also keine Produkte des Wettbewerbs.
- **Koppelungsgeschäfte:** Der Händler wird verpflichtet, beim Kauf eines (meist begehrten) Produktes auch ein weiteres (meist unattraktives) zu kaufen.
- **Vollsortiments-Verpflichtung:** Der Händler verpflichtet sich, sämtliche Produkte des Herstellers zu führen.
- **Wiederverkaufsbeschränkung:** Der Händler verpflichtet sich, nicht an andere Händler, bestimmte Konsumentengruppen usw. weiterzuverkaufen.
- **Distributionsausschluss:** Der Hersteller verkauft an bestimmte Händler nicht, zumeist, weil die Umsatzziele nicht erreicht wurden.
- **Preisempfehlung:** Vertragliche Regelungen sind nicht zulässig. („Unverbindliche Preisempfehlung") Deshalb kontrolliert der Hersteller, ob der Händler die „Preisempfehlungen" einhält, ggf. drohen Distributionsbeschränkungen oder Ausschluss.
- **Graumarkt:** Vertriebsbeschränkungen stellen Anreize, v.a. bei unterschiedlichen Preisen für verschiedene Vertriebswege, dar. Die Kontrolle erfolgt über Kennzeichnungen, Garantien und elektronische Codes.

Möglichkeiten der Einflussnahme des Herstellers auf den Handel

Um den Händler zu unterstützen, gewährt der Hersteller in der Regel umfangreiche Hilfen, z.B. Produkt- und Verkaufsschulungen, technische Instruktionen, Imagewerbung, Qualitäts-Händler-Systeme, Beratungsdienste, Hotlines.

23.4.3.2 Direkter Vertrieb

Gibt es zwischen Hersteller und Kunden keinen zwischengeschalteten Handel oder Absatzmittler, wird dies direkter Vertrieb genannt. Diese Vertriebsform findet man häufig bei **Großbetrieben,** vor allem in der Industrie und der mittelständischen Wirtschaft bei Investitionsgütern, industriellen Gebrauchsgütern und im Export. Eigene Vertriebsabteilungen oder Niederlassungen übernehmen die Auftragsakquisition und häufig auch den kundenorientierten Bereich der Auftragsabwicklung.

Auch **Konsumgüter** werden oftmals direkt vertrieben; bekannte direkte Vertriebssysteme sind Filialketten. Bei Automobilfirmen bestehen häufig Kombinationen zwischen selbstständigen Händlern und dem Hersteller.

Darüber hinaus gibt es folgende Ausprägungen des direkten Vertriebs:
- **Haustürverkauf** kommt häufig im Industriegeschäft vor (Pharma, Hilfsstoffe), ebenso im Bereich von Versicherungen und Finanzdienstleistungen.
- **Internet:** E-Business hat sich in den letzten Jahren rasant entwickelt. Es werden erhebliche Wachstumsraten prognostiziert. Weit verbreitet sind schon Buchungen über das Internet, z.B. für Reisen, Hotels, Flugscheine, Bahnkarten, Veranstaltungen.

- **Werksverkäufe** sind durch die günstigen Preise zunehmend beliebt. Sie finden meist auf dem Werksgelände oder durch Beteiligung bei Factory-Outlet-Zentren statt.
- **Flagship-Stores** (Bekleidungsbranche): Die Haute-Couture-Hersteller richten in 1-A-Lagen Lokale auf höchstem Niveau ein, um ihre Ware zu zeigen. Aufgrund der großen Nachfrage haben sich die Stores inzwischen zu exklusiven Verkaufsgeschäften entwickelt.
- **Reisende:** Dies sind Angestellte des Unternehmens (§§ 59–75 HGB), die Verkaufsaufgaben erfüllen, regelmäßig Kunden besuchen und Neukunden akquirieren. Reisende werden in der Regel mit einem Festgehalt (Fixum) und einer Erfolgsprovision bezahlt.
- **Fach- und Verkaufsmessen**

23.4.4   Die Verkaufsorganisation des Unternehmens

Vom Willen beseelt, erfolgreich zu sein

Die Absatzpolitik des Unternehmens wird wesentlich von der Verkaufsorganisation bestimmt. (Man spricht auf von der **akquisitorischen Distribution.**) Erfolg oder Scheitern der Verkaufsbemühungen hat seine Ursache primär in der Qualität des Verkaufspersonals und in dem alle Abteilungen und Instanzen des Unternehmens übergreifenden gemeinsamen Handeln. Wenn wir „ganzheitliches Marketing" als allumfassendes unternehmerisches Wirken verstehen, sind Denken und Handeln gemeinsame Voraussetzung für alle Beteiligten, was sich insbesondere in den Absatzbemühungen auswirkt.

Antizyklische Marktbearbeitung: Stark in schlechten Zeiten

Zwischen den Abteilungen eines Unternehmens und dem Vertrieb bzw. Verkauf darf es keine Abgrenzungen oder Unterschiede geben, welche sich nachteilig im Verkauf auswirken können. Fehler, die im organisatorischen Aufbau des Verkaufs gemacht werden, sind fast immer gravierend und schädigend und führen zu Verlusten.

> Deshalb ist der Verkauf seinem hohen Rang in der Distributionspolitik entsprechend besonders sorgfältig zu planen und zu bestimmen.

Die interdependenten Beziehungen aller Marketing-Instrumente bzw. aller Tätigkeiten in einem Unternehmen müssen gerade mit Blick auf den Verkauf sichergestellt, ernst genommen und gut aufeinander abgestimmt sein.

Die Gestaltung der Verkaufsorganisation ist eine **organisatorische Managementaufgabe.** Sie berücksichtigt die Erkenntnisse der Marktforschung und hat besondere Schwerpunkte in der Kundenorientierung, Kundenbeziehung und der Servicepolitik.

Festzulegen sind …
- die Verkaufsstellen und die Anzahl des Verkaufspersonals,
- die konkreten Aufgaben des Verkaufspersonals mit Umsatzerwartung pro Verkäufer,

- Ausbildung, Fähigkeiten, Eigenschaften des Verkaufspersonals,
- Ausstattung von Verkaufsräumen und des Verkaufspersonals,
- Festlegung von Verkaufsanreizen,
- Unterstützung und Controlling .

Im Zentrum steht dabei stets die Frage: **Welche Bedürfnisse hat der Kunde?** Im Wettbewerb ist es erforderlich, sich nicht als einzelnes Unternehmen am Markt zu begreifen, sondern die Gesamtheit aller am Markt tätigen Unternehmen zu sehen, aber auch die Bedürfnisse aller am Markt vorhandenen Kunden möglichst realistisch einschätzen zu können.

Die „Krämerseele" versteht noch etwas vom Kunden und seinen Bedürfnissen

---

FRAGEN DER VERKAUFSORGANISATION

- Standortfragen: Muss unser Angebot in der Nähe der Kunden sein oder werden Anfahrtswege akzeptiert?
- Können Bestellungen auch per Telefon, Internet oder per Post abgewickelt werden und sind Lieferungen zum Verbraucher möglich?
- Wie lange ist der Kunde bereit, auf die Lieferung zu warten, oder muss das Produkt sofort verfügbar sein (Mitnahme)?
- Welche Zusatzprodukte, Sortimente sind für den Kunden wichtig, oder genügt eine Spezialisierung? Wünscht der Kunde verbundene Leistungen (z.B. Installation, Finanzierung) und können wir das anbieten?
- Welche Produkte und Auswahlmöglichkeiten bieten wir an und wie gestalten wir die Verfügbarkeit, also sichere und kurze Lieferzeiten? Wie sichern wir gleich bleibende Qualität? Wie sind wir schnell und einfach zu erreichen?
- Welche Verkaufsunterstützung bieten wir an (z.B. dem Handel, den Reisenden)? Welche Leistungen nach dem Kauf sind zu sichern (Kundendienst, Nachrüstung, Ersatzteile usw.)?

Die Summe aller Distributionsentscheidungen muss der Charakteristik des Unternehmens und des Produkts bzw. der Leistung entsprechen und prägt diese gleichzeitig.

23.4.5 Anforderungsprofil des Verkaufspersonals

Das Verkaufspersonal kennt das Produkt und den Markt. Es beherrscht die Verkaufstechniken, kennt sich aus in Betriebswirtschaft und Marketing und zeigt sich aufmerksam, aufgeschlossen und höflich.

Leitspruch des Spitzenverkäufers: „Ich bin der einzige, beste, exklusivste Fachmann, den es überhaupt gibt!"

Verkaufspsychologie

Kaufen und Verkaufen kann als Regelkreis verstanden werden. Bedürfnis, Erwerbswunsch, Befriedigung und neues Bedürfnis bilden eine Kette. Wenngleich Regelsysteme eher sachlich (jedoch nicht statisch) verstanden werden können, sind im Verkauf auch **emotionale Faktoren** bei den am Verkaufsprozess Beteiligten zu berücksichtigen.

„Marketing der Persönlichkeit" wird hier besonders offensichtlich, da Menschen unabhängig vom sozialen Status Meinungen, Stimmungen, Vorurteile, Gefühle, Sympathien, Antipathien, Ideen und Erfahrungen in ihren Wirkungsradius einbringen. Dies erfolgt entsprechend ihren rhetorischen Fähigkeiten, ihrem Wortschatz, ihrer Überzeugungsfähigkeit und ihrem Denk- bzw. Reaktionsvermögen.

Fachwissen allein genügt nicht – ca. 90 % der Kaufentscheidungen sind auf emotionalen Wechselwirkungen begründet

Herausragende Verkäufer …

- sind eher extrovertierte Menschen, die aber zuhören können,
- beherrschen die „Aufwärmtechnik" (die ersten Sekunden – drei bis max. 180 – entscheiden: der erste Eindruck),
- sind Meister in der Verkaufsargumentation, der Einwandbehandlung, der Abschlusstechnik,
- sind professionelle Fachleute mit einem guten und breit angelegten Bildungsgrad,
- bei Unsicherheit des Kunden – nur jeder zehnte Kunde kann sein Anliegen klar formulieren – sind Zuhören, Verstehen, Helfen gefragt!

Empathie heißt, sich in den Kunden hineindenken, hineinfühlen: Das entspannt die Atmosphäre und schafft ein Klima des Vertrauens.

Verführungstheorie: „Im Unbewussten gibt es keine Realität, sodass man die Wahrheit und die im Affekt besetzte Fiktion nicht unterscheiden kann." (Sigmund Freud, Das Unbewusste)

Entscheidungen werden nicht nur vom Verstand her, dem Bewusstsein, sondern in erheblichem Maße auch vom Unterbewusstsein gesteuert. Im Verkauf muss also der Dreiklang stimmen: „Mit Hirn, Herz und Methode."

Schon Sigmund Freud hat anhand des **Eisberg-Modells** verdeutlicht, dass nur ein Siebtel der Entscheidungen dem Bewusstsein, also dem Hirn, dem Verstand, zuzuordnen sind. Die übrigen sechs Siebtel der Entscheidungsmasse stammen aus dem Unterbewusstsein (bei Freud: dem Unbewussten), beruhen also auf Gefühlen, Wünschen, Instinkt.

Fazit: Das Verkaufspersonal muss den Charakteristika des Unternehmens und dem Profil eines erstklassigen Verkäufers in der Persönlichkeit und dem Fachwissen mit Sachverstand und Verkaufstechnik entsprechen. Permanente Schulungen zur Weiterentwicklung sind ein absolutes Muss!

AUSSENDIENSTSTEUERUNG

Um die Effizienz des Außendienstes zu überwachen und zu steuern, können Soll-Ist-Vergleiche bzw. Kennzahlenanalysen eingesetzt werden. Zentrale Parameter sind dabei:

a) Umsatzstruktur, Auftragsstruktur, Produktrangordnung, Marktanteil, Neukundengewinnung, Erfolgsquote, Besuche je Zeiteinheit

b) Deckungsbeitrag, Absatzsoll, Rohertrag, Durchschnittserlöse, Vertriebskosten, Kosten pro Besuch, Nachlässe, Umsatz usw.

23.4.6 Export

Die Internationalisierung der Absatzmärkte hat in der Bundesrepublik Deutschland einen herausragenden Stellenwert. Wachstumschancen in den angestammten (heimischen) Märkten stagnieren oder sind marginal. Das begründet den Blick über die Grenzen. Die Internationalisierung ist mit zahlreichen Problemen und Risiken behaftet, eröffnet aber zusätzliche Gewinnchancen. Eine sehr sorgfältige Vorbereitung, erstklassige sachliche Exportkenntnisse, ein hoher Informationsgrad über landesspezifische Strukturen und Kulturen und eine ausgewählte Risikominimierung sind unerlässlich.

23.4.7 Logistik

Die klassische Logistik beschreibt den physischen Warentransport vom Hersteller zum Händler bzw. Endverbraucher. Zudem hat sie für die zuverlässige Warenversorgung bei geringstmöglichem Aufwand zu sorgen.

Die Bedeutung der Logistik ist im Zuge der Weiterentwicklung betriebswirtschaftlicher Leistungsprozesse inzwischen weit über die klassischen Aufgaben hinausgewachsen und hat einen hohen Grad innerhalb des unternehmerischen Warenwirtschaftssystems erreicht. Man unterscheidet grundsätzlich zwischen **Beschaffungs- und Ausgangslogistik.**

Beschaffungslogistik beschreibt den gesamten Prozess der Auswahl von und Zusammenarbeit mit Lieferanten für Rohmaterial, Hilfsstoffe, Fertigungsleistungen, Produkte usw. an den eigenen Betrieb. Sie umfasst die Wertschöpfungskette vom Lieferanten über die Herstellung und Lagerung bis zur Zusammenarbeit der Logistikpartner (Schnittstelle für Ausgangslogistik). Man spricht in diesem Zusammenhang auch gelegentlich von **Eingangslogistik;** zu ihr gehören dann aber auch Systeme der Wareneingangskontrolle, Lagerung der der Fertigungsfluss.

Zu den Aufgaben des Logistik-Managements gehört das Gesamtsystem der **Warenbevorratung** und der **Warenbewegung.** Die Koordination der Warenlogistik muss mit dem Distributionssystem erfolgen.

> Zentrales Element der Logistik ist die Kundenzufriedenheit (Kundenorientierung!) durch Zuverlässigkeit der Warenbereitstellung und Lieferung.

Gleichzeitig sind Kostenoptimierungssysteme zu erfüllen wie z.B. Kostenelemente von Lagerhaltung, Transport und Rücknahmen. Um diese zentralen Aufgaben zu erfüllen, gehört zur modernen Logistik u.a.

Zentrale Aufgaben der modernen Logistik

- die sorgfältige Planung von Absatzmengen,
- Einkauf und Beschaffung,
- Produktionsplanung, Fertigungsfluss,
- Auftragsbearbeitung, Arbeitsvorbereitung,
- Warenbevorratung und Lagerhaltung,
- Transportwesen.

Bei der Lager- und Lieferpolitik stellen sich folgende Fragen:

- Zentrallager oder Außenlager? Wie nah müssen wir am Kunden bzw. Absatzmittler sein?
- Welche Produkte müssen überhaupt gelagert werden?
- Welche Mengen werden benötigt?
- Wie erreichen und sichern wir optimale Lieferzeiten, eine hohe Lieferbereitschaft und Zuverlässigkeit?
- Wie bringen wir hohe Effizienz im Sinne der Kundenorientierung mit niedrigsten Kosten zusammen?

So genannte **Distributionszentren** bieten moderne Lager- und Logistiktechnologien an. Diese übernehmen nicht nur den physischen Bereich der Warenwirtschaft, sondern auch die damit verbundenen administrativen Steuerungsfunktionen.

Kooperationen zwischen Hersteller und Händler im **Warenwirtschaftssystem** sind im Konsumgüterbereich inzwischen weit verbreitet. Grundlage sind in der Regel Jahresvereinbarungen bzw. eine langfristige Partnerschaft. Dem Hersteller werden die Verkaufszahlen des Händlers permanent übermittelt. Aufgrund dieser Daten wird die Produktion zur Nachlieferung durchgeführt, die Bevorratung in den Lagerstätten gesichert und die Transportfrage gelöst.

Damit übernimmt der Hersteller die Verantwortung für die zuverlässige Warenbelieferung: ein Verfahren, welches sich auch im Blick auf die geringeren Logistikkosten zum Vorteil aller bewährt hat.

Bei den heutigen Möglichkeiten des elektronischen Geschäftsverkehrs (**E-Business**) bieten sich derartige Systeme geradezu an.

23.5   Kommunikationspolitik

„Alle Wirklichkeit entsteht im Grunde durch Kommunikation."
(Paul Watzlawick)

Kommunikationspolitik umfasst alle Kommunikationsmaßnahmen in Verbindung mit dem Einsatz aller dem Unternehmen zur Verfügung stehenden Kommunikationsinstrumente, um die Leistungen des Unternehmens und das Unternehmen selbst auf den relevanten Märkten und in der Öffentlichkeit darzustellen. **Voraussetzung** einer durchdachten Kommunikationspolitik sind

- die strategische Struktur des Marketings und
- die Ausgestaltung der übrigen Marketing-Instrumente

Das heißt nicht, dass die Überlegungen der Kommunikationspolitik erst dann angestellt werden sollen, wenn alle übrigen Dinge schon festgelegt wurden, wenngleich dies oft genug, also am Ende der marketingrelevanten Überlegungen geschieht.

Die Kommunikationspolitik soll dazu beitragen, die anvisierten Zielgruppen so zu erreichen, dass das Angebot wahrgenommen und darauf reagiert wird.

Im Zusammenhang mit Marktforschung und den übrigen Marketingentscheidungen haben wir bereits über die Charakteristika des Käuferverhaltens gesprochen (vgl. Kap. 21, 22). Es gilt, diese Käufer mithilfe der Kommunikation zu beeinflussen. Faktoren der Einflüsse sind dabei u.a.

- die kulturelle Prägung (Kultur, Subkultur, Klassenzugehörigkeit),
- der soziale Status (Vorbilder, Familie, Rolle, Status),
- die persönliche Situation (Alter, Position, Beruf, Tätigkeit, wirtschaftliche Verhältnisse, Lebensstil, Persönlichkeit, Lebensziele) und
- psychologische Einflüsse (Motivation, Willensbildung, Ansichten, Verstehen, Lernverhalten, Überzeugungen, Integrationsverhalten).

„Aller Fortschritt beruht auf dem Bedürfnis des Menschen, über seine Verhältnisse zu leben." (Samuel Butler, engl. Schriftsteller, 1612–1680)

Aus der Summe dieser Einflussfaktoren ergibt sich die **Käuferpersönlichkeit.** Die Kaufentscheidung ist demnach ein komplexes Muster kultureller,
sozialer, persönlicher und psychologischer Faktoren. Marketing kann
diese Situation – je nach Käuferpersönlichkeit – (nur) bedingt beeinflussen, doch kann das Wissen um den Käufer sehr nützlich sein. Dieses Wissen eröffnet die Möglichkeit, den Bedürfnissen des Kunden entgegenzu-
kommen – und diesen Umstand nutzt auch die Kommunikationspolitik.

23.5.1 Kommunikationsebenen

Im Rahmen der Unternehmenskommunikation unterscheidet man interne
und externe Kommunikation. Als **interne Kommunikation** wird der
Informationsfluss und die Dialogführung innerhalb des Unternehmens
bezeichnet, also die Kommunikation zwischen Unternehmensführung
und Mitarbeitern. **Externe Kommunikation** meint die Kommunikation
zwischen einem Unternehmen und seiner Umwelt, also z.B. mit tatsächlichen und potenziellen Kunden, Lieferanten, anderen Unternehmen etc.

Die folgende Übersicht zeigt kommunikativ wirksame Strukturen auf
der Ebene der externen und internen Unternehmenskommunikation.

KOMMUNIKATIV WIRKSAME STRUKTUREN	
Interne Kommunikation	**Externe Kommunikation**
Führung Verhalten Atmosphäre Betriebsklima	Corporate Identity (CI) Design Identity / Corporate Design (CD) Unique Selling Communication (USC) Unique Selling Proposition (USP) Werbung Öffentlichkeitsarbeit (Publicrelations, PR) Verkaufsförderung Direktverkauf Sponsoring Club-Konzepte Events

Kommunikation ist das bewusste, gezielte Senden von Botschaften. Um
Botschaften an die Zielperson vermitteln zu können, bedarf es einer Trans-
ferleistung.

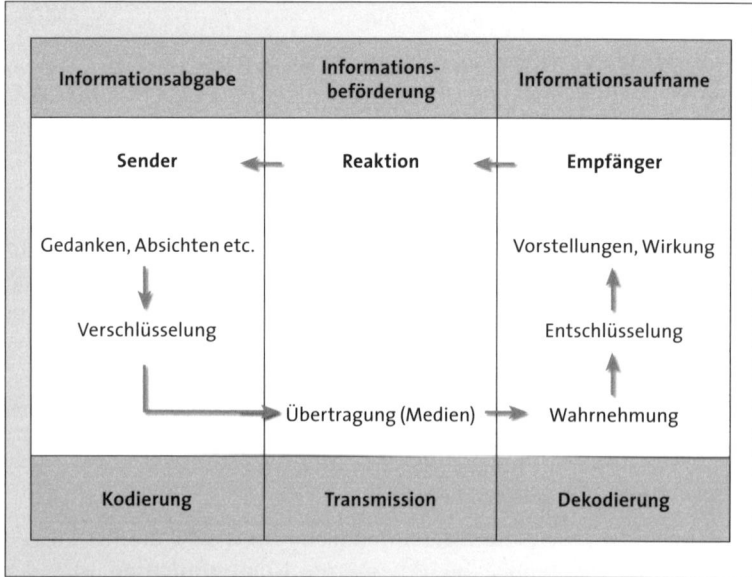

Abb. 59: Sender-Empfänger-Modell

Der **Kommunikationsprozess** entsteht aus Informationsabgabe, Infor-
mationsbeförderung und Informationsaufnahme. In jeder dieser Phasen
können Störungen auftreten, die es zu erkennen und ggf. zu beseitigen
gilt.

Nicht, was A sagt, ist   Der erfolgreiche Informationsaustausch hängt jedoch nicht nur davon
wichtig und richtig,   ab, ob die Informationen auch vollständig und unverfälscht übermittelt
sondern was B versteht werden. Entscheidend ist zusätzlich, inwieweit der Empfänger mit dem,
was er wahrnimmt, die in etwa gleichen Vorstellungen verbindet wie der
Sender. Mit diesem Problemkreis wird angesprochen, dass Gedanken,
Gefühle, Absichten etc. nicht unmittelbar, sondern nur verschlüsselt – z.B.
in Form der Sprache – mitgeteilt werden können. Das Verschlüsseln wird
auch als **„Kodierung"** und das Entschlüsseln, die Wahrnehmung beim
Empfänger, als **„Dekodierung"** bezeichnet (vgl. Birker 2004, S. 9).

Das Sender-Empfänger-Modell lässt sich für die Kommunikationspolitik
instrumentalisieren. Die einzelnen Bestandteile können dann etwa so aussehen:

- Sender: Eine Botschaft, z.B. eine Werbebotschaft, soll an die Zielperson
  übermittelt werden.
- Kodierung: Die Botschaft wird mithilfe von Symbolen, Bildern und/
  oder Musik verschlüsselt.

- Botschaft: Die Botschaft besteht aus einer Zusammenstellung von Bildern, Worten, Musik (Reizen), die veröffentlicht werden.
- Medien: Die Botschaft wird über ausgewählte Kommunikationswege vom Sender an den Empfänger übermittelt, z.B. über Printmedien oder Fernsehschaltungen.
- Dekodierung: Der Empfänger interpretiert die Botschaft.
- Empfänger: Die Empfänger sind Individuen oder Gruppen, an die die Botschaft gerichtet ist und die diese auch empfangen
- Wirkung: Die Botschaft soll Sympathie erzeugen (z.B. Imagewerbung) oder zum Kauf anregen.
- Feed-back: Der Kunde reagiert z.B. durch Anfragen, Kaufverhalten, aber auch, indem er sich die Botschaft merkt.
- Störpegel: Der Empfänger geht in der Werbe-„Pause" eines TV-Films auf die Toilette, das Telefon klingelt usw.

Um die Botschaft an die Zielgruppe zu „senden", bedarf es der Lösung von Teilaufgaben (Identifikation der Zielgruppe):
- Welche Reaktion wird erwartet?
- Wie soll die Botschaft lauten, wie aufgebaut sein?
- Welche Medien eignen sich, um die Botschaft zu vermitteln?
- Wie hoch ist das Werbebudget für diese Botschaft?
- Wer begegnet wie den erwarteten Reaktionen (z.B. Verkäuferschulung)?
- Wann, wie und wer beurteilt das Feed-back der Aktion?
- Wer koordiniert diese Aktion?

23.5.2 Werbung

Als Werbung bezeichnet man die gezielte Verbreitung einer Botschaft nach außen, deren Ziel es ist, die bewusste oder unbewusste Wahrnehmung potenzieller Kunden zu erreichen und so einen positiven Eindruck von der Marke, dem Firmennamen oder dem Produkt zu vermitteln.

Werbung ist also auch **eine sprachliche, bildhafte und gestaltete Botschaft, die ihre Empfänger beeinflussen soll.** Mithilfe der Werbung sollen Normen gesetzt werden, um Reaktionen zu erreichen. Dabei macht sich Werbung (insbesondere die Massenwerbung) den „Herdentrieb" zu Nutze. Sigmund Freud hat den Herdentrieb in „Das Unbewusste. Schriften zur Psychoanalyse" bereits 1915 dargestellt: Einzelne Individuen streben zur Masse, wollen sich gleichen und sich miteinander identifizieren können. Das gilt für die Masse, nicht aber für den Führer. Im übertragenen Sinne ist bei der Werbung der „Führer" das Produkt, die Marke. Ihr soll die Masse (der Markt) folgen. Die Masse lässt sich führen – verführen.

Werbung nutzt das kollektive Streben der Zielgruppe

Um die anvisierte Zielgruppe zu erreichen, muss Werbung **psychologisch fundierte Botschaften** vermitteln. Das setzt voraus, dass man einen höchstmöglichen Kenntnisstand des Käuferverhaltens nutzt und weiß, wie die Zielgruppe optimal erreicht und angesprochen werden kann.

WERBEFORMEN

Der Zweck der Werbebotschaft entscheidet über die Werbeform:

Imagewerbung

Unter Imagewerbung versteht man eine reine Aussage über die Firma, den Hersteller oder das Produkt. Imagewerbung hat Parallelen zur Öffentlichkeitsarbeit. Es wird kein (direktes) Kaufangebot gemacht.

Beispiel: Wenn in einer Anzeigenwerbung Lufthansa nur das Flugzeugruder mit dem Kranich zeigt, ist das eine Imagewerbung. Der Leser soll die „Marke" aufnehmen. Kommt die Botschaft positiv an, wird er sich irgendwann für einen Flug mit Lufthansa entscheiden.

Expansionswerbung

Mithilfe von Expansionswerbung soll der Absatz mengen- oder wertmäßig gesteigert werden. Auch Sonderangebote, Ausverkauf oder Restposten dienen in diesem Zusammenhang den zeitlich begrenzten Zielen, um Umsatzspitzen zu generieren.

Einführungswerbung

Wie der Begriff schon nahelegt, wird diese Werbeform zur Geschäftseröffnung oder zur Einführung neuer Produkte und Leistungen eingesetzt.

Erhaltungswerbung

Erhaltungswerbung ist die permanente Wiederholung von Werbebotschaften. Kern der Botschaft kann ebenso das Produkt wie auch das Unternehmen sein. Die Wiederholung der sinngemäßen Aussage „Wir sind da" zielt darauf, im Bewusstein der Zielgruppe präsent zu bleiben. Im Bedarfsfall erinnert sich der Käufer dann an dieses Angebot.

Beispiel: Kleine und mittelständische Unternehmen platzieren wöchentlich eine Kleinanzeige in der regionalen Presse.

Stabilisierungswerbung

Stabiliserungswerbung soll Produktumsätze ausgleichen. Wird ein Produkt zu stark oder zu wenig nachgefragt, soll mithilfe von „Aktionen" ein Ausgleich zur Umsatzerhöhung respektive zum Umsatzrückgang durch Umstellung auf Substitutionsprodukte erreicht werden.

Gemeinschaftswerbung

Als Gemeinschaftswerbung bezeichnet man jegliche Form der Kollektivwerbung, bei der für ein oder mehrere Produkte im Verbund geworben wird.

Beispiel: Der Slogan „Badischer Wein – von der Sonne verwöhnt", eine Gemeinschaftswerbung von Badischen Winzergenossenschaften.

In der Konzeption sollte die Werbebotschaft entlang folgender Zielvorstellungen ausgerichtet werden:

- Anbahnung von Beziehungen in Absatz- und Beschaffungsmärkten.
- Zielgruppe sind aktuelle und potenzielle Kunden.
- Vermittelt werden sollen Informationen über das Produkt, die Leistung, das Unternehmen.
- Das Ziel ist, Markttransparenz und Marktanteile zu gewinnen.
- Der Kunde soll konsumieren.

Inhaltlich sollte die Werbebotschaft folgende Aspekte enthalten:

- **Kernbotschaft/Basisbotschaft:** Das Produkt, die Leistung soll eindeutig identifizierbar sein und sich von anderen Anbietern abgrenzen.
- **Nutzenbotschaft:** Sie stellt den besonderen Nutzen („Consumer benefit") gegenüber anderen Produkten dar. Idealerweise lässt sich ein „einzigartiger" Verkaufsvorteil (USP = unique selling proposition) darstellen.
- **Nutzenbegründung:** Der versprochene Nutzen muss mit glaubwürdigen Argumenten untermauert werden.

Werbung kann sachlich-informativ oder gefühlsbetont, emotional sein – oder beides in Kombination

23.5.2.1 Gestaltung von Werbebotschaften

Ein bekanntes Werbewirkungsmodell ist das **AIDA-Modell.** Es zielt auf die wesentlichen Anforderungen einer Werbebotschaft. Das Modell ist hilfreich bei allen Werbebotschaften – unabhängig vom eingesetzten Werbeträger:

AIDA-MODELL
A = Attention – Aufmerksamkeit erzeugen
I = Interest – Interesse an der Botschaft wecken
D = Desire – den Wunsch wecken, das beworbene Produkt besitzen zu wollen
A = Action – Aktion auslösen; der Betrachter soll aktiv werden und etwas kaufen / sich melden, reagieren etc.

Neben den Maßgaben der AIDA-Formel sollten bei der Konzeption der Werbebotschaft folgende Fragen berücksichtigt werden:

- Inhalt der Botschaft: Was soll übermittelt werden?
- Enthält die Botschaft Präferenzen gegenüber Konkurrenzprodukten?
- Dient die Botschaft der Information des Verbrauchers?
- Ist die Botschaft konform zum Unternehmensimage? (Stil)
- Struktur der Botschaft: Ist die Botschaft überzeugend und logisch aufgebaut?
- Wie soll die Übermittlung erfolgen? (Kurz, knapp, prägnant; mit welchen Symbolen, Formaten usw.)

Ferner sollte man bei der Konzeption die drei Elemente einer Botschaft berücksichtigen:

- Rational – Appell an die Vernunft
- Emotional – Appell an die Gefühle
- Moralisch – Appell an die Moral

23.5.2.2 Werbeplanung

Massenbewusstsein: Werbung animiert, beeinflusst, manipuliert

In der Werbeplanung werden die Werbeziele festgelegt: Was soll mit der Werbung konkret erreicht werden? Ferner spielen in der Werbeplanung folgende Aspekte eine Rolle:

- Das zur Verfügung stehende Werbebudget,
- das Werbeobjekt (Firmen- oder Produktwerbung),
- das Werbesubjekt (Zielgruppe),
- das passende Medium (Werbeträger),
- die Werbemittel sowie
- der zeitliche Einsatz (Timing).

Werbebudget

Die Höhe des Werbebudgets hängt wesentlich mit der gestellten Zielsetzung zusammen. Soll beispielsweise der Bekanntheitsgrad erhöht oder ein Produkt verkauft werden?

Zur Ermittlung eines realistischen Budgets werden **Planungskennziffern** angewandt. Dies kann anhand verschiedener Methoden geschehen:

- Bekannt ist insbesondere die **umsatzbezogene Methode:** Dabei wird entweder pro Stückeinheit ein Betrag für die Werbung festgelegt, oder das Budget wird prozentual zum Umsatz, den das zu bewerbende Produkt erzielt, festgelegt. Der Umsatzbezug hat zur Folge, dass bei sinkendem Umsatz proportional das Werbebudget sinkt. Um den Umsatz zu halten oder auszuweiten, wird jedoch ein höherer Etat benötigt.
- Eine weitere Methode ist die **Orientierung der Werbeausgaben an den Budgets der Konkurrenz oder am Branchendurchschnitt.** Bei dieser Methode besteht das Risiko, dass sich das Unternehmen nicht klar genug nach den eigenen Zielen ausrichtet.
- Werden die Werbeausgaben **am Gewinn ausgerichtet,** besteht wie bei der Umsatzmethode kein Instrument, um negativ verlaufenden Marktschwankungen über die Werbung entgegenzuwirken.
- Orientiert sich die Werbung an **finanziellen (kalkulatorischen und liquiden) Möglichkeiten,** führt dies zu gleichen Effekten wie bei der Budgetfestlegung nach dem Gewinn.

„Wer aufhört zu werben, um Geld zu sparen, kann ebenso seine Uhr anhalten, um Zeit zu sparen."
(Henry Ford)

Werbeobjekt

Hier ist festzulegen, was im Mittelpunkt der Werbekampagne steht: ein einzelnes Produkt oder eine Produktgruppe? Die Wahl des Werbeobjekts beeinflusst ggf. auch die Wahl der Medien und Werbemittel.

Werbesubjekt (Zielgruppe)

Je exakter man die Zielgruppe für ein Produkt definiert, desto treffsicherer kann die Werbung konzipiert werden. Denn: Wenn man weiß, wen man mit der Werbung ansprechen möchte, kann man präzise ermitteln, mit welchen Argumenten, Leitbildern und Emotionen die anvisierte Personengruppe am besten zu erreichen ist.

„Fünfzig Prozent bei der Werbung sind immer rausgeworfen. Man weiß aber nicht, welche Hälfte das ist."
(Henry Ford)

Werbeträger und Werbemittel

Werbebotschaften werden auf **Werbemitteln** (Anzeigen, Werbespots, Plakate) platziert. Mithilfe von **Werbeträgern** (z.B. Zeitungen, Fernsehen, Hörfunk, Plakatwände, Prospekte, Schaufenstergestaltung, Werbegeschenke) werden sie dem Umworbenen zugänglich gemacht.

Zur Übermittlung der Werbebotschaft werden diejenigen Werbeträger und -mittel ausgewählt, mit denen sich die anvisierte Zielgruppe erwartungsgemäß am besten erreichen lässt. Dabei müssen folgende Aspekte geprüft werden:

- Art, Ziele und Funktion des Werbeträgers
- Zielgruppenkontakte
- Darstellungsmöglichkeiten
- Nutzungsdauer und Nutzungsphasen
- Durchdringung der Zielgruppe
- Reichweite
- Verfügbarkeit
- Kosten

Wenn die Wahl auf ein Werbemittel gefallen ist, muss als Nächstes entschieden werden, mithilfe welches Werbeträgers die Botschaft übermittelt werden soll. Werbesubjekt und Werbebotschaft (und natürlich nicht zuletzt auch das zur Verfügung stehende Budget) spielen dabei eine entscheidende Rolle.

- Fällt die Wahl auf **Printmedien,** muss je nach Zielgruppe und Verbreitungsgrad differenziert werden: Eignet sich eine Anzeige …
    - in Tages-, Wochen- oder Sonntagszeitungen (lokal, regional, überregional oder national)?
    - in Heimatzeitungen, konfessionelle Zeitungen oder Ähnlichem?
    - im Supplement einer Zeitung?
    - in Publikumszeitschriften (Illustrierte, Programmzeitschrift, Politik- und Wirtschaftsmagazin, Frauen- und Männermagazin)?
    - in Fachzeitschriften (berufsspezifisch, Kultur, Sprache, Wissenschaft)?
    - in Special-Interest-Zeitschriften (Auto, Wohnen, Computer, Erziehung)?
    - in Sonderform wie z.B. Kundenzeitschriften?
    - in Anzeigenblättern?
    - in Telefon- und Adressbüchern?

Mögliche Werbeträger

- Wenn im **Fernsehen oder Hörfunk** geworben werden soll, stellt sich die Frage, ob in öffentlich-rechtlichen Sendern oder in Privatsendern geworben werden soll.
- Bei **Kinowerbung** stehen Programmkinos, Multiplexkinos und Autokinos zur Wahl.
- Fällt eine Entscheidung für **Außenwerbung,** stehen z.B. Anschlagstellen, Litfasssäulen, Wartehallen, elektronische Bandenwerbung, Verkehrsmittelwerbung und Werbung an Personen zur Auswahl.
- Wer im **Internet** werben möchte, kann dies auf Websites (Bannerwerbung) oder per E-Mail tun.
- Auch **mobile Speichermedien** eignen sich als Werbeträger (z.B. Disketten, CDs, DVDs) ebenso wie **mobile Telefondienste** (SMS, MMS, UMTS).

Bei der **Auswahl von Werbeträgern** und Werbeträgergruppen ist die Frage der Erreichbarkeit der anvisierten Zielgruppe und die Wirtschaftlichkeit zu klären. Ebenfalls von Belang sind ...
- die Verfügbarkeit des Mediums,
- die Akzeptanz durch die Zielgruppe,
- die Darstellungsmöglichkeit der Botschaft,
- die Intensität der Mediennutzung,
- die Zielgruppeneignung,
- das redaktionelle und werbliche Umfeld,
- die Produktionskosten der Werbebotschaft und
- die Schaltungskosten.

Die Schaltungskosten einer Werbemaßnahme stehen im Verhältnis zur **Reichweite** des jeweiligen Mediums. Damit ist die Anzahl der Personen gemeint, die in einem bestimmten Zeitraum Kontakt mit dem Medium haben – z.B. die Leseranzahl einer Zeitschrift. Damit ist aber noch nicht gesagt, ob die anvisierte Zielgruppe mit der Reichweite gleichgesetzt werden kann.

Quantitative und qualitative Reichweite

Daher unterscheidet man zwischen quantitativer und qualitativer Reichweite: Die **quantitative Reichweite** bezieht sich auf die absolute Anzahl der Leser, die durchschnittlich erreicht werden. Für die Werbeplanung interessanter ist Größe des Zielgruppenanteils an diesen Lesern, also die **qualitative Reichweite.**

Ermittlung des Tausenderpreises

Die Mediennutzer, welche nicht zu der anvisierten Zielgruppe gehören, sind unter dem Begriff **„Streuverlust"** subsumiert. Um die zu erreichende Zielgruppe, Streuverluste und Kosten besser vergleichen zu können, bewährt sich die Ermittlung des **Tausenderpreises.** Er gibt an, welche Summe aufgewendet werden muss, um 1.000 Personen einer Zielgruppe zu erreichen, und berechnet sich wie folgt:

$$\text{Tausenderpreis (auflagenbezogen)} = \frac{\text{Anzeigenpreis} \cdot 1.000}{\text{Verkaufte Auflage}}$$

$$\text{Quantitativer (ungewichteter) Tausenderpreis} = \frac{\text{Anzeigenpreis} \cdot 1.000}{\text{Quantitative Reichweite}}$$

$$\text{Qualitativer (gewichteter) Tausenderpreis} = \frac{\text{Anzeigenpreis} \cdot 1.000}{\text{Qualitative Reichweite}}$$

23.5.2.3 Daten zur Werbewirtschaft

Welche Bedeutung die Werbebranche hat, lässt sich an den Marktzahlen ablesen: 2002 hat der Werbemarkt insgesamt einen Umsatz von 29,62 Mrd. € gemacht, das entspricht 1,4 % des Bruttoinlandsproduktes; im Jahr 2004 lag der Umsatz der Branche bei 28,91 Mrd. €. Die Werbung in klassischen Medien hat 2005 Umsätze in Höhe von 19,2 Mrd. € erzielt. Die reinen Schaltungskosten betrugen im gleichen Jahr 6.775,4 Mrd. €.

Umsätze und Beschäftigte

Im Kernbereich der Werbung waren im Jahr 2005 185.000 Menschen beschäftigt; zählt man die korrespondierenden Betriebe hinzu, waren es sogar 351.625.

(Quellen: Deutscher Werbemarkt ZAW, www.pressetext.de; www.interverband.com; Nielsen Media Research).

Werbung muss sich lohnen! 2005 investierten die einzelnen Wirtschaftsbereiche folgende Summen in Werbemaßnahmen (Angaben in Mrd. €):

BEISPIELE

Wirtschaftsbereich	Mrd. €	davon	Mrd. €
Medien	3.383		
Handel und Versand	2.407	Handelsorg.	1.901
Kraftfahrzeugmarkt	1.719	Pkw	1.395
Ernährung	1.697	Süßwaren	578
		Milchprodukte	326
Körperpflege	1.314	Haarpflege	346
Dienstleistungen	1.194	Telefondienste	430
Finanzen	1.122	Finanzdienste	599
Büro, EDV, Kommunikation	1.106	Telekommunik.	733
Getränke	985	Bier	409
(Quelle: Nielsen Media Research)			

BEISPIELE

Der Blick auf 2005 in Deutschland getätigte Werbeinvestitionen einiger
Unternehmen (Angaben in Mio. €):

MediaMarkt / Saturn	397
Lidl	346
Aldi	264
Ferrero	245
L'Oréal	223
VW	188
C&A	173

(Quelle: Nielsen Media Research)

Für Anzeigen in Zeitungen und Zeitschriften wurden im Jahr 2005
3.783 Mrd. € investiert. Ebenso viel setzt die TV-Branche an Werbesendungen um.

Für das einzelne Unternehmen gibt es keine allgemein gültige Aussage
über die angemessene Höhe eines Werbeetats. Maßgebend sind die beabsichtigten Ziele und die Finanzierbarkeit. Häufig werden bei produzierenden Firmen und Dienstleistern Etatgrößen von zwei bis vier Prozent
des Umsatzes genannt.

23.5.2.4 Werbeerfolgskontrolle

Die Werbeerfolgskontrolle gibt Aufschluss über **die eingetretene oder zu
erwartende Werbewirkung einer Werbemaßnahme entsprechend den
Werbezielen.** Es gibt verschiedene Methoden, mit deren Hilfe sich eine
Werbeerfolgskontrolle durchführen lässt. Erschwert wird die Interpretation der Messergebnisse in jedem Fall durch die komplexe Wirkung aller
Kommunikationsinstrumente, aller Marketinginstrumente sowie der sich
ändernden Markt- und Umfeldbedingungen.

Die Messung der Wirksamkeit einer Werbemaßnahme kann durch
demoskopische Untersuchungen erfolgen. Zu diesem Zweck werden
Methoden der Marktforschung wie Markttests, Befragungen oder Panels
eingesetzt (vgl. Kap. 22), mit deren Hilfe z.B. festgestellt werden soll, ob das
Angebot bei der Zielgruppe bekannt ist und wie die Werbung das Verhalten und die Reaktionen der Zielgruppe beeinflusst hat.

Eine einfachere Methode ist die **Messung der Umsatzveränderung.**
Gut geeignet sind z.B. kurzfristige Messungen bei der Expansions- und
Stabilisierungswerbung. Image-, Erhaltungs- und Gemeinschaftswerbung
kann nur langfristig in einem Verhältnis zur Umsatzentwicklung gesehen
werden:

- Bei einer Veränderung der Image- oder Erhaltungswerbung dauert es Monate, bis sich aus der Umsatzkurve aussagekräftige Zahlen über die Werbewirkung ablesen lassen.
- Wird die Image- oder Erhaltungswerbung eingestellt, nimmt die Wahrnehmung, also der Bekanntheitsgrad des Unternehmens bzw. des Produktes ab, die Umsätze sinken anfänglich langsam, dann mit zunehmender Intensität.
- Wird die Image- oder Erhaltungswerbung wieder begonnen, dauert es ebenso viele Monate bis der alte Bekanntheitsgrad wieder erreicht ist.

Um den Erfolg der geplanten Werbemaßnahme für ein Produkt zu sichern, sollte man sie schon im Vorfeld in einem **Testmarkt** auf ihre Wirksamkeit hin untersuchen. Handelt es sich z.B. um ein neues Produkt oder Angebot, kann anfangs durch Befragung der Mitarbeiter, der Geschäftspartner und von Bekannten ermittelt werden, wie dieses Angebot gefällt, wie es ankommt.

„Nichts ist so gut, als dass es durch den Beitrag anderer nicht noch verbessert werden könnte."
(unbekannter Verfasser)

Wird die Werbeaktion dann gestartet, sollte anfangs ein **reduzierter Testmarkt** Aufschluss über die Reaktion der Werbesubjekte geben. Es besteht beispielsweise die Möglichkeit, eine Werbeaktion nur in einer bestimmten Region zu veröffentlichen oder nur in wenigen ausgewählten Medien. Es können ebenso nur ganz bestimmte überschaubare Zielgruppen ausgewählt werden. Bei diesen Testläufen kann man auch mit unterschiedlichen Gestaltungsmöglichkeiten experimentieren, indem man verschiedene Varianten an kleinere Zielgruppen richtet. So lässt sich ermitteln, welche Aussage bzw. Gestaltung den höchsten Rücklauf hat.

Liegen die Ergebnisse der Testläufe vor, kann über die endgültige Botschaft, die Werbeträger und Werbemittel im Verhältnis zum vorgesehenen Budget entschieden werden.

Die Werbung in Testmärkten bietet sich auch für **Preistests** an, die dabei helfen sollen, die Absatzchancen besser zu beurteilen.

23.5.3 Publicrelations (PR) / Öffentlichkeitsarbeit

PR bzw. Öffentlichkeitsarbeit ist die planmäßig zu gestaltende Beziehung zwischen dem Unternehmen und den verschiedenen Teilöffentlichkeiten (z.B. Kunden, Aktionäre, Lieferanten, Arbeitnehmer, Institutionen, Staat) mit dem Ziel, bei diesen Teilöffentlichkeiten Vertrauen und Verständnis zu gewinnen bzw. auszubauen.

> Durch die Öffentlichkeitsarbeit soll das Unternehmen also in seiner Umwelt möglichst positiv dargestellt werden; potenzielle Geschäftspartner sollen beeinflusst werden.

Dabei steht nicht das einzelne Produkt im Vordergrund sondern das gesamte Unternehmen.

AUFGABEN DER ÖFFENTLICHKEITSARBEIT

- Beziehungen in der Öffentlichkeit herstellen
- Vermittlung von Informationen über das Unternehmen
- Repräsentation der Unternehmensstruktur, des Unternehmenshandelns; Wahrung der Kontinuität durch einheitlichen Stil
- Information über Sinn und Zweck bestimmter Entscheidungen
- Schaffung von Vertrauen, Glaubwürdigkeit und Verständnis
- Wahrung und Weiterentwicklung des Unternehmensimages
- Harmonisierung von wirtschaftlichen und gesellschaftlichen Verhältnissen des Unternehmens
- Absatzförderung durch Anerkennung und Verständnis in der Öffentlichkeit
- Unterstützung in Krisensituationen durch stabile Beziehungen in der Öffentlichkeit

Die Öffentlichkeitsarbeit erfolgt durch ein Bündel von Maßnahmen. Manche Aktionen ähneln der Imagewerbung. Im Gegensatz zur Absatzwerbung ist die Öffentlichkeitsarbeit preiswerter und meist positiv besetzt.

Als eines der wirksamsten und wichtigsten Instrumente der Öffentlichkeitsarbeit gilt die **Pressearbeit.** Alle „besonderen" und „außergewöhnlichen" Ereignisse in einem Unternehmen können den Medien in Form von **Pressemitteilungen** zugeleitet werden. Eine enge Zusammenarbeit mit den zuständigen Redakteuren der relevanten Medien erweist sich zumeist als effektiv. Wichtig ist die möglichst pressekonforme Aufbereitung der Nachricht.

Bei besonders herausragenden Anlässen können auch **Pressekonferenzen** durchgeführt werden: So lässt sich eine größere Anzahl an Journalisten erreichen. Außerdem besteht hier für die anwesenden Journalisten die Möglichkeit, Ton- und Bildaufnahmen zu machen, was dem Anliegen des Unternehmens Nachdruck und Authentizität verleiht.

Weitere Instrumente der Öffentlichkeitsarbeit sind …
- Geschäfts- und Jubiläumsberichte,
- Betriebsbesichtigungen und -führungen, Tag der offenen Tür,
- Ausstellungen,
- Zeitschriften für Zielgruppen, Broschüren,
- Fachtagungen, Seminare, Vorträge,
- Beteiligung an sozialen Einrichtungen,
- Förderung bestimmter Gruppen (z.B. Begabter oder Benachteiligter),
- länderübergreifender Austausch und Wissenstransfer,
- Schaffung von Stiftungen,
- Kulturförderung usw.

23.5.4   Verkaufsförderung

Die Werbung verfolgt das Ziel, Abnehmer für das Angebot zu interessieren und zum Kauf zu bewegen. Die Verkaufsförderung (**Sales Promotions**) hingegen setzt auf einen möglichst kurzfristigen Verkauf. Sie dient der Anbahnung von Beziehungen in Absatzmärkten und der Erhöhung des Marktanteils. Zielgruppen sind Kunden, Handel und Außendienst, und vermittelt werden Produkte und Leistungen. Im Vordergrund steht der Verkauf.

Wesentliche Bereiche der Verkaufsförderung (Promotion) sind Händlerpromotion, Außendienst und Verbraucherpromotion:

Wesentliche Bereiche der Verkaufsförderung

- **Händlerpromotion:** Schulung, Beratung, Präsentationen und Tagungen sollen Produkt- und Verkaufsinformationen vermitteln. Die Händler werden unterstützt in der Gestaltung von Verkaufsräumen, bei der Dekoration von Verkaufsflächen und Schaufenstern, mit Schildern, Plakaten usw. Es werden Einführungsaktionen durchgeführt, Servicefragen strukturiert und (kalkulatorische) Preisberatungen durchgeführt. Durch eine möglichst umfassende Beratung und Schulung sollen die Händler motiviert werden, das Produkt besser wahrzunehmen und zu verkaufen.

- **Außendienst:** Durch intensive und umfassende Produkt- und Verkaufsschulungen soll der Außendienst in die Lage versetzt werden, die Umsatzerwartungen des Unternehmens zu erfüllen. Dabei spielt die Motivation eine herausragende Rolle. Unterstützt wird die Begeisterung durch Verkaufsanreize wie Wettbewerbe, Tagungen und Sonderprämien sowie durch erstklassige Verkaufshilfen wie Unterlagen, Muster, Proben usw.

- **Verbraucherpromotion:** Im direkten Kontakt mit dem Kunden sollen Kaufanreize geschaffen werden. Die Kunden werden durch Proben, Zugaben, Gewinnspiele, herausgehobene Präsentationsflächen und Produktpräsentationen, den Einsatz von Propagandisten usw. auf das Angebot aufmerksam gemacht. Dadurch sollen sie zu einer schnellen Kaufentscheidung motiviert werden.

Promotion und Strategie

Im Rahmen der Verkaufsförderung unterscheidet man zwischen der Push- und der Pull-Strategie. Je nach Zielsetzung muss unterschieden werden, welche Strategie verfolgt wird:

- **Push-Strategie:** Es wird versucht, mit aller Macht (große Rabatte und andere Maßnahmen der Verkaufsförderung) möglichst viel Ware in das Lager des Großhändlers zu „drücken", der dadurch beim Großhändler entstehende „Lagerdruck" wird bei diesem ähnliche Aktionen in Rich-

Push-Strategie: „in den Markt drücken"

tung der nächsten Stufe (z.B. des Einzelhändlers) auslösen. Der Einzelhändler wiederum wird die gekauften Produkte ebenso, z.B. über Sonderangebote oder über günstige Platzierung, an den Endkunden verkaufen wollen.

Pull-Strategie: „in den Markt ziehen" • **Pull-Strategie:** Beim Verkauf über Händler konzentriert sich die Kommunikation auf den Endkunden. Gelingt es, beim Endkunden durch Werbung oder andere Kommunikationsinstrumente ein großes Interesse an dem Produkt zu erzeugen, so wird dieser von sich aus beim Einzelhandel das Produkt nachfragen und eine entsprechende Bestellkette von unten nach oben auslösen.

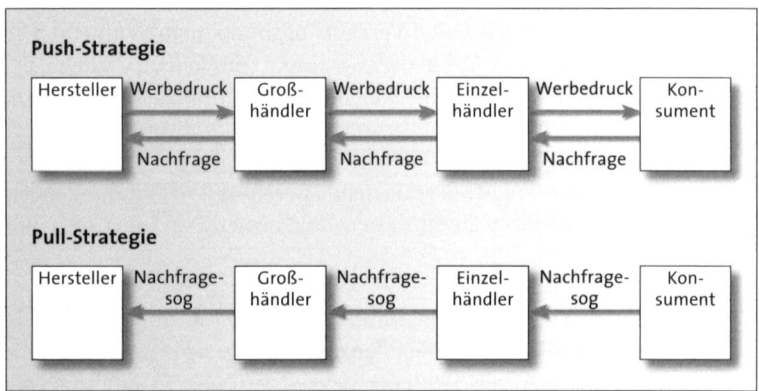

Abb. 60: Push- vs. Pull-Strategie (vgl. Birker 2005, S. 340)

23.5.5 Sonderformen der Kommunikationspolitik

Es gibt einige Sonderformen der Kommunikationspolitik, die im Folgenden kurz vorgestellt werden.

25.5.5.1 Event-Marketing

Event-Marketing dient als Kommunikationsmittel der erlebnisbezogenen Vermittlung wichtiger Botschaften für Mitarbeiter des eigenen Unternehmes, Kunden und Kooperationspartner und die Öffentlichkeit. Events können z.B. in Form von arbeitsorientierten Veranstaltungen (Seminare, Kongresse), von Infotainment (Road-shows, Kick-off-Meetings) und von freizeitorientierten Aktivitäten (Kultur- und Reiseveranstaltungen, Szene-Partys, z.B. für Partygetränke) durchgeführt werden.

Dazu eignen sich Anlässe wie Produkteinführungen oder -verbesserungen, Eröffnungen neuer Geschäftsstellen, Verkaufs- oder Händlertagungen usw.

Ein Event soll die Zielgruppe zur Teilnahme mobilisieren, informieren und die interaktive Kommunikation ermöglichen, aktivieren, nicht alltägliche Erlebnisse und Unterhaltung vermitteln.

25.5.5.2 Sponsoring

Wenn ein Unternehmen Geld, Sachmittel, Dienstleistungen oder Know-how zur Verfügung stellt, um Personen und Organisationen im sportlichen, kulturellen und/oder sozialen Bereich zu fördern, bezeichnet man dies als Sponsoring. Neben den wohltätigen Zwecken verfolgt ein Unternehmen mit Sponsoring das Ziel, sein Image zu verbessern, seinen Bekanntheitsgrad zu steigern und den Kontakt zu wichtigen Persönlichkeiten aufzubauen. Man unterscheidet verschiedene Ausprägungen des Sponsorings:

Ausprägungen des Sponsorings

- **Sport-Sponsoring** nutzt die Begeisterung der Fans. Häufig ist die Unterstützung von Sportarten und Veranstaltungen keineswegs selbstlos. Wenn das Unternehmen im Gegenzug zu den „Zuwendungen" erwartet oder verlangt, dass die Sportler den Produktnamen auf der Kleidung oder der Ausstattung tragen, rückt das Sponsoring schon in große Nähe zu Werbung und PR (Product Placement). Die Werbestrategen haben längst erkannt, dass Sportler, die „Gewinner" sind, auch dem Umsatzgewinn gut tun. Wenn ein Spitzensportler etwas sagt, macht oder benutzt, muss das gut sein – so denken viele Konsumenten. Deshalb ist der jeweilige Sieger so wichtig, nur er lässt sich siegreich vermarkten. Es geht um sehr viel Geld, Werbegeld.

- Beim **Kultur-Sponsoring** werden Bereiche wie Musik, Theater, bildende Kunst und Literatur gefördert. Damit erreicht man meist nicht eine so große Masse wie beim Sport-Sponsoring. Je nach anvisierter Zielgruppe kann aber auch Kultur-Sponsoring – über die Wohltätigkeit hinaus – einen entscheidenden Beitrag zur Kommunikationspolitik eines Unternehmens leisten.

- Im Rahmen des **Sozial-Sponsorings** werden u. a. Bereiche der Wissenschaft und Lehre, Gesundheit, Umwelt und Natur gefördert.

- Das **Mäzenatentum** kann man nur bedingt dem Sponsoring zurechnen, da der Geldgeber hier keine direkte Gegenleistung erwartet. Man bezeichnet damit die freigiebige, gönnerhafte Unterstützung von Einzelpersonen oder Institutionen.

- Der Begriff des **Spendenwesens** bezieht sich auf freiwillige, häufig auch einmalige oder zeitlich beschränkte Zuwendung für einen bestimmten Zweck.

25.5.5.3 Product Placement

In die Handlung eines Spielfilms, einer Fernsehsendung oder eines Videoclips wird gegen eine Geld- oder Sachzuwendung durch den Markenartikelhersteller gezielt ein Markenartikel platziert mit der Bedingung, dass der Markenartikel für den Zuschauer deutlich zu erkennen ist. Das gleiche

Vorteile des Product
Placement
Verfahren lässt sich natürlich auch im Theater oder im Hörfunk oder auch in Printmedien (z.B. auf abgebildeten Fotos) einsetzen. Die Vorteile des Product Placement sind:

- Keine als lästig wahrgenommene Werbeunterbrechungen,
- Imagetransfer von den Filmen/Sendungen/Stars auf das Produkt,
- indirekte Anwendungshinweise für das Produkt.

Es können alle Kommunikationswege für das Product Placement genutzt werden. In manchen Fällen kann eine Verwandtschaft zur Schleichwerbung bestehen, daher müssen wettbewerbsrechtliche Fragen (UWG) beachtet werden.

25.5.5.4 Persönlicher Verkauf (Personal Selling)

Persönlicher Verkauf eignet sich besonders bei beratungsintensiven Produkten. Die interaktive Beziehung zwischen den beiden Marktpartnern gehört zu den erfolgreichsten absatzfördernden Kommunikationsinstrumenten. Im persönlichen Kaufprozess spielen Information, Beratung, Fachkompetenz, Verkaufstechnik und Sympathie eine Rolle. Der Verkäufer erhält zudem wertvolle Kundeninformationen.

23.5.6 Messen und Ausstellungen

Messebesucher erwarten
fachkundige Antworten
Nirgends ist der Anbieter so vielen potenziellen Kunden so nah wie auf Messen und Ausstellungen. Deshalb ist es von großer Bedeutung, Messen professionell vorzubereiten, auszustatten und erstklassig personell zu besetzen.

Messen dienen nicht nur dem direkten Verkaufsgespräch sondern auch der Präsentation, der Imagebildung. Die **Konformität des Erscheinungsbildes des Unternehmens** muss sich auf dem Messestand widerspruchslos zeigen. Das, was der Messebesucher als Eindruck vom Messestand mitnimmt, prägt seine Meinung über das Unternehmen – sowohl im positiven als auch im negativen Sinne.

Genau so wichtig wie erstklassige Beratungsgespräche während der Messe ist die zeitnahe und vollständige Nacharbeit. Die gesammelten Adressen sowie Aufzeichnungen der geführten Gespräche sind für den Außendienst und die Verkaufsabteilung eine herausragende Verkaufschance.

Regional, national und international werden Messen zu unterschiedlichsten Themen veranstaltet. Bevor eine erstmalige Beteiligung beabsichtigt wird, sollten sehr genaue Informationen über die Messe eingeholt werden. Nicht nur die Besucherfrequenz ist wichtig, sondern auch die Auwahl der Besucher, die Auswahl der Aussteller, die Güte und Anzahl der Wettbewerber, die Zufriedenheit und Mehrfachbeteiligung vergleichbarer Anbieter.

23.5.7 Direktmarketing

Direktmarketing umfasst sämtliche Kommunikationsmaßnahmen zur zielgerichteten Einzelansprache von Adressaten, um in der ersten Stufe (Adressensammlung durch Kommunikation mit Responsefunktion) einen Kontakt zum Unternehmen herzustellen. In der zweiten Stufe wird auf Basis der vorliegenden Adressen und Zielgruppenprofile ein Dialog zur Durchsetzung der Kommunikationsziele aufgebaut.

> Direktmarketing ist damit gewissermaßen eine Mischung aus Verkaufsförderung, Direktverkauf und Werbung. Der konzentrierte Einsatz dieser Instrumente soll den Kaufabschluss fördern.

Bei der Werbung werden die klassischen **Werbeträger** (eventuell die Aktion begleitend) eingesetzt. Der persönlich adressierte Werbebrief steht im Vordergrund. Durch Telefonanruf oder elektronischen Kontakt wird das Angebot intensiviert. Zeichnet sich ein ernsthaftes Kaufinteresse ab, wird durch den Außendienst oder durch weitere Brief- bzw. Telefonaktionen der Kaufabschluss angestrebt.

Direktmarketing ist zudem ein Instrument, mit dem sich **Kundenbeziehungen langfristig aufbauen** lassen. Vorhandene Kunden werden durch besondere Angebote zur Treue und zu weiteren Kaufabschlüssen animiert; ihnen werden in regelmäßigen Abständen „ganz besondere Angebote" („nur für unsere besten Kunden") gemacht, um so die Kundenbindung zu intensivieren.

BEISPIELE

- Sammeln von Meilen bei Fluglinien für Freiflüge oder Prämien
- Punktekonten bei Hotelketten für bevorzugte Betreuung und höherwertige Zimmer
- Punkte bei der Bahn für Prämien, Upgrades oder Freifahrten
- Kundenkarten in Kaufhäusern für Prämien und Kredite
- usw.

Epilog

Führen im Büro ist Führen im Unternehmen

Das Geld wird am Schreib-
tisch verdient, nicht in der
Werkstatt

In den vorangegangenen Kapiteln sind die wichtigsten Themenbereiche zusammengestellt, welche Führungskräfte im Büro kennen und beherrschen müssen. Alle Themen sind auf das erforderliche Grundwissen ausgerichtet. Es bietet die Basis für ein breites oder spezialisiertes Aufbaustudium. Zu allen Bereichen steht eine große Auswahl weiterführender Literatur zur Verfügung. Einige empfehlenswerte Ausgaben sind im Literaturverzeichnis genannt.

In einem marketingorientierten Unternehmen fließen alle Wissensbereiche zusammen. Wissen, Weitsicht und Mut bieten die Chance, die Perspektiven zu ändern und das Unternehmen in eine gefestigte Zukunft zu führen.

„Nichts ist menschlicher, als zu überschreiten, was ist."
(Ernst Bloch)

Abkürzungsverzeichnis

AfA .... Abschreibung für Abnutzung
AG .... Aktiengesellschaft
AGB .... Allgemeine Geschäftsbedingungen
AktG .... Aktiengesetz
AO .... Abgabenordnung
ArbG .... Arbeitsgesetz
BAB .... Betriebs-Abrechnungs-Bogen
BCG .... Boston Consulting Group
BeurkG .... Beurkundungsgesetz
BGB .... Bürgerliches Gesetzbuch
BSC .... Balanced Scorecard
BetrVG .... Betriebs-Verfassungsgesetz
BUrlG .... Bundesurlaubsgesetz
BWA .... Betriebswirtschaftliche Auswertung
CD .... Corporate Design
CI .... Corporate Identity
CRM .... Customer Relationship Management
DIN .... Deutsche Industrie Norm
DV .... Datenverarbeitung
ebd .... ebenda
EDV .... Elektronische Daten Verarbeitung
EfzG .... Entgeltfortzahlungsgesetz
eG .... eingetragene Genossenschaft
EKR .... Eigenkapitalrentabilität
EN .... Europanorm
ErbbVO .... Erbbauverordnung
EStG .... Einkommensteuer-Gesetz
et al. .... und andere
EWG .... EU-Richtlinie Nachweisgesetz
FiFo .... First in First out
FGK .... Fertigungsgemeinkosten
F+E .... Forschung und Entwicklung
GbR .... Gesellschaft bürgerlichen Rechts
GewaltschG . Gewaltschutzgesetz
GKR .... Gemeinschafts-Kontenrahmen
GKR .... Gesamtkapital-Rentabilität
GmbH .... Gesellschaft mit beschränkter Haftung
GmbHG .... GmbH-Gesetz
GuV/G+V .... Gewinn- und Verlustrechnung
GWG .... Geringwertige Wirtschaftsgüter
GeWO .... Gewerbeordnung
HGB .... Handelsgesetzbuch
i.A. .... im Auftrag

i.d.R. .... in der Regel
i.e.S. .... im engeren Sinne
IKR .... Industrie-Kontenrahmen
InfVO .... Informationspflichten-Verordnung
InsO .... Insolvenzordnung
ISO .... International Organisation of Standardisation
i.V. .... in Vertretung
i.Vm. .... in Vollmacht
KFZ .... Kraftfahrzeug
KG .... Kommanditgesellschaft
KGaA .... Kommanditgesellschaft auf Aktien
KschG .... Kündigungsschutzgesetz
kW .... Kilowatt
L .... Liquiditätsgrad
LuL .... Lieferungen und Leistungen
MbD .... Management by Delegation
MbE .... Management by Exception
MbO .... Management by Objectives
MGK .... Material-Gemeinkosten
Mgt by .... Management by
Mrd. .... Milliarden
mtl. .... monatlich
MuSchG .... Mutterschutzgesetz
NachwG .... Nachweisgesetz
oHG .... offene Handelsgesellschaft
PatG .... Patentgesetz
PHG .... Produkthaftungsgesetz
ppa. .... per procura
PPS .... Produktionsplanungs- und Steuerungssystem
PR .... Publicrelations
PublG .... Publikationsgesetz
resp. .... respektive
ROI .... Return on Investment
s. .... siehe
S. .... Seite (oder nach einer Paragrafen-Angabe: Satz)
SKR .... Standard-Kontenrahmen
Std. .... Stunde
StPO .... Strafprozessordnung
SCHUFA ...... Schutzgemeinschaft für allgemeine Kredtsicherung
T€ .... Tausend Euro
TQM .... Total Quality Management
TVG .... Tarifvertragsgesetz
TzBfG .... Teilzeitbefristungsgesetz
u.dgl.m. .... und dergleichen mehr
UKlgG .... Unterlassungsklagengesetz

UmwG .... Umweltgesetz
USC .... Unique Selling Communication
USP .... Unique Selling Proposition
UStG .... Umsatzsteuer-Gesetz
u.V. .... unbekannter Verfasser
u.v.a.m. .... und vieles andere mehr
UWG .... Gesetz gegen den unlauteren Wettbewerb
VtGM .... Vertriebs-Gemeinkosten
VVaG .... Versicherungsverein auf Gegenseitigkeit
VwGM .... Verwaltungs-Gemeinkosten
VwGO .... Verwaltungsgerichtsordnung
WEG .... Wohnungseigentumsgesetz
ZPO .... Zivilprozessordnung

Ø .... Durchschnitt

Abbildungsverzeichnis

Literaturverzeichnis

Ansoff 1966: Ansoff, Igor, H., Management-Strategie. München 1966

Albert 2002: Albert, Günther, Betriebliche Personalwirtschaft. 5. Aufl., Ludwigshafen 2002

Bänsch 1992: Bänsch, Axel. Verkaufspsychologie und Verkaufstechnik. 7. Aufl., München 1992

Behrens-Schneider 2002: Behrens-Schneider, Claudia (Hrsg.) / Polegek Heidrun, Basiswissen BWL für Sekretariat und Assistenz. München 2002

Birker 2004: Birker, Klaus, Betriebliche Kommunikation. 3. Aufl., Berlin 2004

Birker 2005: Birker, Klaus, Das neue Lexikon der BWL. 2. Aufl., Berlin 2005

Bornhofen 2005: Bornhofen, Manfred, Buchführung 1 – DATEV-Kontenrahmen 2005. 7. Aufl., Wiesbaden 2005

Bornhofen 2004: Bornhofen, Manfred, Buchführung 2. 15. Aufl., Wiesbaden 2004

Busch 2000a: Busch, Burkhard G., Erfolg mit Mitarbeitern in kleinen Unternehmen. Berlin 2000

Busch 2000b: Busch, Burkhard G., Aktive Kundenbindung. Berlin 2000

Bussiek 1996: Bussiek, Jürgen, Anwendungsorientierte Betriebswirtschaftslehre für Klein- und Mittelunternehmen. 2. Aufl., München 1996

Danne/Keil 2005: Danne, Harald / Keil, Tilo, Wirtschaftsprivatrecht I. 3. Aufl., Berlin 2005

Davidow/Uttal 1991: Davidow, William H. / Uttal, Bro, Service Total – Mit perfektem Dienst am Kunden die Konkurrenz schlagen. Frankfurt 1991

Dichtl 1991: Dichtl, Erwin, Der Weg zum Käufer – Das strategische Labyrinth. 2. Aufl., München 1991

Etti/Kramer 2002: Etti, Marion / Kramer, Sabine, Office-Management; Berlin 2002

Fueglistaller/Wiedmann: Fueglistaller, Urs / Wiedmann, Thilo (Hrsg.), Neue Trends in der Managementlehre - Konsequenzen für KMU. Stuttgart 2003

Fugel 1997: Fugel, Siegfried / Pawlik, Hans / Stephan, Ingrid, Unser Büro heute und morgen. 5. Aufl., Köln 1997

Geffroy 2004: Geffroy, Barbara, Auf der Suche nach dem richtigen Mitarbeiter. Offenbach 2004

Geffroy 1996: Geffroy, Edgar K., Das Einzige, was stört, ist der Kunde. 8. Aufl., Landsberg 1996

Geffroy 1997: Geffroy, Edgar K, Abschied vom Verkaufen – Wie Kunden endlich wieder alleine den Weg zu Ihnen finden. 2. Aufl., Frankfurt 1997

Geffroy 1999: Geffroy, Edgar K., Das Einzige, was immer noch stört, ist der Kunde – Kundenerfolge statt Verkaufserfolge. Landsberg 1999

Grefe 2002: Grefe, Cord Unternehmenssteuern. 8. Aufl., Ludwigshafen 2002

Grochla 1983: Grochla, Erwin, Unternehmensorganisation. 9. Aufl., Reinbek 1983

Guserl 1973: Guserl, Richard, Das Harzburger Modell - Idee und Wirklichkeit. Wiesbaden 1973

Gutenberg 1962: Gutenberg, Erich, Grundlagen der Betriebswirtschaftslehre - Bd. 2. 4. Aufl., Wiesbaden 1962

Gutenberg 1984: Gutenberg, Erich, Grundlagen der Betriebswirtschaftslehre - Bd. 2. 17. Aufl., Berlin, Heidelberg, New York, Tokio 1984

Härtl 2002: Härtl, Johanna, Kalkulation und Kostenrechnung – Arbeitsbuch für die Fort- und Weiterbildung. Berlin 2002

Heinen/Frank 1997: Heinen, Edmund / Frank, Matthias, Unternehmenskultur - Perspektiven für Wissenschaft und Praxis. 2. Aufl., München 1997

Hilb 1998: Hilb, Martin, Integriertes Personalmanagement, Ziele – Strategien – Instrumente. 5. Aufl., Neuwied 1998

Höhn 1970: Höhn, Reinhard, Führungsbrevier der Wirtschaft. 7.Aufl., Bad Harzburg 1970

Höhn/Böhme 1983: Höhn, Reinhard / Böhme, G., Führungsbrevier der Wirtschaft. 11. Aufl., Bad Harzburg 1983

Hüttner 1999: Hüttner, Manfred / von Ahsen, Anette / Schwarting, Ulf, Marketing-Management. 2. Aufl., München 1999

Kamenz 2001: Kamenz, Uwe, Marktforschung - Einführung mit Fallbeispielen, Aufgaben und Lösungen. 2. Aufl., Stuttgart 2001

Kaplan 2004: Kaplan, Robert S. / Norton, David P., Strategy Maps. Stuttgart 2004

Kellog 1974: Kellog, Marion, Führungsgespräche mit Mitarbeitern – 10 typische Beispiele. München 1974

Kluck 2002: Kluck, Dieter, Materialwirtschaft und Logistik – Lehrbuch mit Beispielen und Kontrollfragen. 2. Aufl., Stuttgart 2002

Knorr 2004: Knorr, Elke M., Professionelles Personalcontrolling in der Personalbeschaffung - Grundlagen, Instrumente, Ziele. Düsseldorf 2004

Kohler-Gehrig 2000: Kohler-Gehrig, Eleonora, Technik der Fallbearbeitung im Bürgerlichen Recht. München 2000

Kosiol 1972: Kosiol, Erich, Die Unternehmung als wirtschaftliches Aktionszentrum. 4. Aufl., Reinbek 1972

Kosiol 1976: Kosiol, Erich, Organisation und Unternehmung. 2. Aufl., Wiesbaden 1976

Kotler 2003: Kotler, Philip et al., Grundlagen des Marketings. 3. Aufl., München 2003

Kotler 1989: Kotler, Philip, Marketing-Management. 4. Aufl., Stuttgart 1989

Küfner-Schmitt 2005: Küfner-Schmitt, Irmgard, Arbeitsrecht, Prüfungs-
wissen, Lernprogramm, Gesetze, Urteile. 4. Aufl., Planegg 2005

Lessel 2005: Lessel, Wolfgang, Projektmanagement – Projekte effizient
planen und erfolgreich umsetzen. 2. Aufl., Berlin 2005

Lettau 1999: Lettau, Hans-Georg, Grundwissen Marketing. 9. Aufl., München 1999

Lettau 1991: Lettau, Hans-Georg, Ganzheitliches Marketing. 2. Aufl.,
Landsberg 1991

Lüscher 1973: Lüscher, Max, Signale der Persönlichkeit. Stuttgart 1973

Meffert 1986: Meffert, Heribert, Marketing, Grundlagen der Absatzpolitik. 7. Aufl. (Nachdr. 1993), Wiesbaden 1986

Meyer/Davidson 2001: Meyer, Anton / Davidson J. Hugh, Offensives Marketing - Gewinnen mit POISE: Märkte gestalten – Potentiale nutzen.
Planegg 2001

Molcho 1988: Molcho, Samy, Körpersprache als Dialog – Ganzheitliche
Kommunikation in Beruf und Alltag. München 1988

Obermeier 1988: Obermeier, Ernst, Grundwissen Werbung. München 1988

Pfeiffer 2002: Pfeiffer, Thomas, Neues Schuldrecht – Gesetzessynopse mit
Kurzerläuterungen. Neuwied 2002

Porter 1989: Porter, Michael, E., Wettbewerbsvorteile (Competitive Advan-
tage) - Spitzenleistungen erreichen und behaupten. Frankfurt 1989

Pümpin 1983: Pümpin, Cuno, Management strategischer Erfolgpositionen
– Das SEP-Konzept als Grundlage wirkungsvoller Unternehmensführung. 2. Aufl., Bern/Stuttgart 1983

Ries/Trout 1986: Ries, Al / Trout, Jack, Marketing Generalstabsmäßig.
Hamburg 1986

Ries 1996: Ries, Al, Die Strategie der Stärke. Düsseldorf 1996

Roth 1985: Roth, Werner, Mehr Zufriedenheit, bessere Leistung, größerer
Gewinn - Praxisbewährte Methoden zur Steigerung der Leistung und
Einsatzbereitschaft der Mitarbeiter. Landsberg 1985

Schierenbeck 1989: Schierenbeck, Henner, Grundzüge der Betriebswirtschaftslehre. 10. Aufl., München 1989

Schierenbeck 2000: Schierenbeck, Henner, Grundzüge der Betriebswirtschaftslehre. 15. Aufl., München 2000

Schreyögg 1998: Schreyögg, Georg, Grundlagen moderner Organisations-
gestaltung, mit Fallstudien. 2.Aufl., Wiesbaden 1998

Scholz 2000: Scholz, Christian, Personalmanagement. 5. Aufl., München
2000

Schulz von Thun 2000a: Schulz von Thun, Friedemann, Miteinander reden
– Störungen und Klärungen. Reinbek 2000

Schulz von Thun 2000b: Schulz von Thun, Friedemann, Miteinander reden
- Stile, Werte und Persönlichkeitsentwicklung. Reinbek 2000

Schulz von Thun 2000c: Schulz von Thun, Friedemann, Miteinander
reden – Das „Innere Team" und situationsgerechte Kommunikation.
Reinbek 2000

Smith 2001: Smith, Adam, Der Wohlstand der Nationen. 9. Aufl., München 2001

Sprenger 1992: Sprenger, Reinhard, K., Mythos Motivation – Wege aus einer Sackgasse. 2. Aufl., Frankfurt 1992

Sun 1992: Sun, Howard / Sun Dorothy, Neuer Schwung durch Farbe. Freiburg 1992

Weber 1976: Weber, Max, Wirtschaft und Gesellschaft – Grundriss der verstehenden Soziologie. 5. Aufl. (Nachdr. 1990), Tübingen 1976

Weis 1999: Weis, Hans Christian, Marketing. 11. Aufl., Ludwigshafen 1999

Weiss 1991: Weiss, Alan, Sie sind besser als Sie denken - Tests und Methoden zur Einschätzung Ihres Potentials und zur optimalen Auswahl von Mitarbeitern und Führungskräften. Frankfurt 1991

Wöhe 2002: Wöhe, Günter, Einführung in die allgemeine Betriebswirtschaftslehre. 21. Aufl., München 2002

Tautz-Wiessner 1993: Tautz-Wiessner, Gisela, LebensArt - Erfolgreich und beliebt durch gute Umgangsformen. Frankfurt 1993

Zeichen 1991: Zeichen, Alfred, Zeitmanagement – Mehr Zeit für das Wichtige. Wien 1991

Zoche 1999: Zoche, Hermann Josef, Wir müssen mal miteinander reden, Sprache üben – Gespräche führen – Konflikte lösen. Stockheim 1999

Gesetzestexte:

ArbG 2005, 66. Aufl. München

BGB 2005, 56. Aufl., München

BUrlG 1963/2002

HGB 2005, 42. Aufl., München

PublG; Gesetz über die Rechnungslegung von bestimmten Unternehmen und Konzernen, 2005

Sonstige Nachschlagewerke:

Birker, Klaus (Hrsg.): Das neue Lexikon der BWL, 2. Aufl. Berlin 2005

Dichtl, Erwin / Issing, Otmar (Hrsg.): Großes Wirtschaftslexikon. 2. Aufl., München 1993

Diller, Hermann (Hrsg.): Großes Marketing-Lexikon; 2.Aufl., München 2001

DIN ISO 9000 ff.

DIN 5008

Institut der deutschen Wirtschaft (Hrsg.): Deutschland in Zahlen 2005. Köln 2005

o.V.: Wichtige Steuergesetze mit Durchführungsverordnungen. 54. Aufl., Herne/Berlin 2006

o.V.: Wie liest man die DATEV-BWA? Reihe: DATEV Wegweiser, Nürnberg 2003

Teisman/Birker (Hrsg.): Handbuch Praktische Betriebswirtschaft. 4. Aufl.,
    Berlin 2002

Zeitschriften:
Wirtschaftswoche, 2004, Nr. 8

Internetrecherchen:
Bundesingenieurkammer http://www.bundesingenieurkammer.de/
Bundestag http://www.bundestag.de/
Handwerkermarkt http://www.handwerkermarkt.de/
Institut für Mittelstandsforschung http://www.ifm-bonn.org/
Zentralverband der deutschen Werbewirtschaft
    http://www.interverband.com

Stichwortverzeichnis